云南省科学技术协会资助项目
云南省农业科学院历史文化挖掘专项

# 笃耕云岭　百年稼穑

## 云南省农业科学院历史文化拾贝

云南省农业科学院　编

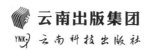

云南出版集团

云南科技出版社

·昆明·

图书在版编目（CIP）数据

笃耕云岭　百年稼穑:云南省农业科学院历史文化
拾贝 / 云南省农业科学院编 . -- 昆明:云南科技出版
社 , 2022.9
　　ISBN 978-7-5587-4445-7

Ⅰ . ①笃… Ⅱ . ①云… Ⅲ . ①农业科学院 – 历史 – 云
南 Ⅳ . ① S-242.74

中国版本图书馆 CIP 数据核字（2022）第 157713 号

**笃耕云岭　百年稼穑——云南省农业科学院历史文化拾贝**
DUGENG YUNLING BAINIAN JIASE——YUNNAN SHENG NONGYE KEXUEYUAN LISHI WENHUA SHIBEI

云南省农业科学院　编

出 版 人：温　翔
责任编辑：王　韬
封面设计：晓　晴
责任校对：张舒园
责任印制：蒋丽芬

书　　号：ISBN 978-7-5587-4445-7
印　　刷：昆明猩煋印务有限公司
开　　本：787mm×1092mm　1/16
印　　张：34.75
字　　数：480 千字
版　　次：2022 年 9 月第 1 版
印　　次：2022 年 9 月第 1 次印刷
定　　价：180.00 元

出版发行：云南出版集团　云南科技出版社
地　　址：昆明市环城西路 609 号
电　　话：0871-64192372

笃耕云岭

致惠民生

# 《笃耕云岭　百年稼穑——云南省农业科学院历史文化拾贝》编委会

# 前　言

　　1912年5月，民国政府云南省实业司在昆明西北近郊大普吉，利用曾购置拟用于建军营营地的千亩场地组建成立云南省立农事试验场，成为云南最早成立的省级农业科技试验研究机构，也就是云南省农业科学院的前身，迄今已经走过110周年历史变迁和社会发展历程。

　　翻阅这110年的云南省立农事机构的发展历程，建场初期，从一个场长，两个技术员，七八个工人起步，随着农业科技进步和顺应社会发展之需要，机构及人员随之不断发展和成长。民国期间，云南省立农事试验场先后隶属国民政府实业司、实业厅、农矿厅、建设厅、经济厅等职能部门。云南省立农事试验场在不同历史时期资料上的名称有一定不同，有称昆明县第一农事试验场、云南省第一农事试验场、农事试验场，因地址位于昆明西北近郊大普吉一直未变，也普遍称为大普吉农场。至1946年省组建成立云南省稻麦研究所时，也有将稻麦研究所称为云南省第一农事试验场，而将大普吉农场改称为云南省第二农事试验场。

　　在抗日战争时期，清华大学、北京大学和南开大学迁入昆明，组建成立西南联合大学。西南联大中清华大学的农业研究院、植物生理研究所、植物病理研究所、北京大学生物系等多个研究机构租用大普吉农场的房屋和试验地开展研究工作，联大各相关领域专家与大普吉农场科技人员和职工一道，开展对云南全省稻麦品种资源调查、稻作育种、云南地方农作物品种资源调查收集，以及主要农作物、果树等病虫害种类调查研究等，并对全省的农业技术改进工作作指导和帮助，取得一些成果并积累了一大批地方稻麦品种作为育种材料，为云南农业科技发展打下了良好的基础。

1950年12月，云南省人民政府将省级多个相关农业科技机构合并，在大普吉农场的基础上，组建成立云南省综合农业试验站，负责全省农业科技示范及推广工作，隶属云南省农业厅。1958年，全国各大地理行政区划建制撤销，位于重庆的西南农业科学研究所奉农业部之命整体迁滇，与位于昆明西北郊大普吉的云南省农试站合并建所。1958年8月前后，西南农科所从重庆北碚、云南省农事站从昆明西北郊的大普吉同时迁到昆明北郊蓝龙潭，完成合并组建成立云南省农业科学研究所。西南农科所作为一支科技综合实力较强的大区级农科所，在科技人才队伍、学科建设和科研设备设施及条件建设，乃至主要农作物品种资源等与育种材料等方面汇入云南省农业科学研究所，组建成为一支学科队伍整齐、技术力量雄厚、仪器设备和设施较为先进的省级农业科技队伍，大大增强了云南农业科技事业建设和发展的实力。几年之后的1964年，云南省农业科学研究所再迁到北郊龙泉镇桃园村的现址。

1976年，云南省农业科学研究所建制升格为云南省农业科学院，所属各二级系级机构也升格为研究所。从此，云南省农业科学院成为在体制、学科建设及科技创新和成果转化等方面成为一支更完善的省级农业科技队伍。

迄今，已有110周年历史积淀的云南省农业科学院成为一个有17个研究所，在职职工1600多人，科技人员1300余人，其中具有高级专业技术职称的有700余人（正高级职称

300余人，副高级职称400余人），形成一个机构健全、学科完整、人才汇聚、科技创新与成果转化强、服务于高原特色农业科技发展的省级农业科学院。

通过对有着110周年丰厚底蕴历史文化的深入挖掘，使云南省农业科学院历史发展脉络更加清晰。随着我院农科文化自信和精神文明建设工作的推进，先后在全院范围内开展了对院徽、院训、院歌等征集活动，确定了以挥舞金色稻穗的丰收景象作为主图案的"院徽"，以"笃耕云岭 致惠民生"为院训，"红土高原写风流"为院歌等象征着我院精神文明建设和单位农科文化符号的标识，农科文化不断丰富，农科精神与时俱进，以此不断增强全院职工的农科文化自信，为我院农科文化氛围加强和精神文明建设提供文化引领和支撑，为云南农业生产发展提供更强有力的思想保证。

在庆祝云南省农业科学院成立110周年的历史节点，云南省农业科学院组织编纂《笃耕云岭 百年稼穑——云南省农业科学院历史文化拾贝》一书，主要编入自1912年5月组建成立云南省立农事试验场以来，云南省级农业科技试验机构发展变迁的一些相关史证资料：对各方面代表性的职工就我院历史文化、科技创新和从事农业科研方面的体会经验的访谈录，以及征集到一些与我院农科文化相关的文章和图片资料，以此勾勒出我院百年历史的一个大致轮廓。

像大江波涛一浪一浪向前进，像高空长风一阵一阵吹不断。我们云南省农业科学院的一代一代农科人，筚路蓝缕、以启山林，艰难地一步一个脚印，为云南农业科技事业和生产发展打下坚实基础。江山代有才人出，各领风骚数十年。今天，云南农业科学事业发展的历史接力棒交到我们这代农科人的手上。在纪念建院 110 周年的日子，我们向为云南农业科技事业发展、为农业学科建设、科技创新、成果转化和单位事业发展壮大做出贡献的所有先辈们致敬！我们将不忘初心、不辱使命、不负时代，踔厉奋发，笃行不怠，继续擦亮我院积淀了百年历史的金字招牌，承前启后，让历史的光辉照亮未来前行之路，立足百年基业，再创历史辉煌，续写新的篇章，激励一代代后来人永续向前。

　　　　　《笃耕云岭　百年稼穑——云南省农业科学院

　　　　　历史文化拾贝》编纂委员会

　　　　　2022 年 3 月 7 日

# 目 录 CONTENTS

## 第一章　沿革溯源

## 第三章　文化情怀

# 第四章　图说历史

# 第一章　沿革溯源

# 1912 年云南省政府实业司筹备
# 云南省立农事试验场文件

状照得农业本自然之利，亦视人力为转移。滇省惰，农自安，旱涝听之于天，肥瘠凭之于地。农事腐败，违于极点，若不急图整改，终难望其富强。本司承办实业，责无旁贷，拟就大普吉营地旧址筹办省会农事试验场，期为民间模范。惟是筹办之初，头绪纷繁，非具有专门学识者，不足以资展布，始能胸有把握措××如。兹查学习员杨钟寿，毕业农校，成绩颇佳，于××学知识，富有经验，合行给状委任，为仰该员即便遵照前往大普吉，相度地××实，所拟各条××经营，总期改良陈法，促社会之进行，阐辟新机，供民间之观感，切勿有负委任，是所厚望。此状。筹办农事试验场委员杨钟寿。

吴 ☆

华☆☆

中华民国元年五月

军政部实业司关防（印）

附：文件全文影印件如下页

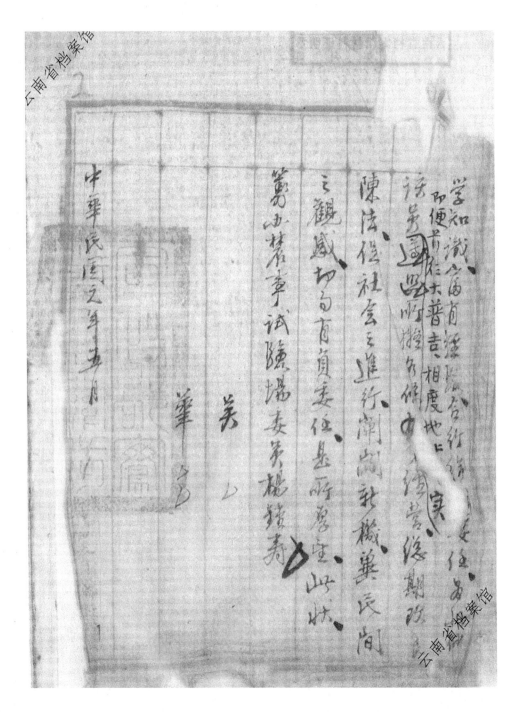

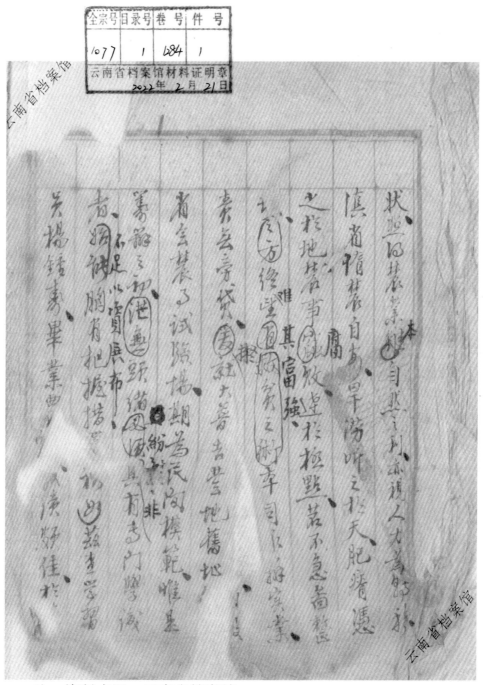

注：资料来源，云南省档案馆

（档案查阅和资料整理　陈宗麒）

# 云南省立第一农事试验场历史文献摘抄

## （云南省档案馆查阅）

★ 1912 年 5 月，中华民国元年五月，云南省政府实业司筹备云南省立农事试验场。

★ 1912 年 6 月 18 日，农事试验场民国元年五月二十日至六月十日开支清册，农事试验场筹备委员杨钟寿

★ 民国元年九月一日，云南实业司关于农事试验场场长杨钟寿呈办理无状有负委任请撤差等情一案给农事试验场场长杨钟寿的批

★ 1912 年 9 月 5 日，云南实业司关于核准销农事试验场民国元年八月份出入各款清册给农事试验场场长杨钟寿的批

★ 1912 年 10 月 1 日云南省实业司关于农事试验场场长杨钟寿因病呈请辞职一事给农试场的批：准辞着为陆光璧充任该场长仍回司署服务可也。

★ 1912 年 12 元 1 日，云南实业司关于核准销农事试验场民国元年十一月收支各款一事给农事试验场的批代理农事试验场场长陆光璧。

★ 民国二年元月十一日农事试验场场长陆光璧。

★ 1913 年 4 月 1 日，云南实业司关于委吴锡忠会同陆光璧办理农事试验场的委任令。

★ 1913 年 8 月 1 日，云南实业司关于云南实业司农林局专就普吉农事试验场整理推广不另设分场事给云南实业司农林局的报告，普吉地面纵横千五百余亩。

★ 1916 年 4 月 10 日，农事试验场场长杨钟寿关于饬发经费给云南都督府的呈。

★ 1917 年 1 月 5 日，云南行政公署关于任命杨文清为农事试验场场长的委任状。

★ 1917 年 7 月 17 日云南农事试验场关于请分别委用杨文清、杨镇坤一案给云南唐省长的呈。

★ 1918 年 1 月 17 日，云南省农事试验场关于民国七年中行事表给云南省省长公署的呈农事试验场场长杨文清

★ 1919 年 7 月 21 日，云南农事试验场场长杨镇坤关于奉委到职日期办理接收情形给云南唐省长的呈。云南农事试验场场长杨镇坤。

★ 1922 年 1 月 11 日，省立农事试验场场长米文兴。

★ 1925 年 1 月 26 日，农事试验场场长李毓茂。

★ 1926 年 9 月 1 日，昆明第一农事试验场场长张励辉。

★ 1927 年 6 月 7 日，云南省农事试验场关于报送民国十六年五月份作业简报表给云南实业厅的呈农事试验场场长李毓茂

★ 1927 年 11 月 1 日，云南农事试验场关于请发给民国十六年十月份经费给云南实业厅总务科的单据农事试验场场长罗家楷卸场长李毓茂

★ 1927 年 12 月 24 日，省立农事试验场场长罗家楷

★ 1929 年 2 月 7 日，云南省第一农事试验场收到民国十八年八月份经济区经费的领条第一农事试验场场长徐嘉锐

★ 1929 年 8 月 28 日，云南省农矿厅关于徐嘉锐呈请辞去所兼各职一案给云南省农事试验场场长的训令。

★ 1929 年 9 月 26 日，云南省政府农矿厅关于委任徐嘉锐为第二科股长兼第一农事试验场场长的委任令。

★ 1929 年 8 月 28 日，第一农事试验场场长徐嘉锐请辞。

★ 1930 年 2 月 28 日，第一农事试验场场长贝开文。

★ 1931 年 5 月 1 日，云南省第一农事试验场现职人员调查表委任场长贝开文籍贯美国。

★ 1932 年 2 月 1 日，云南省农矿厅关于饬第一农事试验场交代经

手事件一案给贝开文的训令。

★ 1932 年 2 月 2 日，云南省农矿厅关于委张朝琅充第一农事试验场场长的委任令。

★ 1934 年 3 月 30 日，云南省实业厅关于委任诸守莊兼代第一农事试验场场长的委任令。

★ 1935 年 4 月 29 日，委任郭子懿代理云南第一农事试验场场长的委任令。

★ 1935 年 5 月 6 日，云南省第一农事试验场场长郭子懿关于呈报到职日期给云南省建设厅的呈。

★ 1935 年 6 月 13 日，云南省建设厅关于委任郭子懿为昆明第一农事试验场场长的委任令

★ 1936 年 6 月 15 日，云南省建设厅关于委胡才昌试充本厅昆明第一农事试验场场长一事委任令。

★ 1936 年 7 月 3 日，云南省建设厅关于委任徐嘉锐兼昆明第二农事试验场场长委任令。

★ 1936 年 9 月 30 日，云南省建设厅关于胡才昌兼充昆明第二农事试验场场长一案的指令。

★ 1936 年 10 月 1 日，云南省建设厅昆明第一农事试验场场长张励辉

★ 1938 年 1 月 10 日，昆明第二农事试验场兼场长胡才昌

★ 1938 年 7 月 1 日，云南省建设厅关于第一农事试验场民国二十七年八月份支付预算书，第一农事试验场场长张励辉

★ 1938 年 9 月 7 日，云南省第一农事试验场场长张励辉

★ 1939 年 7 月 14 日，云南省建设厅关于云南省建设厅技正凌化育兼任昆明第一农事试验场场长的训令。

（陈宗麒查阅云南省档案馆历史资料并整理）

2022 年 2-3 月

# 云南省农事试验场历史沿革溯源

　　根据昆明市地方志编纂委员会办公室编，严洪纲主编，昆明市旧志整理丛书（民国）云南昆明市政公所总务课编写，字应军校注的《昆明市志校注》（2011 年 7 月云南民族出版社）p65，"农业"章节，"农事机关及团体"记载：

　　云南省立农事试验场创办于民国元年（1912）10 月。内分农艺、牧畜、林艺、蚕桑四部。农艺、牧畜、蚕桑三部在市西北郊大普吉，距城 17 里；林艺部在小西门外打猪巷底。所试验之种类，农林为生育播种量、播种法、播种期、移植法、育种法、采种法、施肥法、施肥期、施肥量、施肥种类、耕耘法、牧草栽培法、病虫害防除法、农产制造法等；蚕桑为选种、制种、饲育法；牧畜为家畜纯粹繁殖、杂交繁殖、饲养法、肥育法、榨乳法、疾病治疗法及其他各种试验。

　　场长米文兴，兼任农艺部主任，牧畜部主任熊作丹、林艺部主任饶茂森、蚕桑部主任汤克选。外设事务员一、技术员二、助理、雇员各一，工役三十五。常年经费约四千余元。

杨文清　Yang Wenqing（1889－1950）　别号镜涵，云南祥云人。生于 1889 年（清光绪十五年）。毕业于北京大学农林系。曾任云南省公路总局局长、云南省代主席。1931 年 5 月被聘为国民会议代表。1943 年 7 月 8 日代理云南省建设厅厅长。1944 年 1 月 22 日任云南驿运管理处处长。1946 年 11 月当选"制宪国民大会"代表，12 月 31 日任云南省政府委员兼民政厅厅长。1949 年在云南协助卢汉起义。中华人民共和国成立后任云南省副主席兼交通厅厅长。1950 年逝世。

民国六年一月，云南省行政公署稿省长令，委杨文清充任农事试验场场长（附上图）。

据祥云文史资料记载，杨文清"先生以治学严谨，育人有方而升任甲种农业学校校长，为造就滇中农科人才，呕心沥血，长达十余年之久。""继而，先生在云南首创农事试验场，开办林业讲习所，组织省农会，网罗滇省农学人士，团结致农科技人才，推广农林科研科技活动，为开拓我省农林科技事业，奠定了良好基础。"

根据云南省农业科学院历史文化挖掘专家组成员于 2019 年 12 月赴南京中国第二历史档案馆查阅历史资料：

时任云南省农事试验场场长郭子懿于民国二十四年（1935 年）八月填报表如下（如下右图）：

场名：云南省建设厅昆明第一农事试验场；

地址：昆明县大普吉；

成立年月及沿革：于民国元年五月成立，直隶前实业部，同二年四月并由前农林局会办，七年创办畜牧场，十年将林业试验场省立第一苗圃模范茶园并归办理改设为林业蚕桑另

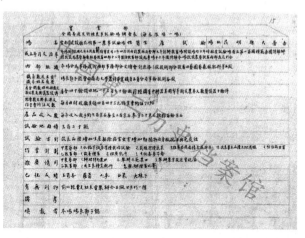

蚕牧畜四部，十二年分牧畜部为专场，十六年复并归本场改设农艺牧畜两部直迄于今。

内部组织：分为事务技术两部，事务分文牍会计庶务三股，技术分牧畜田艺园艺森林肥料等五股。

房舍田地及内部设备：房舍四十余件田地一千三百七十余亩，前经购有中等新式农具及兽医仪器十余件。

经费数目：每月由财政厅具领四百四十三元作业费约占佰分之七十五。

产品收入：每年收入谷子约七百余石，蚕豆二百余石，麦子二十余石，杂粮等十余石。

试验地面积：三百二十亩。

试验方针：改良品种，增加生产，驱除病虫害增加动植物自身抵抗力与免疫性。

作业计划：

甲：农艺部，稻麦育种栽培试验；栽植特种农业；推广苗圃面积及造林区；改良果木品种大批栽植；防治病虫害；

乙：牧畜部：改良种畜；推广乳牛；大批圈养家禽。

推广情形：甲，农艺部：水果转向农田；举办示范农田，举办农业改进实验区；乙，牧畜部：成立良种交配所；举办种畜比赛。

以往成绩：玉蜀黍、萝卜、小麦、白菜、大辣椒

根据以上两个历史文献说明，"云南省立农事试验场"和"云南省建设厅昆明第一农事试验场"均成立于民国元年（1912年），机构成立年份时间一致，同为省级农事试验机构，机构所在地址均位于昆明西北郊的大普吉，应为称谓略有所差异的同一单位；成立月份方面两者有所不同，前者是10月份，后者为5月份，后者的填报时间是由时任场长郭子懿于民国二十四年（1935年）八月"填报，距机构成立时间更相近，应更符合实际。准确时间有待进一步查阅史料甄别；另一方面说明，云南省农事试验场从民国元年（1912年）成立以来，一直在昆明市西北郊大普吉开展农事技术试验工作，场址未变。

1943年，杨文清任民国政府建设厅厅长，任职期间着重抓了云南农田水利建设和选育稻麦优良品种的工作。1945年聘请云南大学农学院教授诸宝楚来组建成立农业改进所，诸宝楚任所长，总管全省农业试验改进工作，并将农业改进所称为昆明第一农业试验场，将大普吉省立农事试验场改称为昆明第二农业试验场，诸宝楚派张意到大普

吉担任昆明市第二农事试验场场长。后诸宝楚到云南大学农学院任教。1947 年，秦仁昌（中国植物学拓荒者之一，中国蕨类植物学奠基人，著名蕨类学家、植物分类学家，中国科学院院士）任农业改进所所长。

根据云南省档案馆查阅资料：

云南农业改进所昆明第二农事试验场概况表：

一、场名：云南农业改进所昆明第二农事试验场；

二、场址：昆明西北面大普吉与陈家营之间，小型车辆从西站经黄土坡小屯、大塘子、大河埂可以直达农场，全程约十五华里。

三、主任姓名：张意

四、员工人数：主任一人，技士三人，办事员二人，技工八人，普通工二人。

五、沿革：场地是清锡制军购买的营地，一九一二年拨归实业司创办农场，一九一八年增设畜牧场，人事组织及隶属关系四十年来凡变革二十余次，抗战以前，畜牧部和农场部内容都很丰富。抗战以后，因经费拮据，而人事变动尤烈，非但新工作并未开展，连旧有基础都被一天天销蚀，到现在只有剩了一个躯壳。一九四六年一月，建设厅直属的各农业单位合并成立农业改进所，本场以"昆明种畜场"

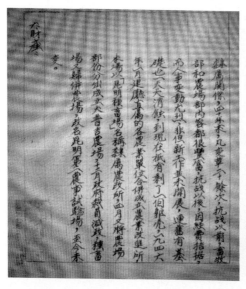
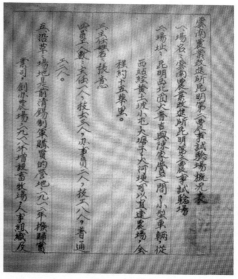

名称隶属农改所。四月，又将农场部分分出成立大普吉农场。十二月，政府裁员简政，种畜场又归并农场，改名昆明第二农事试验场，至今未变。

根据 1946 年至 1950 年在大普吉云南省农事试验场担任场长的张意手稿（张意其子张克庸提供资料，回忆录稿落款时间为 1989 年 3 月 13 日）中记述："1930 年以后，军阀混战，实业建设无人重视，场务日渐衰落。从抗日战争到云南起义，国民党政府贪污腐化，场长基本上一年一换，历任场长对农场毫无建树，肆意掠夺，如 1944 年担任场长的国民党党棍杜震东（军队特党部少将委员）在农场只一年多，用农场纯种家畜及名贵农作产品等各处上贡，恣意剥削佃户，农场受到严重破坏。"

另，张意手稿中提到，在他担任大普吉省农事试验场场长期间，也就是清华大学、北京大学和南开大学迁滇在昆明组建成立西南联合大学期间，"抗日战争期间，清华大学无线电研究所、植物生理研究所、植物病理研究所等单位迁移在大普吉农场。1946 年我被派到该场担任场主任时，研究所的知名专家戴芳澜、汤佩松、俞大绂、裴维藩等都在那里工作。在他们迁回北京前夕，不胜感慨地对我说：我们在这里多年工作的成果，建设厅不感兴趣，培育的小麦良种也不要，只好全部卖给酒坊烤酒去了"。西南联大专家们在大普吉农事试验场研究"培育的两个早熟大豆品种和 1941 年美国副总统华莱士来华赠送的金皇后玉米、美国刀豆（豆粒比大白芸豆粗大的一种花皮菜豆）、甜玉米等各一小袋试种，试种结果产量品质都好，中华人民共和国成立后还在昆明及省内一些地方推广"。李爱源（院油料所原所长）在她所著的《逝水东流暮色稀》一书中提到，西南联大生物系在大普吉农场建立了一个比较完整统管全省的农业试验基地。

以上资料说明，云南省农事试验场作为省级农业科技试验机构在大普吉延续，不论发展如何，此机构一直存在，名称在不同时期有所变更。

1950 年，云南省人民政府将云南省农业改进所与几个农事试验场合并，在昆明大普吉云南省农事试验场的基础上，组建成立云南省农业试验站，隶属云南省农业厅，由省农业厅党组成员、办公室主任、农事处处长孙方兼任云南省农事试验站站长（如右图），担任站领导的还有程侃声、诸宝楚、徐天镏等。

据云南省档案馆记载，担任场长的先后有：米文兴、杨文清、郭子懿、杨镇坤、李毓茂、张励辉、胡才昌、贝开文、张朝琅、褚守庄、张意等，至中华人民共和国成立后 1950 年孙方首任云南省农业试验站站长。

1958 年，云南省农事试验站从大普吉整体迁到昆明北郊蓝龙潭，亦与从重庆北碚整体迁来的西南农业科学研究所合并，组建成立云南省农业科学研究所，于 1964 年再由蓝龙潭搬迁到龙泉公社桃园村现址，于 1976 年建制扩增为云南省农业科学院。

**参考文献：**

昆明市志校注．严洪刚主编．云南民族出版社．2011 年．

云南省农业科学院志 1950-2004．云南省农业科学院编．云南科技出版社．2006．

中国第二历史档案馆查阅资料．云南省农业科学院历史文化挖掘专家组，2018 年 11 月．

（陈宗麒）

# 中央农业实验所与云南省农业科学院的历史渊源

四千年的中国传统农耕生产文明，主要依靠农民在从事农事活动过程中积累生产经验而缓慢发展。中国农业科技始发于清末学校教育，农业实业改良则逐步实行。采用国外科学试验方法来改进农业生产发展，初由教育入手，始于清光绪二十二年（1896年）。光绪二十二年二月，湖广总督张之洞奏准在高安设蚕桑学堂，是为中国实业学堂之开始。光绪二十四年创办湖北农务学堂，聘请美国康奈尔大学等国外教授讲学。光绪二十三年，浙江林迪臣太守呈准浙抚廖寿丰于浙江西湖金沙港创办蚕学馆，聘日本人讲授养蚕栽桑法，光绪二十四年更名为浙江蚕桑学堂。大学设农科始于清末北京京师大学堂。光绪三十二年（1906年）在北京西直门外三贝子花园设中央农事试验场。

清光绪三十三年（1907年），清政府在昆明建立云南农业学堂，在昆明北郊设立试验农场，设有水田、茶圃、花卉，附设林业苗圃、桑园和林场。

民国元年（1912年）5月，云南省政府实业司向清锡督购拨归劝业道管理的大普吉街置土地千余亩，创办云南省立农业试验场，此为云南省级农业科技试验专门机构之始。

1931年4月25日，民国实业部令派穆湘玥（实业部常务副部长）、钱天鹤、徐廷瑚、高秉坊、凌道扬、邹秉文、鲁佩璋、蔡无忌、葛敬中、刘运筹、谢家声、沈宗瀚、赵连芳、卜克、迈尔及洛夫等16人为中央农业研究所筹备委员会委员，并指定穆湘玥、钱天鹤为正副主

任。经筹议多次，遂在南京中山
门外，孝陵卫之东，勘定半荒熟
地为所址及试验场地。

中华民国实业部为设立中央
农业研究所，拟具章程草案，呈
请行政院鉴核原文如下：

呈为设立中央农业研究所，
拟具章程草案，呈请鉴核转呈事。
窃维吾国地大物博，农产最富，徒以国人不依科学方法，以求改良进
步，而农产之品质及产量遂日呈衰退之象。据今年海关贸易册所载，
国外农产之输入与我国者有加无已，若不设法急图挽救，恐国产之额
落，权利之外溢，为害益不可胜言。补救之法固有多端，而试验研究
尤为要图。本部有鉴于此，拟设立中央农业研究所，研究关于农业技
术上改良事项，尽量推行。俾全国农业得以科学化，并拟将前经呈准
设立，经呈送之中央农业试验场及中央蚕丝试验场制丝厂，蚕种制造
所等四机关合并为宜，归由该所统筹办理，以期经费撙节，兼收工作
集中之效。除预算另行呈送，兹将该项章程草案先行备文呈请鉴核。
转呈：

　　国民政府备案。谨呈
行政院，
附呈 中央农业研究所章程一份

中华民国二十年四月二十五日
实业部部长　孔祥熙

后采纳戴季陶建议，应重"应用试验"，而不仅是理论研究，故
定名为中央农业实验所，主管全国农业研究与推广事宜。

中央农业实验所总实验馆侧影

农林部中央农业
实验所印

中央农业实验所成立之后，科技人员大部分派往各省协助改进农业。1937年抗日战争爆发后，南京沦陷。中央农业实验所几经迁徙，经苏、皖、豫、鄂、湘、桂、黔、川等省，颠沛流离，备尝艰辛，于1938年2月15日迁抵重庆，租千厮门水巷子民房办公。1939年2月，中农所在荣昌县的宝成寺租地260亩作为临时所址及农业试验场地，当年5月，中农所由重庆迁往荣昌；1942年，中农所在重庆北碚天生桥购置民地420余亩，作为中农所迁入后研究改良西南农业之永久固定场地，即中农所北碚农事试验场。当年9月，所址再从荣昌迁至重庆北碚。

1945年日本投降，抗战胜利。中央农业实验所于1946年1月起陆续从重庆北碚迁回南京，重庆北碚留下部分人员和设备设施作为中央农业实验所北碚农事试验场的基础。

1949年中华人民共和国成立前夕，中央农业实验所部分职员从南京迁回重庆北碚农事试验场；中华人民共和国成立后，北碚农事试验场由西南农林部接管。经过一段时间的筹备，在北碚农事试验场基础上于1954年9月正式组建成立西南农业科学研究所。1957年中国农业科学院在华北农业科学研究所基础上组建成立，西南农科所业务上一度被划

农林部中央农业实验所
北碚农事试验场关防

为中国农科院的分支机构，称为中国农业科学院西南农业科学研究所。

1958年3月，西南农业科学研究所奉农业部令，要求将西南农科所整体迁滇与云南省农事试验场合并成立云南省农业科学研究所。

农业部令西南农科所迁滇文件如下：

# 中华人民共和国农业部
## 关于西南所迅速由渝迁滇与云南合并建所的通知

（58）农院瑞字第8号

西南农业科学研究所：

　　我部决定将你所由重庆迁往昆明，并经我部廖鲁言部长与云、贵、川三省负责同志共同商定下列事项：

　　（1）迅速将你所由重庆迁往昆明与云南省站合并建所。

　　（2）贵州省农业科学技术力量比较薄弱，应由你所抽调必要人员支援。

　　（3）如贵州省仍感力量

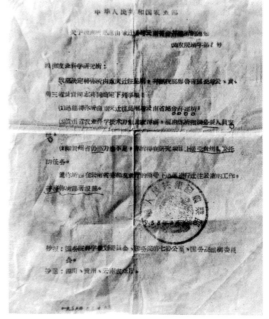

不足，你所得在研究项目上接受贵州省委托的任务。

　　望你所即在云南省委和农业厅的领导下，迅速进行迁往云南的工作，并将你所部署报部。

中华人民共和国农业部（印章）

1958年3月7日

抄报：国务院科学规划委员会、国务院第七办公室、国务院编制委员会。

抄送：四川、贵州、云南农业厅

1958年8月，西南农业科学研究所在赵利群所长的组织下，克服重重困难，组织动员西南农科所全体职工家属数百号人及其家庭家什等必须生活用品，单位科研仪器设备及试验台桌、科研图书资料、档案、农作物品种资源、大型种畜等，以长途汽车、货运卡车、汽车转轮船再转汽车再转火车、租用飞机、马车等各种交通工具，历经千难万险长途迁徙来到云南昆明，初迁到昆明北郊蓝龙潭水利学校原址，与从昆明西北郊的大普吉迁来的云南省农事试验站合并组建成立了云南省农业科学研究所，后于1964年再迁徙到龙泉公社桃园村现址，1976年建制扩增为云南省农业科学院。

**参考文献：**

昆明市志校注．严洪刚主编．云南民族出版社．2011年

中华农学史——论集．沈宗瀚著（台湾）

江苏省农业科学院院史（资料汇编讨论稿）

中国第二历史档案馆查阅资料．云南省农业科学院历史文化挖掘专家组，2018年11月

赵利群——纪念赵利群同志诞辰100周年．中共党史出版社，2007年

云南省农业科学院志1950-2004．云南省农业科学院编．云南科技出版社，2006年。

（陈宗麒）

# 云南省农业科学院机构变迁综述

云南省农业科学院机构的发展历程，也是服务于云南农业生产发展的历史。云南农业科技机构从无到有、由弱渐强，历经了多少代农科人筚路蓝缕、薪火相传的艰辛岁月，云南农业科技机构的发展变迁，记载了一代代农科人艰苦卓绝、无私奉献、辛勤耕耘、笃耕云岭、致惠民生的足迹。

云南农业生产有着历史悠久。从公元前279年楚将庄蹻入滇，中原文化传入云南，云南土著民族的原始农耕文明逐渐融入中华文明圈，形成了以传统农业为主，原始农业与传统农业并存的近代农业。考证云南省农业科学院百年来的发展历史，追本溯源，早期的史料仍显得片段化和零散化，尚有不甚明晰的过程，追溯起云南农业科技机构变迁史，可上溯到20世纪初叶，1907年（清光绪33年），清政府在昆明建立云南农业学堂，并在昆明北郊设立试验农场，设有水田、茶圃、花卉3部，附设林业苗圃、桑园和林场，应为培养农业专业技术人才有记载的农业教学机构之初。

## 一、云南省农业科技研究机构建立与发展（1912年）

1912年5月，前云南省政府实业司向清锡督购拨归劝业道管理的大普吉街土地千余亩，创办省立农业试验场，分为本场及林艺两部，应为云南农业科技机构之始，史料记载，杨钟寿、陆光璧、杨文涛、李毓茂、张励辉、贝开文、张朝琅、褚守庄、胡才昌等先后担任过场长。

以1912年5月为云南农业科技机构官方正式组建成立之端倪，本文重点简述涉及云南农业相关机构变迁的一些零星历史资料，以记述如何发展演变为今日之云南省农业科学院的历程。

1918年，前云南省政府在昆明设兽医实习所；1923年，在云南西部地区的迤西成立蚕种制造所，邓扶汉任所长；在昆明设立茶业实习所，租军需局昆明东乡十里铺附近大马苴村牧野山地190.9亩，建立模范茶园，朱文精任所长。茶业实习所后改为省立第一茶业试验场，先后由徐嘉统、李凉清、褚守庄担任场长；在河口成立热带植物试验场；1937年9月，成立云南稻麦改进所，隶属云南省建设厅，设址昆明东郊黑土凹定光寺，先后有汪呈因、褚宝楚担任所长；同年，前云南省经济委员会在昆明市长坡设立云南省蚕桑改进所。

1938年4月，前中央农业实验所在蒙自草坝设云南工作站，进行稻种征集、分类、选系三方面的工作（至1944年10月结束），先后有周拾禄、李士勋，成员卜慕华、徐季吾、孙方、陈仁等担任负责人；1940年，前中央农业实验所派员协助云南木棉公司在开远成立木棉试验场；1941年3月，云南省企业局筹建成立云南烟草改进所，并在昆明长坡建立试验场，所内设有技术、推广两股，分设两个种植区：富民、武定、禄劝、罗次为第一种植区；昆明、江川、玉溪、晋宁为第二种植区。1946年，成立云南农林改进所；1946年1月，前云南省建设厅将云南农艺改进所、蚕桑改进所、畜产改进所、水产试验所等机构撤销，合并成立云南省农林改进所，诸宝楚、熊廷柱任副所长，1947年秦仁昌任所长，后更名为云南农业改进所。

以上是自1912年至1949年中华人民共和国成立之前，前云南省政府及相关职能部门先后组建成立了兽医、茶叶、热作、木棉、蚕桑、畜牧、烟草等试验场，以及稻麦改进所等农业科技机构，也就是以云南为主线的农业机构发展变迁情况。

1949年中华人民共和国成立后，在中共云南省委和云南省人民政府的领导下，1950年12月27日，云南省人民政府将云南省农业改进所与几个农业试验场合并，在昆明大普吉成立云南省农业试验站，隶属省农林厅。下设站长室、行政、粮食作物、工业原料作物、植保、土肥、园艺、农场管理七个组，程侃声、孙方、诸宝楚、徐天骝、施洪恩、万耕书、张文彬先后担任过站（场）行政领导。

1951 年 8 月，云南省农林厅在勐海成立茶叶实验场；同年，省农业厅成立省农业试验站保山分场；1952 年更名为省保山潞江棉作试验站；1952 年 7 月，草坝农场蚕桑部归口领导，移交西南蚕丝公司接管，定名西南公司草坝制种场；1953 年 2 月，成立云南省兽医研究室；1954 年云南省人民政府建立云南省玉溪烤烟良种繁殖场，1956 年更名为云南省玉溪烤烟试验站；1956 年 7 月，西南蚕丝公司草坝制种场更名为云南省农林厅草坝蚕种场，隶属省农林厅领导；9 月，云南食品工业部制糖工业管理局云南甘蔗试验站在开远县成立，隶属于食品工业部制糖工业局领导。

**二、中央农业试验所在重庆北碚成立农事实验所成为云南农业科学研究所前身的主要部分（1942 年）**

云南省农业科学院前身的另一条线索，则应追溯中央农业实验所的组建成立及其之后的演变及衍生分支机构。

根据原《台湾革命文献》第 75 期第 423 页发表中央农业试验所所长沈宗瀚著《中国农业科学化之开始》一文，"1931 年 4 月 25 日国民政府实业部令组成中央农业研究所筹委会，所址在南京孝陵卫，后来采纳戴季陶建议，应重'应用'的试验，而不仅是理论的研究，故定名为中央农业试验所，主管全国农业研究与推广事宜"。1937 年抗日战争爆发后，中国农业实验所几经迁徙，经苏、皖、豫、鄂、湘、桂、黔、川等省，颠沛流离，备尝艰辛，于 1938 年 2 月 15 日抵达重庆，租千厮门水巷子民房办公，次春迁去荣昌县宝成寺。技术人员大部分派往各省协助改进农业生产发展。这时的中农所先后隶属实业部、经济部、农林部。

1942 年中央农业实验所迁至重庆北碚天生桥，置地 420 亩为所址，定为本所研究改良西南农业之永久场所。1946 年抗战胜利后，中央农业实验所回迁至南京，留下部分人员组成中农所北碚农事试验场。1954 年 9 月 1 日，在重庆北碚天生桥正式挂牌成立西南农林科学研究所，作为西南行政区划农科所，后也称之为中国农业科学院西南农业科学研究所。同年，西南农科所从北碚天生桥迁至歇马场，试验设备条件大大改善，试验地也扩展至千余亩，从川大和西南农学院招收了大批学生。

### 三、西南农科所迁滇与云南省农试站合并组建成立云南省农科所（1958 年）

1958 年，我国撤消大区建制，西南农科所（前身为"西南农林部北碚农事试验场，1954 年更名为西南农业科学研究所，所长赵利群）奉迁到云南省昆明，与云南省农业试验站合并，成立云南省农业科学研究所，隶属于省农业厅，所址在昆明市蓝龙潭。

1959 年 8 月 25 日，中共昆明市委批复，将龙泉公社宝台管理区桃园村与松花管理区竹园村 730 亩土地（其中包括松花管理区土地 140 亩）划归云南省农科所，建立实验基地。

1960 年 1 月，云南省兽医研究室与云南省农业科学研究所畜牧系合并，成立"云南省畜牧兽医科学研究所"，所址在昆明青龙山。

1964 年，云南省农业科学研究所迁至昆明市龙头街桃园村，所长赵利群。下设党团办公室、人事科、行政科、技术室、农经室、同位素室、试验农场和粮作、经作、土肥、植保、园艺、畜牧六个系。6 月，云南农科所与中科院昆明植物所达成交换协议，取得管理使用实验农场、八角楼、四合院等土地，合计 32.41 亩。

1967 年 1 月 26 日，受"文化大革命"影响，云南省农科所党政机构受到严重影响，无法正常开展工作；1968 年，省农科所革命委员会成立，逐步恢复工作秩序。

1969 年 10 月，云南省革委会决定云南省农业科学研究所搬迁至保山潞江坝，后因省革命委员会决定"向滇池进军，向滇池要粮"的"围海造田"行动，需要农科所科技力量改地造田，又决定让省农科所留下参加围海造田。12 月 28 日，省农科所职工参加 10 万军民"围海造田"劳动，至 1970 年 5 月完成后回所。

1970 年，军宣队进驻云南省农科所举办学习班，张明远任所革委会主任。

1974 年 1 月，云南省农业局将红河州草坝蚕种场，更名为云南省蚕桑科学研究所，所址在蒙自县草坝；保山潞江棉作试验站，更名为云南省棉花科学研究所，所址在保山潞江坝；玉溪烤烟试验站，更名为云南省烤烟科学研究所，所址在玉溪；云南省开远甘蔗试验站，更名为云南省甘蔗科学研究所，所址在开远；同年 3 月，云南省农业局将云南省勐海茶叶试验站，更名为云南省茶叶科学研究所，所址在勐海县。

### 四、云南省农业科学院组建成立（1976 年）：

1976 年 1 月 3 日，经云南省革命委员会批准，正式组建成立云南省农业科学院，属局级单位，由云南省农业局负责筹建。在云南省农业科学研究所的基础上，划入省烤烟研究所、棉花研究所、甘蔗研究所、蚕桑研究所、茶叶研究所、畜牧兽医研究所。同年，云南省农业科学院图书馆成立。

1979 年 3 月 19 日，经省编委批准，水稻、小麦、玉米研究室合并成立粮食作物研究所，植保系改为植物保护研究所，土壤肥料系改为土壤肥料研究所，园艺系改为园艺研究所，油料系改为油料作物研究所。同年 10 月，成立云南省农业科学院蜜蜂研究所；12 月，省农业科学院畜牧兽医研究所划归省畜牧局领导。

1980 年 7 月 7 日，经云南省政府批准，棉花研究所更名为热带亚热带经济作物研究所；7 月 14 日，经院党委批准，将划归农科院的原省杂交水稻协作组瑞丽育种基点改为省农科院瑞丽稻作试验站，隶属粮作所。

1981 年 4 月 12 日，经云南省农委同意，官渡区龙泉公社桃园大队改称省农科院实验农场，承担云南省农科院的良种繁殖任务；1983 年 3 月，经省政府批准，将省农科院驻地的桃园生产大队转为全民所有制院属试验农场，原桃园生产大队集体所有的土地515余亩划归国有，由农科院管理使用。6月，省农办和省委农林政治部撤消，省农科院由省委和省人民政府直接领导；1985年3月9日，成立云南省农业科学院科技情报研究所；1987年6月10日，云南省农业科学院元谋热区经济作物资源圃成立；12月11日，省政府批准在丽江建立"云南省高山经济植物研究所"；1988年2月29日，云南省农科院农作物品种资源站成立；11月1日，云南省农科院与农业部联合创建"瑞丽甘蔗杂交育种试验站"。

1990年6月，云南省农科院烤烟研究所划归云南省烟草公司领导。

1992年9月，云南省农科院农业生物技术研究所成立，同时加挂"云南省农业生物技术重点实验室"的牌子；11月，云南省农科院高山经济植物研究所正式建立；1995年6月30日，决定"云南省农作物原原种繁育中心"建设；10月，院保山"热带亚热带经济作物研究所"与元谋"热区经济作物资源圃"合并为"云南省农科院热带亚热带经济作物研究所"，所址在元谋县。原保山所部改为试验站。

8月 省政府批准在云南农科院园艺所组建"云南省花卉育种中心"；10月，农业部云南大豆原原种繁育基地开始建设。

12月15日 院与竹园村、瓦窑村达成确认没有权属争议的接界土地协议，共计725.81亩，并取得官渡区土地局颁发的国有土地使用权证；2001年5月18日，院高山所和中国科学院昆明植物研究所与英国爱丁堡皇家植物园合作的"中英合作复建丽江高山植物园"项目，在丽江高山植物园举行奠基仪式。

2002年8月19日，省农科院决定，植物保护研究所和土壤肥料研究所实行合并管理，并更名为"云南省农业科学院植保土肥研究所"。10月，经省委组织部批准，农科院驻地（州）市县下属研究所的党组织关系改变过去的属地管理，隶属于院党委。12月 经农业部批准，由院甘科所承建云南甘蔗品种改良分中心，下设盈江、永德、景谷 3 个良种繁殖基地。

2004 年 4 月，农科院进行内部管理体制与研究所学科结构调整的改革，出台了《云南省农业科学院科研所设置及学科结构调整的决定》和《云南省农业科学院管理体制与研究所结构调整改革的实施意见》，对农科院研究所的设置及学科结构进行调整。保留的研究所有：粮食作物研究所、园艺作物研究所、茶叶研究所、甘蔗研究所、热带亚热带经济作物研究所、高山经济植物研究所。更名的研究所有：科技情报研究所更名为农业经济与信息研究所，热区经济作物资源圃更名为热区生态农业研究所，油料作物研究所更名为经济作物研究所。合并的研究所有：生物技术研究所和农作物品种资源站，合并为生物技术与种质资源研究所；植物保护研究所和土壤肥料研究所，合并为农业环境资源研究所；蚕桑研究所和蜜蜂研究所，合并为蚕桑蜜蜂研究所。新组建的研究所有：花卉研究所、质量标准与检测技术研究所、药用植物研究所。2016 年，新成立国际农业研究所、农产品加工研究所。

4 月 25 日，云南农科院与文山州政府合作，共建云南省农业科学院文山丘北辣椒研究所；4 月 25 日，云南农科院与文山州政府合作，共建三七研究所暨云南省农业科学院文山药用植物试验研究基地；12 月 26 日，云南农科院与西双版纳州政府合办的"西双版纳普洱茶研究院"在院茶叶研究所成立，并举行挂牌仪式。


**主要参考文献：**

1. 云南省农业科学院志 . 云南科技出版社 .2006.

2. 赵利群——纪念赵利群同志诞辰 100 周年 . 中共党史出版社 .2007

**附录：**

1.《忆抗日战争期间昆明大普吉的清华子弟学校》

大普吉：清华在租用大普吉镇附近云南省建设厅农业试验场的一块边角地盖了一些简易房，先后设立农业研究所、无线电技术研究所、金属研究所、清华图书部以及医务室。住在这里的有农业研究所殷宏章（1940年夏秋迁来）、汤佩松、娄成后、王伏雄、裘维蕃、俞大绂、陈桢、戴芳澜各家和其他单身教职员，包括校医全绍志和图书馆马文珍……

2.《昆明大普吉那个永远消逝了的院落》

辛亥革命后，1912年，云南省在大普吉成立了最早近代的科研机构——省立农事实验场。直到1939年，昆明经大普吉到富民县城的公路通车，交通才显得方便起来……

3.《云南省农业科学院院志》（节录）

在国内著名高校迁入云南组成西南联合大学期间，植物保护学界的戴芳澜、俞大绂、周家炽、朱弘复、周尧、陆近仁、曹诚一等10多位专家教授，在云南开创了大量植物保护领域的研究工作，其内容涉及云南农经作物病虫害发生与防治研究等，并编撰出版了《云南经济植物病害之初步调查报告》《烤烟病虫害防治》《中国真菌名录及寄主索引》《植物病原菌学》、《鳞翅目昆虫检索表》等专著。

云南位于我国西南边陲，农业生产历史悠久。公元前279年楚将庄蹻入滇，中原文化传入云南，云南土著民族的原始农耕文明逐渐融入中华文明圈，形成了以传统农业为主，原始农业与传统农业并存的近代农业。云南农业科研工作，始于1907年（清光绪三十三年），在昆明建立云南农业学堂，设试验农场，分为水田、菜圃、花卉三部。1912年，在昆明成立云南农事试验场，设农艺、林艺、蚕桑、畜牧四部。1918～1941年，陆续建立棉业、茶叶、烤烟、畜牧、蚕桑等试验场和稻麦改进所，1946年，建立云南农林改进所。1949年中华人民共和国成立后，在中共云南省委和云南省人民政府的领导下，1950年，新建云南省农业试验站。1958年大区撤销，西南农业科学研究所迁来云南，与云南农业试验站合并，成立云南省农业科学研究所。1976 年，撤销云南省农业科学研究所，成立云南省农业科学院，设粮食作物研究所、油料作物研究所、园艺研究所、土壤肥料研究所、植物保护研究所，同时，将原属省农业厅管辖的烤烟研究所、甘蔗研究所、茶叶研究所、蚕桑研究所、热带亚热带经济作物研究所，划归云南省农业科学院领导。

云南农业科研工作，始于 1907 年（清光绪三十三年），在昆明建立云南农业学堂，设试验农场，分为水田、菜圃、花卉三部。1912 年，在昆明成立云南农事试验场，设农艺、林艺、蚕桑、畜牧四部。1918 ~ 1941 年，陆续建立棉业、茶叶、烤烟、畜牧、蚕桑等试验场和稻麦改进所，1946 年，建立云南农林改进所。1949 年中华人民共和国成立后，在中共云南省委和云南省人民政府的领导下，1950 年，新建云南省农业试验站。1958 年大区撤销，西南农业科学研究所迁来云南，与云南农业试验站合并，成立云南省农业科学研究所。

（陈宗麒）

# 1949 年 12 月原经济部中央农业实验所北碚农事试验场名册

公元 1949 年 12 月

（下表仅列由原北碚农事试验场转为西南农科所并于 1958 年迁滇部分职工名单）

| 姓 名 | 年龄 | 籍贯 | 专 长 | 到职时间 | 编者注 |
|---|---|---|---|---|---|
| 孙振洋 | 32 | 河南辉县 | 虫害药械及虫害防治 | 1942.7.4 | 随西南所迁滇后就职云南省农科所，于 20 世纪 60 年代初期调到文山州农科所 |
| 夏立群 | 29 | 四川江津 | 病害防治研究 | 1948.7.1 | 于 20 世纪 80 年代中期调云南省植保植检站 |
| 叶孝怡 | 39 | 四川江北 | 园艺技术 | 1945.7.11 | 随西南所迁滇后就职云南省农科所，于 20 世纪 60 年代初期调到云南省林科所 |
| 李月成 | 34 | 四川安岳 | 水稻试验示范推广 | 1943.9.26 | 一直在本单位从事水稻育种及推广示范工作至退休 |
| 杨昌寿 | 27 | 四川涪陵 | 病虫防治研究 | 1949.7.1 | 一直在本单位从事农作物病害防控技术研究工作至退休 |
| 唐世廉 | 25 | 江苏萧县 | 作物育种 | 1949.7.1 | 一直在本单位从事玉米育种等工作至退休 |

| 姓名 | 年龄 | 籍贯 | 专长 | 到职时间 | 编者注 |
|---|---|---|---|---|---|
| 叶惠民 | 28 | 浙江瑾县 | 土壤肥料化学分析 | 1947.10.1 | 一直在本单位从事土壤肥料研究及行政管理工作至退休 |
| 徐德光 | 27 | 四川开县 | 土壤肥料田间试验 | 1942.10.1 | 曾调出又调回在本单位从事土肥和期刊编辑工作至退休 |
| 黄海清 | 28 | 四川威远 | 家畜饲育兽疫防治 | 1946.5.1 | 随西南所迁滇后就职云南省农科所，于20世纪60年代初期调到畜牧兽医所 |
| 王增琛 | 25 | 河北正定 | 烟草栽培及抗病育种 | 1949.7.1 | 于20世纪80年代中期调云南省农委 |
| 张国成 | 34 | 四川荣昌 | 农作栽培 | 1945.1.1 | |
| 冯光宇 | 24 | 浙江绍兴 | 玉米自交 | 1947.4.10 | 一直在本单位从事玉米育种工作至退休 |
| 蔡士咸 | 36 | 四川荣昌 | 会计事务审核账务 | 1942.2.9 | 一直在本单位从事会计工作至退休 |
| 陈泽普 | 35 | 四川荣昌 | 财产管理 | 1940.10.1 | 一直在本单位从事物资财产管理工作至退休 |
| 王思让 | 31 | 江苏漂水 | 财产管理及医药事务 | 1946.5.1 | 一直在本单位从事医务工作至退休 |

（中国第二历史档案馆资料　南京 2019.12 查阅）

（院历史文化挖掘工作组整理）

# 1958 年前云南省农业试验站职工名单

站　　　长：孙　方　　程侃声　　诸宝楚　　徐天镏

副 站 长：刘　云　　万耕书

书　　　记：高兴发　　张文彬

会　　　计：肖炳炎

行 政 人 员：相士骈　　施洪恩　　高　美　　钱有信　　杨永言

伍魁梧　　王以清　　宋慎言　　汤敬铭　　范存华

管国安　　张瑞卿　　左华琼　　熊庆芝　　刘琼英

杨兆宏　　陈玉兰　　李其华　　万留英　　马丽珍

陈名伟　　李丽君　　江平秋

粮食作物组：李士彰　　李开荣　　赵丕植　　周季维　　钟绍先

游存耻　　李惠兰　　李秉乾　　甘长庆　　钱为德

张宝善　　苏炳德　　柴廷兴　　郭兰臻　　陈秀芳

刘时中　　杨学英　　王云中　　秦心全　　李菊英

陈玉珍　　曹玉珍　　潘永言　　黄桂英　　施　华

蔡淑燕　　翟　平

工业原料组：李爱源　　贾琪光　　申淑琼　　石惠泉　　孙奎越

岳春成　　雷云清　　顾云清　　王兰琴　　谷凤英

杨瑞林　　曹　林　　杨自强　　牟云清　　孟自仁

孙　蓁　　王曼侬　　曾庆超

园 艺 组：杨辉远　　白文逸　　苏发昌　　周立端　　潘德明

曾宪庄　　张弄德　　郭家骏

植 保 组：何林森　　刘玉彬　　王永华　　刘幼民　　沐正国

土 肥 组：彭德文　　陈宪祖　　孙延辉　　王玉舒　　朱嘉祥

后　勤　组：李秉乾　冯开顺　冯开发　张　意　鲁德才

　　　　　　马　高　马　明　李忠英　陈光禄

畜　牧　组：翟炳林　张国安　王国润

气　象　站：陈懿珍　张美仙

（注：以上名单由李爱源 2008 年回忆整理提供，云南省农试站老职工钱为德、刘玉彬审阅补充。职工所在部门或调动变更，或因记忆偏差难免有不准确之处）

# 1958年西南农科所迁滇职工及家属名单

| 行政管理人员： | 赵利群 | 毛碧云 | 李华模 | 张仁科 | 彭显明 |
| | 柯愈蓉 | 朱贤荣 | 谭继清 | 陈泽普 | 蔡士咸 |
| | 赵志奇 | 郭静嫒 | 赖众民 | 雷淑君 | 廖显坤 |
| | 黄兰芬 | 洪玉莲 | 王思让 | 李清美 | 张瑞娟 |
| 行 政 工 人： | 谭友熙 | 陈钦之 | 罗光荣 | 何万春 | 王成明 |
| | 孙建成 | | | | |
| 作 物 系： | 游志昆 | 曾学琦 | 李月成 | 张尧清 | 李林烈 |
| | 陈正易 | 夏奠安 | 李 馨 | 曾福安 | 黄裕国 |
| | 杨诗选 | 徐培伦 | 陈华荣 | 周天德 | 余淑君 |
| | 易复惠 | 周海俐 | 刘 继 | 康尔俊 | 陈秉相 |
| | 胡可俊 | 唐世廉 | 冯光宇 | 唐嗣爵 | 林国俊 |
| | 郑光宇 | 孟宗鲁 | 彭仲云 | 魏鸿洲 | |
| 油 料 系： | 梁天然 | 徐昌荣 | 余中琪 | 史华清 | 龚瑞芳 |
| | 余立蕙 | 张玉清 | 唐彬文 | | |
| 植 保 系： | 戴铭杰 | 王增琛 | 余芸英 | 夏立群 | 杨昌寿 |
| | 孙振洋 | 丁蕙淑 | 屠乐平 | 吴自强 | 田长漳 |
| 土 肥 系： | 李正英 | 叶惠民 | 宋淑琼 | 蔡万云 | |
| | 颜鲲溟 | 王乃仪 | 鲁恒生 | 樊福勋 | 叶爱兰 |
| | 唐德予 | 张元远 | | | |
| 园 艺 系： | 葛义和 | 易朝贤 | 叶孝怡 | 周小平 | 王白坚 |
| | 丁素琴 | 杨兴华 | 柳志玲 | | |
| 农 经 系： | 袁德政 | 李天祥 | 朱秀峰 | 龚绍华 | |
| 畜 牧 系： | 陈万聪 | 黄启昆 | 黄海清 | 赖 璇 | 李树清 |

　　　　　　　　金品超　　吴师班

农　技　工：董海云　王洪礼　雷元珍　刘银章　粟世林

　　　　　　　粟桂华　刘正良　匡钱山　冯志明　刘清英

　　　　　　　刘开文　邱月成　贺官泽　赵善秀　陈昌华

　　　　　　　奉孝礼　汪银洲　王炳清　张锡之　吴荣兴

　　　　　　　陈绍清　秦兴全　王发前　李林德　王顺奇

　　　　　　　田绍清　潘再友　尹素华　秦太模　吴显模

　　　　　　　汪兴珍　黄淑君　周淑芳　徐　俐　唐九荣

　　　　　　　肖金贵　向佑珍　王炳云　曾文清　徐文礼

　　　　　　　杨大荣　曹洪玉

随　迁　家　属：陈天碧　裴素清　胡庭碧　吴大珍　傅昭容

　　　　　　　张爱香　陈佑怀　唐盛怀　竺礼凤　周朝芝

　　　　　　　陈万群　肖本玉


遗憾记忆有限，错、漏难免。

难忘大搬迁，永远怀念，祝愿大家平安幸福快乐健康！！！

　　以上名单为西南农科所柯愈蓉、余淑君、王白坚根据记忆整理，于 2022 年 1 月 23 日提供，西南农科所老职工唐世廉（时年九十八高寿）阅后无补充。

　　注：以上名单为 1958 年西南农业科学研究所迁滇职工现健在当事人根据回忆记录，实际应更多。毕竟六十多年往事，时过境迁，当事人大多去世，健在的也年近九十，或已过鲐背之年，记忆难免偏差或遗漏。

# "西南所奉命整体迁滇通知"文件解读

## 中华人民共和国农业部
## 关于西南所迅速由渝迁滇与云南合并建所的通知

### （58）农院瑞字第8号

西南农业科学研究所：

我部决定将你所由重庆迁往昆明，并经我部廖鲁言部长与云、贵、川三省负责同志共同商定下列事项：

迅速将你所由重庆迁往昆明与云南省站合并建所。

贵州省农业科学技术力量比较薄弱，应由你所抽调必要人员支援。

如贵州省仍感力量不足，你所得在研究项目上接受贵州省委托的任务。

望你所即在云南省委和农业厅的领导下，迅速进行迁往云南的工作，并将你所部署报部。

中华人民共和国农业部（印章）

1958年3月7日

抄报：国务院科学规划委员会、国务院第七办公室、国务院编制委员会。

抄送：四川、贵州、云南农业厅

"西南所奉命整体迁滇通知"文件解读：

通过这一文件可以看到，农业部下达的通知明确了几点：

　　《通知》明确要求，将西南农科所整体迁滇与云南省农试站合并建所，即合并组建云南省农业科学研究所。这方面过去广泛流传说上级原要求将西南农科所科技力量和各方面资源按川、黔、滇划分各为三份，分别派遣迁往西南各省的说法不一致。以至于普遍传说赵利群所长未按上级指示办而将西南所整体迁滇导致受到各方面影响的原因。

　　《通知》要求"贵州省农业技术力量薄弱，应由你所抽调必要人员扶持"，强调的是"抽调必要人员扶持"，并未要求将西南所划分一定农业技术力量到贵州所；

　　《通知》提到贵州如仍感力量不足，需要新组建的所在研究项目上承接贵州所委托的任务。也就是云南所应承接贵州所委托的农业科技任务，在科技项目上倾斜帮助贵州农业生产实际问题的解决。

　　后来柯愈蓉寄来该文件的照片底片原件，我们再对照片底片进行冲扩并进一步核实照片的每一个文字。

　　综上所述，赵利群所长是严格准确地按照农业部文件执行，组织西南农科所整体迁滇，与云南省农试站合并建所。而长期以来普遍谬传赵所长未将西南农科所一分为三，分别迁移至云、贵、川三省，是一种以讹传讹的说法。

　　以此将迁滇命令解读，力求去伪存真，还历史于本来面目。

（陈宗麒）

# 茶叶所的由来

　　茶叶研究所从历史来追溯，应该是在1938年的时候成立的。1938年，当时的云南省政府在勐海成立了个思普企业局，也叫思普垦殖局，驻地是在现在县委党校那个位置。思普企业局当时是官办的，下面有志安纺织厂、南峤农场、勐湖有个金鸡纳厂，在南糯山有个种植场。我们所就是从思普企业局中的南糯二场成立的，当时南糯山有一场、二场，一场是加工茶叶的；二场是种植场。创办是在民国时期，思普企业局有位被称为"白总办"的白耀明，是个旧市沙甸的回族。这段时间的历史是从县政府县志资料中查到的。

　　1938年4月筹建了二场，然后1939年到1940年期间茶叶生产有一厂。在民国这段时间历史中，白孟愚在这个茶叶史上有两大功劳，一个是把内地的开梯条栽的技术引进到云南，在南糯山二场开始种茶，建立新茶园，建立制茶厂。在云南历史上第一次采用开梯条栽技术，以前我们云南的茶是满天星种植，这个在云南种茶历史上是首次；二是从印度引进红茶机械，第一次在云南生产机制红茶。然后1950年大概是三四月份，云南就解放了，当时这里属于思茅管，思茅就派了个生产大队，那个人的名字叫刘杰生，来兼管思普企业局这些企业，先在勐遮，包括勐混在内，最后由于管不过来，所有人员又返回南糯山去种茶去，这个大约是 1950 年初和 1951 年的时候。1951 年六七月，蒋铨又率省农业工作队，从思普企业局接管过来，成立了茶叶所，当时是叫"云南省佛海茶叶试验场"。彼时，组建了这个"云南省佛海茶叶试验场"以后的所部是在现在党校那里，搬上搬下好几次。这个就是茶叶所的来龙去脉。

## 茶叶所的点点滴滴

茶叶所发展到今天，一是体现了艰苦创业，一是体现了求实创新，就用这 8 个字来形容。中华人民共和国成立后从蒋铨开始，南糯山当时是原始森林，人烟稀少。当时的公路只通到普洱（现宁洱县），买机械都是从普洱用人抬到南糯山，很多老职工都是抬机械来到后，

就地留下来的，条件非常艰苦。除了交通困难外，还有住的问题，自己动手搭草排盖房子，"草排房，泥挂墙"，还要面临先治坡还是先住窝的问题。一边建茶园一边建房子；还有就是晚上点起马灯栽茶苗，晚上挑水抗旱。还有另外一个"艰苦"就是 50 年代边境都不通公路，老科技人员硬是靠双脚走路，一个山头一个山头的去收集品种资源。

1957 年的时候，我们第一任所长蒋铨徒步考察了 6 大茶山，好多地方都没有路，走了一个多月，行程 1200 余里，走遍了 6 大茶山的山山水水，村村寨寨，走访了许多村寨的男女老少，查看了许多碑石记录。历尽千辛万苦，搜集到真实的第一手资料，为 6 大茶山史料提

供了宝贵的、不可磨灭的证据。这个是茶叶所历史上第一人，他把考察了的6大茶山的位置和名称统一了，后人都是沿用了他考察的成果命名的地名。后来，我们蒋老所长通过系统考察，深入研究了云南种茶史，提出了云南最先种茶的民族是濮人（就是现在布朗族的先民）。

从求实创新来讲，我们老所长蒋铨徒步考察6大茶山，他就非要自己去走，用脚去量，把6大茶山的位置确定清楚，这个地方到那个地方走路要多少时间，相隔距离多少路，这个求真求实的态度，很了不起。还有我们张顺高所长，在巴达调研野生茶树的时候，反反复复地上去核实，很严谨。如果没有这种务实的精神，就没有创新的成果。求实创新这个就是主线，也就是茶叶所这80多年发展历程中形成的精神和文化。

还有我们张顺高老所长。张顺高所长他是搞茶叶栽培研究的，是很下了些大功夫、苦功夫的。他提出了密植速成高产栽培法，所谓密植就是反复地对茶苗不同排列组合，最后研究到一亩地要多少株茶苗才能不影响它生长，同时还要高产，这个就是反反复复地试验试种才得出来的。

我们张顺高所长、王海思等一些茶叶专家还到了非洲马里去援建茶场，帮助非洲兄弟建设和种植茶园。在资源调查方面，王海思、王平盛他们从1979年开始的，那个时候正是中越边境自卫反击战的时候，他们冒着枪林弹雨，冒着瘴气毒气等生命危险在马关、麻栗坡等边境线上考察。他们考察下来，到目前来看，元江、红河、红河以东

1964 年 9 月，蒋铨、金鸿祥参加中国茶叶学会成立大会

这片区域应该是野生茶种分布最集中的地区。那个时候的资源考察，不止在中越边境这些战争地区，还有在其他原始森林里，他们都是冒着很多生命危险过来的，把云南茶叶资源收集保存起来。

这就是艰苦创业，艰苦创业和求实创新是相辅相成的东西，接下来我们要说的王朝纪，普洱人，一个小学生，当时他为了把大叶种和小叶种搞清楚，为了找准茶花的最佳授粉时期，在茶园里点上火晚上去授粉，手工授粉，真不容易。科技推广方面，在云南的所有茶区，茶叶所都派过茶叶工作队，而且蹲点的人有些还是怀孕的，基本上都有人在点上指导生产，例如元阳、绿春、临沧、保山等。那时候，茶叶所的徐爱民在澜沧蹲点，从 1982 年一直到 1998 年才回来，蹲了 16 年，非常不容易。这种艰苦创业精神，一代一代的传承过来的，如果没有这些人和这样的精神，茶叶所也没有今天。

## 与茶叶所结缘

我与茶叶所结缘要从部队说起来。我是贵州仁怀人，原来在勐海勐混的边防二团当兵。1983 年部队整编的时候，成建制的改成茶场，改成昆明军区勐海茶场，我们的任务转换为种茶，由茶叶所的专家对我们进行技术指导，就此与茶叶所就建立了关系。

1985 年我退伍的时候，茶叶所要招一个能写材料的人，我就到茶叶所了，也就与茶结下了缘分。说实话，虽然在部队上算是会写点材料，退伍后来所里科技人员还是看不起我，说我不懂专业。我脾气也犟，心里憋着股气，想看看这个专业有多深，就自学。从 90 年代到现在，我就一边学习一边写专业文章，特别是资源调查方面的，差不多写了 500 多万字了，每年大概要写一二十万字。科技人员的思路和想法与我们不尽相同，例如研究景迈茶，科技人员文章一发表就告一段落了。我呢，就把景迈茶结果交叉对比，找两者之间的不同相性，不同滋味，看它的化学成分的含量和差异在哪里？我的理解方向又不一样，

1967 年帮助部队进行茶园规划

在他们的成果基础上，随着纬度和海拔的变化，这个茶叶的生理性状的改变是怎样的，把他们单项的、窄领域我就进行综合。

## 对农科文化的理解

从茶的角度来谈呢，我认为是"清和淡雅"，是做茶人的根本。饮茶补性，它可以引申到很多方面。清是茶之性，或是茶之魂，淡是它的品性；淡定，用简单朴素的生活方式，雅是一种风俗风气。

## 对后来人的希望

我任党委书记的时候，我曾经做过一件事，就是缅怀王朝纪先

生，他从小学生干出了大名堂。我专门召开了一个会议回忆了这位老专家。现在是随着物质文化和科学技术的发展，如何传承艰苦创业和学术创新值得深入探讨，特别是我们农业科研单位，现在基本上科技人员到田间的时间特别少了，大多数时间都在电脑面前了。一个农业科研单位的"农"字，就决定你要跟土地打交道，你就要研究如何将科研和生产结合等问题。有时间我又倒过来想，当时那些大学生为什么大老远地跑到这么偏远的南糯山来？来干茶业？我想，就是因为热爱这个行业。你热爱农业，热爱科研，热爱这个行业，因为爱了就有动力，你如果不爱这个行业，你怎么都没有动力。

今后的这些年轻人，还是要加强艰苦创业的教育，当然还要靠环境、平台来支撑。年轻人如果彰显不了一个安心、热心农业的问题，解决不了这个思想上的问题，就不可能有吃苦耐劳的精神，也就做不好农业科研工作。要热爱农业，掌握农业的特征，就要和土地打交道，就不能经常围在电脑面前。很多试验数据，要从田间地头来，不是靠电脑算出来的，你不跟土地打交道，怎么去实践，怎么讲科研与生产相结合。

（供稿：石照样）

# 云南省农业科学院茶叶研究所记

　　公元 1938 年春，云南省财政厅厅长陆崇仁，差遣白孟愚南行，创办实业求复兴。佛海平畴沃野，山清水秀；白公感慨万千，悦目赏心。踏勘城西曼真，茶树满山遍岭，芽状嫩绿，清香诱人；品质优良，为之动情；创业兴茶，油然而生。选南糯山之幽静，托大茶王之神灵。建场办厂；生产经营。引进开梯条栽技术，种植茶树十余公顷。制造饼茶，销路畅行。日军侵华，战祸殃及打洛边境；情势所迫，无可奈何歇业告停。白公壮志未酬，抱憾终身；创业兴茶之举，青史留名。中华人民共和国成立，百废待兴；思茅专署委派刘杰生，恢复经营。研制红茶，送往上海审评；品质极佳，"滇红"声名大振。

　　公元 1951 年 8 月，蒋铨奉省军管会之命，组建茶试场，开启新征程。50 余年，三迁所址，五更隶属，七易名称。建所初期，形势严峻；土匪猖獗，瘴气袭人；虎狼出没，险情环生。学子精英，不恋都城；筚路蓝缕，以启山林。悍将强兵，忠勇发奋；开荒垦地，戴月披星。土烘房成功，干燥技术改进；牛拉机问世，揉捻工效大增；杀青

机研制，劳动强度减轻；老茶园改造，单产成倍提升。搜集品种，足迹遍山岭；推广红茶，深情溢乡村。密植速成栽培，应运而生；传播非洲，奉献世界和平。复合有机茶园，返璞归真；天人合一，创建生态文明。云抗系列品种，茶中精品；人与自然，联手创新。人工杂交选育，独辟蹊径；珠联璧合，异彩纷呈。防治病虫草害，治标兼顾治本；搜集鉴定天敌，探索生防途径。茶叶加工，推陈出新；名优产品，特色鲜明。闻香品味，妙趣横生。云海白毫，银光闪烁藏风韵；版纳银峰，锋芒毕露蕴温情；佛香茶，桂馥兰馨入化境；紫娟茶，降脂降压亦传神；"含笑吐三香"，形态栩栩如生；"金针"工夫茶，汤色晶晶红润。资源考察，汗洒云岭；考察结果，世人震惊。茶树原产地，百年争论，雄辩驳不倒如山铁证；建立种质圃，收集保存，拯救无数个濒危生灵。科技成果覆盖全省；茶农致富走向温馨。

回首往昔，科技兴茶建立功勋，政府表彰，社会肯定；展望未来，知识经济漫卷风云，不进则退，形势逼人。继承发扬前贤创业精神，激流勇进；牢固树立当代发展理念，超越前人。兴所富所，责任非轻；策励自我，勉励同仁，开拓创新，作此小记。

## 西双版纳——云南茶叶科技的摇篮

西双版纳茶树生态环境得天独厚，产茶历史悠久，茶叶产品精华灵秀而闻名中外。同时，她还是云南茶叶科技的摇篮，一批批对茶产业具有重大推动作用的科技成果，在这块宝地上孕育、诞生。

民国27年（1938），经省务会议决定，委派白耀明先生筹建"云南省思普区茶业试验场"，于同年元月在勐海县勐遮建立第一分场，4月在南糯山建立第二分场（省茶科所、云南省农科院茶叶研究所前身）。

在云南历史上第一次采用开梯田条栽技术，建立新茶园。建立制茶厂，从印度引进制茶机械，在云南历史上第一次出产红茶。据民国33年（1944）云南省民政厅《思普沿边开发方案》记载："在车里境内（当时南糯山归车里管辖）

茶叶所建所初期

办有试验种茶场，除制茶外，更从事种植之改良，规模极大，前途亦甚有发展。"1950年西双版纳解放后，试验种茶场由人民政府接管。1951年8月经省人民政府批准，在此基础上建立"云南省佛海茶叶试验场"，1958年2月，该所由南糯山迁往勐海县勐海镇曼真村。1979年由省农业厅划归云南省农科院建制。

自20世纪50年代到21世纪初，该所围绕云南大叶茶的资源、品种、栽培、加工等方面开展系统研究和示范推广，完成研究课题150余项，取得研究成果100余项，获奖成果45项，其中国家级成果奖2项、省部级成果奖17项、地厅级成果奖26项。

在资源研究方面，对全省茶树资源进行了系统的考察和鉴定，在世界已发现的47个茶种中，云南占有33个种、2个变种，其中26个种、1个变种为云南独有。在所内建立了国家茶树种质圃，搜集保存22个种1000余份珍稀材料，为论证茶树原产地在云南提供了有力的佐证；在茶树新品种选育研究方面，经系统鉴定，申报审定的国家级有性群体良种3个，

育成国家级无性系良种 2 个，省级无性系良种 18 个，获国家新品种保护权 2 个，在全省推广应用的良种面积达 80 多万亩；在茶树栽培研究方面，"大叶种密植速成高产栽培技术"研究成果，被国家农业部列为全国重大科技推广项目，在省内推广 150 万亩。在全国率先提出"生态茶园"理论，建立生态示范茶园 16 万亩，有机茶园 4000 余亩；在茶叶加工研究方面，工夫红茶、红碎茶、绿茶工艺技术研究成果在全省推广应用。"普洱茶真菌人工接种渥堆发酵工艺技术"研究成功，已申报发明专利。"普洱茶适制新品种研究"和"普洱茶品质形成机理研究"取得了阶段性的成果。开发国家级、省级、地厅级名优红茶、绿茶、普洱茶新产品 40 个；通过举办多种形式的培训班，为全省茶区培养了一大批实用技术人才。科技成果在生产上的广泛应用，有力推动了全省茶产业的发展和整体素质的提升。

（写在云南省农科院茶叶研究所建所 70 周年之际）

（作者：石照祥）

# 杨文波先生的一份委任状

杨文波（字士敏），1890年9月出生于富民县三村的一个农民家庭。1913年考取北京大学法学系，后改学哲学。1918年，28岁的杨文波从北大毕业，返家务农。

一年后到昆明工作，期间先后担任成德中学校长、联合师范学校校长、省消费税局副局长、省教育经费管理局局长。

1928年初，龙云任云南省政府主席，为摆脱财政危机局面，从根本上解决云南民食问题，开

始采取了一系列财政改革措施，兴修水利就是其中一项。

杨文波看了启事后，遂开始对滇池沿岸实地考察，并向龙云提出了用抽水机抽滇池水灌溉滇池周围稻田的建议。龙云曾在此地驻防，知道这一带干旱缺水，认为理由充分，即命他选择滇池沿岸适当地段试办。随后，杨文波辗转越南和国内杭州、无锡、常州多地参观考察后，从上海购到3台电动抽水机，安装于大观楼后面的明家地，抽水灌溉了自潘家湾起经红庙、土堆河沿岸以至明家地共计千余亩稻田。龙云闻听前往察看，见谷穗长而结实多，成效显著，并让他继续再选适当地段抽水灌溉，他又选定官渡区马料河，安装了两台大型柴油抽水机，抽水灌溉了以往十年三不收的数千亩稻田。这两处水利的成功

引起了云南省政府重视，一致认为兴办这类水利，时间短，收效快，值得提倡，这为后来兴办水利和开蒙垦殖提供了重要前提。

1933年2月和5月，国民政府先后颁布《奖励辅助移垦原则》及《清理荒地暂行办法及督垦原则》，全面推进各地的垦殖事业。

1935年（民国24年）8月，云南省政府派遣时任省垣农田水利工程处处长的杨文波赴开蒙实地考察后，认为蒙自及辖属草坝，开远辖属大庄坝，三处土质佳良，面积辽阔，地势平坦，且位于滇越、个（个旧）碧（色寨）两铁路旁，交通便利，开垦前景广阔。10月，杨文波便将考察结果上报龙云，龙云当即决定让杨文波去兴办开蒙地区农田水利。省政府根据杨文波的考察报告，经第444次会议议决开发三坝（蒙自的蒙自坝、草坝和开远的大庄坝简称"三坝"），并责令云南省经济委员会负责实施。省经委会遂于12月成立筹备处，委任杨文波任主任负责筹备。

1936年6月，龙云在省政府第475次会议上提议，要兴办迤南开蒙农田水利，设立开蒙区垦殖局，简称为"开蒙垦殖局"，同年8月15日，垦殖局在开远大庄坝新寨正式成立，正式开启"三坝"开发的大幕。

1937年，为了全面推进开蒙垦殖，提高垦殖质量和效益，草坝土地全部由政府出资收购，统一划归开蒙垦殖局管理。收购工作历时半年，总共收购地主和自耕农所有的土地5.5万亩。同年大兴水利，凿通黑冲北口石山峡内修闸坝，挖通由蚂蝗沟至黑冲北口的新河道，开挖由开远冲坡哨至沙甸河约二公里的新河，疏浚沙甸河至倘坝河尾20余公里。

在草坝兴修20余公里的河道，及永丰渠与黑水河分流处的两座闸门，引大屯海、长桥海水灌溉草坝大片耕地。是年，抗日战争爆发，日本帝国主义对江浙地区的蚕丝业大肆破坏，为了中国蚕丝业复兴，蚕丝界人士遂考虑与西南大后方谋求出路，意图复兴。

1938 年，在全面抗战开始后不久国民政府即开始注重垦务，颁布了垦荒政策法令并成立专门垦务机关。要求中央及地方政府设立垦务机关，统筹办理全国垦务。同年，中国蚕丝公司总经理葛敬中等历经中国西南多处查勘后认为，开蒙垦殖局经营的草坝地区地理环境得天独厚，适宜栽桑养蚕，遂准备在当地复兴蚕业。

1939 年至 1941 年间，由于大量田地开垦后无人耕种，垦殖局决定从外地招人来耕种。而从外地招人就需要有住房供来人居住，于是，报请云南经济委员会转报省政府核准，由云南经济委员会出资，将草坝建设规划为 20 个新村，招收新农到草坝耕种新开出的 5 万余亩良田。同年 2 月，云南蚕业新村公司在草坝成立，缪云台任董事长，葛敬中为总经理，杨文波任副总经理，何尚平任总技术师，公司租赁开蒙垦殖局 3 万余亩土地用于发展蚕业。新村前期在草坝中部建盖了 5、6 两村，在东南部建盖了 17、19 两村，在西部大小洛就与雷公哨之间建盖了 1、2 两村，在东山脚建了 20 村，规划出 13 和 16 两村为蚕业公司养蚕用。新建的大、小村共 9 个，每个大村盖宿舍 32 幢，小村盖 16 幢。建好上述村子后，由于抗日战争的影响，云南经济委员会资金困难，无力再支付后续新村建设费用，建房计划停止。时任云南经济委员会主任缪云台便乘机与蚕业新村公司总经理葛运成协商，垦殖局原计划建设的所有新村，交由蚕业新村公司负责出资建盖。葛运成雇请上海兴中建筑公司经理王岳峰，率领上海大批技术工人经越南到草坝建房。首先在草坝火车站前面建盖大办公室 1 幢，在办公室后面建成职工宿舍 20 余间，蚕房数 10 幢，成为 16 村。继而在距 16 村 1 公里

处的公路两旁，建盖了饲养优良蚕种的养蚕室瓦楼数 10 幢，成为 13 村。又在 16 村对面公路旁，建盖了 1 所西式招待所，1 所医务室，5 所西式住宅。1939 年春天开始大面积种植桑树，所栽桑树苗部分是从江苏、浙江海运到越南海防，再通过滇越铁路运至蒙自，部分桑苗是在蒙自草坝培育，并在当地举办技术培训传授栽桑养蚕常识；截至 1942 年，开蒙垦殖种桑养蚕取得显著成效，当年收得鲜蚕茧 84539kg，并开始缫丝，生产生丝 9665.5kg。

1943 年，为了提高教育水平为垦区培养人才，在当地绅士、垦殖局与明德中学的支持下，在垦区大庄清真寺创办"明德中学开远分校"，推进中学教育，由局长杨文波任校长，秋季招生 65 名学生。

1944 年（民国 33 年），"三坝"垦殖工作已基本完成，新开出稻田 5 万余亩，加上原有土地，共有 8 万余亩，除租给云南蚕业新村公司 3 万亩，垦殖局自种 4000 亩外，剩余近 2 万亩稻田和 3 万多亩旱地。同年 4 月 15 日，云南省政府派省民政厅厅长李培天、省经济委员会主任缪云台和开远、蒙自两县县长在草坝十六

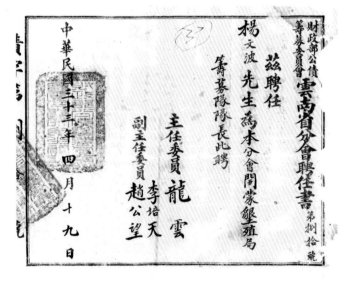

村旁的广场召集草坝新旧农户，按人口售田，发给执照管种，每年交纳耕种所得十分之三的租谷给垦殖局。4 月 19 日，财政部公债筹募委员会云南省分会委任杨文波为开蒙垦殖局筹募队队长（见图），负责将所收租谷出售，所得收入一部分作垦殖局员工工资及经费、水利设施维修费、各村教育经费和乡保甲长薪水，其余连同云南蚕业新村公

司缴纳的 3 万亩租金全数上缴云南省经济委员会。

1947 年，国民政府财政资金短缺，垦殖工作暂缓，蚕业新村后续建设未能按照原计划建设完成，是年 6 月，开蒙区垦殖工作结束。年底"明德中学开远分校"改名"新民中学"，杨文波不再担任校长，但有关工作一直延续到 1949 年冬云南解放，垦区由昆明军管会接管部农林水组实行军事接管，杨文波将全部农田水利情况造册移交军事代表张天德，云南开蒙区垦殖局事业全部结束。从 1935 年至 1947 年，开蒙垦殖局历时 13 年发展建设，创造了云南省科学垦殖的先例，对滇南乃至整个云南经济开发作出了一定贡献，同时对于建设边疆稳固边防起到了重要作用并积累了丰富的农垦经验，另外，既保证了边区军民的生产生活，又自力更生发展生产支援前线，为抗战胜利奠定了一定的物质基础。

"开蒙区垦殖局""云南蚕业新村公司"，位于蒙自草坝，也就是今天云南省农业科学院蚕桑蜜蜂研究所的前身。

（供稿：宗德琴）

# 蚕蜂所"小红楼"的前世今生

## 陌上桑翠映红楼

云南省农业科学院蚕蜂所位于百年滇越铁路的主要中转换装站蒙自市草坝镇（碧色寨火车站附近），在蚕蜂所辖区的 16 村与 13 村之间，有一排环翠依秀，红砖红瓦的近代西式建筑小楼格外醒目。小红楼共七幢呈一字排开，东临，1938 年秋原云南省主席龙云亲临草坝视察时命名的嘉铭河（原称永丰渠），南临草坝至雨过铺公路。四周上千亩漫无边际的桑园绿海，在无风之时，恬静得像一个温馨的少女与小楼相依相拥。

翻修如新的小红楼

小红楼为上下两层砖木结构的别墅式建筑，南北朝向，各有古木相伴。入户门口为条状石台阶，方门厅。一楼条状棕色木地板之下设有用来通风防潮的地下空间，其南、北各有四个通风口与室外相通。一楼二楼由木制带扶手棕色楼梯相通，上楼也为木制棕色条状地板，上下两楼各设有三个房间，上楼还设有一个方形露天阳台。小楼四周上下外墙都设有带棕色木制百叶窗和玻璃的窗口，每个窗口上方各设有防雨水的红色小瓦顶。房顶为人字形红色坡形瓦顶，其上开设有老虎窗及顶天窗。

据记者冯叶，1946 年 8 月《沧海变桑田——随中美农技团草坝观光记》中描述："玲珑而小巧的西式房屋，建盖的是那么别致新鲜。房前那一个圆形的花圃，花儿虽觉稀少了些，但法国引种的金红小草，却十分炫眼地平铺着，像一块漂洁的地毯，侧边建有三合土的网球场。

开蒙垦殖局杨文波局长（兼蚕业新村公司副总经理）邀大家到他的小红楼寓所去休息。一所娇小的洋房，墙壁是赭红色，映在绿叶丛中，格外显明，房屋周围的树木花草可真多。欢喜树的枝尖，越过屋顶，又垂落下来，叶影闪动在窗前，什锦开着像火样的大红花，围绕在庭院中的木栅上，园里有蔬菜，有果木，安南（越南）品种的香蕉，已经结实了，纺锤形的绿实，几十个丛生在花柄上。会客室很幽静。

春季，在暖风的轻抚和燕子的婉转声中，小楼四周像列队一样整齐排列的桑树破苞了。这时，如果留意观察，你会发现刚破苞的

桑芽都张开了小口充满笑意，静心倾听，似乎还能听到桑芽的笑声和窃窃私语声。一两场春雨后，一瓣瓣心形的毛茸茸的小黄叶便长成肥肥的桑叶了，大的如荷叶般能顶在头上遮阳避雨，这时的桑园变得郁郁葱葱，青翠欲滴，满目绿海中的小红楼在桑园的映衬下更显得娇艳别致，更加小巧玲珑，更加亭亭玉立，像着红妆下凡到人间的七仙女沐浴在绿海中般，那么艳，那么鲜，那么娇俏妩媚，那么充满韵味，令人叹赏，令人神怡，令人灵魂出窍，流连其中像身处海市蜃楼般，就连飞过的行鹭，也因她而忘了振翅，彩霞羞藏南山，百花含泪尽落……

春蚕快吐丝结茧时，桑园的桑果成熟了。成熟的桑果，不仅形状、颜色惹人喜爱，味道也非常鲜美甘甜，把它放进嘴里，轻轻咬一下，那鲜红的汁水便沾满了嘴唇，细细品尝，你会感到那充满身心的甜是任何水果无法比拟的，难怪"果熟桑园处处蹊，孩童出陌路人笑，汁染嘴紫脸儿花"。

近几年来，我所都在小楼附近桑园举办"陌上桑桑果采摘节"观光农业旅游活动。阳春三月至初夏五月，每天到我所桑园休闲观光采摘桑果的游客都上千人，节假日近五六千人，小红楼也成了人们参观拍照留影写生的好去处，甚至成了周边城市新人们拍摄婚纱照的首选背景。

成熟的桑果，还吸引了四周山上的鸟儿到桑园享受盛宴，吃饱的鸟儿作为回报总要在枝头轻歌曼舞一番。这时，你会发现鸟儿们的欢叫声比刚到桑园时更嘹亮、更婉转、更悦耳。此时如果你是站在小楼二楼阳台上面对此景，你内心是如何地陶醉！百鸟入园，常惹得山蝉醋劲大发；蝉群入园，如急雨般一浪高一浪的噪声，常掩盖了鸟的歌声；这时，百鸟只有认输的份，离开桑园一路，骂骂咧咧回归山林。小楼里的人们，这时肯定也会显得焦躁不安，甚至有要向窗外扔茶杯的想法，相互说话都得提高嗓音。

云雀还常在小楼上空一路盘旋而上，层层升入云空，又节节降至低空，它们的歌声宛如清溪的潺潺声，婉转多姿，但又起伏低昂，因风变幻，常惹得采桑女停歌歇手，驻足欣赏一番。

我曾以值班为由，在中秋之夜一个人留宿小楼。记得天刚黑下来时，站在小楼阳台上眺望，远山朦胧，远树朦胧，蚕室朦胧，四周桑园淹没在暗夜中，桑树黑黝黝一片看不到任何绿色生机。周边是那么的静，静得那么深邃，仿佛稀疏草地上的每棵草茎里，影影绰绰的桑园里，密密实实的树冠里，甚至小楼的每一个瓦缝里窗户里，冒出来的都是那样的一种宁静，这宁静像海水般淹没了远峰近树，万籁无声。我闭上眼睛，久久享受这宁静，仿佛灵魂已经向往飘逸般！不多

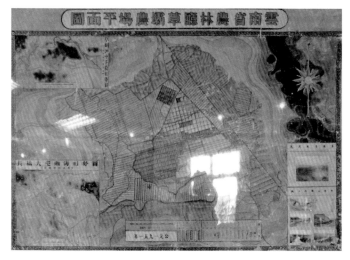

时，一轮圆月从东边的犁把山冉冉升起，有一会正好含在山丫口之中，这时"圆月正补山口缺"这句诗会自然蹦出口来。霎时间，周围宁静的世界仿佛一下子从睡梦中醒来，油蛉低唱、蟋蟀弹琴、蝙蝠绕楼、夜鹰空鸣，群山峰峦和丘陵也变得苍凉而明净了，近处的桑叶也在如水的月光中莫名摇曳，是在为油蛉蟋蟀伴舞？还是在这明月中不甘，寂寞非要显示自己的存在？更感意外的是，在我准备回房间时，忽然听到远空传来阵阵鸣叫声，可惜未从我视线能及的范围中经过，不知是夜归的鹭群，还是南飞的大雁。我的思绪一下子被拉到遥远的故乡，思乡之情久挥不散。

遥想以前小楼的主人们，在月圆之夜，在如水的月光中，在这乡

间小夜曲田园交响乐的陪伴下，一定睡得很美很甜！当然也有可能梦到遥远故乡的亲人。月圆之夜，如有机会再独留小楼，我一定带酒持杯，也来个独斟自酌，举杯邀月，与明月、小楼对影成三。

起源于华夏的蚕桑，在历史上曾改变了人类的生活，推动了中国的历史、文化的发展，让中国的历史文化、文明进程变得更加璀璨，更是中华文明对人类的重大贡献。可以说桑蚕是世界人民对华夏文明认同最早的物产，它使华夏文明最早傲屹于世界各国，让世界人民追捧和仰慕。

现在我国正在推进的"一带一路"建设，就是借用古代丝绸之路的历史符号，通过历史上的丝绸之路经济带和 21 世纪海上丝绸之路，充分依靠中国与有关国家既有的双多边机制，借助既有的、行之有效的区域合作平台，高举和平发展的旗帜，积极发展与沿线国家的经济合作伙伴关系，共同打造政治互信、经济融合、文化包容的利益共同体、命运共同体和责任共同体。2016 年 6 月起，中欧班列穿上了统一的"制服"，深蓝色的集装箱格外醒目，品牌标志以红、黑为主色调，以奔驰的列车和飘扬的丝绸为造型，成为丝绸之路经济带蓬勃发展的最好代言与象征。

蚕、桑还因乐于奉献的精神，受到人们的赞赏："春蚕到死丝方尽"为国人所熟知。明代明臣于谦《桑》"一年两度伐枝柯，万木丛中苦最多，为国为民皆是汝，却教桃李听笙歌。"大意是：桑树在一年之中有两次被人们砍伐枝条，在万木丛中所受的苦难最多，为国为民造福的事都是由你来做，却让桃李逍遥自在地整日欣赏笙歌！桑树经济价值很高，桑叶可以养蚕入药，桑果口感好且营养价值极高，枝皮可以造纸，桑根皮是传统的中药材，故桑树屡遭砍伐。作者用桃李作反衬，以拟人手法赞美桑树"为国为民"不辞遭受砍伐采叶之苦。

小红楼亲眼见证了近代云南的蚕桑历史，以及农科院蚕蜂所的历史变迁。1937 年"七七事变"后，我国产丝盛地的江浙各省相继沦陷，

蚕丝界人士不忍坐视此有历史性、优越性的蚕丝从此没落，乃于西南大后方，谋复兴之路。中国蚕业公司总经理葛敬中，在当时的国民政府及云南省政府的赞助下，经多方查勘，在滇越铁路旁找到草坝这一交通便利、排灌方便、土壤肥沃、气候温暖、地理环境自然条件得天独厚、适于栽桑、养蚕、制茧、缫丝的处女地，云南省蚕业新村公司的基地，就这样奠定起来。

据开蒙垦殖局局长兼蚕业新村公司副总经理杨文波在《兴办开蒙垦殖局农田水利垦殖事业纪要》中记载："葛敬中（字运成）雇请上海建筑公司经理王岳峰，率领上海大批泥木石砖技术工人，由上海从海道经越南到达草坝，从事新村公司所需各项房舍的建设工作，首选在草坝车站前面建盖了大办公室 1 所，在大办公室后面建了职工宿舍 20 余间，建盖了土基墙养蚕房舍数十所，成为一村，名曰 16 村。继又在西面距 16 村约 1 公里的公路两旁，建盖了规模宏大用于生产优良蚕种的红砖养蚕房数十所，成为一村，名曰 13 村。又在 16 村对面公路旁，建盖了 1 所红砖砌的西式招待所，1 所医务室，5 所西式住宅，供公司总经理、总技师、和蚕丝专家技术人员居住。至 1941 年 8 月工程结束后，所有由上海到草坝建筑房屋的工程技术人员即上昆明，为昆明的有钱人建盖各种西式房屋。"

1939 年 4 月，草坝"云南蚕业新村股份有限公司"正式挂牌，隶属云南省经济委员会。董事会推举缪嘉铭（字云台，云南省经济委员会主任）为董事长，总经理葛敬中（字运成，兼任开蒙垦殖局副局长），副总经理杨文波（字士敏，开蒙垦殖局局长）、何炜昌，总技师为何尚平。公司向开蒙垦殖局租地两万亩，租期 20 年，每亩租金国币 8 元。

当时，公司主要以栽桑养蚕产茧缫丝为主，建有机械化程度较高的丝厂。还设有酒精厂、桑果酒厂等。

据记者冯叶 1946 年 8 月发表的《沧海变桑田——随中美农技团草坝观光记》中描述："这上万亩大规模连片的桑田，在中国是从来没有过的。胡勃（美国专家）兴奋地登上小楼，眺望良久，并选择了几个镜头，拍下来做纪念"。

抗战胜利后，以江浙等为主的全国大部蚕丝业已被日寇摧毁殆尽，亟待复兴，急需大量蚕种。1946 年中蚕公司与新村蚕业公司商定联营办法，将新村蚕业公司所经营的丝茧育种改为专营制种，蚕种由中蚕公司负责推广，优先供应江浙蚕农急需，并兼顾广东、四川、安徽等地用种。于是公司转型建成了从原蚕蚕种饲育到普通蚕种的育制种完整体系，成为全国冠居首位的蚕种业生产支柱公司，为国内蚕桑界所瞩目，生产的"金鸡牌"蚕种成为全国蚕种品牌中的名牌畅销全国，后来还远销印度等，为抗战胜利后全国蚕桑业的复兴做出了巨大贡献，立下了汗马功劳，在我国蚕桑史上留下了浓墨重彩的一笔，载入了我国的蚕桑史册。

1950 年 3 月，昆明市军管会派魏瑛接管开蒙垦殖局和蚕业公司，合并为云南省农林厅草坝农场，分设农事部和蚕桑部。1952 年 8 月 17 日，农事部移交云南省公安厅劳改支队，仍称草坝农场，蚕桑部移交西南蚕丝公司，改为草坝制种场。1956年11月3日，经云南省委农林办公室同意，将西南蚕丝公司草坝制种场更名为云南省农业厅草坝蚕种场。1970年划归红河州管理，更名为红河州草坝蚕种场。1974年3月20日改为云南省蚕桑科学研究所，简称蚕科所。1976年1月隶属云南省农业科学院（农科院于1976年1月3日批复成立）管理，改名为云南省农业科学院蚕桑研究所。

小红楼还见证了发生在草坝的重大历史事件：1944年4月15日，云南省政府派云南省民政厅长李天培、云南经济委员会主任缪嘉铭和开远、蒙自两县县长，在小楼对面的16村旁广场，召集草坝12个老村和7个新村（不含蚕业公司的13村和16村）的近四千户农民，按人口授以草坝新开出来的水田和旱地57500亩，发给执照自行管理种植，每年交纳耕种所得十分之三的租谷给垦局，到会全草坝新旧农户皆大欢喜。

小楼更见证了红色火种在草坝的传播：新村蚕业公司是我党建立组织进行活动较早的地方，党组织在工人、职员、练习生、技术员、工读生中组织了读书会、工人识字班、同乡会、同学会、姐妹会、兄弟会等，并在这些群众组织中教唱进步歌曲，灌输革命理论，宣讲革命形势等，多次带领职工在小楼集会向当时的管理者当权者施压，先后组织争取职工权益的绝食斗争、罢工斗争等，并将经济斗争逐步引向政治斗争，在骨干中发展党员、"民青"成员，并积极主动配合支持蒙自地下党组织的工作，向农村培养输送了大批农运工作骨干（后转为游击队），组织35人参加"边纵"七支队蒙屏护乡团，组织

姐妹会会员做军鞋四百多双。蒙自解放前夕，组织护场队，防止公司房产、财物、技术资料、账本、档案材料、机器设备等被转移破坏。解放后配合地方政府和军代表顺利做好公司的接管、旧职员的安置、保安队的安置遣散、生产恢复、班子组建等工作。

只可惜，多年来小楼被拆除了四幢，剩下的连外红墙都被抹上了青灰，门窗也被改造成现代重口味的钢门窗，小红楼失去了原有的清水出芙蓉般的韵味，总给人感到如失魂落魄般缺少了原有的精气神，其天生丽质只能在记忆中去找寻！我多么奢盼能张开双臂、用我全部的热情、全部的爱再次拥抱沐浴在桑园绿海中着红妆的七位小仙女啊！再见了、再见了、我的历经沧桑的、见证历史的、遥远的、梦魂萦绕的、天使般的小红楼！

小楼现在已被地方政府列入近代建筑保护名录进行保护。历经沧桑见证历史并经过历史的风风雨雨洗礼的小楼，依然那么恬静典雅、那么别致玲珑、那么充满独特的历史韵味、那么充满近代独特的文化气息。小楼建成之初就相依相伴左右的翠柏绿榕在红墙红瓦中，更显得苍劲茂盛、青翠欲滴。阳春三月，每幢小楼西侧的凤凰树开出了火红的凤凰花，沐浴在红晕中的小楼像在燃烧般红艳，蜂飞蝶绕，这时的小楼更像是座座精美的艺术品！

（供稿：秦毅恒）

# 云南省最早的蚕丝股票和蚕种
# 检验合格证标签

笔者 1985 年在昆明旧书摊上购旧书时，在所购旧书中得到发黄的三张旧股票和一张蚕种检验合格证标签，其中两张股票是交通银行的（票面陆仟股），一张是中国银行的（票面七千股），蚕种合格证标签标印有旧时云南省农林部。经考实是 20 世纪 30 年代末在云南蒙自县草坝曾经出现过的股份有限公司"云南蚕业新村股份有限公司"的股票和蚕种检验合格证标签。笔者对这家现已经不存在的旧时的公司进行考证，通过对云南省红河州文史资料考证，验证了这三只股票和蚕种检验合格证标签的真实性。

云南蚕业新村股份有限公司是 1939 年中国蚕丝业向大后方转移时由当时的中国银行、交通银行、农民银行和富滇银行筹资兴办，云南经济委员会主任缪云台任董事长，葛敬中为总经理，在云南省蒙自草坝生产经营蚕丝、蚕种的企业，时至 1947 年桑园面积达到 7227 亩，养蚕最多年达 2.25 万余克蚁量（折合 2250 盒蚕种）。

抗日战争暴发后，中国蚕丝业的中心江苏、浙江相继沦陷，中国蚕丝业遭受了毁灭性打击，以葛敬中为首的有识之士不忍坐视有着悠久历史的中国蚕丝业从此没落，将江苏、浙江的家蚕、桑树品种资源和栽桑养蚕等技术带到自然条件适宜栽桑养蚕的蒙自草坝组建了这家公司。这家公司随着历史的演变，对云南省和中国的蚕丝业作出过突出的贡献，进入 21 世纪，"云南蚕业新村股份有限公司"的历史沉积在云南省蚕桑研究所仍可看到。它对历史作出的贡献人们是不会忘记的，这三张股票不会是云南最早的股票，但笔者相信它是云南省最早的蚕丝业股票。

"云南蚕业新村股份有限公司"于 1939 年 2 月开始筹建，当时成立了董事会，缪云台任董事长，葛敬中为总经理，杨文波任副总经理，何尚平任总技术师。公司当时的注册资本 2500 万元（旧时货币）。1939 年春开始种植桑树，到 1947 年达 7227 亩，年产桑叶 101 万公斤，所栽桑树苗部分是从江苏、浙江海运到越南海防，再通过滇越铁路运至蒙自，部分桑苗是在蒙自草坝培育。公司在当地办过技术培训传授栽桑养蚕常识。1942 年收得鲜蚕茧 84539 公斤，并开始缫丝，生产生丝 9665.5 公斤。

1945 年抗战胜利至全国解放前，江苏、浙江的蚕丝业得到一定恢复，国内蚕种紧缺，公司生产的蚕种销往全国蚕桑区，1947 年销往江苏、浙江、广东、四川、安徽的蚕种达 21.5 万张，1948 年生产蚕种21 万张供销全国。

### 云南省最早的蚕丝股票和蚕种检验合格证标签

储一宁　黄孝俊

（云南省农业科学院蚕桑研究所 661101）

笔者 1985 年在昆明旧书摊上购旧书时，在所购旧书中得到发黄的三张旧股票和一张蚕种检验合格证标签，其中两张股票是交通银行的（票面陆仟股），一张是中国银行的（票面七仟股），蚕种合格证标签标有旧时云南省农林部。经考实是 20 世纪 30 年代末在云南蒙自县草坝曾经出现过的股份有限公司"云南蚕业新村股份有限公司"的股票和蚕种检验合格证标签。笔者对这家现已经不存在的旧时的公司进行考证，通过对云南省红河州文史资料考证，验证了这三只股票和蚕种检验合格证标签的真实性。

云南蚕业新村股份有限公司是 1939 年中国蚕丝业向大后方转移时由当时的中国银行、交通银行、农民银行和富滇银行筹资兴办，云南经济委员会主任缪云台任董事长，葛敬中为总经理，在云南省蒙自县草坝生产经营蚕丝、蚕种的企业，时至 1947 年桑园面积达到 7227 亩，养蚕最多达 2.25 万余克蚁量（折合 2250 盒蚕种）。

抗日战争暴发后，中国蚕丝业的中心江苏、浙江相继沦陷，中国蚕丝业遭受了毁灭性打击，以葛敬中为首的有识之士不忍坐视有着悠久历史的中国蚕丝业从此没落，将江苏、浙江的家蚕、桑树品种资源和栽桑养蚕等技术带到自然条件适宜栽桑养蚕的蒙自草坝组建了这家公司。这家公司随着历史的演变，对云南省和中国的蚕丝业作出了突出的贡献，进入 21 世纪，"云南蚕业新村股份有限公司"的历史沉积在云南省蚕桑研究所仍可看到。它对历史作出的贡献人们是不会忘记的，这三张股票不会是云南最早的股票，但笔者相信它是云南省最早的蚕丝业股票。

"云南蚕业新村股份有限公司"于 1939 年 2 月开始筹建，当时成立了董事会，缪云台任董事长，葛敬中为总经理，杨文波任副总经理，何尚平任总技术师。公司当时的注册资本 2500 万元（旧时货币）。1939 年春开始种植桑树，到 1947 年达 7227 亩，年产桑叶 101 万公斤，所栽桑树苗部份是从江苏、浙江海运到越南海防，再通过滇越铁路运至蒙自，部份桑苗是在蒙自草坝培育。公司在当地办过技术培训传授栽桑养蚕常识，1942 年收得鲜蚕茧 84539 公斤，并开始缫丝，生产生丝 9665.5 公斤。

1945 年抗战胜利至全国解放前，江苏、浙江的蚕丝业得到一定恢复，国内蚕种紧缺，公司生产的蚕种销往全国蚕桑区，1947 年销往江苏、浙江、广东、四川、安徽的蚕种达 21.5 万张，1948 年生产蚕种 21 万张供销全国。

新中国成立后"云南蚕业新村股份有限公司"已不存在，在中国共产党和政府的关心下，公司创业时留下的蚕桑业基础对云南蚕种生产和云南蚕丝业的发展作出过不可磨灭的贡献，为新中国蚕业的发展作出过重要的贡献。云南省蚕桑研究所也是 70 年代在此基础上创建。

进入 21 世纪，云南蚕业已取得长足的发展，省内有近 60 万亩新老桑园，全年饲育蚕种 50 余万盒（500 余万克蚁量），2001 年产干茧 9000 吨。本文将这两支股票和蚕种合格证向业内同仁呈现，旨在缅怀前辈们的创业艰辛。

（收藏者储一宁：云南省蒙自县草坝镇。电话：0873-3860784，13577332847。传真：0873-3860784。）

275　　276

中华人民共和国成立后"云南蚕业新村股份有限公司"已不存在，在党和政府的关心下，公司创业时留下的蚕桑业基础对云南蚕种生产和云南蚕丝业的发展作出过不可磨灭的贡献，为新中国蚕业的发展作出过重要的贡献。云南省蚕桑研究所也是70年代在此基础上创建。进入21世纪，云南蚕业已取得长足的发展，省内有近60万亩新老桑园，全年饲育蚕种50余万盒（500余万克蚁量），2001年产干茧9000吨。本文将这两只股票和蚕种合格证向业内同仁呈现，旨在缅怀前辈们的创业艰辛。

（收藏者储一宁：云南省蒙自县草坝镇）（原文刊登于《中国蚕业》2005年第02期）

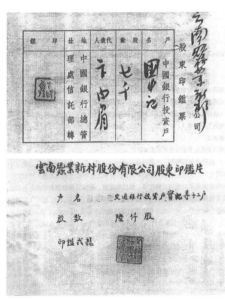

（作者：储一宁、黄孝俊）

（云南省农业科学院蚕桑研究所 661101）

# 云南省农业科学院热带亚热带
# 经济作物研究所沿革

为恢复和发展生产，云南省农业厅决定在保山、德宏一带建立省农业试验场分场，以带动和推进边疆民族地区的农业生产。1951年1月，省农业厅派遣张意同志和李超同志先后到保山地区联系建厂厂址，云南起义后，政策规定不许抽租夺佃，当时建立分场解决场地很困难，在保山地委专署的重视和大力支持下，1951年4月，经过多方考察，省农业厅妥善地调整了租佃关系后，用逃亡地主李国山的房屋和土地，在保山县由旺区保场乡查邑村，建立了解放后最先建立的一个试验场，定名为"云南省农业厅试验场保山分场"，指定张意为场长，并先后派大、中专毕业生，科技人员曾庆超、马锡晋、杨悦、张凌祥和会计马丽珍同志来场工作，同时在当地招收了郭永兴等10人入厂工作。1951年11月因查邑村人口密集，土地难以扩展，省农业厅决定迁往芒市三棵树，更名为"云南省农业试验场芒市分场"。

1952年底省政府规划在芒市发展橡胶，云南省农业试验场芒市分场改为以棉花为主的专业研究单位，经省农业厅指示芒市分场迁往保山柳湾，因交通水源等资源有限，李超等几位同志一起去拜访当时年仅21岁的本地傣族土司线东升，按照当地习俗，征地人必须要上土司家门去要地，才能获得傣族群众的认可。不久后，李超与其他几位同事一起来到了线东升的家中，线东升见到几位长辈如此诚恳，二话不说将一张印有用地批准的纸张（土地使用证）给了李超等人。在保山区政治联合政府的帮助支持和协调下，线东升和李超等一起商榷了热经所在潞江坝地区的基地用地范围，经双方商定和龙陵县人民政府同意，在保屯公路 49 公里处独树寨、金塘寨一片建场，单位更名为"云南省龙陵棉作试验场"。全站职工 17 人，其中科技人员 6 人，下设业务、行政两个组。

中华人民共和国成立后的潞江坝是云南有名的瘴气区之一，坝区只有少数的傣族居住，汉族和其他少数民族均居住在山区半山区，过着下坝种田，早出晚归的生活，这里杂草丛生、豺狼出没，大片的土地荒芜，恶性疟疾发病率很高，当地曾流行"只见娘怀胎，不见儿赶街""要到潞江坝，先把老婆嫁"的民谚。1952 年 12 月，云南省龙陵棉作试验场的随迁职工，家属 22 人思想曾经一度波动，为加强领导，省农业厅于 1953 年 1 月调来中共党员太德用，包继先于潞江坝地区唯一的一个区委书记玉龙章组成党小组，加强职工的思想政治工作，号召大家以场为家，为边疆发展做贡献，这一举动稳定了大家的情绪。1953 年 2 月潞江坝党小组开展了以积肥开荒、、基建为主的劳动竞赛，兴建了住房四栋，畜社二栋，7 月 1 日竣工搬入新居。开垦荒地 90 亩，种植棉花、水稻、槿麻等作物。

进入潞江坝两年，云南省龙陵棉作试验场并没有发生职工死亡、重伤等事件，这极大地鼓舞了当地人民下坝开荒的积极性，1954 年底，保山的沙坝、板桥和附近山上的部分群众来到了潞江坝，在道街组建了农业合作社。龙陵县的部分群众下坝，组建了芒棒农庄和团结农庄。1955 年 4 月保山地委组织复退军人成立了国营潞江军垦农场，年底建立了潞江糖厂。昔日的荒草野坝，从此旧貌换新颜。

1958 年潞江坝划归保山地区管辖，龙陵棉作站更名为云南省保山潞江棉作试验站，下设选种、栽培、植保、生产、后勤 5 个组。1959~1962 年间棉作试验站下放保山专署，1963 年由农业厅收回，1970 年再次下放至保山地区，1974 年又由省农业厅收回，更名为云南省棉花科学研究所，隶属于云南省农业厅。

党的十一届三中全会后，省政府为了开发热区资源，促进边疆民族经济的发展，当时的副省长邵峰来到了云南省棉花科学研究所调研，为单位接下来的发展做出了新的规划。1981年经省人民政府批准棉花科学研究所更名为云南省农业科学院热带亚热带经济作物研究所，主要从事热带亚热带经济作物的引种、试种、研究、开发、利用工作。

1995年12月到2005年8月年间与云南省热区经济作物资源圃合并，实行内部一套班子、两块牌子的统一管理模式。2004年4月，农科院进行内部管理体制与研究所学科结构调整的改革，出台了《云南省农业科学院科研所设置及学科结构调整的决定》和《云南省农业科学院管理体制与研究所结构调整改革的实施意见》，对农科院研究所的设置及学科结构进行调整。热区经济作物资源圃与热带亚热带经济作物研究所两所不再实行内部一套班子、两块牌子的统一管理模式，热区经济作物资源圃更名为热区生态农业研究所，保留热带亚热带经济作物研究所，2005年9月正式恢复所的建制，单位名称为云南省农业科学院热带亚热带经济作物研究所。

（撰稿：热经所杨弘倩）

# 第二章　口述历史

# 张意讲述农科经历

云南的农业研究改进工作是清末民初就开始的，如搞栽桑养蚕，引进英国盘克猪、约克猪、美利奴羊、陕驴、西洋梨（鸭梨）、苹果良种等。20 世纪 20 年代以后，军阀混战不休，农改工作不但没发展，且日渐衰退，原有一点基础也被破坏。30 年代在粮食、棉花方面做了一些工作，抗日战争开始后，农业科研工作进展就很缓慢，除极少数单位尚勉强支撑外，多数进入停顿状态。抗战胜利后直到云南起义，

由于国民党政府的极端贪污腐化，对农业科研无人过问，直到云南起义前，原有的科研单位，大多数是残败不堪的状态。

我 1935~1937 年在昆华农校读书，之后就读江苏教育学院农业教育系，1942 年回云南投入农业科技工作，四十多年未改行。现将尚能回忆的点滴情况介绍如下：

### 一、建国前农业科技机构情况

1945 年以前，云南的农业生产科技归省建设厅第三科管，科里设有一个技术股，但技术干部一个也没有。当时属省管的农业科技单位有：

大普吉农业试验场：包括农场部分和畜牧部分，有时合为一个单位，有时分为两个单位，名称均称"试验场"；1944~1945 年改为"大普吉经济农场"。1946 年派我去当场主任时，眼看着试验研究无法做，经济经营我又不会。所以，经济农场和试验场两个名称我都未接收，笼统地称为"大普吉农场"。我 1944~1949 年在那里工作过。农改所成立后，改名为昆明第二农业试验场。

定光寺农艺改进所：原是省稻麦改进所，1946 年改为农艺改进所。长期由诸宝楚先生负责。在稻麦品种改良方面做了较多工作，是中华人民共和国成立前对农业科研工作坚持较好的唯一单位。

昆明长坡蚕桑改进所：到 1949 年只有一个人在看守，之前的情况不了解。

开远棉作试验场：以木棉的试验研究为主，孙方、程侃声两同志长期在该场工作，似乎另有隶属关系，不归省建设厅管。从 30 年代末到云南起义，试验研究工作进行较正常。

宾川棉作试验场：是云南最早搞棉花科研的单位，也是最早引进陆地棉（川棉）的单位。中华人民共和国成立后，刘镇绪夫妇（现在省农科院）长期在该场工作。

会泽绵羊改良场：云南起义前由仲兆文（已故）负责，对羊种改良推广，羊毛脱脂加工等方面做了一些工作。

1946 年建立了省农业改进所，属省建设厅，统一领导全省农业科技工作。所长秦仁昌，副所长诸宝楚、熊挺柱。先是诸宝楚负责，1947 年秦仁昌才到任。农业改进所成立后，原农艺改进所改为昆明第一农业试验场，场主任肖煜东。大普吉农场改为昆明市第二农业试验场，云南起义前都由我担任场主任。

1944年和1946~1950年我先后在大普吉农场工作5年，对该场情况还零星记得一些。大普吉农场四周是陈家营、漾田、老青山、大普吉的四甲沙河，面积共一千多亩。是清末由政府征收作为营房之用的场地，后认为当地建营房地形地势不利，改到北教场，原来划定的场地从宣威、会泽等地招募来一些垦户进行垦殖，并建成农业试验场，这些垦户（后来称为佃户）种植农场土地，租金较低，不服兵役，没有门户负担，但是要为试验场服劳役。

从清末到1930年左右，农试场做出了一定成绩，如先后引进英国种盘克猪、约克猪、四川荣昌猪、美利奴细毛羊、陕驴、西洋梨（鸭梨）、良种苹果、蔬菜等。在农牧业改进方面做出过一定贡献。

1930年以后，军阀混战，实业建设无人重视，场务日渐衰落。从抗日战争到云南起义，国民党政府贪污腐化，场长基本上一年一换，历任场长对农场毫无建树，肆意掠夺，如1944年担任场长的国民党党棍杜震东（军队特党部少将委员）在农场只一年多，用农场纯种家畜及名贵农作产品等各处上贡，恣意剥削佃户，农场受到严重破坏。

抗日战争期间，清华大学无线电研究所、植物生理研究所、植物病理研究所等单位迁移在大普吉农场。1946年我被派到该场担任场主任时，研究所的知名专家戴芳澜、汤佩松、喻大绂、裴维藩等都在那里工作。在他们迁回北京前夕，不胜感慨地对我说：我们在这里多年工作的成果，建设厅不感兴趣，培育的小麦良种也不要，只好全部卖给酒坊烤酒去了。

该所培育的两个早熟大豆品种和1941年美国副总统华莱士来华赠送的金皇后玉米、美国刀豆（豆粒比大白芸豆粗大的一种花皮菜豆）、甜玉米等各一小袋试种，试种结果产量品质都好，中华人民共和国成立后还在昆明及省内一些地方推广。

1946~1949年我在大普吉农场期间，最初只有4个工人，3个技术员，事务、文书各1人，农场管事（佃户）1人。1947年工人增加到

10 人，除人头工资外，基本无其他经费。农场收益全部上缴，佃户生活极端困难，国民党货币贬值，职工的最低生活都难维持，试验研究无法进行，只做了些稻、麦良种（农艺改进所提供）及大豆、玉米和蔬菜等良种的引种、繁殖和推广工作，以及到临近县做些技术宣传指导等工作。对种猪的饲养繁殖做了些改善。

1950 年 4 月实行军事接管，把佃户迁移到长坡，充实了人员设备，建成云南省农业试验场，以后迁到黑龙潭（编者注：应为蓝龙潭）。

## 二、解放后我的工作情况

重点发展棉花期间印象较深的两件事。中华人民共和国成立前我是搞粮食和园艺的，中华人民共和国成立后原来搞棉花的程侃声、孙方等同志担任行政工作去了，农业厅又安排我来搞棉花。按因地制宜的要求，云南是不适宜种棉花的，单是同病虫草害和多雨气候的斗争，种植成本就大大超过北方棉区。当时大搞棉花，主要是从战备角度出发。从经济角度看，大搞十多年没有给农民带来什么好处，有许多地方还造成大量损失。我在棉花试验推广中苦苦挣扎了十多年，在棉花科技上虽然做出了一定成绩，但面对如今的现实，再去总结这方面的经验已经没有什么价值了，只有两件事值得提一下：

一是打破了云南不宜种陆地棉的迷信：中华人民共和国成立初期，云南普遍种植中棉。产量和品种都远远不及外地种植的陆地棉。但专家们却说云南不宜种植陆地棉。以我们在潞江坝试种的结果，只要抓紧对病虫害的防治，陆地棉的产量和品质都比中棉好得多。专家们之所以认为不宜种，主要是过去防治棉花病虫的物质条件和技术条件不具备的关系。我们试种成功后，中棉就逐步被陆地棉所代替，20世纪 50 年代末云南全省都普遍改种陆地棉了。

二是打破了历史上对云南木棉的迷信：1935 年我国首屈一指的棉花专家冯泽芳博士来云南考察，在开远发现了野生木棉，给它作了很高的评价：说它能多年生，种一年就可以连年得收，大大降低了生产成本；说它纤维细长，经济价值高。之后，云南就掀起了推广木棉的高潮。到了中华人民共和国成立初期，省财政每年都要投入大量资金用在木棉推广上，但是实际收益却很不理想。我们在潞江棉站试验发现，在冬季无霜或少霜的热带亚热带地区，各类型棉花都可以多年生；云南木棉纤维长但很不整齐，作为长绒棉利用丢头大，不及埃及棉纤维细长而整齐。此外，棉花是对栽培管理要求很高的作物，要多年生就得全年管理，结果生产成本支出就要比一年生棉花高得多，所以云南木棉并无推广价值。

1954年4月，省委宣传部部长马文东同志，云南日报社总编辑袁勃同志，还有一位部长郑敦同志等下地方调查，在潞江棉站住了一夜。晚上开座谈会，谈及木棉问题。我们如实汇报了上述情况和意见，几位领导大出意料。他们说现在省财政每年还要拨5万元发展木棉，简直是浪费了。经过这次调查汇报以后，我省木棉生产的高潮就逐渐冷下来了。当时的农业厅长张天放同志是全省木棉推广组织的主要领导人之一。他知道我反对推广木棉后，带信来要我继续支持发展木棉，在我说清道理之后，他也不再坚持了。

以上两件事说明，实践是检验真理的唯一标准，对专家权威不能太过迷信，"不唯书、不唯上、只唯实"这几句话是很正确的。

1950年12月，我被派到保山区筹办省农业试验场的分场，以后就在保山、德宏、潞西、临沧等地活动，对全省情况了解很少，只能就自己尽力的情况作些介绍。

1.保山分场的建立：云南起义后，土改前，政策规定不许抽租夺佃，建立分场解决场地很困难，在保山地委专署的重视和大力支持下，1951年4月，在保山县由旺区保场乡查邑村，利用逃亡地主李国山的房屋和土地，妥善地调整了租佃关系，建立了省农业试验场保山分场，是解放后最先建立的一个试验场。业务以试验发展棉花为主，有技术干部6人，工人9人。当年建场，当年进行棉花试种，看出只要播种期适宜，施甸坝气候是适宜发展棉花的。

2.芒市分场的建立：1951年11月，省农业厅认为边疆亚热地区经济作物发展前途更大，通知把分场迁到芒市。12月我到芒市与土司方克光协商，在芒市三棵树划拨了荒地一千多亩。1952年2月将分场迁到芒市，改名芒市分场，除原有职工外，增加了行政人员1人。边开荒、边建场，当年试种棉花、槿麻，看出棉花可以种植，槿麻生长特别好。同年省农垦局建立，计划发展橡胶。西南农林部部长屈健及省有关领导到芒市勘察，认为芒市分场场地适合试种繁殖橡胶，而当时发展橡胶是压倒一切的任务，决定芒市分场搬迁到潞江坝（当时属于龙陵县），改名为省龙陵棉作试验场，有技术干部6人，行政2人，工人9人，长期临时工数十人，土地1100亩。1954年改为龙陵棉作试验场，1958年改为保山潞江棉作试验场（当年潞江坝划归保山），1974年改为省棉花科学研究所，1981年改为现在的云南省农业科学院热带亚热带经济作物研究所。

此外，我将解放初期我亲身经历的一些小事件介绍一下：

1.在盈江发现巴西三叶橡胶：1951年，我在筹建保山分场的同时，兼任省派出的保山农业工作队的领队，并协助专署农水科筹办农业科技试验及推广工作。这一年春，专署召开农业生产会，会上有一位盈江傣族代表发言说，他们那里有三棵大树，皮下有白浆，小孩把白浆凝成球玩，不知是什么树？会后我派了工作队的赵福元（已故）、李毓荷去调查，采了标本。经鉴别是巴西三叶橡胶。送交地委后，郑刚书记又送到省委。很受重视，立刻派了植物学家秦仁昌去调查，并采取了保护措施将此树保护起来。第二年就组织力量到芒市开始进行橡胶繁育工作。盈江橡胶的发现，促进了云南边疆发展橡胶的信心。

2.在遮放发现小粒咖啡：1952年秋，我和马锡晋通知到芒市遮放一带搞调查，在遮放土司多英培家院内发现一株小粒种咖啡树，采了籽粒种到芒市播种育苗，育成几千株苗木，一部分留在芒市种植，一部分带到潞江坝。这就是保山、德宏推广小粒咖啡的开端。

前面说的盈江橡胶树和遮放的咖啡树，都是当时土司刀京板、多英培的前一辈土司种植的，说明云南边疆民族地区在清朝末年就已经从国外引进过一些作物品种和技术。

3. 中华人民共和国成立后云南最早的甘蔗良种繁殖推广：1952年我到芒市前，到云南大学农学院的实习农场去拜访了当时在那里负责的徐天骝先生，他给了我两兜"东爪哇3016"甘蔗种苗，是中华人民共和国成立前云南大学校长熊庆来从台湾带回的，在昆明生长不好，只保住种。我带到芒市种植，1953年又带到潞江坝扩大种植，产量和含糖量都远超过当时的生产品种罗汉蔗。1954年以后，通过省上在潞江棉站召开的会议，这品种就扩大到了种植甘蔗较多的各地州。这是云南引进推广甘蔗良种的开端。

4. 胡椒的试种和推广：1956年，保山地委书记郑刚从海南岛带回胡椒苗3株，交潞江棉站试种繁殖，试种成功并采用扦插繁殖法扩大后，在附近推广开，现在潞江坝种植面积已达一千多亩。

5. 潞江坝种植香蕉的开始：保山地区原来只有芭蕉，没有香蕉。1952年冬，在昆明开会时，委托解秀瑷同志向开远棉站要来3株香蕉苗，带回潞江坝繁殖，以后香蕉在潞江坝及附近地方迅速扩散。

6. 关于云南木棉问题：30年代中期，云南发现木棉，受到省内外重视，一度大力推广。国家也投入了不少资金。当时的认识是：木棉是多年生，种一年可以多年收获，可以在荒地种植，也是长绒棉，质量好，经济价值高。经过中华人民共和国成立前的实践和到潞江坝对棉花生物学特性的试验研究看出：（1）多年生是棉花的固有特性，在冬季无霜或微霜的亚热带地区，棉花都可以多年生；（2）棉花对土壤肥力要求高，灾害多，有利于病虫害蔓延。在荒地种植、粗放管理不会有好收成；（3）实行多年生必须全年管理，投入多，得不偿失。改多年生为一年生是棉花生产商的进步，不宜返回来搞多年生；（4）云南木棉是长绒棉，但纤维不整齐，利用率低，不如种植一年生海岛棉（长绒棉）好。1954 年 4 月，省委领导马文东、郑敦、袁勃等同志到潞江棉站座谈了一夜，主要是谈木棉问题，我们阐述了以上看法，几位领导似乎是第一次听到这种论点，很同意我们的看法，以后木棉推广也就逐渐冷却了。

（张意 1989 年 3 月 13 日）

注：原稿为张意其子张克庸提供的两篇手稿，由陈宗麒整理而成，原稿件中有些涂抹增删内容，整理编辑过程中对个别文字有所改动。

# 游志崑在中央农业实验所工作的前后

游志崑1936年考入北平大学农学院，1937年"七七卢沟桥"事变，回家乡河南汝南组织抗日青年救国团。1938年回校复课，因学校迁入陕西武功，与其他院校合并西北农学院（西北联大的一部分）。1941年毕业时，系主任叫沈学年的哥哥名沈宗瀚，时任中央农业实验所副所长，夫人沈骊英，也都是留美回国从事小麦研究的，是中农所的技正（相当于研究员）。沈宗瀚想从西北农学院招几位学生，就通过他弟弟沈学年介绍了成绩优秀的3名学生：游志崑、王植璧、周克宽。他们坐汽车、翻山越岭走了5天才到四川荣昌，入职中央农业实验所工作。

沈骊英是小麦研究室的负责人，是游志崑开展小麦研究的第一位指导老师。8月间，沈骊英正准备小麦试验时，突发脑溢血病逝。其研究工作由一位金陵大学留美博士章锡昌接替沈骊英的工作，游志崑又成为章的助手。

1944年，游志崑看到一则可到美国攻读博士需10万元的广告，就打起了筹钱赴美留学的念头。到那儿去筹钱呢？正好游志崑有位在荣昌农业职业学校教书的同学准备离职，想找人顶替他。游志崑想荣昌农校薪水更高，到农校教书筹钱可能是争取到美国去留学的机会。于是游志崑就找借口说有事需请几天假暂时离开中农所。就这样游志崑离开了中农所到荣昌农校当了农艺系主任，同时在荣昌高中兼课。

抗战胜利后，中央农业实验所于1946年陆续迁回南京，中农所在重庆北碚期间置地创建的中农所北碚农事试验场仍留部分职员在渝开展相应研究工作。

1948年春天，游志崑又到了相辉学院农艺系教书，被聘为讲师，讲授《农业概论》，1949年升为副教授。1950年相辉学院农艺系、华

前排坐右起十三是游志崑。此班同学中有袁隆平，以及后来在云南省农科院工作的周海俐、唐彬文、刘继、陈秉相、徐培伦。

西大学农业相关专业，以及磁器口一个学校的农业系合并为西南农学院，地址在重庆北碚天生桥。

中农所迁走后，北碚农事试验场缺研究小麦的高级人员，场长李士勋力劝游志崑回农试场从事小麦育种工作，并通过李月成将游志崑请回了中央农业实验所北碚农事试验场。于是，游志崑在几个农业相关院校合并建西南农学院之初，回到中央农业实验所北碚农事试验场，继续从事小麦育种工作，并着手小麦资源的收集整理。他把之前在中农所留下的小麦资源继续整理开展选育工作，采用杂交、穗选，成功选育出"778""52-1""52-2"等品种。还采用引种、穗选和杂交方法育出了十几个优良小麦品种。

在前期的工作基础上，游志崑通过种植观察、分析鉴定，因地制宜地提出了云南各地适宜推广利用的小麦地方品种，组织完成了云南地方小麦种植的类型与分布、品种的主要特点及分布、冬春性及熟性等研究；主持将云南具有代表性的22个小麦地方品种进行整理并编写入《中国小麦品种志》。

（游承俐根据游志崑自述整理）

# 谈科研的实践与坚持

## ——吴自强访谈录

### 西南农科所与云南省农业科学院的渊源

问：吴院长是武汉大学毕业的吗？

答：在武汉大学读了两年，1952年全国院系调整时，7个省的大学有关专业合并在一起成立了华中农学院，就是现在的华中农业大学。我老家是湖北黄梅县，我是1950年考上武汉大学农学院。我为什么学农呢？当时受苏联电影《集体农庄》的影响，就选择了学农。学农的很艰苦，但是作出了成就也很有荣誉感。

我是1954年大学毕业后，由国家统一分配到当时还是大区的西南农林部，那是中央的派出机构。没多长时间，大区就撤销了，我和老伴就分到西南农科所。在西南农科所成立的那天，农林部的王部长把我们带到西南农科所，我们就是西南农科所成立那天参加了工作。那之前的事情我就不太清楚了，之前的事情要找李月成同志，他原来就在南京的中央农业实验所，后来在北碚歇马场有个农业试验场。当时的场长是冯光宇，他是搞玉米的，现已经过世。据我所了解，西南所就是从那时开始的。到了西南农科所后，我的工作地点主要是在云南，老伴主要是在四川工作。我们是搞植保的，我在学校时昆虫学得比较好，是课代表。但是当时有个稻瘟病研究的项目，要出差到云南驻点，所以领导就安排我搞病害，叫我老伴在四川搞虫害。我们的业务服务范围主要是在云南、四川、贵州和西藏这几个省（区）。

问：当时大区的首府是设在重庆吗？

答：是在重庆，西南农科所也是在重庆北碚歇马场。现在中国农科院的柑橘研究所就是在我们原来的地方。西南农科所原来是中央的编制，业务上由中国农科院领导，党的关系由重庆市委领导。1958年，云南、贵州和四川三个省的省委书记在北京开会，云南省委书记就提出，四川有西南农科所（重庆）、四川农科所（成都），贵州也有农科所，而云南没有，云南只有农业试验站，四川的科研力量很强，希望能支援云南。于是三个省的省委书记就商议决定把西南农科所搬迁到云南，变成云南省里的编制，1958年就搬过来（昆明）了。

问：吴院长，您说三个省的省委书记决定把西南农科所搬过来，大概是什么时候的事情？搬过来时，最早在什么地方？

答：是1958年搬过来的，从重庆搬过来时住在交三桥的一个学校里，后来又搬到了蓝龙潭水利学校。我没有回重庆，我就一直在晋宁。

问：当时云南省农业试验站是在大普吉吗？

答：是在大普吉。

问：搬到蓝龙潭时就叫云南省农科所了吗？

答：不是，搬过来还没有正式成立，两家（注：西南农科所与云南农业试验站）还没有合并。后来又搬到蓝龙潭，然后又搬到瓦窑村，农场就是在瓦窑村设立的，最后搬到了桃园村。搬过来后，省委农村工作部赵部长就选址问题提出了几个方案。一个是在大普吉的试验站，但是在大普吉发现了铜矿，是工业区，所以那个地方不行。还有一个是在昆明市农科所那个方向。最后赵部长说农大在北郊，你们就选在农大附近吧，最后就选在了现在这个地方。这个地方不能代表昆明市，海拔快到 1900 米，是昆明市最冷的地方，土地也没有，什么都没有。当时因为农民的土地要交公余粮，人少地多，都希望少一点土地，所以在划分土地时是拿着一个烟锅（烟袋）指指界限就划了，好像也没有签订什么手续。那边的农业气象站的一大片土地也都划给我们了，当时农场就设在桃园村那里了。

1956 年，西南农科所大楼前部分科技人员合影

问：吴院长，当时在蓝龙潭在了多长时间？

答：在蓝龙潭大概在了一年多，我们人是住在那里，但工作是在桃园村，有些工人就还住在瓦窑村八角楼附近。

问：在蓝龙潭的时候还是叫农科所吗？是否把大普吉的合并过来了？

答：是叫农科所。大普吉已经合并过来了，他们人不多，主体还是西南农科所。我们来的时候，科研人员，仪器设备，除少量分给四川和贵州外，大部分都搬来云南。包括畜牧所，畜牧所的奶牛是用飞机运过来的，有一头奶牛在重庆市产量第一，一天产量大概是 60 斤。奶牛饲养得很好，每头牛都有档案记录。

问：选址在桃园村的时候，设在瓦窑村的是否是一个指挥部或者是筹备组？

答：是农场办公室。

问：农科所这个名字大概是到那一年？

西南农科所温室前科技人员合影

答：农科所这个名字一直到"文化大革命"，站队划线完了之后，就开始清理阶级队伍，大概是1965~1966 年。那个时候第一栋大楼盖起来了，就是原来假山旁边那一栋红砖大楼。

问：1976 年以前都是叫农科所，当时下面的部门叫什么，比如我们现在有什么所之类的？

答：那个时候是叫系，和大学的设置一样，中华人民共和国成立初期都是叫系，成立院以后才叫所的。问：成立院的时候有几个所？

答：有粮作所、植保所、情报所、园艺所、油料所和土肥所6个所。下面的所（驻地州）原是归农业厅管，后来农业厅才交给我们的，包括蚕桑所、甘蔗所、茶叶所、烟叶所、热作所（潞江坝）。

问：当时畜牧所分出去了吗？

答：分出去了，归农业厅畜牧局管。后来和志强省长在元谋召开了一个有关金沙江流域干旱河谷地区开发的会议，我也参加了。和省长很有远见的，他要在元谋成立一个种质资源圃（即后来的热区生态所），为开发干热河谷地区提供植物品种。后来选址、选地都是我与钱为德、樊永言同志几个一起跑的。当时地址是一片荒地，寸草不生。我还照了几张相，后来交给了沙毓沧同志，要他们好好保存，将来作为一个历史资料做对比。为了基建经费，我跑了两年财政厅，两年以后才得到落实。

问：1976年以后，整个桃园村就开始建设，成立了院，首任院长是谁？

答：首任院长兼党委书记是翟文涛同志，他原来是中华人民共和国成立后晋宁县的第一任县委书记，后来是文山地委书记，他和后来的云南省委书记安平生关系非常好。安平生原来是在广西百色地委书记，和文山是紧邻的。翟文涛之后党委书记是吕堃（原云南日报的副总编，西南联大毕业的，是历史学专家）。之后，我的前任院长是程侃声、孙方同志。

# 八角楼的故事

答：为什么要八角楼呢？八角楼原是中国科学院昆明植物所的，非常漂亮，有很多花卉、果树。当时樊同功同志当副院长，他是一名老红军，分管后勤，对园艺很感兴趣，于是他就找到植物所，想把八角楼要过来，植物所就提出要帮他们盖一些建筑，就这样交换过来的。

# 在晋宁的五年

我是 1954 年就到云南，一直住在晋宁县。中华人民共和国成立初期，晋宁县种的水稻品种都是籼稻，海拔 1700 米左右的地方是籼稻和粳稻交错的地方，种籼稻的好处是用肥少，产量高。但是受气候条件影响较大，产量不很稳定，农民说：碰着一年是"楼上楼"，碰着一年是"滚楼头"。"滚楼头"就是气候不好的时候，后期低温时就容易发生稻瘟病、泡呛等，空壳率就比较高。中华人民共和国成立后耕作制度有所改变，所以稻瘟病大流行，有些颗粒无收。所以我到晋宁就是研究防治稻瘟病工作，我在晋宁驻点共五年时间。

问：当时您的身份是西南农科所的吗？

答：是西南农科所的，是在晋宁驻点。驻点五年期间，跟农民同吃同住同劳动。因为农民的生活习惯，一天只吃两顿饭，我又年轻，早晨饿得心慌，工作和生活条件很差。相当艰苦。

问：当时是凭介绍信吗？

答：是凭介绍信。到云南工作不只是我一人，还有搞小麦的和水稻品种的，我们集体由西南农科所办公室主任游志崑先生带队，到云南来与云南省农业厅的领导接洽，然后就分散开展工作。

问：当时不通铁路吧？你们是从贵州走还是从昭通走？

答：从贵州走。坐汽车，要经过好几个县，到沾益后才改乘火车到昆明。在路上要走 7 天，沿途食宿条件很差，坐的车是原苏联的"吉士"牌的大卡车，后面改装了一下，在货箱中安装椅子，可以坐 20 人左右。

问：您是在晋宁的哪个地方？

答：是在晋宁的晋城。当时晋宁和昆阳是分开的。

问：晋宁的工作结束以后呢？

答：在晋宁工作了五年。我去的时候，没有抗病品种，也没有有效的农药，如何防治稻瘟病是一个难点。另一方面，我是从武汉来的，到云南后耕作制度完全不同。我们没有见过挖垡子，板锄有4公斤重，挖几下手就打起泡。因为耕作制度不同，又只有我一人驻点，没有办法，只有向农民学习。为了把工作做好，我就在县里帮他们把科技队伍和网络建立起来，凡是初中生以上的知识青年都组织起来，给他们讲课培训，以点带面做出样板。为了躲过后期的低温，采取提早节令栽秧。稻瘟病的发病条件就是前期疯长，后期低温，就像人体一样抵抗力差了，就容易生病。合理的密植，原来是满天星栽，我在云南是第一个推广条栽，采取单行条栽和双行条栽两种模式。通过合理密植，密植增加了，但通风透光更好了。再一个是合理施肥，重视基肥。这一套"保健栽培"增加植物的抗病性，就像人一样提高免疫力。这样，病害就明显减轻了，而且还增产，就这样搞了5年。第一年在田中调查发现，在重病田里竟有几株无病植株，我就把它采来到第二年繁殖，再用病菌接种，如果接种都接不上，就说明是抗病的。我通过这种方式筛选出100多株穗子，下一年再单独栽培。在品种抗病试验时，不抗病的全部淘汰，抗病的就留下来进一步试验它的产量、品质、生育期，如果合适了，就把它选出来。5年中选出了"矮颗红"等品种，在昆明首先突破了500公斤的产量，那时昆明一般的品种产量只有200~300公斤。这个品种示范推广100多万亩。从育秧开始，本地原是采用水育秧，我采用水旱育秧，就是面上不淹水，四周沟中放水，这样培育的秧扎根深，健壮。采取这一套栽培措施后，达到了防病增产的显著效果。县委很重视并对我进行了奖励，被评为一等先进工作者，还叫我到县委吃小灶，那是只有县委常委才能享受的小灶，只有6~7人，一般人不行。西南农科所也对我进行了奖励，通报表扬、晋升两级，还奖励了我一部永久牌单车。

问：奖励您的单车是公车还是私车？

答：就是奖励给我个人的。这部单车是在重庆拆散后包装起来，用火车托运到昆明。我领这部单车时，是从昆明火车站领来再组装，从昆明骑到晋宁。这部单车很有用，以前出门干活是靠两条腿，我要到各乡工作，每天早晨吃了早饭就下乡，晚上回来吃晚饭，有时是在外面吃晚饭，有部单车对我的工带来很大方便。

问：晋宁的工作做完了以后呢？

答：晋宁的工作完成后，县上就发公函到所里，挽留我一直做下去。后来武定县也发生稻瘟病，我又到了武定县，在武定县驻点工作了三年。在晋宁和武定这8年对我锻炼成长受益最大。到农村后，我熟悉了整个农业生产过程，不仅是水稻，小麦、蚕豆等作物我都有了更多了解，知道了生产上存在什么问题，对当地农村生活习惯、耕作制度、土壤、气候等我都有了深入的认识。如为什么要挖堡子？挖堡子后要曝晒，曝晒后肥料的施放就不同，铵态氮释放的肥效要多一些，这些和稻瘟病的防治都是有关系的。还有农民为什么重视基肥，后期不能施肥？因为云南的气候环境，后期低温，施肥容易疯长生病。通过这些，我就体会到防治病害不能光靠打药，打药只是辅助手段，更重要的是品种和栽培。

例如玉溪发生稻瘟病了，玉溪的地委书记就打电话给农业厅，当时我们归农业厅管，农业厅厅长张振军就派我去。玉溪州城镇的水利、土壤条件都好，劳动力也很强，栽培的也是籼稻，因稻瘟病严重，年年产量都不高。怎么办？要我们帮它解决。当时我就想到可能是土壤太肥，我就提出小春不种豆，改种小麦。当时喂猪饲料都是用蚕豆秆，就提出如果改种小麦，喂猪的饲料怎么办？我说改变一下习惯，小麦秆打碎后也可以喂猪，小麦麸也可以喂猪。但能不能种呢？我就开始调查。有一家中华人民共和国成立前种过，面积不大，但是产量折算每亩能达300多公斤。后来就跟县农技站合作规划。地委提出要我们派一名科研人员帮助他们种小麦。我说不用，我们有一位工人冯志明同志，他在昆明种小麦达到1000斤的产量。县委领导多是北方来的，对小麦也感兴趣，冯志明来到玉溪后，就以冯井为样板，在各个生育期，开现场会，培训推广栽培技术。结果当年小麦就达高产。反过来，第二年水稻稻瘟病也控制了。小麦需要大肥，种了小麦就把肥料吸收了，大春的时候，土质就不是那么肥了，达到了大小春平衡增产。这些都是驻点从实践中得来的。

# 从科研到管理

问：成立院的时候，吴院长当时是在院里还是在所里？

答：我在所里面，是植保所的副所长。

问：吴院长任院长是哪一年？

答：是 1983 年任的院长，我当了 9 年。我当时很不愿意干（管理）这个事，我是搞微观研究的，我热爱我的专业研究，搞管理我是外行。

问：您原来手上的课题项目怎么办？

答：担子很重，一天非常忙，为了集中精力搞好行政管理，再没有时间搞科研了。我原来是搞真菌病害，后来又搞病毒病害，我那一套病毒病害防治研究后来交给了何云昆同志。何云昆后来又去搞马铃薯了，我就物色到张仲凯同志。没有办法，我搞的植物病毒专业如果丢了就太可惜了，现在张仲凯接班，他搞得很不错。

问：1976 年之后就正式成立了农科院，您是否可以给我们讲讲您退休之前印象非常深刻的几件事情，对农科院发展比较关键、重大的事情？

答：一时想不起来。当院长后，有几件我经手的事情，在院里我常对后面的人讲。因为体制等原因，我们是"有钱养兵，无钱打仗"。我们是吃"皇粮"的，发工资没有问题，但是要搞科研，要做一些事情，这个钱就没有。当院长自己掌握不了多少钱，开销又大，交通、职工福利、学校、派出所等各方面都要钱。搞科研的钱从哪里来？就只有向科技厅、财政厅等单位申请，那时要买一部汽车都要到计委求他们审批，不然没有办法，这是最难的。所以我们要做工作，要在省里面做出几件大事，轰动性的事情，这样省委和省政府才会重视和支持我们。老省长和志强是科研人员出身，是地质专家，他和我们共同语言比较多，来往也比较多，互相之间相处得比较好，说话就比较随意。他每个月要把各个科研院所领导召集起来座谈，可以提意见。我就说我们农科所的"农"应该加三点水，"太浓了"，我们真是太难了。我说我希望搞目标责任制，我们和省领导签合同，您给我多少钱，多少条件，多少任务，如果完成不了，你打我的板子，撤我职，我就提过这个意见。但是这个体制不行，科研是一个副省长管，农业是另一个副省长管，这就比较难。但是我们不光是搞好科研课题，还要为云南省当前农业生产服务，为三农服务，一定要做出轰动性成绩。

我在任的时候我认为有两个比较突出的事情。第一个是中日合作课题，中日合作课题是怎么来的呢？当时我们云南的水稻资源在全国、在世界来说是非常丰富多彩的，省外的广东、浙江等省份开发比较早，老品种留下来比较少，云南比较封闭，地形气候复杂，老品种留下的很多，野生稻也有3种，这是我们的一个优势。而日本是缺乏资源的，他对我们这个就很感兴趣，想搞一些资源到日本去，就想派人到我们这里来共同育种。为了这个题目研究了很多次。《利用遗传资源培育抗病、优质、高产、耐寒品种》这是农业部给我们云南思考的一个题目。我们谈判了一年，我们的要求是每年各出50个品种资源，共同研究（我们每年出的品种基本上都是改良品种，只有少数地方品种）。日本专家到我们这里来的费用自理，设备及设备运输、维修费用均由日方承担。由于当时我们没有学日语的工作人员，是从东北农科院借了一个翻译人员过来。为了便于工作，我又和日本谈，提出每年派一名工作人员到日本学习，可解决语言障阻问题。并派一名领导干部到日本交流，所产生的费用由日方承担，还要他们提供两部汽车供工作使用。经过一年的谈判，最后到了深圳这些条件日本人都答应了，这个事情才落实下来。这个项目在日本是投资最多，历时最久的，一共干了15年之久。回想起来，当时我国还很封闭，还没有对外开放，涉及国际科技合作特别是资源项目，总感觉外国人都是来搞我们的品种资源的，所以中国农业科学院，国家科委都反对，担心我们把资源流出去。但是当时的中央委员、农业部何康部长、林乎加部长等中央委员都支持这个项目，最后是在翠湖宾馆签合同。那天大概是下午四点，是我和他们（日方）签的。在签合同之前一直都定不下来，我就打电话给何部长，请示怎么办。后来何康部长说："您签，我负责"！这样合同才签下来的。何康部长是很有远见的，他说："稻种，石油都是资源嘛，像我们的品种资源，如果不用，就是草，用了就是宝，以宝换宝，珍珠换玛瑙"。实际情况也是这样，何况在农业上，粮食是为人类服务的，又不是在国防上，还需保密。我们用几个品种换了很多东西回来，是很受益的，其实这就是一个观念的问题。因为有3名中央委员的支持，这个项目就这样就一直搞下去，培养出很多人才。比如何云昆、戴陆园、李成云、熊建华等同志都曾到日本学习，接触到世界先进的技术，学到了很多东西，后来选出了合系系列品种。当时云南的品种是滞后的，还是二十世纪五六十年代西南农科所搞出来的"西南175"等品种，已经用了几十年了，正处于青黄不接的时候，这时我们合系一出来就解决了很多问题。后来这个事情重视到什么程度？农业部把它列为我国农业对外合作第一个项目，也是对外合作成功的典范。当时的省委书记普朝柱同志很重视，他还亲自抓推广合系品种，这是比较成功的一件事情吧！

　　第二个是开展农业综合开发试验区，首先是搞水稻。这个综合开发怎么搞呢？当时农业方面，农业厅、科委、计委、经委等单位都出经费，把这些经费集中起来，统一规划，省、地、县人力、财力等都集中联合起来，科研行政、党政结合起来，各有分工，我们负责全省技术指导，地、县更具体一点。例如水稻如何栽培？把水稻的所有成果、技术组装配套，根据各地不同的环境条件制定不同的栽培规范。水稻搞了之后，成效很好。又发展到玉米、茶叶等方面，增产也显著。这个影响很大，受到了各级政府领导高度重视和支持。省委书记普朝柱同志还要我到地市会议上作汇报发言。在水稻方面，李月成同志通过总结，还撰写了一部《云南水稻栽培技术规范》。

有一次院里面开工作会，我就说，扶贫是我们当前在省里和全国很重要的一件事情，是头等大事。扶贫有各种方式，我们在科技扶贫方面有经验和能力，也是最容易见效果的。过去，我们种一些马铃薯、养些羊就能扶贫，我们有几个点就是这样做出来的。例如昆明双龙这个扶贫点，当时去的时候很贫穷，书记、乡长连袜子都没得穿，吃饭都是在地上蹲着吃。这个点森林覆盖率80%以上，因为气候冷凉，种植水稻产量就比较低。我们经过调查后，就建议不种水稻，改种玉米。唐世廉同志去搞规范化种植，去了后手把手的教，一年以后产量就翻翻。周立端同志去那里搞反季大白菜种植。那时坝子里气候热了，白菜种不出来，就到双龙去种。那时白菜卖到1元多钱一公斤，一亩地上万的收入，效益非常好。有了钱之后就可以买大米吃，就可以不用种水稻了。就是这两样就彻底改变了落后的面貌。当然也还有其他的措施，比如食用菌等配套。后来在昆明市作为典型，市委书记专门派人总结成功的经验，成为科技扶贫一个成功的典范。

# 实践与坚持

问：想您给我们讲讲搞农业科研的人应该有什么精神？

答：就是要深入实际。我这一生搞科研工作，80%左右的时间都是在农村田间。现在的博士也好，硕士也好，搞农业的不到乡下，不到农村不行啊！前任院领导孙方院长、吕堃书记就要求大学毕业生来之后先到基层蹲点，蹲点时间至少一年。蹲点完成后才能评定职称。当然也要为蹲点人员提供必要的生活条件，如给他们购买电饭煲等必须用品。我觉得这条措施是非常好的，你不下去，就不了解三农需要什么？存在什么问题？怎样解决？我们搞农业科研工作，是一个非常辩证的学科，涉及的因素非常多。例如我们搞植保、搞病害，我的指导思想就不是一个单纯的药剂防治就完了。药剂防治就像消防队一样，是救灾、救急。预防是很重要的，要有辩证的思路。所以我说学农的人很聪明，因为农业涉及的因素很多，考虑问题不是单一的。搞病害防治要懂得肥料、栽培技术、品种、气候等相关因素。当年我说搞育种最简单，最经济有效，有些同志对我就有意见，说我搞重复分散，没有办法，就把我搞的那些材料一半交给粮作所，另半留给了晋宁县农技站，他们就搞出了几个品种来。都是从我提供的材料中选育出来的，这个在中国水稻所出版的《水稻系谱》中是有记录可查。所以年青同志一定要深入实际，要到农村去蹲点。农业要说有多深奥，也不深奥，但是要做出成绩也是很不容易的。只要深入实际，坚持搞下去，必然有成果。

现在申报院士，先在省里遴选，我原是评委，共参加过7次。在省里遴选时有两个科研指标，一个是系统性，一个是创新性，就这么两句话，在某个领域做到国内外领先的就有可能成为院士了。有了系统性才有可能创新性，创新性不是一下子搞出来的，是积累出来的。

农业科研的系统性一定要到实践中去不断探索，不是在办公室打打电脑、写写文章出得来的。科研人生就是实践与坚持。到了农村，经常和农民打交道，才能建立感情，才知道他们需要什么，怎样解决。"文化大革命"搞"臭老九"的时候，我们这些人都很没有地位，但是到了农村，农民欢迎，农民喜欢我们，希望我们用科学技术帮助他们。

我已耄耋之年，寄望后来者，心系三农，为我国农业科研和生产事业的发展，做出更大贡献！

（访谈录音整理编辑：院历史文化挖掘工作组）

# 几件重要的历史事件

## ——唐世廉先生访谈录

"唐世廉先生采访记"所谈内容主要涉及原西南农科所、云南省农科所，以及成立云南省农科院之初的一些他本人参与和经历的一些历史事件，未事先提出采访提纲，主要是他本人的主要经历的一些人和事谈起（所谈内容部分录制有视频和音频）。

唐世廉，男，1924年4月生于安徽萧县唐园村。1980~1984年任云南省农业科学院粮食作物研究所所长，中国作物学会理事，云南省作物学会理事长。云南省农业科学院研究员、顾问。

唐世廉1948年毕业于浙江大学农学院农艺系，随即经系主任萧辅先生推荐就职于位于南京孝陵卫的中央农林部烟草改进处。在南京工作不到半年，被派往贵阳烟叶改良场，工作不到一年，又被调往重庆中央农业实验所北碚农事实验场从事玉米育种研究工作。1956年被评为全国农水系统先进工作者和全国先进工作者，1965年被评为云南省农业先进工作者，曾任昆明市人大代表。1960年任云南省农科所土壤肥料系主任。曾任云南省土壤学会副理事长；1970~1979年任云南省作物学会副理事长；1967 年"文革"期间被打成"走资派"和"反动学术权威"。

1986 年，1988 年被中共云南省省级国家机关委员会评为"优秀共产党员"。唐世廉 20 世纪 50 年代就患有在当时被称为不治之症的严重肺结核病，1985 年发现患有肝癌，之后几年中，先后在北京 301 医院和昆明军区总医院（四十三医院）先后做了三次大手术，唐世廉以乐观积极的心态坚持配合医治疾病和战胜病魔，现已年届 93 高龄。

1993 年春，退休后的唐世廉加入云南省癌症康复会甘当义工，先后多次被评为云南省"抗癌斗士""抗癌明星""抗癌寿星"等荣誉称号，并于 1998~2003 年担任云南省红十字会癌症康复专业委员会会长、第四届名誉副会长，现任该会和昆明市癌症康复协会顾问。

2017 年 9 月 26 日下午，我因初步完成撰写《云南省农业科学院科技专家传略——唐世廉传略》初稿，并打印好纸质稿后，约好专程到唐世廉先生在江岸小区的家中，准备与他讨论一下传略文稿的构架和征求一下具体内容的意见。他对我撰稿的传略构架表示同意，对一些文稿的细节提出了部分修改建议，并留下纸质稿进一步修改。

随后，就同我聊及了他知晓和经历的中央农业实验所、西南农科所、云南省农科所，以及之后云南省农科院的一些渊源和尘封多年的历史。

他首先提到云南省农业科学院前身的几件重要往事：

第一件事：大概 1955 年秋季，时任西南军政委员会主任的贺龙元帅在事先未通知单位的情况下，仅带了随身警卫员便轻车简从地来到位于北碚天生桥的西南农科所，刚好碰上时任杂粮组组长唐世廉正在陈列展示多种玉米。贺龙元帅请唐世廉介绍了所陈列的玉米品种，看到各种玉米，其中看到有果穗特大、籽粒饱满、排列整齐的美国品种的玉米，贺龙问道这种玉米品种的来源，唐世廉介绍这是美国品种 US13，并对其他品种也做了相应解释后，贺龙说：我们应该吸收、借鉴和学习国外好的东西，引进国外好的玉米品种，以及挖掘我们的地方品种，将改良品种很好地推广到各地。

第二件事：1956 年 10 月，时任中央候补委员、农业部常务副部长刘瑞龙来到位于北碚歇马场的西南农科所考察工作，召集了部分党员干部座谈会，肯定了赵利群所长对西南农科所事业发展所做的工作，针对当时所里存在的干部问题提出的具体的建议，直接解决了所领导干部中存在的一些问题。座谈会上，刘瑞龙还认真地记录了与会各位专家的发言。

第三件事：1960 年 12 月，时任农垦部部长、国防部副总参谋长、中央委员王震上将来到昆明，专程到位于蓝龙潭的云南省农业科学研究所探望赵利群所长（赵利群在延安时期与王震共事），并组织召开了干部座谈会，唐世廉等党员干部和部分科技人员参加了座谈会。

唐世廉谈及了云南省农业科学院的发展历史渊源，以及与中央农业试验所的关系。国民政府实业部令于 1931 年 4 月 25 日在南京组成中央农业研究所筹委会，所址定在南京孝陵卫，经采纳戴季陶建议，应重"应用"的试验，而不仅是理论的研究，主管全国农业研究与推广事宜"，技术人员大部分派往各省协助改进农业。中央农业实验所先后隶属实业部、经济部、农林部。1937 年抗日战争爆发后，中央农业实验所几经迁徙，经苏、皖、豫、鄂、湘、桂、黔、川等省，颠沛流离，备尝艰辛，于 1938 年 2 月 15 日抵达重庆，租千厮门水巷子民房办公，次春迁去荣昌县宝成寺。唐世廉说道："要说曾从最初供职在中央农业实验所，后来随单位一直在云南省农业科学院的老前辈就是三个人，你爸爸（陈泽普）、蔡士咸和李月成，他们是抗日战争期间就加入中央农业实验所了，后来抗日战争胜利又随中农所迁回南京，淮海战役之后，国民党政府即将垮台迁往台湾时（1949 年），他们又回到四川重庆中央农业实验所北碚农事试验场"。中央农业实验所北碚农事试验场是抗日战争胜利后，除了迁回南京部分作为中农所主要部分外，留渝部分被组建成立北碚农事试验场，也就是西南农科所的前身。

中华人民共和国成立后，随着各大行政区划成立大区农业科学研究所，以中央农业实验所为基础，组建成立了华东农业科学研究所，也就是江苏省农业科学院的前身；中国农业科学院是在位于北平的华北农业科学研究所的基础上于 1957 年初建成立的，华北农科所是由日本占领期间设立。所以说南京国民政府成立的中央农业实验所是当时中国最高农业科研机构，相当于后来的中国农业科学院，但并不是之后中国农业科学院的前身；中央农业实验所北碚农事试验场也就是之后改制组建成为西南农林部农业科学研究所，也曾称为中国农业科学院西南农业科学研究所。1958 年 8 月，大区建制撤销，西南农科所奉命整体迁入云南，与云南省农事试验站合并成立云南省农业科学研究所，也就是云南省农业科学院的主要前身渊源之一。

唐世廉谈及在南京的中央农业试验所，中华人民共和国成立前夕，不少专家骨干被迁往台湾地区，随迁的专家包括有中央农业实验所所长沈宗瀚、杂粮组组长蒋彦士（后在台湾担任"外交部长""总统府秘书长""行政院秘书长"，以及蒋介石"总统府"资政）等专家。唐世廉并谈到他本人最初也师从于蒋彦士学习玉米育种研究工作；谈及蒋彦士非常赏识冯光宇（云南省农科院粮作所玉米育种专家）吃苦耐劳的精神，以至特别悉心培养冯光宇，多次送冯光宇到农学专科学校学习深造。（另注：本人采访原院长吴自强研究员时，吴还提到，他 1997 年在台湾考察时，蒋彦士宴请他一行，蒋还专门问及冯光宇的情况）。

唐世廉还谈到西南农科所以及之后的云南省农科所一些科技人员的情况，特别提到一位杰出的植保科技人才戴铭杰，是位知识渊博，学问深厚，才气纵横，满腹经纶的植保专家，也是一位中华人民共和国成立前留学美国学成回国的学者（"文革"前云南省农业科学研究所只有两位早年留学美国学者，另一位是遗传学家、油料育种专家梁天然）。戴铭杰第一次到大观楼，看到大观楼长联，默读一遍马上转身就能背诵。但戴铭杰有些心高气傲，于 1960 年下放到楚雄州农科所担任所长，曾于 1963 年调到位于思茅地区的景东县中国林业科学院紫胶研究所担任昆虫敌害研究室主任。

（陈宗麒根据访谈录音整理）

# 五十余年农业科技生涯

## ——李月成访谈录

我是四川安岳县人，今年97岁了。

少年时，我读职业学校的一个老师介绍我到广安去，写了封信给广安县农业推广所主任，我就去了，找了个临时工做发棉花种。后来那个老师跟我说，你在成都，你再去考成都四川省农业改进所的农业推广人员培训班，我去考了，发榜后，有我的名字，成绩还不错。毕业后，又分回我老家安岳。工作后，我老家的人进城来，我要找地方给他们住，给他们吃，时间久了我就心烦。我想，我读书的时候家里穷，你们没支持我一分钱，现在这个来那个又来。这个时候西康省有个单位，叫民族粮食作物试验区，到四川来招聘人才，出高工资。到西昌去了后，工资不发，就供饭。我到西昌还剩点路费，然后我偷偷把铺盖行李卖了，凑了大约120元的路费跑回老家，回老家后我老师又介绍我去广安。

**如何去了中央农业实验所**：那个时候正值抗日战争时期，中央农事实验所从南京迁到重庆北碚。当时一个姓李的老先生到广安来，考察广安是不是适应种双季稻，他叫我陪他去看那些地方，看完之后，就叫我写考察材料，我写好了交给他看，他看后面带笑容，就问我愿不愿意到他那里去，我当时也没马上答应。后来他回到北碚，写了封信给我，说你接到我的信，你愿意来就来。我在广安工作认识些朋友，一个姓吴的朋友就说，你当然应该去，广安是地方机关，中央农业实验所是中央机关。这样我就去了。等到发工资我接到工资袋，我一看，还有这样的好事，工资加了一倍，还送到手里。我去了中央农事试验所是分到稻作系，稻作系的主任叫柯象寅，刚从美国回来不久，他看我写的自传（简历）后，他说你跟着我工作，这样我就到中央农业实验所工作了。

**西南农科所到云南农科所的由来**：我初到的中央农业实验所单位是在南京孝陵卫，当时南京临近解放，中央农业实验所怕研究材料、种子散失，就让我带着一些试验材料，连同李士勋老先生的家眷（当时他的家眷到南京）返回重庆北碚农事试验场，李士勋在北碚农事试验场当场长，我到西南农业科学研究所是在重庆，这就是西南农科所的由来。

中华人民共和国成立后，中央农业实验所就解散了，有些广东人就回广东了，有个老先生叫黄一方（音）也是搞水稻的，其它本地人包括南京的有一个姓周的，还有汤岳苏先生（音）就留下了，后来成立了江苏农科院。1958年，西南行政大区撤销。我们就迁到云南来了。西南农科所全所留了三四个人在四川，因为四川科研能力比较强，另外少数人去了贵州，它是西南区三个省份之一，还有西藏，西藏是帮他们培训了科研人员，他们就回西藏了。所有的科研人员，所有的设备，包括奶牛就全部迁到云南。奶牛坐飞机，人坐汽车。所长是个老革命，叫赵利群，到云南后，和云南省农业试验站合并就建立了云南省农业科学研究所。

刚从重庆搬来的时候，是在蓝龙潭水利学校，旁边是通讯兵团，在那里住了相当长的一段时间，具体时间我记不清楚，那里还有一些房子。后来，水利学校迁回，我们就搬到桃园村。

当时重庆绝大部分人都过来了，包括那些高级科技人员，其中有一个叫梁天然，一个叫戴铭杰，两个都是美国留学回来的。但是可惜了，两个人都是在运动中经不起侮辱人格，梁天然吃安眠药去世了。戴明杰先是在楚雄，当时思茅要成立一个紫胶研究所，就把戴铭杰先生从楚雄调到思茅去。到思茅后，一天中午吃饭，去打饭一个造反派头头打了他一耳光，就骂他你个反革命还吃饭呐。戴先生经不起侮辱就跳了河，我所知道的大概就这样了。

我和张尧清，李正英，叶惠民等，都是从西南农科所来到云南省农业科学研究所，后来这个所就改成云南省农业科学院。当时院长是翟文涛，过后有程侃声、孙方、吴自强，然后是李坤阳，李坤阳过后是黄兴奇。

**我的农科情怀**：我是 1983 年退休的。退休后，单位上又留我工作，真正离开工作岗位是 1992 年，我一直是搞水稻的，我最早在粮作所，后来又去科技成果推广处。当时，钱为德当处长，我是副处长。

我最初在麦地村驻点，我就把我推广的品种拿给农民种，有个水稻品种云粳 9 号，耐寒，最后种子就卖到凉山彝族自治州，因为耐寒，种起来也还好，解决了兄弟民族地区吃细粮困难的问题，他们开着车来运种子。

我 60 年代的时候，大概是 1966 年到 1970 年，去越南搞了四年，种水稻，帮助越南人民建立农业科研单位、培训农业科研人员，在越南河江省。我们在坝子搞水稻，还有钱为德在山区跟一个工人在三块田搞玉米。我们在那里搞了后，水稻产量从每公顷（15 亩）2 吨多的产量增加到 4 吨多，最高的到 7 吨。后来回国的时候，越南政府给我颁发了三级劳动勋章和友谊徽章，只不过被我弄坏了。那个时候，在越南很危险的，美国飞机天天来洒化学药剂，就撒落叶剂，洒下来后，树叶就落得干干净净，看得清清楚楚的。在那边我们也要出去的话，它有一个吉普车，还派一个警卫人员带我们去，那个美帝国主义飞机飞得矮，飞行员的脑袋我们都看得到，但是他们不投炸弹。有一次我们出去，就有一架中国飞机在追它，追的时候就丢了一个亮晃晃的东西，我们就想，这次着了，要被炸了，结果后来去看，是丢了个油箱下来，把田砸了好大的一个坑。去了 4 年，期间一次都没回来过。在越南也有大米饭，管饱，就是简单，顿顿吃空心菜。后来我回来的时候还说，把我们吃的空心菜结起来，可以绕地球 3 圈。那里生活苦，就是没肉吃。一个省委书记，一个月也才 2 斤肉，住的是临时搭的房子，很简单，用阔叶搭，那个房子搭起来很快的，只要不漏雨就行，蛇随时都会爬到房间来，我去的时候带了 2 个广东人，都姓邱，一个叫邱传，一个叫邱大波，他们会抓蛇，抓到蛇就煮了吃，还叫我吃，说吃了有好处，我就跟着吃。那个时候美帝国主义的飞机因为有中国飞机追，它就没法来了，但是越南大大小小的桥都炸光了，中国就派出了一个 25 大队，帮他们搭临时的桥通车，还有从云南运蔬菜过去，因为有兵站在那里。生病了就没办法，它缺医少药的，简单的他可以帮你处理下，困难的只有回中国这边来治疗。

我今年 97 岁了，我在农业科研战线上干了四五十年，退休后我写了首诗：

投身农科五十秋，当年青少今白头。

历经沧桑志不炳，誓将毕生承田畴。

千百忠魂长作伴，爬山涉水忘所求。

良种良法去推广，喜看粮食得丰收。

群众称颂科技好，男欢女笑庆神州。

（访谈录音整理编辑：院历史文化挖掘工作组）

# 迁滇历史文件澄清长期谬传

## ——柯愈蓉和余淑君访谈录

2018 年 10 月，云南省农业科学院历史文化挖掘工作组专程赴四川成都，就我院早期的一些历史资料和机构沿革追溯，专访了曾在西南农科所和云南省农业科学研究所担任赵利群所长的业务秘书柯愈蓉和以及从事小麦研究的专家余淑君，就一些尘封多年的历史事件进行回忆与思考。他们谈及了在西南农科所和云南省农科所的一些主要经历：

初到西南农科所：我（柯愈蓉）是 1954 年从四川大学毕业后分配到西南农科所，一批来的我年龄最小。当时我们同批来的还有华中农学院的吴自强、余芸英，以及湖南也来了一批有李馨、夏奠安、周富安，湖北来的还有田长漳；四川大学来有农学系的我和畜牧系的；宋淑琼、凌龙生、蔡万云是 1952 年或 1953 年先期分配来；1955 年从西南农学院来的有周小平、王白坚等；余立惠是 1956 年来的。

我分来后就跟着赵利群身边，先搞人事和保卫工作，后来就一直搞行政办公室工作，主要从事全所（包括云、贵、川、藏）农业科研计划及项目管理，是赵利群所长在科研业务方面的日常工作的业务秘书，一直就到"文化大革命"。

当时西南所迁滇与云南省农试站合并时，西南农科所除少数因家庭特殊困难离不开等原因留川外，其余大多数整体都搬迁到云南了，具体人数记不清了，大概一两百人。从重庆乘汽车花了7天时间才到达昆明。我是最后到昆明的。当时云南省农试站人数较少，大概只有几十人，不到一百人。搬迁到水利学校（蓝龙潭）是个过渡，很快就定了再搬迁到桃园村，先搞基本建设，1964年搬迁到桃园村。

我是秘书科的科长，经办和处理全所科研计划等科研业务工作，李华模是办公室主任，是我的直接领导。柯愈蓉谈到，从西南农科所到云南农科所，确实有一批老同志，全心全意为党、为科技事业兢兢业业的科技工作者和老同志，我们应该永远记住他们。说到梁天然、戴铭杰，他们都是留美的，是当时数得上的几个大牌专家之一，其他专家还有孙振洋、夏立群、游志崑、杨昌寿、李世勋等，他们学术上有造诣，科研工作上很有成就。梁天然在油菜上也育成一些新的品种；戴铭杰是植保方面的。赵利群爱惜人才，很重视人才，对知识分子的政策掌握得比较好，真正与全所科技人员和其他职工打成一片，对年轻人也比较关心，是真正愿为科研工作做点事的领导。赵所长是个好同志，是个地下党的老同志，在科研人员及知识分子中威望是比较高的。

## 回忆一些老同事

柯愈蓉、余淑君介绍，西南农科所期间，有一段时间工农干部有轻视知识分子情况，而知识分子在"扫盲班"为这批工农干部扫盲。

提到一些老同志，柯愈蓉说：刘正良是个很有能力的技术工人，是个人才，很不简单，过去整个农科所的园林花卉景观布局和绿化设计都是他的杰作。

1960 年代初期，云南省农科所因上级要求，被下放一批科技人员，如戴铭杰、孙振洋、丁惠淑等、田长漳、颜鲲滇等等；"文化大革命"时期作为"牛鬼蛇神"又下放了一批。

1960 年我与赵利群所长参加全国科技会议，毛主席接见我们的照片在"文革"期间被抄家抄走，这是我最伤心和最想不通的地方。这也成为后来我决心调回四川不再回云南的一个原因，尽管我已八十多岁，很多事情已经淡忘或应该淡忘了。

柯愈蓉 1975 年调回四川省农展馆，余淑君 1974 年调回四川大学生物系。

柯愈蓉和余淑君很高兴云南省农科所作为他们的第二故乡的老同事故友子女等来访，谈及过去单位之间同事和睦相处的往事。柯愈蓉回顾往事，说到赵利群所长被行政级别降职处理。她说，赵利群所长因西南所搬迁云南一事相关事由受到连降三级（大概是从行政 9 级降到 11 级）的行政处分。对此赵利群反复交代她（柯愈蓉）将农业部下达西南所迁滇的文件作为历史资料保留下来。于是他将赵利群所长签阅过的农业部下达西南农科所迁滇通知的文件拍照下来认真保存。她说这份文件资料她已保存六十多年了，好像抄家时都没抄走，等她找找，或许能够找到。

## 找到西南农业科学研究所奉命整体迁滇的历史文件

终于找到西南所迁滇的历史文件了！第二天，柯愈蓉翻箱倒柜终于找到尘封半个多世纪，曾经赵利群所长一再叮嘱她保存好的这份文件的照片件，并说：这是赵所长交给我的责任，也是对我的信任，现在总算对赵利群所长有个交代了，能将这一历史资料找到并交给能将此事告知后人的人我很感欣慰。她又专门拍照并解读此历史文件，微信发送给我，随后又将此文件的底片和照片一并寄送过来给我。微信留言如下：

宗麒世侄：你们突然来访，让我早已忘怀往事勾起，我承诺给你们提供点什么？上午查找了一张 1987 年旧照和一张中央下达命令西南所迁滇的文件拍摄底片和印出原照片。我把它们原物交给你们，或许有点用处。但千万不要与我客气或说什么谢谢。我只不过是一个历史过客，曾经有过却早已过去。根据你要求，我把翻拍的旧照反复查对，大意如下：

## 中华人民共和国农业部
## 关于西南所迅速由重庆迁昆明与试验站合并建所的通知

西南农业科学研究所：我部决定将你所由重庆迁往昆明，并由我部廖鲁言部长与云、贵、川三省负责同志共同定下下列事项：

1. 迅速将你所从重庆迁往昆明，与云南省站合并建所。（注在"合并建所"四字下赵所长加"○○○○"）。

2. 贵州省农业技术力量薄弱，应由你所抽调必要人员扶持。（注"必要"两字下赵所长加"＿＿"）。

3. 如贵州省仍感力量不足，你所得在研究项目上接受贵州所委托的任务。（注"仍感"两字下加"＿＿"）。

虽然我努力了，时久字迹难辩，最好是将原底片再印比对。

啰嗦太多了，就此再见，向你同行者问好！柯愈蓉。

成都

2018.10.27

（作者：陈宗麒）

# 西南农科所和云南农科所的一些人和事

## ——谭继清访谈录

2018 年 10 月，云南省农业科学院历史文化挖掘工作组专程赴重庆，就我院早期的一些历史资料和机构沿革，专访了曾在西南农科所和云南省农业科学研究所担任机要秘书的谭继清。谭继清在西南农科所和云南省农科所时期任党务秘书，主要处理党务文件和文书档案工作。谭继清就一些尘封多年的历史事件进行回忆与思考，着重回忆介绍了几个方面的情况：

## 关于首任所长赵利群

首任西南农科所和云南省农科所的所长赵利群同志是哪个级别的领导干部？谭继清谈到，赵利群是 1924~1925 年参加革命工作，1926年正式加入中国共产党，属大革命时期的干部（相关规定：1927 年 4月以前参加革命工作的，属于大革命时期；1937.6 以前属土地革命时期；1937.8~1945.7，属于抗日战争时期；1945.9~1949.9，属于解放战争时期）。赵利群长期从事地下党工作，具有丰富的地下党保密工作的经验。

赵利群曾于 1939 年奉中央派遣，从四川成都到延安中组部参加由张闻天主持的第一期马列学院学习班（为期三个月），并之后在任弼时、贺龙和王震的直接领导下和身边工作。延安时期，赵利群在中央组织部干部科工作，曾负责中共中央第七次党员代表大会的会务工作。在延安"整风运动"中，赵利群曾有"历史清白"的审查结论。赵利群的夫人毛碧云当时为中央组织部家属队的队长，主管党中央领导干部子女的教育和生活，组建成立和负责"马背小学"。贺龙与薛明结婚还是毛碧云牵的线。

中华人民共和国成立初期，赵利群由中华人民共和国国家主席毛泽东签发"中央人民政府任命通知书"："兹经中央人民政府委员会第八次会议通过，任命赵利群为川西人民行公署委员，1950 年 6 月 28 日"；政务院总理周恩来签发"中央人民政府政务院任命通知书"："兹经政务院第五十三次政务会议通过，任命赵利群为川西区绵阳专区专员，1950 年 10 月 6 日"。后由王维舟（四川省委副书记）和李井泉（四川省委书记）点将，将赵利群抽调到成都先后负责抗美援朝军工生产以及负责民族事务工作。

1951 年 9 月，赵利群调任最高人民法院西南分院，任党委书记兼办公厅主任；1953 年，年近知天命的赵利群一再要求，申请到国家经济建设主战场工作（谭多次强调，这或许是党中央对党员领导干部的战略布局安排），随即调到西南农村部工作。1954 年 3 月，中共中央书记处研究决定，任命赵利群为西南农业科学研究所所长，经办人为杨尚昆（时任中共中央办公厅主任）。赵利群参加 1956 年初周总理主持召开的"全国知识分子座谈会"，列席毛主席主持召开的"最高国务会议"，列席会议期间，杨尚昆找到赵利群了解工作中存在的问题，帮助解决了西南农科所党组织由重庆市委代管的关系，而非所在重庆下辖的北碚区的辖区管理关系，以及中央管干部阅读文件权限等相关问题。1958 年，接农业部令，西南所整体迁滇，与云南省农试站合并组建成立云南省农业科学研究所，赵利群任所长。

以上资料，同时参考：《赵利群——纪念赵利群同志诞辰 100 周年》，中共党史出版社出版，2006 年。

## 从西南农科所到云南农科所

1. 西南农业科学研究所的隶属关系和最初名称。西南农业科学研究所的最初的全称为"西南农林科学研究所"，隶属国家农业部，而不是隶属西南农林部。由谭继清处理上下级文件，主送单位都是农业部，抄送单位是西南局农村工作部、西南行政委员会农林局。至于何时单位名称由西南农林科学研究所变更为西南农业科学研究所，没能考证。

2. 西南农科所迁滇最初选址由戴铭杰提议选跑马山（西南联大时期的农学院旧址）、并先后选址地质学校（马村），最后选到蓝龙潭。1959 年初云南省委正式下达文件，批准西南农科所迁滇部分与云南省农试站合并成立云南省农业科学研究所并正式挂牌。才迁过来隶属省委农村部，后来隶属省农业厅。

3. 赵利群在西南农科所迁滇过程，以及之后受到不公正的降职级的处理，主要被认为有两点原因：一是不听"招呼"。四川省从本位利益出发，不希望西南农科所整体（或主体）迁滇，而希望迁成都与四川省农科所合并，而赵利群坚持执行农业部的《通知》安排；另一方面，在搬迁过程中的一些具体实施，让种牛、奶牛、种猪等大型牲畜用飞机运送，一些重要的科研仪器设备、资料和作物资源也用飞机运送，而很多专家乘汽车、或轮船再转火车等。这也成为一些人的口实，被重庆市委一些人过度渲染，而导致赵利群被严重处分；再者，谭继清认为，重庆市委做出给予赵利群行政降职 2～3 级的行政处分不符合干部管理权限，赵利群是中央管的干部，重庆市委未申报中央审定和批准。谭认为，重庆市委当时行政级别较低，是四川省辖一个地级市，其行政级别与西南农科所平级。由于赵利群被行政降职严重处分，以至最初云南省委书记谢富治原考虑拟任命赵利群任云南省农业厅厅长（原厅长是位民主人士）兼云南省农业科学研究所所长未兑现，一直拖到1960年才正式任命云南省农业科学研究所所长（与云南省农试站合并后此职务一段时间空缺），以及答应给予西南农科所迁滇后职工享受的相关优惠待遇未得到落实。赵利群在昆明期间，有次与省委书记阎红彦开会时碰面（他们曾在延安时期相处关系很好），赵利群与阎谈及被重庆市委降职处理一事，阎红彦发怒说，我是四川省副省长兼重庆市委第一书记，我怎么都不知道此事？

4. 1959年，王震作为农垦部部长协助外交部处理云南与周边国家的外交关系时，专程到昆明蓝龙潭云南省农业科学研究所看望赵利群。王震提到周总理点名让赵利群任团长率领云南农业参观团到缅甸考察，不知何因后来被调整为参观团的支部书记。

## 云南省农科所的一些人和事

1. 关于云南省农科所一批科技干部下放。云南省委书记处书记马继孔主持召开机构精简会议，要求硬砍三分之一的科技人员作为下放基层指标，樊同功副所长带谭继清参加此次会议。后来赵利群力主保住一批科技人员，避免大规模下放。

2. 关于梁天然和戴铭杰。谭继清谈到，梁天然和戴铭杰（均为20世纪40年代留美归国知识分子）是组建成立西南农科所时，赵利群通过贺龙向李井泉和四川农科所打招呼，将梁天然和戴铭杰调过来的，成为西南农科所的科研型高级专家，在油料作物育种和植物保护学科方面有深厚的造诣，在国内同行中有着较高的学术声誉，是当时西南所以及之后迁滇后的云南省农科所的主要学术带头人。因有曾于 20 世纪 40 年代作为访问学者留学美国的经历，在特殊的年代，特别是在"文革"期间，受到政治乃至人格方面的迫害或侮辱，导致以结束生命来抗争。

3. 关于云南省农业科学研究所从蓝龙潭迁来桃园村。1958 年 8 月西南所迁来蓝龙潭，1959 年初正式挂牌"云南省农业科学研究所"，1964 年迁到现址昆明北郊龙泉桃园村，大概 1960 年前后就定下来，并划拨土地，基本建设建办公大楼和几栋职工宿舍，建成后于 1964 年国庆节前后迁来。职工子女也由黑龙潭和平小学转学至龙头街宝台小学。瓦窑村的八角楼及其农场小花园，原为中国科学院昆明植物所吴征镒院士等专家使用，后农科所答应植物所在安宁温泉，即后来北京林学院迁址处建了一栋楼作为交换（当时基本建设工程工作具体由工会负责人之一赵志奇经办），才将八角楼及其花园，以及周边土地协调置换过来作为省农科所的试验农场。迁来桃园后，桃园村生产队作为云南省农科所的直属生产队，减少了公粮的上缴指标，农科所也做些补偿。桃园大队的党团关系全部转入农科所管理，农业生产由农科所试验农场管理，最初冯光宇当场长，后来有张仁科、董海云等，党支部书记任承印。

4. 关于梁天然后事的处理。谭谈到，梁天然故去后，单位几乎没人安排和处理相关后事，大家都避之不及，唯恐引火烧身。最后是行政后勤老股长陈泽普出面，约请了几位老工人粟世林、粟桂华、刘银章等人送东郊火化场火化，并将骨灰罐隐藏在办公室的柜子下层用一块布盖住。随着"文革"风潮甚紧，陈泽普也不敢久藏，大概 1970 年初，悄悄找到谭继清，指着办公室角落处的柜子说："小谭，这个坛坛里面是梁主任的骨灰，你看怎么办？"此事当时是冒很大的政治风险的事，谁都不敢声张。谭继清也不敢答复。之后，陈泽普约老工人李其华将梁天然的骨灰罐到三尖山上（关于梁天然的骨灰处理，还有另一种的说法是被撒在当时园艺组后山的果园）。

5."围海造田"一事。1969年底，云南省农业科学研究所接到省委命令，单位整体迁到潞江坝，全所职工家属作了全面准备，单位一切科研设施设备，以及职工家庭的所有行李家具都打包等待搬迁车队时。恰逢谭辅仁、鲁瑞林做出决定，搞"围海造田"需要由农科所作为主要技术力量。于是马上打电话通知，命令停止搬迁，全体干部职工随即投身于围海造田之中，作为围海造田指挥部的技术支撑。

# 后　记

在谭继清的图示指引下，院历史文化挖掘工作组又专程前往西南农科所旧址北碚天生桥、歇马场等地。当年西南农业科学研究所的科技大楼已成为中国农业科学院柑橘研究所的主楼。拜访到已退居二线的柑橘所老所长吴厚玖（他父亲是西南农科所科技人员）。在他帮助下，我们去档案室查阅、影印了部分早前档案和图片资料。在1958年的档案中，仍有"西南农业科学研究所"字样信笺和少数资料，西南农科所部分职工名单中还有杨子嘉（篆体字书法家，留法期间与周恩来同学）的名字；"西南农科所试验农场工人名单"中有我院已故老采购员罗光荣的名字。工作组又到访了西南农科所职工住宿的红楼等地，红楼已于10年前被拆除。

以上资料是历史文化挖掘调研工作组到访重庆谭继清家采访录音整理，未经其本人审核。

（录音整理编辑：陈宗麒）

# 唐世廉自述

1948 年夏，我修完了大学四年的全部必修课程和选修课程，毕业在即，未及领取《毕业证书》（以后因战乱也未曾补领过），即持浙大农学院农艺系萧辅主任的《介绍信》火速赶到南京孝陵卫中央农林部烟产改进处找到处长章锡昌。章锡昌与萧辅主任是留美的同学，成绩都极优秀，曾双双获金钥匙（Golden Key）奖学金。章先生很客气地接待了我，顺利办理了相应的手续，就算是国家的正式职工了。在那"毕业即失业"的年月，能找到一份正式工作不易，何况是专业基本对口的公务员呢！我当时是喜出望外了。即使未领到大学毕业证书，也还是值得的。

孝陵卫是农林部烟产改进处是一个管理机构，在全国烤烟种植大省设有烟叶改良场。在孝陵卫呆了不到半年，1948 年 12 月，淮海战役正酣，国民党政府待迁广州，我又被分配到贵阳烟叶改良场。贵阳是我 5 年半中学苦读的地方，大一和大二也是在贵州度过的，对贵州还是有感情的，这可能是分配我到贵阳的原因之一吧！

我在贵阳烟叶改良场工作未及一年，被调往重庆中央农业实验所北碚农事实验场。该场即抗战期间由南京迁渝的中央农业实验所，曾是全国最高农业科研单位，相当于现在的中国农业科学院。抗战胜利后，该所迁回南京，留部分人员建立中农所下属的北碚农事试验场，即西南农业科学院研究所的前身。我在这里服务，一晃就是8年（1950~1958）。大区撤销后，1958年中央决定西南农科所迁昆明支援边疆农业科研工作，与云南省农业试验站合并组建为云南省农业科学研究所，后成为现在的云南省农业科学院。从1950~1990年的40年间，我一直工作在农业科研战线上，期间约可分为四大阶段。

**一、20世纪50年代，在西南农科所主持玉米育种工作**

在我大学毕业后的第二年，即1950年，在西南农林部北碚农事实验场，才真正开始了我毕生从事的农业科研工作。由于我在大学期间曾选修过丁振麟教授的玉米育种专题讲座，对玉米育种很感兴趣，遂选择了玉米育种作为我的研究课题和今后发展方向，并蒙领导首肯。

我向全国各地征集玉米育种材料的同时，到成都拜访曾留学美国的玉米育种专家、时任四川农业科学研究所所长的杨永奎教授，向他虚心讨教并征集有关育种材料。杨先生给予了热情的赐教，对我从事玉米育种深表慰勉，给我以很大鼓舞。随后我跑到川康两省做实地调查，收集了一些地方品种。又对征集到的品种在北碚设置了原始材料圃，进行了系统的观察研究。这时我任作物系杂粮组组长，主持玉米育种课题。

1952年秋，中央农业部在北京华北农科所，即现在中国农业科学院的前身，举办米邱林讲习班，要求各大区选派人员参加"助教班"先行学习，待正式开班时担任助教。我和西南农林部的一位年轻科技干部有幸被选中。我们助教班总计18人，来自各大区和农业部、科学院等部门，于国庆节前夕到达北京，并随华北所通知参加天安门"十一"大游行，给我留下了终生难忘的记忆。助教班由苏联专家伊万诺夫任教，他个头不高，但很壮实，为人热情，我们相处甚为融洽。据说，中苏关系破裂后，他因亲中而受到迫害。助教班学习月余，大班正式开始，学员来自全国各地的农业科研部门和大专院校，总计数百人之众。这次我遇到了来自浙大的萧辅系主任和农艺 48 届级友申宗坦、卢培藩（贵州）和武镛祥（黑龙江）以及几位校友，三代同堂授业，一时传为佳话。

西南农科所 1954 年由北碚天生桥迁至歇马场新址后，试验设备条件大为改善，试验地扩展到千余亩，从西南农学院（今西南农业大学前身）、川大等成批的学生分来。但他们多数对田间试验技术和生物统计功底不足，试验经验更是匮乏。所里决定由工会出门组织，我负责系统讲授，先后培训数十人，取得良好效果。

1953 年 3 月，从北京的米邱林学习班结业返回原单位，我的劲头更大了。正在我在玉米育种方面不断取得进展的 1954 年，我的岗位突然变动。起因是：土改后农民生产积极性空前高涨，但良种良法配套滞后，作为主要粮食作物的水稻生产发生严重倒伏，因此急于寻求对策，西南农林部对西南农科所下达了防止水稻倒伏一项重点课题。所领导权衡再三，确定由我牵头，组织作物、土肥、植保三个专业的优势"兵力"协作攻关。我在玉米育种上正信心满怀，劲头十足之时，突然调我主持防止水稻倒伏课题，内心是有不甘，但又深感组织上对我的信任，遂接受了这项任务，并言明课题结束后仍回到玉米育种岗位，也得到首肯。

任务接下后，我与包括作物、土肥、植保各专业的课题组成员，经过认真的讨论，周密的论证，拟出详细的计划，在分析试验田肥力的基础上，进行了不同品种、不同密度、不同肥料配方的大量田间试验，仔细研究不同处理堆稻秆强度和细胞结构等方面的影响，工作量十分巨大。好在课题组同志个个年轻力壮，经常白天忙于田间观察记载，晚上要把白天取回的样本进行室内分析，还要查阅相关资料，经常忙到深夜。功夫不负有心人，1954 年末，一份较有分量的研究报告撰好后，我因肺结核复发在此住进了医院。出院后，组织上考虑我的健康状况，加之稻田多位淤泥及膝的冬水田，很耗体力，同意我仍回到玉米育种岗位上。水稻倒伏研究的主持工作，另由他人接任。

回到玉米育种岗位上，我与课题组同志一道，经过几年的努力，在玉米原始材料、地方品种的收集和研究，自交系的分离培育和杂交种的选育上都取得明显成绩，撰写多篇论文载于《1960 年 云南省农科所十年成果汇编 作物分册 上》。我也先后被评为西南所、重庆市北碚区、全国农水系统（省部级）和全国（国家级）先进工作者。

1954 年 4 月下旬，我到北京先参加了全国农水系统的先代会，中央首长在怀仁堂后院的草坪上接见了全体代表并合影留念，这是我们第一次与那么多中央领导的合影，心情特别激动。会上除宴请了全体代表外，还先后安排了梅兰芳等京剧和小白玉霜的评戏，他们两位都是驰名全国的艺术大师啊！

农水系统的先代会一结束，我就作为农水代表团中一员参加了全国先代会。那时人民大会堂还没建成，会议在北京体育馆举行隆重的开幕式，毛泽东、刘少奇、周恩来、朱德等国家领导人出席，国务院副总理李富春致开幕词，中央书记处书记刘少奇致祝词。期间，北京市市长彭真亲自下请帖请我们游园；我们还参加了"五一节"天安门前的游行，全过程代表组成一个大方阵接受检阅。当我们过天安门城楼后，我们就到预留的观礼台观看游行队伍从面前走过，热烈的场面，激动的心情，终生难忘！

现已年届 90 的我，仍享受着全国劳模津贴。

**二、20 世纪 60 年代，在云南省农科所主持绿肥科研和示范推广**

1959 年末，即组建云南省农业科学研究所的第二年，在北京召开了全国作物育种工作会议，我作为云南全省唯一的代表与会。回昆后，在我满怀信心正欲在玉米育种上大展宏图时，组织上突然把我从粮食作物系（时任该系秘书兼杂粮组组长，主持玉米育种课题）调到土壤肥料系任系主任，心虽有所不甘，但作为共产党员，我服从了组织安排。1960 年代的前 6 年，即"文革"开始之前，我转行投入了这一在大学里未曾学过的土壤肥料专业学科，自知才疏学浅，只能在实践中虚心想系里的老同志学习。

系里日常工作有秘书处理，所以并不繁重，需要我着力去做的：一是尊重知识、尊重人才，充分调动全系同志们的积极性；二是根据生产发展需要，立足当前，着眼长远，制定好科研计划；三是把深入农村调查研究、设立研究基点，与所内试验和生化分析相结合；四是组织化肥试验网，于产区建立红壤、发红田和胶泥田改良试验基地。这几项工作均取得良好进展。

我除统筹全局、推动系务工作外，主要精力是主持绿肥的试验研究和示范推广工作。绿肥作为农作物中的一种，与其他作物一样，都有品种和栽培技术两大方面的问题，原来我在作物方面积累的知识和经验，同样可以运用到绿肥研究课题上。

在我仔细收集和分析了全国绿肥试验研究和生产现状的基础上，对云南土地资源和全年水热分布状况进行了研究。

1. 土地资源。云南省旱地占耕地面积的三分之二，其中低产地（包括低产地和轮歇地）不少于 1000 万亩，发展潜力很大，急需增肥改良；旱地以种植玉米、洋芋（马铃薯）为主，间套绿肥或于适当茬口增种绿肥并不失为发展绿肥的一个有效途径。

2. 云南省水热资源同步。夏季处于雨季，水热资源极为丰富；冬春处于干旱，雨水稀少，降雨量约占全年的五分之一，温度也较夏秋低些。

3. 绿肥科研的主攻方向和研究重点。根据对以上土地和水热资源的分析，我们改变了我国南方通常采用的稻田茬后秋播绿肥的传统做法，而将旱地夏播绿肥作为发展云南省绿肥的主攻方向和研究重点。根据旱地夏播绿肥品种筛选结果，选用耐旱、耐寒、分枝和再生力均强的光叶紫花苕在荒地、轮歇地扩种，玉米地间套种和洋芋地茬后增种等途径进行连续多年的试验，都取得良好的效果。特别在荒地、轮歇地于 5 月雨季来临后播种，冬前每亩可产苕青 0.5~1 吨，正是过腹还田牲畜过冬的优质鲜绿饲料，也是高级的有机复合肥源。若于次年 4~5 月份收获，每亩可产苕青 1~2 吨。荒地夏播绿肥翻压利用年周期玉米产量较未种苕子的每亩可增产 104.4~172 公斤，土壤理化性状得到明显改善，有机质由种苕子前的 1.26% 增至 1.82%，总氮由 0.278% 增至 0.446%，土壤容重由 1.08% 降至 0.99%。

旱地夏播光叶紫花苕，使用磷肥以磷增氮是经济用肥的好办法。每公斤五氧化二磷可增氮 2.20~2.24 公斤，每公斤磷肥可增加氮素折合磷酸铵 0.9 公斤。

1963 年，在云南省委书记闫红彦主持召开的省委常委扩大会上，由我将上述试验结果连同实物标本、图表等作了详细汇报（省农业厅厅长张振军同志在座）。仅就一个发展绿肥问题在省委常委会作专项讨论研究，这是没有先例的，也是以后从未发生过的。会议当场决定成立"省绿肥工作队"，由厅长直接领导，由我兼任队长，队员由农业厅下属的畜牧兽研所、开远棉站、宾川棉站和农业厅粮作处土肥组等单位抽调 15 人组成，在全省由南至北设立 5 个基点，大力试验、示范、推广荒地、轮歇地夏播，玉米地间套种光叶紫花苕。短短的几年间，夏播苕子种植面积达到 90 余万亩，主要分布在曲靖、昭通、丽江、红河、文山等地州。同时，总结群众因地制宜在玉米地里间种豆类，粮肥兼用的经验，在《云南日报》上大力宣传报道，闫红彦书记和周兴省长都曾到过我们昆明的试验示范田视察，给我们以极大的鼓舞。由于省委的重视，各地州紧紧跟进，到"文革"前，全省绿肥面积（含粮肥兼用）由 20 万亩迅速扩大到 500 万亩。

由于我们土肥系在红壤（凌龙生、李坤阳等）、发红田（陈宪祖、王乃义等）、胶泥田（叶惠民、宋淑琼等）改良及绿肥（樊永言、彭德文等）的试验、示范、推广上做出了突出成绩，1965 年被评为全省农业先进单位，由系秘书宋淑琼代表全系与会，我也被评为省农业先进工作者。在昆明参加先代会期间，根据省委农村工作部部长梁浩同志的指示，所领导突然通知我去参加由《云南日报》总编辑李孟北挂帅，副总编夏雨负责组织的工作组，到地处宣威县山区的松林公社蹲点调研，全面总结其发展经验，农业方面则由我负责。通过全体工作组近20人历时约两个月的共同努力，撰写了长篇"硬骨头松林公社"一文在《云南日报》上发表，引起社会上强烈反响。这是在我本职工作课题研究之外所承担的一项农村农业全面发展的调研工作，对我熟悉农村、了解农民获益良多。

1960年代上半年，我除主持土肥系和绿肥课题以及绿肥工作队的工作外，还曾任土壤学会副理事长和昆明市人民代表大会代表，参与议政。这既是荣誉，更是责任与鞭策。

1960年底，"向滇池进军，向滇池要粮"的"围海造田"，挽救了我们单位整体迁保山地区潞江坝的厄运。当时全所职工家属每家每户都收拾打包好处于整装待发之际，忽接云南省政府通知，要全所留昆明参加"围海造田"，造田后要办农场，省农科所应担当此任。

接此命令，省农科所全所职工开到西山脚下的省委党校安营扎寨，白天搞围海造田劳动，晚上学习，搞"斗、批、改"运动。我当时被安排到"围海造田"指挥部，常驻海埂钓鱼台，负责草海海底勘察和后续水稻种植等的规划工作。

我首先邀请附近农民乘船对草海选多点进行勘测，并捞取海底土壤进行理化分析，探知所谓土壤实为高度缺磷、缺乏团粒结构极为松软腐殖质构成，结合老农经验，辅以分析结果，我们提出掺红土和重施磷量大技术设想。时值隆冬季节，我们在温室中进行了以不同掺土量和施磷量的水稻育秧的盆栽试验，获得十分满意的预期结果，从而制定了水稻育秧和大田种植的整套技术措施。为让群众都能认真落实这些措施，我们在马车上装着不同处理的盆栽秧苗进行巡展，以不作任何处理的作对照。不作任何处理的秧苗长得十分矮小，要死不活的；而适量掺土施磷肥则苗壮叶肥，这令群众十分信服。通过全体参与者的协作，1970年秋获得了水稻大丰收。我们亲自插秧、管理的试验田亩产超千斤。这在40多年前是十分罕见的高产了。丰收带来了喜悦，但因场地匮乏，就将水稻划片分到昆明各大单子组织人员收割，运回单位脱粒晾干上交，但原口粮中配给的杂粮一律换作大米以资奖励。

### 三、20世纪70年代，在云南省农科所主持科研工作

1970年末，"围海造田"结束回到所。大约一年后，昭通地委书记张明远调云南省农科所任革委会主任，我被委以科研生产组长，即后来的科技处长，负责全所的科技管理工作。

科研处的职责，是协助所（院）领导管理好各系（所）的科研工作，具体包括根据云南省农业生产发展需要，立足长远，着眼当前，上下结合，制定好科研规划和年度计划，组织课题的论证会，检查课题的执行情况，组织课题成果鉴定，撰写年度总结等等。这项工作我一直干到1970年代末，此间曾撰有科技管理方面的论文在《云南农业科技》上发表。经过多年筹备，云南省农业科学院于1980年正式对外挂牌，我也因工作需要调任粮食作物研究所担任第一任所长。

### 四、20世纪80年代，主持玉米育种攻关和全省粮食发展问题研究

20世纪80年代，我主要做了两项工作：一是任粮食作物研究所所长和主持玉米育种协作攻关课题；二是退居二线，调科技处任顾问，主持"云南粮食发展问题研究"课题。现简述于后。

1. 就任粮作所所长，主持玉米育种协作攻关

1980年，我从科技处调粮作所就任第一任所长，除下辖稻作、麦作、玉米、杂粮等研究室及生化、花培等实验室外，试验农场和远在瑞丽由省科委领导的原杂交水稻协作组瑞丽基地，易名瑞丽稻作试验站并划归粮作所领导。当时是"以粮为纲"，粮作所任务十分繁重，科技人员数量亦居院属各所之冠。当时瑞丽站与地方政府在土地所有权的归属上存在争议，就是在我任职初期多次亲自联系芒市德宏州委

予以解决。

在粮作所期间，我除统筹全局，推动各项所务工作外，还重操1950年代的旧业，主持玉米育种协作攻关工作。

1982年9月下旬，我参加了国家科委协调攻关局在杭州召开的全国稻、麦、玉米三大主要粮食作物协作攻关会议，会上经过充分讨论，我们争取到参与水稻和玉米两项攻关任务。这就意味着我们每年可以从国家科委得到一笔专题经费支持。1983年，经过充分论证，稻、麦、玉米三大作物的育种又纳入云南省科委的协作攻关项目，经费又进一步得到了保证。

西南大区参加全国玉米育种协作攻关的，除了我们云南省农业科学院外，还有四川省农科院、湖北华中农大和广西玉米研究所。参加省协作攻关的有云南农大、曲靖、昭通、红河、楚雄、保山等地州和鲁甸、会泽、弥勒、易门等县。我在主持全省玉米协作攻关岗位上一直工作到1986年因肝癌第一次手术后。

省玉米协作攻关课题组的组建，有了经费的保证，使育种材料和信息得以及时交流，现场观摩得以及时进行，经验教训得以及时总结，育种步伐较过去得以加快，优良自交系和杂交种也得以更快更好地示范推广。协作攻关期间，曲靖、会泽、鲁甸等地都曾育出一些良种在生产上应用推广，取得良好的增产效果。

"六五"期间，由于粮作所玉米攻关组全体成员（唐世廉、陈秉相、李科渝、李槐芬等）的共同努力，育出的莫A（M017×SSE232）单交种于1988年通过省鉴定，退工面积达25.5万余亩。"SSE232"系引自墨西哥的自交系，抗旱性和持绿性均好，说明热带亚热带品种资源在云南省有广阔发展前途。

云南具有立体气候和立体农业特点，玉米栽培水平低，水肥条件差，自交系繁育和制种技术均相对落后。为促进玉米杂交种的较快发展，从省情实际出发，提出了单交、三交、双交综合利用的途径，实践证明是成功的。莫三（莫 A × 330）三交种，综合了莫 A 和中单二号等杂交种的优点，适应云南立体农业特点，可在海拔 600~2000 米的地区推广。1989 年莫三在寻甸海拔 2370 米处种植，比地方品种增产 21.5%，说明其耐旱耐瘠性能良好。

2. 调科技处任顾问，主持"云南粮食发展问题研究"

1984 年底，我年届 60 岁时，按政策退居二线调科技处任顾问，同时被聘为院顾问组成员，定期参加有关会议为院建言献策。

1984 年，云南省粮食大丰收，首次突破 100 亿斤大关。之后连续两年大滑坡，昆明市储备粮最少时仅够市民一周口粮。形势十分严峻。省科协于 1987 年布置省作物学会就粮食生产发展问题进行调查研究。遂由时任中国作物学会理事及云南省作物学会理事长的我与曾任省农业厅副厅长、高级农艺师的潘炳猷和处长姚仲文组成三人领导小组，协调各方落实此事。省农科院也向科技处下达了"云南粮食发展问题研究"任务，作为重点课题纳入院科研计划；省科委也将该项研究纳入云南省科学技术中长期发展纲要背景材料。为集思广益，发挥集体优势，遂由农科院科技处主持，与省作物学会合作，在郑伟军处长大力支持下，农科院安排了精兵强将共 11 人，其中研究员 3 人、副研究员 2 人、助理研究员和研究实习员 6 人组成课题组，由时任科技处顾问、已退休的我任课题主持人。经过两年多的努力，完成"云南粮食发展问题研究综合报告"1 篇和 6 个专题研究报告，即"云南省两座生产的回顾与预测""正确处理粮食生产中的十大关系——云南粮食生产综合对策探讨""发展以玉米为主的旱粮生产问题商讨""提高复种指数是发展云南粮食生产的一条重要途径""增强后劲、持续稳定地发展云南粮食生产的有关对策"。这 7 篇研究报告共约 17 万字，汇编成书，内部交流，为省、地、市、县领导制定粮食生产发展目标、方针政策、主攻方向以及技术对策和措施时决策参考。

本课题在研究过程中，除深入部分地州调研外，还收集和研究了 1949~1986 年与粮食生产直接和间接相关的大量统计资料，主要包括：全省各地州市县的气候、土地、人力、农业现代化等农业生产基础条件；工业、农业、种植业及其粮食生产产值和主要农产品人均产量；全省历年粮食总产、单产增减情况；不同地貌类型粮食生产情况；1984 年粮食生产现状；粮食调入、调出与销量情况等。

以上合计统计 106 个项目、相关图 24 幅，连同附录汇集成近 40 万字的"云南粮食发展问题研究统计资料汇编"。

1989 年 10 月，由省农科院和省作物学会主持，邀请省农业厅、省科委和云南农大等部门专家 18 人对《云南粮食发展问题综合研究报告》及 6 个专题研究报告进行了认真的评议审定，一致认为：

（1）该项研究选题针对性强，对云南粮食生产发展有重要意义。

（2）收集中华人民共和国成立以来粮食发展方面的各项统计资料，进行了核对。校正及分析研究，资料翔实、数据可靠，并整理编成《云南粮食发展问题研究统计资料汇编》一书。

（3）研究指导思想明确，在六个专题研究的基础上，最后形成"综合报告"，具有很强的系统性和科学性。

（4）研究思路清晰，把农业科技与社会经济紧密结合，避免了单纯经济观点和纯技术观点的片面性，具有很强的综合性。

（5）研究工作从总结实践经验和大量实地调查，把定性与定量分析结合起来，论据有力，所提出粮食发展战略及对策符合云南实际，具有地方特色和可行性，可操作性强。

专家组一致认为：这是一项重要科研成果，亦是云南省科学技术中长期发展纲要背景材料，建议提供省委省政府作决策参考依据，并供有关部门及地县制定工作计划的参考。

这项研究曾在省农学会组织的大会上做过全面的汇报交流，受到好评和赞誉。这是我在农业科研战线上的最后所做的一项工作。于1989 年付梓印刷成两部书。

（陈宗麒节选并编辑自唐世廉著《九十回眸》）

# 我的人生经历

我老家是个典型的封建家庭。40 年代以前，全家都参加劳动，土地以自耕为主。20 世纪 40 年代后期，土地增加，劳动人员减少，逐渐以出租田地为生活来源，直到解放。家庭封建习气很浓，重男轻女。父亲一辈男的都初识文字，女的连大名都没有。我这一代，女孩都不得读书，妇女还备受虐待。连续几代都是男人寿命长，妇女人到中年就陆续去世。还是七八岁时候，我的母亲姐妹受虐待，过着奴隶式的生

活。我母亲就是在 40 岁时，病中下田栽秧，导致恶化不治而亡的。这在我心灵上造成了极深刻印象，长大以后，成为我对封建家庭最厌恶的一个方面。

我是男儿，是被寄予厚望的成员之一。八岁，家里把我和哥哥送进城读书，后两年，又送了二叔的儿子去。城里的房子据说就是为便于我们住城读书而买的，祖父在城里照料我们。父亲一代反对公学（小学），崇信读好"四书"就可以"齐家、治国、平天下"。读了三年私塾，我就偷偷进了天主堂小学。

1934 年初中毕业，暑假和四个同班同学（其中一个是他哥在昆明当连长的农村青年）步行到昆明求学。因为我初中毕业，适逢开始

实行会改（统改），毕业证书要省教育厅发，又未按时发，只带了学校的证明书，报考无效。到昆华师范补习班读了一个学期，全班 108人，期末有 11 人提升正班，我是其中之一。但是毕业证书仍未寄到，不得注册入学，这时别校都招过生了，拿着不顶用的证明书一再要求，报考昆华农校被录取了。我就是在这种偶然的情况下，走上学农这条路的。1937 年底农校毕业，回家结婚。1938 年上半年，到离家40 里的大理喜洲小学教书一学期，认为没有出息，要跑昆明，家里不同意。因为这时我哥已经进了大学，鸦片又不得种了，收入减少，支出增加，无力再供我读书。我要求只要 100 元（相当于当时中央币 50元），以后分文不再要才算同意。到昆明后，朋友们都劝我报考大学，因经济关系，云大、师院、西南联大招生，我都放弃了。找工作没有门路。100 元快用完走投无路，就去报考中央军校昆明分校的甲班生，条件和待遇相当于高中毕业，受过集中军训，学习半年，毕业后作为中尉任用。条件我具备，身体也好，但朋友们都阻挡我说"部队情况这样糟，去了就是跳火坑"，我也有同感。但是，钱用完了，工作又找不到，只好去报考。考试未完，昆华农校通知我说，省教育厅要官费保送一个学生到江苏省立教育学院农业教育系读书，条件是毕业成绩在前 15% 的。我合条件，学校同意保送我去，朋友们也大力支持，我就去了。就是这样一个偶然机会，我又进了大学的门，而且继续学农。

这个学校原来在江苏无锡，抗日战争开始后迁移到广西桂林，我就是到桂林入学的。它不同于一般大学，有改良主义的特点，强调理论联系实际，提倡劳动实践，反对教育贵族化。烫头发、穿高跟鞋的姑娘进校后，也就不得不赤足荷锄下田了。学校规定，读到第七学期要离校到农业单位或学校去实践一个学期，第八学期回校继续学习总结和写毕业论文。我被安排到湖南新化一个初级中学去实习。这个学校原在长沙，抗日战争后迁到新化，性质和我所在学院类似，提倡三化教育（劳动化、社会化、生产化），是私立学校。校长周方，原来是大地主家庭，因立志献身教育，卖了家产办学。他年过花甲还常穿草鞋、粗布衣，带领学生劳动。对贫苦学生还特别关心照顾。他的精神和风格，对我起了一定的影响作用。我担任教导主任，学校经费困难，实习期满，我除必要生活费外，工资的其余部分和自己的书籍等，全部都捐赠给了学校。现在回想起来，旧社会确实也有不少爱国的知识分子，可惜他们没有掌握马列主义和唯物辩证法，否则怎么能说他们对于革命不会有更大贡献呢！

在我到湖南实习期间，江苏教育学院就奉命迁移归并到四川璧山新开办的国立社会教育学院去了，1942 年 1 月，我又从湖南到这个学院结束第八个学期。1942 年 7 月毕业后，由于新办学校缺人，毕业成绩在前三名的要留校工作，我在被留校之列。学校安排我担任助教，兼管实习农场，我因耐不住重庆炎热气候，不想久在。恰好这时有一位教授介绍我到昆明一个中央机关工作（在那时的昆明，同样资历的人在中央单位工作的，工资要比在省级单位高一倍多），我就坚决请长假离开了学校回到了昆明。昆明的这个单位叫资源委员会无线电器材厂昆明分厂，安排我在该厂福利委员会负责农场部工作，也兼管庭园设计布置。因为干的是附属性工作，不被重视，而不懂技术的部门负责人对工作又常作无理苛求，我在了一年就辞掉不干了，又回大理老家在了两个月。

这时云南伪建设厅要在昆明大普吉办一个经济农场，吹嘘得很好听，我没有经验，同意担任了这个农场的管理课长。殊不知场长是个国民党的党棍、小官僚，他们上下勾结，干的是刮地皮勾当。一年多后，把原来基础还比较好的一个农场搞得破烂不堪，小官僚反而有"功"升官了，把有裙带关系的人也带走了。我和金陵大学农学系毕业的一个朋友叫赵光宇的被丢下无人过问了，失业了一个月。这时伪建设厅在昆明东郊还办了一个农艺改进所，所长是诸宝楚（现在云南农大教授）要我去担任该所的技术课长。我去了，但是，在大普吉农场一年多，乌烟瘴气的情况，使我对伪政府单位完全失去信心，下决心有机会就离开。这时在报上看见一个招聘农业技术人员的广告，单位叫华农垦殖公司红河垦牧区，条件优裕，工资也较高，我和赵光宇按地址去接头，定下来了。1945 年 4 月，托辞离开农艺改进所，到建水红河外的垦区。到了那里才知道又受骗了，所谓垦区原来是反动部队和当地土司互相勾结，剥削士兵劳动搞木棉及办牧场等。我们在了才半年日本投降，部队开进越南，所谓垦区就无人负责彻底垮台了。我和赵光宇几乎连回昆明的路费都成问题。赵气愤之下，回大理自己办纸厂去了。我没有资本，只好又回到诸宝楚那里去，这时建设厅又成立一个农业改进所，总管全省农业试验改进工作，把农艺改进所改称为昆明第一农业试验场，把大普吉农场改称为昆明第二农业试验场。诸宝楚是所长，派我回到大普吉负责第二试验场，后来诸宝楚到云南大学农学院教书，秦仁昌（现在北京中国科学院）来当所长。从 1946 年到 1949 年云南起义，我的工作再没有变动。在这四年中，主要做 3 方面工作。如：试验推广清华大豆，金皇后玉米、背子谷，引进苹果、梨的国外良种和一些外地蔬菜品种，畜牧部份是繁殖推广盘克猪、约克猪等。也曾到滇中一些县组织指导稻田治螟等工作。

云南起义单位被接管，1950 年 4 月上级安排我到昆明西山革命大学学习，时间是一年，因工作需要才学了四个月，我就被抽出来带领一个工作小组到楚雄，进行田间选择收购储备水稻种子。这时我原在的试验场已经改为云南省农业试验场（现在云南省农科院前身）。从楚雄回来后，我就继续在这个场里工作。

我是搞农业技术的，希望有一个较稳定的工作环境。所以，当军管会农水组派向乐安同志（现在省茶科所）来问我，愿意到那里？干什么时，我们答复是：越远越好。另一个条件是至少五年之内不要调动我。组织上满足了我的要求。此后我就一直驻足边疆了。1950年12月派我到保山筹办省农业试验场的分场，并带领一个农业工作队在保山专区开展农业技术指导工作。1951年4月我们在保山由旺区（现属施甸县）办起了这个验场分场。1951年底省农业厅指示，这个试验场应以研究棉花为主，要求搬到芒市（现在的德宏）。1952年2月又在芒市一大片荒地上开办了新场。就在这个时候，中央指示西南大区各省统一组织一个农业参观团，到东北、华北、华东参观学习，内容是农业互助合作组织和农业科学研究，分配我省两个名额，省指定我和姚宗文（现任省农业厅经作处长）参加，后来又增加了两人共四人。我参加农业科学研究这个组，并被推选为组长。共参观学习了4个月，先后到了东北、华北、华东、西南四个大区。在东北时间较长，期间我们农业组参加了由国家农业副部长杨显东及苏联专家伊万诺夫带领的东北农业科学研究工作检查团，检查了东北各省的农业科研工作。我们每到一处都听介绍、看现场，并连续听伊万诺夫讲威廉士的土壤学说，草田轮作制，良种繁育学等。这次参观学习，是我学农以来，花得时间最少而收获最大的一个阶段，眼界打开了，脑子里装进去不少直观材料，对伟大祖国丰富多彩的农业环境和内容有了粗略的认识。从那以后，看到省外的科技成果，交流材料，都不感到太陌生了。有一点不好的是，听伊万诺夫片面的，一边倒地歌颂、宣扬米邱林学说和李森科一样，用学阀姿态全盘否定基因理论，把它说成是形而上的、反动的。这在很长时间内，对我的学习实践，起了一定的不良影响。

参观回来后，我被省农业厅留下来协助工作，年底才回到我原单位。这时国家正在大力规划发展橡胶，我们的农业工作队又在盈江县发现了巴西橡胶树（是清末盈江土司招聘日本技师种的），反映到省委后、非常受重视、立即组织发展。基地就设在芒市，需要解决场地问题。我们初建的分场，土地面积有三四千亩，不占农田，水利条件很好，橡胶方面非常需要这片土地。由于当时橡胶研发、生产的任务压倒一切，农业厅又决定把我们已经开发的这片场地让给橡胶，叫我们搬到保山潞江坝重新建场。1953 年 1 月，我们又到潞江沿线选择新址，最后确定在潞江坝建场。经过斩草开荒，兴建房屋，四个月时间房屋耕地就已初具规模，当年就开始了棉花试验和水稻栽培，后来定名"潞江棉作试验站"。到 1958 年 10 月离开为止，在六年中，我对棉花育种、栽培的研究，对草棉改种陆地棉，对云南木棉的研究和正确评价，选育长绒棉良种及对亚热带地区棉花主要病虫害规律的摸索等方面，做出了一定成绩。同时，在引进种植胡椒、砂仁、咖啡、蕉麻等热带经济作物方面，也取得到较好效果。

1958 年省委在宾川召开了一次棉花会议，要求高速度发展棉花并且作出了规划。各地州都"鼓足干劲"，做了很大的计划盘子。临沧专区计划 1959 年发展 20 万亩，条件是要上级配给技术力量。于是会上就决定调我到临沧工作。当时我没有参加这个会议，会后，去参加会议的保山县委副书记回来给我转达说，省委指示派我到临沧，口头通知作数，不另发文件了。临沧发展"20 万亩"棉花责任重大，我没有多作考虑，立时就带领支援临沧的部分专业技术干部和一百多个棉农，丢下爱人和六个小孩（爱人已重病中，第六小孩奄奄一息）奔赴临沧来了。以后就再也顾不上回潞江坝看看妻儿。当时保山地委书记赵善卿同志委托临沧的任殿贤同志转告我，说家里困难大，要我回去照料一下。但繁重的工作任务没有一个轻松的时候，我仍然没有挤出时间回去。1960 年她们从潞江坝迁往下关时，也是由患病的妻子带着六个小孩，在无人接送的情况下，克服种种困难自己成行的。以后我也无从给家里多少关照，1962 年初，爱人就病死在下关了。

　　我来临沧转眼已经 21 年，全力抓棉花只有 3~4 年时间，以后就没有专一搞研究，逐渐改抓综合性的工作，如因地制宜，推广科技成果之类。期间固然取得了一些成绩，但总觉得太少。1971 年 10 月我随第一批"解放干部"离开地区"五七干校"（孟定）回原单位工作，1976 年 5 月调到刚刚恢复组建的地区农校。

　　（张意 1980 年 5 月，原手稿由张意之子张克庸提供，陈宗麒编辑整理）

# 西南联大与龙泉镇云南省农业科学院

## ——赵林访谈录

## 八角楼和龙泉古镇与省农科院

问：赵老师，您能不能给我们讲讲龙泉古镇与省农科院的关系，有没有什么历史渊源。

答：如果要说渊源，应该是瓦窑村这片，八角楼、还有果园那片，现在都盖满房子了。在八角楼后面，原来是果园地，里面种满了李子、苹果、梨，还种了一部分茶花。当时（民国时期）实际是刘幼堂经理，孙东明行长、还有一个，大概三个人在那里自建了青砖房，以八角楼名气最大。大约在土改前，他们离开回城，不在那里住了。房子、庭院及果园是自己自动交给国家还是被动交给国家就不清楚了。在土改的时候，这个刘幼堂（刘经理）据说是划成地主，但他本身不应该属于地主，应该属于民族资本家，他是做实业的，走后庭院和房屋就属于国家财产。当时是划给云南省植物所管理，八角楼里面的很多茶花都移栽到植物园。但是，由于八角楼后面有很多果树，经常有小孩进去里面摘果子，很不安全，植物所管理不过来。20世纪70年代委托蓝龙潭通讯团一个班的人过来代管着，好像杨大银入伍后都过来过。后来，又划转我院（云南省农科院）管理。当时我们院，那个时候还是叫省农科所，建所选址的时候曾经是选在植物所附近的蓝龙潭，就是现在水利学校，选了几次，最终确定在龙泉公社的桃园村。

那个时候，八角楼和果园还没划给省农科所，还属于植物所，不过肯定会利用这些房子，来给筹备组办公，因为其他地方也没有房子。在筹建期间，职工宿舍，办公楼什么都没盖好，很多人就分布在周边农村租房子，当时老农科所的职工有很多都租住在瓦窑村老百姓家，桃园村也住着一部分。八角楼过来有一条路，路上边也属于省农科所，当时盖了两三栋老红砖楼，农场的工人陆续就搬进去，后来又在以前老食堂上面又盖起了几栋楼，科技人员就陆续从老百姓家搬出，搬进那几栋楼。

问：赵老师，我听您说的农场是怎么回事？

答：农场实际上就是我们院原先有一个试验农场，试验农场原来搞的内容比较多，它除了管理试验田外，另外养奶牛，养奶牛吃新鲜牛奶，我们老农科所是昆明北郊地区第一家养起奶牛的。另外还包括养猪、养马，原来有几张马车（主要运输工具），拖拉机都归试验农场管。当时我院试验农场办得很好，因为从大普吉试验站（云南省农业试验站）跟四川（西南农科所）过来的那批老科技人员，包括吴自强、程先生（程侃声）、李月成、周天德等一批的老科技人员，干工作确实认真；特别是那批老工人，当时工资很低，才29元一个月，但是干工作相当扎实，你看养奶牛的、养猪的，做得相当好。特别是我们的食堂，食堂里面做出来的大馒头，在当时是相当有名气，做得很好，而且只对我们农科院职工开放，不对外卖。还有一个是中秋节前做火腿月饼，做得很好，这个就是对外卖的，厨师都是我们院从大普吉和四川迁来的工人师傅，手艺是相当好的。还有我们过年前的烤鸡，做得和山东德州一线的烤鸡是不分上下的。尤其值得一提的是我们养的猪，节日都要杀猪的，杀了之后，除了食堂聚餐外，然后按每个职工能分多少，分好后用报纸包好放在食堂，然后各个单位发号，不分领导和职工，你的号是多少就去拿那个号对应包好的肉，这个传统一直持续到80年代末期。例如牛奶，院里面的职工要的话去缴费，把瓶子放到那里，专人会帮你装好，到时候去拿就行了。昆明北市区这片少量居民当时能吃到鲜牛奶，应该是从我们老农科所开始的。还有我院的拖拉机，周围的生产队都找我院租用，开始的时候有些生产队还不愿意用，说这么大的一个铁东西，把田都压板了，不久之后，省农科周边的蚕豆田、麦田包括旱地，都是由我院的拖拉机帮助翻耕的。

## 西南联大与龙泉镇和八角楼

抗战时期，昆明除了部分市区外，只有八角楼这里已经通了电（大约是1938年），因为有电力供应和远离市区（避开日机轰炸），所以很多抗战名人，西南联大的很多教授、老师，才会选择在这一片建房、自住和租房居住。这里住的主要是以中央研究院历史语言研究所（史语所），有一个就是以梁思成担任主要负责人的"营造学社"，还有联大附中女生部等。当时史语所是傅斯年任所长。当时傅斯年的自建房就盖在我家土地上，史语所的招待所盖在近邻的赵成顺（大伯）家土地上（一位抗战名将的遗孀也住这里），1942年搬迁四川李庄按协议商定房屋留给我家和赵成顺家。土改的时候，因为种种原因，房子就划出去了。前段时间，有朋友去台湾的时候，在一家博物馆发现了我老父亲的一张照片，大约是在1938年在梁思成和林徽因故居内小花园留影的。当时，梁林故居和傅斯年故居直线距离大约100米左右。1942年傅斯年迁四川后，又有查阜西、游国恩租住于此，直至1945年抗战胜利后。

问：赵老师，您能不能和为我们讲讲为什么西南联大的教授、抗战名人，为什么会来这里建房居住？

答：这个应该这样说，当时，他们迁过来的人，当时对抗战到底打多久，什么时候能搬回北京，恐怕他们心里也没有底。他们来到这里，一般老百姓的房子，他们也住不习惯，那个时候龙泉镇的房子也不像现在都是砖房，当时大多还是茅草房、旧瓦房，好点的瓦房没有多少家。就是当时已经用上电的，就像瓦窑村、棕皮营和龙头街一线用上电的本地居民，有原昆明县政府的财政科长（张一农）也是棕皮营村的，用了电的。董作宾（"甲骨四堂"之一，"中央研究院"第一届院士）和李济（早年哈佛大学毕业，清华大学任教）的房子就建在他家土地上，还有梁思成和林徽因建房的那家（李荫村），也是用了电的。当时用了电的也就是七八家。其他还有梁思永等也在该村建房居住，其他村没有他们的自建房，王力（棕皮营）、闻一多（麦地村）等众多抗战名人均为租房住。

当时就是因为1938年，八角楼的刘经理，孙行长，还有一个叫什么我记不清楚，建了房子后，电才架过来到龙头街、棕皮营和瓦窑村，接着龙头街碾米机才开始使用起来。当时就是八角楼等盖好通电，这个区域才有电使用。当时除了正义路、南屏街等老城以内才有电，整个昆明坝子就只有这边有电，所以这些抗战名人、大学者才来这里租房居住，如王力（西南联大中文系教授）、游国恩等。还有自建房住的，抗战名人的自建房基本都在棕皮营村。当时建房签了协议，协议的大概意思是说，土地的主人提供土地给抗战名人建房使用，将来搬走后，房屋的所有权归土地主人。这部分名人有傅斯年、梁思成和林徽因、董作宾、李济、梁思永等。据不完全统计，当时住在龙泉镇的，后来评为院士的约有36人，没评院士但是很有名像傅斯年等人是到台湾或国外。前前后后，大概50多人，主要集中在棕皮营、龙头街、瓦窑村、还有司家营、麦地村（主要是闻一多），另外如岗头村、浪口村、蒜村都有，人要少点。如果连上弥陀寺，就不止五十多人、户了。

问：那么当时离城那么远，他们怎么进城去上课的？

答：当时圆通山到黑龙潭有一条公路，金殿到穿心鼓楼也有一条公路，昆明北边就这两条公路，交通算是很方便了。中间现在的北京路，当时是一条便道，马车、单车、人都可以走。从松花坝沿金汁河堤，一路上经过司家营、麦地村、羊肠村、羊肠小村、罗丈村、北仓，然后经金刀营就进城了。所以当时这边交通也便利，离城大体也就九公里左右，还有就是已经部分通电。当时日本飞机轰炸昆明，躲避轰炸的时候，这些地方比较适合，离城也不太远，飞机又不来这些地方轰炸，所以基本上都来这边住。像史语研究所研究的物资、文物都在这里，好像岗头村那里有个航空研究所。那些教授去上课基本都是搭马车、走路，另外还有黄包车。他们来这里住主要是安全、通路、通电，还有一点就是龙头街是个集市，生活条件也稍方便些。

原先住瓦窑村的几户主要是搞金融的，有一家还是原来昆明造币厂的厂长，那个时候云南生产银元、半开（云南本土货币）。龙泉这片在西南联大读过书的也有，如李荫村之子，周总理的随员，通六国语言，但是都已经不在世了。还有一个是联大附中，我有个舅舅和大表哥都在联大附中读的。联大附中女生部就在棕皮营村的"义学"里面。

## 西南联大精神之传承

西南联大对我们这边的影响还是比较大的，像我的父亲（赵崇义，字宜之），高小毕业，但是毛笔字写得很好。他为什么相当重视子女的教育，就是跟西南联大和原中央研究所那些名人影响相当大，有种启发的关系。像对我一样，1966年高中毕业，遇上文革开始，没读成大学，他就一心要供我读大学的，这是老人的终身遗憾。

西南联大在我们这边影响，除了文化、经济上，还有社会上各个方面的影响都比较大，你看，一下来了那么多穿长衫的、穿西装的、穿皮鞋的、戴眼镜的、穿旗袍的，各种各样的人来了一些，共同生活，对龙头街市场的影响，对当地的人对文化的重要性的认识等等，影响深远。而且他们生活的时间还不是一两天，时间还比较长。远的不说，像我们家七个小孩，上面的两个姐姐当时十四五岁，是高小毕业的，三姐和我是大学毕业的，其它的均是初中、中专毕业的，那个时候的女孩子都不供读书的。整个重视教育的氛围影响比较大，龙泉镇的尊师重教、家庭教育和文化氛围都受到比较大的影响。

问：赵老师，能不能和我们说说老三届的事？

答：我是文革前的最后一届高中毕业生，也是恢复高考第一年考起大学的。云南当年好像是六十选一，云南考的人不多。龙泉镇报考人数约2200多人，录取大学的200多人，其它中专录取部分。大学录取的本地户口约2人，其它200多人均昆明地区大专院校的"知青"。当时云南农大还在寻甸天生桥，在那边读了三年，第四年才搬回黑龙潭原云南农学院校址。入学时我家赵明方、赵明春都已经出生了，我三月一号报道，三月十三日我家赵春梅出生，我报到在学校住了一个星期，又请了半个月的假回来，已经是三个娃娃的父亲了。

老三届实际上是六届，初中和高中各三届。恢复高考后考入大学的占比很小，在工厂、农村的比例很大。目前处于又老、又病、收入又低，生活很是拮据。

问：当时是什么支撑了您去考大学的？

答：当然第一是我本身1966年就可以读大学的。当年中专、技校我没有报（农村户口技校没资格报），中专可以报，但是要读大学就必须读高中。待高中都读完了，"文革"也开始了。先是中央通知高考延期半年，结果延了十一年半，从1966年6月到1977年12月。我在龙泉中学教高一高二的化学（二年制），教了一段时间，官渡区教育局在云南大学物理系办了个高中物理教师进修班。学校要调我去教高中物理，就叫我去进修班学习（1977 年 9 月~1977 年 12 月）。恢复高考的考试时间是 12 月底，恢复高考时的四个志愿我报了昆明师范学院的三个系，空着一个。我想，像我这个年龄的考生只可能师院录取，别的学校也不会录取。再一个弄不好高考还会是一次安慰赛，允许我们考，但是不录取我们。那就麻烦了，以后我还怎么教育学生高考！后来云大教师进修班专门负责给我们授课的一个唐教授（女），五十余岁，很欣赏我们几个学生，尤其欣赏我，因为我们每次考试分数基本都是九十多一百分，很优秀。她知道报考的志愿后，主张我最后一个志愿填云大物理系，她负责去调我的档案。后来她也真去调了，但是没调到。因为上了线的档案除去省外重点院校优先录取的外，全部堆着，各个学校抱一堆来，除了填着志愿的外，还有填着同意调配的，也一样录取。当时，农大去招生的一个老师是我高中同学毛昆明，就看到我档案，我虽然四个志愿没有填农大，但是我有同意调配，就去了农大。当时在农大学的是农学，后来学校毕业分配的时候，原先我是分配去省人事厅的，因为我家就在龙泉镇，小孩也有三个了，我到省农科院工作方便照顾家庭，管理小孩，就去找学校，改分配到省农科院工作至退休。

## "双龙大白菜"的故事

问：想请赵老师，给我们讲讲双龙大白菜的故事。

答：当时省农科院承担"云南省农业综合技术试验示范区项目"，全省性的，由省农科院推广处具体负责的大项目，当时是钱为德担任处长，李月成任副处长。项目的组织技术工作是由我们院负责，主持、协调由省计委、农业厅、经委和省农科院工共同负责。1983 年项目要选一个山区点，最先是选择在大板桥镇（李旗大队）。结果，双龙乡的书记和管农业的副乡长在官渡区政府开会，因为和我们院的老领导比较熟，就说，不要选了，就选择在我们双龙乡。之后钱为德、叶惠民、李月成和我去双龙实地查勘，就确定了双龙乡这个山区点。1985年，省科委要上个项目，就是"云南省山区科技开发研究"，要我院选择一个山区点。双龙乡属于城市近郊山区类型，就进入"云南省山区科技开发项目"里面，当时是省科委攻关项目。项目一期目标是为双龙乡解决温饱问题，每年有大部分农户不仅经济差，粮食还不够吃。宝台山上以前有个龙泉粮管所，双龙、双哨、小河、小哨4个山区乡都来龙泉粮管所批购返销粮。为此，首先就是要帮双龙乡解决温饱问题。实际操作中，项目组主要是应用包谷新品种，配套规范化种植技术，搞了两年，第三年就没有人需要返销粮了。温饱问题解决了，还有经济问题，就又开始着手二期从发展经济、生态和社会综合开发入手从果树种植、林木种植保护开始，搞了十多年，全乡森林覆盖率到百分之六十二。结合双龙在城市近、气候冷凉、土质优良、水质好，就开展反季蔬菜种植试验、示范研究。1985年我院园艺所周立端老师、江云坤及课题组的雷春、肖植文、赵林等同志在双龙乡开展"城市近郊冷凉山区春淡秋淡蔬菜开发研究"课题，试验了30多个品种，结果选出了七八个适应的蔬菜品种，重点以大白菜种植为主。因为气候冷凉，土质红壤土多，农家肥多，水质好等几方面优越条件，种出来的大白菜品质优良，拿到昆明市区、郊区受到欢迎，同时销到广州、深圳等地，双龙大白菜就出名了。

我们省农科院前前后后进去双龙驻点了好多老专家，像唐世廉、唐嗣爵等，推广玉米杂交种的时候，都进去过，还和我们一起到田间地头推广玉米规范化种植技术。当时在双龙驻点的时候，省农科院规定星期六上午政治学习。一般情况都是星期六回院参加政治学习，如果忙起来的时候星期六、星期天都不出来，吃和住都在双龙乡。

（访谈录音整理编辑：院历史文化挖掘工作组）

# 刘玉彬四十年科研工作感言

1953年秋，我从西南农学院植保系毕业后，分配到云南省农业试验站，在植保组工作。当时组内有5名科技人员，挤在一间平房办公，

5个工人则配合做些水稻病虫或地下害虫调查，基本是"见子打子"状态。

1954年，我被派参加农业厅组织的昭通山区考察工作组，1955年又参加西南农科所与云南农业试验站组织的蒙自稻麦工作组，基本上处于熟悉生产、了解农情的时期。调查获悉开远县1952~1956年试种双季稻为螟灾所毁的严重情况。1957~1958年西南农科所与云南省农试站合作，各派2人组成"开远螟虫工作组"，同时，云南省农业厅亦派2人驻点参加工作。

1958年，西南农科所迁滇人员与省农业试验站合并成立云南省农业科学研究所，所属植保系科技人员增到20人，立项开展科研工作就上了正轨。

从此之后，我先后在开远、屏边、景谷、玉溪、保山、宜良等12个县市驻点，从事三化螟、二化螟、稻瘿蚊、白背飞虱、稻飞虱、灰

飞虱、水稻条纹叶枯病、稻秆潜蝇、大蛛缘蝽，以及水稻病虫草综合防治开发研究。除粘虫外，基本上把水稻上的主要害虫都进行过研究。1978年获云南省革委会颁发的云南省科学大会奖状3个，之后又分别获得3项云南省科技进步三等奖和1项云南省水稻推广成果四等奖，主要作为和心得体会有以下几点：

## 驻点第一线研究解决虫灾问题

开远因三化螟严重危害，困扰双季稻发展；玉溪因提早栽插节令导致螟害加重；屏边稻瘿蚊为害猖獗，1958年800亩遭灾绝收；保山发生水稻条纹叶枯病，1984年4万亩暴发成灾，连续四年都造成严重损失，1987年还无产无收608亩，科技人员义不容辞的责任担当，就是哪里发生虫灾，就要自觉地主动深入生产第一线，结合生产实际，研究解决实际问题，保证水稻增产，这些年在

上述地区开展研究工作，不仅当地领导重视，群众欢迎，而且利于开展工作，易于见到实效。短的一年，长的三年，就总结提出了防治对策，控制了病害保障了增产。

## 开展"三结合"协作攻关研究

所有研究基地，当地都派人配合工作，往往是省、地、县三级配合协作攻关，因此和谐相处，相互尊重，各展所长才能合作共赢，取

得预期结果，决不能傲视于人。同时在研究方法上，采取室内与室外结合，点与面结合，试验示范与推广结合，其目的在于取得较全面较完善的研究结果，进而提出不同害虫的不同测报办法和不同防治对策，并作出防治示范样板，供大面积推广应用。

## 不断提高测报技术水平

鉴于过去见虫就打，盲目施药，防效不高的问题。为确定防治适期及防治对象田的精准性，保证防效。20世纪50年代，在水稻螟虫进入化蛹阶段，为预测螟蛾盛发期及蚁螟卵产期，采取3天一次调查蛹进度的要求，每代要调查10多次，费时费力；60年代研究改进，提出了蛹分级测报告，每代只需调查一二次就能作出预报，既省力省时，又可提高测报准确度和防效，不同的害虫都应研究提出不同的测报办法，与时俱进；80年代，对稻秆潜蝇及灰飞虱与水稻条纹叶枯病提出了不同的发生期，发生量及为害程度的预测预报数学模型。

## 尽量试验研究简便而行的防治方法

1957年，在开远进行水稻螟虫防治时期，我与田长漳先生共商，

为了在大面积治螟中克服器械困难，提出简易可行，群众容易接受的施药方法，先后在开远、昆明进行毒土撒施，药液泼浇及土壤施药等试验。结果表明，都有对蚊螟较好的防效。防治实践中，毒土制作及施用均较简便，用于撒施，很适于大面积及时施药，保证防效，继后，采用毒土撒施法，分别防治稻瘿蚊、稻飞虱、大蛛缘蝽都取得较好防效，可大面积推广应用。

## 在困难中坚持完成稻瘿蚊研究任务

1958 年，屏边稻瘿蚊严重危害，造成 800 亩绝收。研究解决虫灾问题，是科研人员义不容辞的责任。1959 年，我带一新同志赴屏边驻点研究，并在集体食堂就餐。由于当时粮食紧缺，经常吃"瓜菜代"，有时还吃"山羊头"（树根），这个同志患上了水肿病，出现"三肿两消"危情时，急送昆明"营养"救治。在此艰苦条件下，我一人坚守岗位，仍努力搞好本职工作，与县上农技人员紧密配合，完成了防治研究任务，总结提出了"铲、避、治"综合防治措施推广应用，云南农大老师将其编入乡土教材，年终颁奖大会上受到领导的表彰。1976年红河州《科技成果汇编》指出，10 多年来，一季中稻区采用"铲、避、治"措施，一直控制了稻瘿蚊为害，保证了稻谷丰收，真令人感到欣慰。

## 认真地做好灰飞虱传毒特性研究

保山"千斤县"连续 4 年遭受水稻条纹叶枯病的严重为害，亩产降到 800 斤，是当时生产急需解决的大问题。由于灰飞虱带毒、传毒看不见，摸不着，必须坚持预防为主和治未病的防治研究，多做一些基础性研究工作。灰飞虱传毒特性研究结果表明，秧苗传毒发病后

20%在秧田期显现症状，80%在移栽到本田后才表现症状，进而得出"秧田带病，本田要命"之俗语。同时发现主蘖传毒后，不仅主蘖发病，其发出的所有分蘖全都发病；但分蘖传毒，仅分蘖及其顺序发病，但不逆传主蘖，即蘖不发病，从而制定"狠治秧田保主蘖，挑治本田保分蘖"的治虫防病的防治策略，通过防治示范推广，保证了水稻增产进而恢复了"千斤县"的美誉。

## 在完成计划任务同时，也重视研究解决生产上虫害问题

1962年，在景谷县进行稻瘿蚊防治研究时，得知该县前一年有近万亩稻田遭"打屁虫"严重危害，大量谷穗空秕直立，当地群众叫"站棵"。在责任心驱使下，认为不能视而不见，听任其猖獗为害。乃组织人力，认真进行室内饲养观察，田间系统调查和防治试验等较全面的研究工作。结果表明，该虫名大蛛缘蝽，嗜食灌浆稻穗，早稻抽

穗灌浆期，该虫即从越冬场所群集迁入吸食浆汁，继后，随着早中稻、中稻、迟中稻先后依次抽穗灌浆顺序搬迁，繁育，扩大危害的特点。据此，研究提出将少数抽穗灌浆的早栽田作为诱集田，将虫聚而歼之的防治策略，在800亩早栽灌浆田采取围歼举措后，保住2200亩晚稻，基本未用药就取得较好的经济效益，作出了防治样板。

# 在"文革"期间坚持抓革命促生产

在"十年"动乱之际，1971年，所革委会安排我主持植保组工作，响应抓革命，促生产的号召，做了几件有益于推进植保事业之大事：

1. 坚持一碗水端平，不搞派性，注意协调各课题人力组合及经费支持，使其各得其所，搞好本职工作。不时列出写稿计划各人自动认题，撰写科技文章在《云南农业科技》发表2期植保专刊上，期能促进植保工作恢复活力。

2. 注意间歇性暴发害虫的动态。1972年6月，在糖醋液诱集盒内，发现粘虫成虫不寻常的持续猛增的强劲态势，感到当年粘虫定会大发生，于是主动撰写粘虫大发生紧急情报和防治意见，发送上级有关部门和云南人民广播电台，广播电台连续播报了3天。当年粘虫发生面积达823万亩，各地及时主动采取防治措施后，基本控制了粘虫的暴食为害，避免了像1953年粘虫幼虫暴食为害成灾时，全省匆忙组织10万干部下去组织大批群众人工捕杀，仍造成重大灾情的历史教训。

3. 1972年8月，我在玉溪主持召开"云南省水稻螟虫防治现场会"。除交流治螟经验外，还研讨了恢复测报网络的重要性。

4. 推进云南生物防治工作的开展。为了开阔视野，学习生物防治新技术，填补云南空白，特于1973年4月由我出面并担任领队，组织"云南省生物防治考察团"18人，分别来自玉溪、红河、文山等地州县，其中，我所植保组参加3人，赴广东、广西、湖南、浙江等地考察学习。之后，植保组设置"害虫生物防治"课题，并请临时工帮助开展日常工作。1982年就实现了出成果，出人才。当了6年临时工的陈宗麒成为正式工后，学习勤奋，工作更努力，进而主持了"小菜蛾弯尾姬蜂引用和利用研究"的国际合作课题，从而造就了"从临时工到研究员"的出彩人生，实令人点赞。

5. 1974年6月，在楚雄召开"全省化学除草现场会"。临近会期时，课题主持人在临沧当知青的儿子在意外事故死亡，该同志急需前往处理善后。鉴于这种特殊情况，我急忙查阅有关资料，主动撰写了"稻田化学除草技术要点"救场。会后，一些市县将此材料翻印发送到基层广泛宣传。我在此过程中起到了责任与担当的作用。

## 迎难而上承担宜良县水稻病虫草综合防治开发研究

宜良县是我省有名的高产多病的千斤县，水稻生产上习惯栽稀长密大水，大肥、大促（蘖）大控（水），大喷药等大起大落的风险栽培管理特点，叶瘟坐草落塘面积每年少则二三百亩，多则千亩以上，单产徘徊不前。

多年来，我都是搞水稻害虫单项研究。1990年，要我承担"宜良县水稻病虫草综合防治开发研究"时感有点棘手，有些底气不足。通过调查研究，结合平常积累的横向知识，参阅前人研究结果，由此及彼，由表及里地综合分析，努力发掘个人综合应用的实施能力，迎难而上。通过研究，有针对性地提出"一增，两控，三防，四协调"的保健防病高产技术，同时建立条栽密植规范化，配方施肥数据化、管理控水指标化和科学用药防病防除病虫草害的管理体系，即"三化一防"的管控举措。并针对该县习惯采用"封沟断流"一刀切，让群众被动晒田存在的问题，为了宣传群众，说服群众，还特别设置了正规的晒田试验，研究结果表明，移栽后25~30天晒田的"三防"效果最佳，增产幅度最大，进而提高了宣讲的底气。在当地有关部门的紧密配合下，建立中心样板600亩，带动两乡3.4万亩，覆盖全县15万亩，取得了显著成效：一是控制和压低病虫害损失在1%以下；二是分别降低了化肥和农药成本22.4%和20.6%；三是提高了单产，1990~1992年全县平均单产558公斤，比前3年平均单产518公斤，增产7.1%，匡远和木兴乡合计的中心样板600亩，平均单产分别为711公斤、789公斤，分别增产13.8%及16.7%，实现了"保健"、防病，高产，低耗的目的，取得了令人欣慰的好结果。

（作者：刘玉彬）

# 精 彩 人 生

## ——罗家满自述

1978年参加全国科学大会

生命的价值，应该有所追求，应该追求真理、追求善良、最后来达到美好。

我是1936年1月份出生的，农历是1935年12月份，今年82岁。

1957年我从昆明农校毕业直接分配到德宏州农业局，报到后，接着又分到瑞丽县农业技术推广站，在瑞丽农业技术部门干了29年。1977年，我担任瑞丽县姐相公社党委副书记，1980年到瑞丽县科委任科委主任、科协主席。后来，州里和市里，因为形势要求等因素，需要大量专业技术人员提拔到管理岗位。这样要求我脱离技术，专职行政工作，但是我不愿意，我虽然干了好几年行政工作，但是科研工作一直没丢。

1984年，时任省农科院书记王寿南问我："罗家满，想不想换个工作"。我说："想呢，我还是想做点我喜欢的事情，专门去搞科研工作"。王书记就在1984年3月把我调到省农科院粮作所的瑞丽稻作育种站。

1985年，时任省农科院政治处主任李坤阳到瑞丽来找到我，想让我到院里面来工作。我最初不愿意，丢不下瑞丽这个地方。到1986

年，院党委王寿南书记又来瑞丽找我谈心，我才同意了。1986 年 7 月 1 日，到院园艺所上班，任书记，1992 年，省农科院成立农业技术综合研究室 ( 综合室 )，我又申请到综合室工作。我快退休了，在所里一直专职行政管理，我还是想回到瑞丽县去做点科研工作，到 1996 年，我就写了个退休报告上交到院里面，从此后就回到瑞丽一直从事科研，直到现在。

退休后，我一直有个想法，生命的价值，应该有所追求，应该追求真理、追求善良、最后来达到美好。人生就像一个跑道或者说就像一场马拉松赛，既然参加了这场比赛，不管走得快、走得慢，每一步都算数，应该走到底，不管年龄的大小，都不应该停步。退休后我也没有闲下来。总的来说，我这一辈子就做了两件事：

一是在瑞丽农技站的时候，代表瑞丽县委到顺哈乡广双生产队蹲点，一干就干了 20 年，当时下去的时候就有个想法，到了一个地方，总要让这个地方有点改变，改天换地，天我们改不了，地我们可以改一点的，我们搞了一个规划，800 多亩 1200 多块田地，我们把它改成 112 块田，都是四五亩一块的高标准农田，然后在改土的基础上，我们就大力推广绿肥，提高土壤肥力。几年后，土地就被我们改好了，接着，我们就改良作物品种，推广高产品种，把产量从 20 多万斤提高到 80 多万斤。20 年里，没有任何一年歉收。把这个很贫困、很落后的生产队，变成了全国最先进的单位（生产队），当时创造了几个全国第一：按生产队为单位每个劳动力生产的粮食全国第一；每人平均对国家贡献的粮食全国第一；农村生产队的收入按人平均第一，前后两次获得国务院的奖状，一次是周恩来总理签发的，一次是华国锋总理签发的。到了 1978 年，生产队里集体收入分配到个人的就有人达到万元了，创造了一批集体经济下的万元户。到文革期间，因为我反对浮夸，再加上群众对我的爱护，广双被称为"水泼不进，针插不入的'罗氏王国'"，理由是广双"粮食最多最多，贡献最低最低；收

罗家满老师（左一）在一寨两国中缅界碑

入最高最高，觉悟最低最低；产量最高最高，思想最低最低。"成为修正主义的黑样板，我被调离广双，回到县上接受批判，这一批判就是三年，到了1971年，由于少数民族兄弟的恳求，我又回到广双生产队，直到1980年，我调回到瑞丽县科委任科委主任、科协主席。到1981年，实行承包到户后，本来有再打算把广双这个生产搞得比较好的生产队保留下来的想法，结果种种原因，没有成功。

二是1996年退休后，因承担的"滇西南综合农业技术开发"工作还没结束，瑞丽的工作也有基础了，再加上在瑞丽也生活了很多年，丢不下这份感情，我就又返回瑞丽。恰巧这个时候，瑞丽打算大规模种植柠檬，瑞丽柠檬项目我帮他们论证通过后，我们下去瑞丽就开始上柠檬项目，当时技术力量也薄弱，市里面也打算叫我去做柠檬，我就和他们约法三章，我做可以，但我不要你们工资，我不要你们东西，我什么都不需要，白白的服务我可以。但是没有人相信瑞丽种柠檬能成功。当时瑞丽也有种柠檬的，但产量不高。第一次育苗的时候，我育了8000株柠檬苗，结果一株都没人要，我打算送给一个生产队去种，还是没人要，人人都说，这个柠檬在瑞丽这地方不会结果。后来没办法我全部免费送给缅甸的农户，我还过去帮他们指导。2004年，县里种了几万亩柠檬，但是没什么收成，亏了好几十万。省委王学仁副书记到瑞丽调研，还是决定发展柠檬产业，但是没有技术，这个任务就交给我们省农科院瑞丽稻作站。当时，没人看好，说这个稻作站，搞谷子还可以，搞柠檬么怕不行，后来，岳建强来请我，我和他说，我来可以但是我有几个要求。第一，成果我不挂名；第二，我不要什么工资；第三，要做我们就好好地做，先做出示范来。我们先把种苗做出来，然后用自己的技术，做出成果示范来，我们要打破过去的常规来做。第一年我们七月份种下的种苗，二月份开花，三月份挂果，七月份收获。老百姓看了，觉得还行，确实厉害，我们在这基础上慢慢地搞起基地来。对此我作出了如下总结：第一，要有为三农服务的自觉性；第二，我们要有话语权。要有话语权，就要做给农民看，带着农民干，这样，你做出成绩来后，农民看到了，你就有话语权了。

罗家满老师和作家冯牧在瑞丽云井傣族女模范喊亮摆家竹楼前

回忆程侃声先生。我最敬佩和佩服应该是程侃声老先生，以前读书的时候，就听过程侃声先生的事迹，见过面的次数虽然不多，但是觉得程老先生很有人格魅力，参加工作后，就一直追寻着程老先生的足迹。后来到1978年的时候，参加在北京召开的全国科学技术大会，程侃声老先生和我都是作为云南代表参加这次会议，我印象最深的是在会议讨论的时候，程老先生说道，农业是国家的基础。但是，基础是头等重要，现在存在着说起来重要，做起来次要的现象，需要改变等。后来，我到省农科院工作的时候，看到程老先生承担的具体研究工作，每次下试验田，都是骑着一辆破自行车，从来没坐过什么车，脱了鞋就直接下地，很朴素，很实干，十分执着。

　　我们搞农业的是最艰苦的行业，但也应该是最让人羡慕的职业。我对农科文化和农科精神，我没有好好地研究够，我认为，我们搞农业的是最艰苦的行业，但也应该是最让人羡慕的职业。世界上的东西很多，但最重要的不过三种，第一就是粮食，有了粮食，就掌握了国家和人民；第二是国家要发展，要有动力能源，第三是一个国家要有独立的货币。我们的五千年历史，就是五千年的粮食保卫战，解放后，我也参加了三十年的粮食保卫战，我们保住了，这点我个人感受很深。所以，在粮食问题上，任何时候都不能犯错误。

　　我这个人呢，什么要求都不高，不管是工作期间还是退休后，一直都这样，领导不喊不到，政府部门单位不给不要，工作当中从来不吼不叫，不管遇到什么困难，从来不找借口，做到自己心中无愧，工作没有停顿过一天。

　　活不出精彩但要活出精神。我们这代人，得活出点精神来，我经常说的，活不出精彩但要活出精神，我们这代人，越是艰苦的地方越光荣，越是困难的地方越坚强，只要坚持下来，我们的国家就没有大问题，国家崛起就不远，国家复兴指日可待。

　　我们现在的科技人员，要以先进为伍，要以老一辈和现在的科学家为榜样和偶像，现在的社会现象，都以文娱明星为榜样，古语"人败于娱，家败于奢。"过度的娱乐，并不是好事，国家也是如此。改革开放以来，我们国家 40 年的发展，超过西方国家的一百年，甚至更多，我们应该坚持共产党的领导，坚定我们的路线，总结我们的经验，应该传承先辈的自信，我们 5000 年的传承，从来没间断过。虽然近一百年我们有家国耻辱，但都已经洗刷干净。

　　我们搞农业的，不怕步子慢，就怕走回头路，不怕速度慢只要提速，天天有进步，年年有进步，这就了不起。

（罗家满自述）

# 从大东北到大西南

## ——王玉兰访谈录

## 从大东北到大西南

问：王老师，你是什么时候退休的？

答：我是 1979 年调到云南省农科院的，2001 年从粮作所退休的，今年已经 79 岁了。

问：根本看不出来的，是不是搞农业科学的老先生老前辈看着精神和身体都比较好？

答：应该是和以前跑田埂有关吧。经常跑户外，接触阳光啊空气啊，接触的结果吧。

问：王老师，那么你 1979 年以前是干什么呢？

答：我 1979 年以前是在吉林教书，我爱人是在吉林省农科院搞水稻的，他在南繁基地（位于海南岛三亚）的时候认识了程老先生（程侃声）。认识了后，因为程老先生需要一个中层的科技人员，程老先生下面是卢义宣，中层就没人了，需要一个承上启下的人。他们 1977 年认识了，1978 年就酝酿了，1979 年我爱人直接从海南岛就到云南了。我当时还在吉林教书，还有一学期教书任务没完成。当时吉林省农科院还在公主岭，科研条件很好，基础也好，科研很正规，那个地方抗战前日本人就选在那里种水稻，科研力量也雄厚，以前是大区农科所，是东北农科所。

问：王老师，当时过来是什么感受？

答：到昆明，只有一个百货大楼，邮电大楼，全是泥巴路，我到了这里，哭了很多次，太不适应了。我在吉林，出门就是火车，8分钟就到公主岭了，半天不到就东三省就走过来了。我来云南第一次出差是到昭通，把我吓得够呛。然后我去德宏，坐了一夜的车，把我冻得抖呀，那个车全是缝啊，全身都是灰，只有牙露着，走了半天还是在这个地方的山上绕，我从来没见过那么多山。

问：那么王老师，你先生是怎么和你说要到云南来的？

答：我先生叫陈南凯，他是湖南人。1952年北京大学农学系毕业的，毕业后先到东北农科院，东北农科院撤了就到吉林农科院。他在吉林是搞粳稻的，他一直有个愿望，想做籼粳杂交稻，那个时候，袁隆平也才开始做杂交稻，他觉得很有前景。他来云南，因为这里的海拔层次不一样，搞杂交稻很有优势。东北不行。他在海南、湖南、吉林收集了很多资源，有粳稻，有籼稻，做了大量的准备工作。他来云南的目的，主要就是做杂交稻，程侃声院长也答应他了。他到云南后，因为他们前期做杂交稻不算成功，结果他们就谈虎色变了，就不敢再做这个事了，说再缓缓、再缓缓，一缓缓，那个科研还你说的一缓几年就过去了，缓来缓去就把他缓到退休年龄了，本来他来这里年龄就很大了。结果什么事情都没实现，做了大量的基础工作，什么都没用上。他心里很苦闷。

问：王老师，你从东北到西南，五六千公里，有什么不适应的？

答：我到这里，别的都还行，最大的不习惯就是交通不习惯，然后还有小孩上学不习惯。我两个小孩那个时候正好七八岁，到这里都是上学年龄，都是在上小学一二年级的时候，就在桃园小学上学，把我气得啊，天天泥巴来泥巴去。他们倒没什么不适应的，两小孩从小就在吉林托儿所长托。我到这边来，我和程老先生说，我到学校去，正好是我的本职，再加上我又可以照顾小孩。结果，刚好粮作所新开杂粮课题，程老先生说，你还是去做这个，先做着，能够上手了就继续做，不能上手我们再想办法，程老先生很会做思想工作，我就到粮作所了。

## 杂粮课题的故事

问：王老师，你能不能和我们说下程老先生？

答：程老先生人非常好的，做工作特别细。我们老陈（我爱人）来了以后，就到元江去，给他观察 5000 多份水稻资源。元江是非常艰苦的，都种不了青菜。结果他一天就在地里给他弄那 5000 份资源，那是多大的工作量，我们就种几百份都把你头搅昏了，他那是 5000 份资料。结果他就做那个，我就在家，孩子在这上学，我就忙着上我的班。我这个课题也是新开，也是从基础做起，什么都没有，新开一个杂粮课题。我的导师就是刘镇绪、赵玉珍，赵玉珍现在 93 岁了，还很清楚。我前几天看见她了，然后赵玉珍老师就带着我们做，从资源收集、整理鉴定、编目，然后逐渐地搞选育。很多资源：如大豆、蚕豆、豌豆、菜豆、白芸豆等等就有很多，那是"六五""七五"期间，都是从基础工作抓起，我们就做这些，就一天不停地忙，种了大春种小春，就是这样。那些工作都是基础工作，你只有付出，不会有太大的成果。我们那因为是新成立课题了，我们十几个人挤在一个办公室，就这么大一个办公室。没有土地也没有经费，设施也没有。就一把尺子，一个计算器，几个算盘，除了这些什么都没有，一天哒哒不停地就是这样做观察记录，完全是手写。那就是 1979 年、1980 年、1981 年、1982 年、就这个五年计划，完了我们又接着做，条件稍微就好一点，换了一个大点的办公室，完了给了我们点土地，科委给了点经费，逐渐添置了一些个设备，也是最原始的，头十年都是比较艰难的。我们出差从来都是乘坐那种长途班车，就是出差前直接到汽车站去买票，买完票坐着走。哪有像现在的这些高靠背长途客车什么的。当时全是那种到处都漏风，车内满是尘土，那个灰，那个土。我就说现在的年轻人真是太幸福了，当然这是符合发展规律的，社会是在前进的，我们那个时候无所谓，也从来都不感觉苦，我们就觉得做农业工作本身就是苦，我们就有这样的想法。农业工作本身就是要付出就是要苦，而且你做很多年不一定会有什么东西，它是基础工作，你说你选一个东西，三五年能选出来吗？不可能。你像我们是算摸得比较快的了，因为我们有全国的经验（支撑），然后我们上了这个东西，我们就按照全国的经验，资源完了筛选鉴定，然后就选育，就配一些个组合，我们是快的，我们还是选了不少品种，我 40 岁到这，60 岁退休，20 年，不算蚕豆，就是仅大豆我们就审定 10 多个品种。获省部级奖励 9 项（均有证书），撰写实用技术文章 16 篇。

当时杂粮这一块，因为在院里面也是排不上号。从零开始，那当时就整个云南地区还没有专业人员从事这方面的研究。就是有些人搞都是断断续续的，搞点蚕豆，豌豆，大豆没人做，因为大豆在云南算是缝隙作物。没有算面积，它只是用在轮作、间作、套作这些方面起作用。但是云南它有这个气候多样性，生态多样性的这个特点，所以大豆虽然说它是缝隙作物，但是在人们生活中是离不开的。特别是有些少数民族，困难地区，他们用大豆来补充优质蛋白，是这样的。所以它边角余料，田间地头，田埂，它都种一些，就是自给自足这样的。都是非常原始的品种，都是棕毛，什么黑皮，什么大叶子，那这些性状都很原始。那么进化了的豆子不是这样的，是白毛，黄皮，是那个披针叶型。我们云南没有，全是原始的。但是它好在哪？它的蛋白质含量很高，因为人们长期是以它作为豆制品，豆腐，豆豉等等这些，所以它蛋白质含量很高。

## 那个时候的农科院

问：王老师今天给我们讲讲，当时 1979 年来的时候，老院部是个什么面貌？

答：老院部：我 1979 年来的时候就是那个老三栋，老三栋红砖房。后边又是红砖房，就全都是老式的，我旁边就是那个大食堂。农科院那个大食堂办得很好，我们那时候忙起来哪有时间做饭，到开饭时就拎一些个面包馒头，大饼摆到那，孩子回来就抓着吃。那个食堂管理得很好，什么都有，面包、饼、馒头，然后菜也是很多种多样，荤素都有。所有的职工都在那吃饭，排大队。我们下地回来，如果要晚了的话没有什么，但是也还能打到饭菜。食堂不错，那食堂主要是李敦凯，还有那个叫什么？战美仙。他们 2 个都管这个食堂，给我们的供应非常多，到过年还发给我们点结余的油，面什么的，那么我们过年就自己搞一点吃，是这样的。现在我们最值得回忆的就是这个食堂，他给我们解决了后顾之忧，我们就不用去自己做饭，你说我们去哪买菜都不方便，我们住在那，上哪去买菜？哪有时间去？

问：你们最早当时应该是从东北过来的时候，陈先生是先过来，还是后面家里人一块过来的？

答：他来半年我才来的。然后是坐火车，4 天 57 个小时，腿都肿了。我先生来的时候就把老二带来了。我就自己带着陈献华来。到昆明还凉快点，他告诉我在哪儿坐车，我就在那等着，他那时候是在元江。我就在百货大楼那门口坐着等着，可能是一两点钟下车，还领着孩子带着东西滴滴嘟嘟的东西一直等到下午了，等到五六点我才坐上农科院车，来到农科院生活区。我家老二先被带到海南岛，后来又带去元江，你说吧，那孩子话说得都不标准，在海南岛的时候说海南岛话，到元江说元江话，我说你说这些话我都听不懂，那是正学语言的时候。他出差回来以后，我来后就将小孩安排到桃园小学上学了。

问：现在后悔吗？到这边。

答：没有什么后悔的。反正我觉得这一段经历对于我来讲，我还是觉得很丰富的。因为我们搞大豆它有一个好处，与全国的同行接触特别多，这个大豆它每一年都有总结会，然后每4年又有一个年会，然后又有国际会议，这些会议我大部分都参加，结识了很多朋友，学了很多东西。眼界也比较开阔，所以我们走的弯路不多，虽然艰苦，但是我们是参考人家先进方法一步一步走过来的，可借鉴的东西比较多，然后你看我们就审定了那么多品种，尽管它是小作物，面积不大，但是程序在那，一步你都不能少，你审定品种一步都不能少，甚至一个数字都不能少，就是这样的。

## 回忆我的先生

问：能不能跟我们讲讲陈先生的事。

答：他是在战乱期间上的大学，他是北京大学农学系的，1952年就毕业了。中华人民共和国成立前那就叫北京大学，然后是20世纪50年代中期才院系调整，然后先后才是北京农学院、北京农大，现在叫中国农大。他应该发挥作用的时候，搞政治运动，什么都没做成。十一届三中全会以后，形势好了，他在吉林省农科院他就一直还搞粳稻，他就觉得搞粳稻没前途，还是搞杂交稻。那么搞杂交稻在东北搞不了，他就到海南来，就刚好碰到程老先生。他们一交流，一交谈，有很多想法都符合。那么程老先生说你到我们云南来，我们刚刚建院，我们需要大批的科技人员。1979年前后，然后他调来的主要目的就是想搞杂交稻，结果杂交稻也没搞成。后来程老先生就一直想要把他放到他的课题里面。那么我先生他就说了，你那个课题都成系统的，而且有那么多人，有基础了，我进去算什么？是不是？那么我来的目的，我就是想要搞杂交稻。这样他就始终是有点不太甘心，他说一旦要有机会，我还是要搞了。我这个先生他不光是搞育种，他搞栽培也是非常有经验的，他在吉林省搞了很多，就根据生产情况制定了不同的栽培措施，效果都非常好。就是他没来之前，他就做了大量的调查，查一些资料，云南是多山，他说云南的特点是干季长，雨季短，然后就是雨季来得晚，这个生育期就不好调整了。结果他就说，不让他搞这个杂交稻了，他就搞水稻栽培，他说我们可以提前育秧，等着雨季没来之前，我们秧已经长大了，长到一定程度了，雨季来了，我再栽下去，那么它的生育期就有了。这样产量可以提上来，他就想要搞旱育秧。然后就说不光是水稻、油菜、玉米都可以做。他就做了很多，做那个薄膜隔离层，他在嵩明推广非常成功，尤其是那个玉米育秧。他搞那个薄膜隔离层的，加上这么厚的土，把那个玉米苗育出来，育有二三十公分，然后它的株高就降下来了，生育期提前了，所以他这个是很成功的。但是他没有项目，没有钱，他这个事儿也没弄成。然后他又讲了，他说云南的特点是山区多，平原少，云南的发展在山，要把山区工作搞好，那么云南的前途就大了。因为他这个想法当时也不被领导认可，我觉得他有很多想法是很对的，是适合云南的这个特点的。

他退了休以后又租了点地，就搞他这个旱育秧，就搞玉米移栽了，你一个人搞那么大的面积，没有经费，没有人力，没有任何条件，你说那不是倾家荡产了。现在这些已经全部推开了，但这些他是首创。

那个时候，我和他成家以后那一年我们就下乡了，下乡了以后，就是公主岭所在的那个公社了，他是有一定的水稻面积，点名说农科院搞水稻的陈南凯，我们就要他在我们那个公社蹲点就行了，我们不希望他到别处去。留下来把他分到一个最艰苦的大队，就温家大队。

我们两个小孩就在那生的，那个小房子就这么 20 多平。他搞化学除草、药剂除草，那个除草剂的效果非常明显，当时那个水稻田里边的杂草比苗还多，所以他就给他做那个配方，做了以后效果非常好。不但是怀德县推广了，那是自发的，农民自己来找他，梨树县周围那几个县，我们早晨还没等起床，外边就多少人了，就来要这个配方，就是这个除草剂的配方。

## 谈谈农科精神

问：干农业工作的，干农业科研工作都会有一些特点，或者我们现在来总结一下，就是说应该有点什么精神？

答：我觉得就拿我们这个时代人来讲，都不怕苦。你就是包括王铁军，现在大家开着车上基地，我们那时租地在那个宝云，我们是在那租的地，在山上租地作试验。推车进不去，自行车就这么点田埂，你怎么进去，我们几百上千个品种，都是我们背着扛着进出，多少个资源要一收，那就是一批一批的接二连三地要收，就从那个山上往下背，往下扛，你说那个宝云要背到我们那个观察室有 2 公里以上吧。问题是不好走。没有路，你说那我们就那么背下来，王铁军一个，吴桢一个，王丽萍一个，我们几个就往下背，你说那是多少亩地。全都背回来，那有的是连秸秆背，全身湿漉漉的，如果要没有点吃苦精神，你说能不能坚持下来？我们除了搞大春，还要搞小春，一年四季我们都在搞，一年四季都在种、收，经常都在忙，星期六、星期天都要加班，就是这样。

问：创新创造，精益求精，在我们这批人身上是如何反映的？

答：我们要观察几千份材料，每一个数字都要一一对应上，你说算不算精益求精？每一个作物从种到收，几十个项目，你田间种的几行几行，要和你这个记在本上一一地对应。你说那算不算精益求精？然后还要统计出来。你说这个工作算不算细？在田里，风吹日晒雨淋，这事看似很粗，但是我们做的事情我觉得是很细的，要一一对应，每一个性状，每一个项目，每一个时间，你都要对上，然后归纳成册，装订上交。你说这些算不算精？一开始全是算盘的，桌子上摆满了多少个大算盘，到后来有了计算器，我们是一步登天啊。你说现在手写的总结还有多少了？全是用电脑在键盘上噼噼啪啪打。

问：请您给现在这些年轻人提点希望。

答：我心里一直都有一个想法，我觉得我们现在年轻人，就是对这个我所从事的这个科研工作，应该有一个明确的目标。然后就应该坚定不移地走下去。但是，我最近看到的一些个孩子们，当然他们很时尚，他们不像我们这样就一条道走到黑。我们是一根筋的人，他们不是，他们很活跃，就是这个工作适合我，我感兴趣，我就做；如果不舒心，我马上就跳槽，马上就离开。我觉得，就是说从你上大学以后，你在专业思想，从事的事业，就要坚定信心。像五六十年代那些人，你还在下乡呢，工作就给你分配了，二话不说，收拾行李就去。农业一直都是艰苦的，艰苦的东西要坚持，你既然入这个行业，你就要一直做到底。你不能三天跳，两天跳。跳，实际上对你自己，有的时候短期看，是好的。长期，不一定是有多好。你短期跳了，经济利益会好。但是对你的专业，对你今后，然后能做出成绩来，这个要打问号。这个东西要经常不断地进行教育，才来，懵懵懂懂的；还有就是课题主持人这一级，就是最关键的，身边要有人，要教育，还要教，还要帮嘛。

本文根据云南农科院粮作所退休干部王玉兰同志访谈录音整理，仅代表讲述者个人观点，未经本人审阅。

（访谈录音整理编辑：院历史文化挖掘工作组）

# 蚕蜂所和草坝的历史变迁

## ——朱树荣访谈录

### 一、吃、穿、住、行、用的变化

50 多年来，中国经济战线创造了辉煌的业绩。国内生产总值从 1952 的 679 亿元增长到 1998 年的 79,553 亿元，扣除价格因素，年均增长 7.7%，大大高于同期世界年平均增长 3% 左右的水平，综合国力在世界上所处位置，从 70 年代的第 11 位，80 年代的第 10 位，提高到现在的第 2 位。我国逐步建立了独立的比较完善的工业体系和国民经济体系。

### 二、蚕桑蜜蜂研究所的变化

2005 年 5 月增资后，蚕蜂所离退休人员月领养老金最高的 2,234.30 元、最低的 1,070.50 元，平均为 1,394.18 元，是 20 世纪 70 年代末离退休人员平均领取养老金约 35 元的 39.8 倍。例如：蚕蜂所一中等收入的退休工人，70 年代末月工资 33.80 元，粮贴 2 元，合计 35.80 元，现（指 2005 年以后）退休后月领取养老金 1,414 元，养老金是过去月工资的 39.50 倍。

在职人员的档案工资以所部机关人员测算，调资后最高的月工资

加各项补贴合为 2,205 元，最低的 1,248 元，平均月为 1,757.36 元，是 20 世纪 70 年代末月平均工资 46.9 元（1976 年度劳动工资计划 34.9 万元 ÷620 人＝月 46.9 元）的 37.5 倍。例如：一职员，职务等级为三级职员，职务标准八档，调资后，档案工资 1,277 元，加各项补贴合计 2,092 元，70 年代末月工资 43 元，加粮贴 2 元，合计 45.00 元，现在的月收入是过去收入的 46.5 倍。扣除价格变动因素后，广大干职和离退人员仍获得较大的益处。例如：计划供应时中等大米 10 斤 /0.91 元，现市场调节中等大米，约 1 斤 /1.80 元；甲级丝绵被 70 年代末 76.98 元 /3kg，现一床 768 元 /3kg；两项价格上升 10~20 倍左右，职工收入上升 40 倍以上，收入高于物价上升。

由于职工和离退休人员收入的不断增加，大量高档的消费品逐步进入每个家庭。全所 567 户 1113 常住人口中，几乎户户有电视，大部分是彩电，人人有手表，50％以上的人家安上了电话，传呼机、手机拥有的也不少。电冰箱、洗衣机、缝纫机、自行车、收音机、液化灶、电饭煲、饮水机、矿泉水、丝绵被等物大家都没少，微波炉也悄悄地进入每一家。服装衣着首饰漂亮化，不少年轻人骑上了摩托车，小轿车也开始进入了家庭。1995年初40户科技人员根据职称职务不同住进了60~70m²的福利4层职称楼（不含12m²左右的厨房，每户付款1~1.3万元左右）。2000年底又有42户干职先后搬入新建的经济适用住房（每户集资4.7万元，所里补助每户8000元，合计5.5万元，各自出资装修。建盖6幢4层楼房，每幢7户，每户93m²，加杂物间10m²左右，合计103m²左右）。没有购买楼房的职工，根据单职工和双职工的情况，出资1千至1万元左右，也购买了面积约30~60m²的小平房和80年代初建盖的64套2层楼房，经职工个人修缮装饰后住着也基本舒适。2002~2005年，在嘉铭小区职工集资约1,250万元，单位补贴100余万元，合计1350余万元，分两期建盖住宿楼5层6幢120套，别墅2层10幢10套，杂物间120间，合计约17665m²。蚕蜂所职工住房进一步改善。过去茶余饭后大家闲聊的蚕蜂所穷困境况：即1950年前一老蚕户说儿媳妇，以家有一3节筒手电为炫耀；20世纪50年代一老工人夸耀说，谁做我家儿媳妇，我送她一床丝绵被，叫她糠箩跳米箩为富有；60年代老工人以家有一套毛呢衣裤为富足；70年代老职工以家有"老四件"为富裕；80年代老干部以家有"新六件"更稀奇的旧观念将彻底更新，贫穷的年代将一去不复返了。

### 三、草坝的变化

经历了60多年的风风雨雨，特别是30多年的改革开放，伟大的中华人民共和国迈开巨人般的步伐，在建设有中国特色社会主义的大道上阔步前进。喜看今日神州，人民安居乐业，国家兴旺发达，祖国大地从来没有像今天这样充满生机和活力。

你看那树枝轻摆，悠闲的脚步。每当晚饭后夕阳西下时，草坝镇各单位男女老幼熙熙攘攘散步在嘉铭河新大街，蒙草线柏油马路上，看一幢幢一排排拔地而起的新楼，高耸矗立的水塔，街道两旁各类商店、家具店、电器店、食品店、五金店、金饰店、美容店、药店，目不暇给；蚕蜂所办公大楼前广场上，离退休人员的轻歌曼舞，天龙（2005 年改称草坝水上人间）游泳池内青年男女戏水欢乐的情景令人神往。当谈论着近年来草坝各方面的发展变化，人们心潮澎湃，感慨系之。昔日"天晴一把刀，下雨一团糟"通往个开蒙的泥路，今日变成了宽阔的柏油大路。昔日公路上行走的大都是牛车、马车、小板车，今日公路上奔驰的港田车、拖拉机、微型车、中巴车、小轿车川流不息。昔日去蒙自、个旧，每日只各有两趟班车，今日国营、私营的中巴车、微型车、小轿车相互竞争，每隔 20 分钟就发一趟车。昔日上昆明坐汽车或火车颠颠簸簸早晚两头黑，今日上昆明早餐后上汽车，宽阔的昆河线柏油路，平平稳稳赶到昆明吃中午饭。昔日用电靠大庄变电站供给，遇到刮风下雨就停电，如今建起变电站，农村输电网逐步改造，刮风下雨不用愁。昔日草坝街长不到 100m，宽不到 5m 的泥路，晴天刮风灰尘扑面，雨天泥滑路烂，两足粘泥，赶集时裤脚要卷到大腿上面，集市人员往来不过几百人，冷冷清清，今日的草坝街长 1000 余米，宽 8m 至 16m 的水泥和柏油路面，并建起了占地 1.33

蚕蜂所所部

公顷的农贸和粮贸两大交易市场，赶集往来人员过万人，摩肩接踵，人欢马叫。昔日农民居住的大多数是茅草泥巴屋顶土基墙，今日部分富起来的农民居住的是钢筋水泥、砖木结构的二层新楼房，新搬迁来草坝居住的小龙潭农民，他们的住房都是国家统一建盖的钢筋水泥、砖木结构的一家一户的二楼小别墅，真可称为新人、新房、新农村，从而圆了当初垦殖前人想在草坝建立社会新农村的梦。昔日独家经营的供销社和个体合营小商店，商品单一，货物短缺，棉布凭票供应，年 5m/1 人，今日个体商店和小商贩近 100 家竞争（含街天来赶集的个体商贩）商品齐全，品种繁多，琳琅满目。昔日凭票供应肉食的食品站早已倒闭，房产变卖，今日职工分流投入到 30 多个贩肉大军，在市场竞争中大显神通。昔日凭证供应粮食的粮管所，今日职工积极参加与街天几百人的农民贩粮队伍，在粮贸市场中盈利。昔日独一无二的小食馆，平时卖点 0.12 元 / 碗，一两粮票的清汤寡水杂酱米线已作古，早被几十家个体食馆"取缔"；猪肉馆、牛肉馆、羊肉馆、狗肉馆五花八门，各种品味齐全。昔日草坝街被几个西北勒山区地民族弟兄背点山毛野菜、桃梨水果占领的"冷清"市场已被农贸市场代替，今日的农贸市场，蔬菜瓜果、鸡鸭鱼肉丰富多彩，叫卖声震耳欲聋，讨价还价，自由成交。昔日只有蚕业公司一家卫生所，今日发展到全民，个体诊所不下 10 家，大的有农场医院、草坝卫生院、蚕蜂所卫生所。教育不断提高，中小学 9 年义务制，昔日没有一所中学，今日草坝五中、十中输送了大批优秀生进入蒙自县城高中。个开蒙城市群建设的加快，红河州行政中心回迁蒙自，河口边贸的开放，将带动草坝镇的更加繁华。

（注：文章初稿成于 2005 年，访谈录音为 2017 年）

（访谈录音整理编辑：院历史文化挖掘工作组）

# 坚持中精益求精

## —— 李贵华访谈录

问：今天想请你给我们介绍一下所的历史，怎么从荒坡滥箐变成现在的样子，你所经历的一些历史故事，让我们现在的农科人、年轻人，特别是后来的农科人了解我们自己的历史。

问：李老师是哪里人？今年多大年龄？什么时候到所里的？

答：我是蒙自人，今年52岁，1966年出生，1987年从思茅热作学校毕业就直接来到元谋热区所里，也就成为原资源圃筹备小组一员。刚参加工作是在开

发处参与征地的工作。几个月以后到现在的岗位一直工作到现在。

问：您参加工作之前是否听说过省农科院，是否听说过资源圃？

答：学生时代并没有听过省农科院，分配工作的时才听说过省农科院。当时一个班有两个名额可以分配到省级单位，有中科院西双版纳热带植物园、海南、还有云南省农科院，这个时候知道的省农科院。

问：刚到老院部的第一印象是什么？

答：都是些老房子，而且感觉房子很残破，条件很艰苦。

问：来到元谋后，第一个岗位是什么？

答：当时进来时是在科管科，主要的工作就是征地、量土地、开山、迁坟、架电线、挖水井，什么事情都干。

问：跟我们讲讲从1987年建所到现在，您感觉到的最直观的变化是什么？

答：第一是进大门上去这条路的改造，第二是办公楼的改造和办公条件的变化，第三是专家楼的改造，还对办公楼和专家楼做了很好的绿化工作。

资源圃后山

问：从1987年到现在您感觉院里变化最大的是什么？

答：我感觉不管是办公条件还是科研条件都有了很大的改善，与30年前比是天壤之别。

科技宣传

问：参加工作之初，印象最深的一件事情是什么，能否给我们讲讲？

答：印象最深刻的就是干活，带着小工一起干；然后就是张春华书记架电线被电击得没有意识。还有当时我们的饮水非常困难，我们干活干得太渴，就在牛脚印里面（渗出的水）捧水喝。

问：记录历史是为了留存记忆，教育后人。到了农科院后，对您影响最大的一位老师或者领导是谁？你在他身上学到最珍贵的什么？

答：当时我是去开发处，杨红钧比我早去两年，很多东西他比较熟悉，所以就由他来带我。我并不是学这方面专业的，很多东西都不懂，他在开发建设方面比较专业，就由他带着我们做基地规划等工作。

问：您是否能为我们说说一两个小故事？

答：建设初期为了省钱很少请小工，很多活计都是我们亲自去做，不管男女全部都干。当时我们这里的建筑材料（水泥、钢筋等）是院里面配好的，要我们自己上昆明去院里拉过来。还有就是院里面给了我们化肥指标，我们去院里把化肥拉过来以后，就拿这些化肥去村子里换农家肥，把换来的农家肥放到粪池里，每天从粪池里挑粪去浇。我们的科研工作是从1992年吴仕荣拿到一个基金项目之后才开始的。当时我们到蒙自引种石榴，因为这里天气太干不适合种植就没有成功。然后又去建水引种橘子，然后又去四川攀枝花引种芒果，开展了很多的尝试。

问：您认为什么是农科精神？什么是农科文化？我们想听听您的见解，可以展开，也可以说几个词。

答：我认为的农科文化和农科精神是老话，学以致用，要坚持踏实，要精益求精，不能三天打鱼两天晒网，只有长时间的积累才能有所发展，要坚持才能帮助实现人生规划。

问：您对农科人，特别是年轻人如何开展工作，如何做人做事有什么好的建议、忠告或者是寄语？这就是传承，请您给我们年轻人一些告诫。

答：现在的年轻人掌握的知识很大程度上比我老一辈的要了解得

资源圃落成大会

多，但是却吃不了苦，也不够勤劳踏实。应该学会吃苦耐劳，他们花在电脑上的时间多了一些，应当多花些时间下地实践。还要珍惜来之不易的工作，要加强实践，更要懂得坚持。

（访谈录音整理编辑：院历史文化挖掘工作组。注：李贵华已于2018年3月因病去世）

# 农业科研的服务、规范与传承

## ——马松访谈录

## 来农科院工作首先要有服务的思想

前几天听说要访谈我后，我就想了几件事情。第一个事情是我印象很深的事，我毕业分配到农科院报到的时候，77级的人也就是82年初到的那批人报到后，还没有分配到研究所，等着我们78级即82届的报到后一起分配。他们那批人还比较多，大约有40多人。报到后由孙方院长亲自带队集中到楚雄蹲点。我们78级没有去，我听说还发生了很多事情，这个事情你们可以访谈下王玲老师，赵林老师他们几个。

来省农科院工作首先要有服务的思想。我的理解就是现在我们院训说的为农村为农民服务的意识；其次要有吃苦耐劳艰苦奋斗的精神。我参加工作后，领到的劳保是一套劳动布的工作服，一个人造革的记载包，一双雨靴，同时还发给我一把锄头，一根扁担和一对粪箕（畚箕），意味着什么？意味着做农业科研工作和农田劳动是必然联系、决然不可分开的。

当时我们课题是冯光宇老师，田俊明和我共3个人，做玉米的群体改良，我们课题组从来没有分谁是技术人员，谁是工人，谁在实验室，包括我们冯老师，都是一起下地，从整理地块、打塘、播种、盖粪、量株高、观察记载、套袋授粉等等，大量的工作，都是在田间地头做的。从来不会说，这是工人的事，那是谁的事。大量的工作都是冯老师带我们几个一起做。授粉是玉米育种田间工作中很重要、很辛苦的事。要把玉米顶上的天花和茎杆上的雌花用纸袋套起来，授粉就是把天花上的粉取下来授到玉米苞上的雌花上。那个工作不是说授几株，一个试验基本上授粉是上百株，甚至是几百株，都是这样一株一株授的，一些重要的授粉冯老师亲自去授。我当过4年知青，就在花渔沟（茨坝）种了4年玉米，还是知道点门道。虽然搞科研不一样，但是至少认识哪个时期该干什么。因为当过知青有农田劳动的基础，虽然能够适应，但是与想象中的农业科研是实验室、白大褂还是有出入的。那个时候也有点想法，学了4年专业知识，来到科研院所还是天天在田间地头劳动。现在来理解，如果没有这些最基础的科研锻炼，确实做不好科研。

## 谈谈科研工作的一些规范

大概是去年我到嵩明基地，看到几个科技人员在做观察记载，看了以后（当然我不完全掌握情况），我个人觉得没有我们以前做的规范。当然说起来，也有院里面和所里管理的原因。我说的规范，第一是我们过去的所有记载是发的是专门的记载纸，记载纸是印制好的规范的格式，而且不同的作物、不同的实验要求记载什么，表上是清清楚楚。我那天看到的他们记载的就是用一本普通记事本（软皮抄）记录的。第二，试验的记录一律只准用铅笔，不准用圆珠笔，不准用钢笔。我开始还说，这个铅笔可以擦了，但是你一擦就有个影迹，一个涂改的痕迹。冯老师告诉我，铅笔不会掉色，而且在野外的时候，万一遇到下雨铅笔滴上水不会浸开（散开）。现在我有时候会回想，是因为科技先进了还是我们越来越不规范了？

前段时间，院里要求科技档案必须要归档。以前，如果到年底的时候，该归档的材料没有交，那个室主任、负责的老师，会天天来追你的屁股（材料归档）。而且，如果没交归档材料，包括记载本，当年做的实验的所有记载的原始记载本，还有实验小结，如果你没交，从某种意义来说已经不是合格不合格的事了，是你没有资格参加年终考核

的。可以说，上交实验记录的原始材料是年终考核的基本要求条件。所以，我们那个时候记载材料一点都不敢马虎，平常都是锁好的。年底编好号，交给课题主持人签字，课题主持人签完字后交给室主任。现在要查科技档案的话，那些年代做过那些科研的当时记录是清清楚楚，比较完备的。抓科技档案的规范和归档，只要抓好一条规定，不交科技档案的不得参加年终考核，你看大家认真不认真。第二是盯紧那些东西必须交，有清单，责任落实到位，收到的人要签字，要有认可，要有归档章，交接要有序。

## 那些年的艰苦岁月

刚才说到农科院的生活条件，确实很艰苦。在这么一个山沟沟里，交通不便。20世纪90年代了，还要坐小马车到黑龙潭乘9路公共车。20世纪90年代还是改善不少，多买了几辆云南牌的客车作交通车。最早的时候，80年代我还坐过大卡车作交通车。我记得清楚，冬天就是站在车厢里面，只有车厢板，没有棚布，冷风吹得受不了都只好蹲着躲在车厢板背后。那个时候，星期一早上七点一刻前，在震庄对面明通巷口坐车，冬天时天还黑着的。那个时候，农科院的子女可怜啊，早上七点的时候天都不亮就要坐交通车去城里上学，在车上就一群大人围着小孩子们（挡风），真的很艰苦。

## 回忆我的老师

我大学毕业实习的时候就在玉米室。当时玉米室的科研实力是很强的，在省农科院，甚至在云南都很强的。当时的粮作所所长唐世廉

我院参加第三届亚洲玉米研讨会（1988年广西南宁）

是做玉米的，我们的室主任是唐嗣爵，副主任李槐芬老师搞自交系，冯光宇老师搞群体改良，李科渝老师做杂交测配，陈宗龙老师搞玉米栽培，陈秉相、钱有信老师做区域试验。

实习时，我和同学罗清明跟着陈秉相和钱有信2位老师做区试。那个时候还是学生，比较贪玩。陈老师因为是室主任，经常出差在外，钱老师带我们比较多，每天带我们下地干活，观察记载。钱老师话不多，每天交代我们干什么，我们觉得太简单，就干那么点事还要一再交代，觉得这个老师怎么做事情那么认真，那么严谨。

正式参加工作后，粮作所把我分到玉米室。因为还没决定分我到哪个课题组，大概有一个月的时候吧，就跟着李槐芬老师。李老师是研究室副主任，她暂时带我熟悉各个课题。印象很深的是，李老师怕我睡过头，每天早上和每天下午都要来宿舍叫我。我住在9栋，李老师家住在路对面，和我宿舍隔着条马路。因为经常要下地，李老师就在路口等着我。到时候我没出来，她就去敲我的门："小马该走了！"那个时候老师带学生就是这样带的。后来，我分配到的玉米群体改良课题，一直跟着冯光宇老师。

# 给青年科技人员的一点建议

现在的年轻人，都是比较好的。我说的好，第一是有献身农业工作、献身农业科研的精神，第二有兢兢业业认认真真做好自己本职工作的劲头，我接触了很多的年轻人，我觉得很不错的。

我感觉，我们现在有一点没有以前强调的是，"一切为了生产，一切从生产出发"，这个观点或者说这个精神有所淡化。总结岳建强事迹的时候，我觉得有句话是农民对岳建强最好的评价，这句话是："跟着小岳干柠檬，整的着吃。"这句话是很高的评价，你所有做的价值所在都在这话里。这是最朴实的语言，但是最深刻的评价。如果

说，我们的科技人员，我们的很多成果，农民一用就非常喜欢，而且都是用类似的话语来评价我们的工作，那么我们的农业科研工作的价值，包括科技人员的价值就很好地体现出来了。当然，这是个典型例子，我们的很多科技人员也做到了这点，也都在朝着这个方向努力，但是多多少少我感觉氛围没有以前浓厚了。所以我觉得，挖掘我们的历史也好，文化也好，精神也好，这一点是值得大力弘扬的。"笃耕云岭，致惠民生"就是说我们所做的一切，都是为了农业农村的发展，就像以前讲的，"急农民所急，想农民所想，做农民所需"，虽然农业科研的很多东西已经发生了深刻的变化，内涵越来越丰富，但是核心是没有变的，永不过时，是永远的课题。在这一点上，我们还是要强化。

（访谈录音整理编辑：院历史文化挖掘工作组）

# 对农科院的一些初步印象

## ——李卫东访谈录

问：首先想问李老师，来到院里第一项工作是做什么？

答：我是 1975 年 9 月参加工作，当时在蚕蜂所办公室，负责广播、通讯、招待所、电影放映等工作。1979 年调到院办公室工作，分管领导是周明文同志，主要工作是机关内勤、广播、电影放映和为院领导服务。那时翟文涛书记和几个领导都住在办公室，我也住在办公室。

问：您第一次听说省农科院、蚕蜂所是什么时候？是通过哪种方式，是家人提起还是广播电视？还是通过其他的途径听到的？

答：大概就是 1976 年，在蚕蜂所参加工作的时候，就听说蚕蜂所要被纳入到院里面，但是蚕蜂所具体是哪一年纳入院里管理的就记不清楚了。我是高中毕业参加工作的，属于一种政策照顾性质。我是蚕蜂所的职工子女，父亲原是蚕业公司地下党支部书记，文革时被迫害打伤致死，我们子女受到了牵连。我被打成重伤住院治疗，有经蒙自县医院检查、蚕桑所党委认定后下发给我的一份伤情证明书，也有历史认定的材料。1976 年省委落实 26 号文件，由于有政策照顾，我就没有下乡。1979年调过来时，是陈岚带我到院办报到的，她好像是政治处的一个女同志，后来调走了。

问：您是怎么到老院部报到的呢？到老院部的第一印象什么？

答：1979 年 9 月份，从草坝坐火车到昆明后，我姐姐带着我来到老院部。当时坐 9 路公交车到黑龙潭，然后背着行李走路到老院部。第一印象就是觉得农科院有点偏僻，

还要走一段灰土路，办公区只有 2 栋房子，有三辆车，一辆拉煤的解放牌汽车，一辆是职工上下班的交通车，还有一辆院领导坐的上海牌轿车。

我的工作调动有点特殊，父亲被打伤致死以后，院党委行政很关心我们家，院主要领导到所里了解我家情况，通知我母亲把我带过去认识一下领导。考虑我在"文革"时被打伤，带有些伤残后遗症和从今后的个人长远发展，院领导就建议把我调离原来的岗位，调到昆明工作。当时我也有点自己的想法，从高中就开始喜欢无线电，参加工作后也是做广播通讯和电影放映等相关的事务，喜欢原来的岗位，有点不太想离开。最后，还是听从院领导的建议，听从安排，离开原岗位，调到昆明老院部，我就上昆明了。

问：从1979年到现在，差不多已经40年了，请您谈一下老院部的变迁？

答：总的来说，通过我们农科人一代一代的建设，老院部变化很大。开始来的时候办公和科研区就只有 2 栋房子，生活区这边有几栋红砖房的职工住宿。当时还想农科院怎么会建在这种地方，哪怕是建

在龙头街，靠近公社都会好一点。但当我去农大玩，看到农大的条件时，就觉得农科院还是算可以的，在当时那种条件下比起其他单位已经相当不错了，就是有点偏远，生活不太方便。通过这些年的建设，特别是何书记来了以后，改变很大。北京路延长线建设、桃园村拆迁，我们院的办公楼、科研楼和职工宿舍也盖起来了，实现了我们年轻时候也就是40多年前的愿望。现在科研条件好了，办公条件好了，住宿条件也好了，都比原来好太多了。总的来说，就是发展解决了大问题。在以前，包括院领导都是只有星期六晚上才会回昆明城，一个都不敢走，三天两头都会发生一些矛盾，虽然院里也一直在解决，但一直未能彻底解决，现在历史遗留问题已基本解决。那时冬天还更冷，气温比城里面低很多，我早上起来还要给几个领导笼火、烧开水、拎水，为领导服务。院机关干部每个星期要到地里去劳动一天。

问：请您回忆一下，最初到院里面工作，有什么事情给您留下深刻的印象。给我们讲一讲，就是现在这些年轻人看不到、没有听说的事情？

答：我就记得几件事情，第一件就是程侃声老先生给我的印象很深。大概在1980年到1982年之间，当时每星期有一天机关人员要下地劳动，因为我在办公室，义务劳动的时候，我要去送水。程侃声先生那时有70多岁了，年龄也很高了，带着蒋志农、卢义宣等同志时常下水田工作、劳动，都是身先士卒。冬天的天气很冷，清早沟边还有冰凌，他卷起裤脚，第一个就下田了。我这个20多岁的年轻人看了有很大的感触，觉得这位老先生，那么冷的天，大清晨就下田了，连水鞋都不穿。我还在想，就是叫我下去都会犹豫一下。那时候程老先生还给我们讲课，讲开发用脑，他说大脑的开发利用是永无止境的，是越用越灵，你所学到的、看到的、记住的一切到死那天大脑都用不完。这个就是程侃声老先生给我的深刻印象。

蒋志农同志给我的深刻印象是去田里面，特别爱观察，有时候还要把稻苗带回家里面观察。我居住的地方恰好可以看到他家，有时候半夜灯都亮着。他经常在深更半夜起来观察水稻或去田里面观察记录水稻生长情况。这些科研品质在年轻时候就表现得很突出。

问：我是否可以理解为已经对科研工作达到一种痴迷的地步？

答：他是把毕生的理想和精力都放在了田里面。我觉得现在的科研人员就是要学习这种精神，搞科研的还是要多下田，不管是白天还是晚上，只要是工作需要，就可以去做，在那种环境中钻研。他俩给我的印象最深了。

问：我们开展历史文化挖掘工作，要梳理一些线索，比如重要机构设置、重大科研成果、重要人物，老建筑、老古籍、旧图片等，这些反映历史的老物件所里面还有吗，您是否了解一些情况？ 可给我们提供一些线索吗？

答：这个我记不清了，可以去采访一下当时在院子弟小学教书的秦桂芝老师，可能她记得比较清楚，她现在住在下马村。以前去龙头街的时候，路过他们那里，往小学校、瓦窑村那边好像是有点什么建筑物，不过时间太长了，我记得不太清楚了。

问：我们在做征集老照片，除了档案室收藏的以外，您有没有个人收藏的老照片？ 年份越早越好，不知道您有没有？

答：好像有一张老足球队的，刚好我手机上有一张工作场景的，我放映电影的时候拍的几张照片，到时你们看是否能用。

问：李处，来到院里面工作以后，对您影响深刻的老师是哪位，您在他身上学到了什么东西？

答：第一个老师就是周明文，给我的印象第一个就是工作上兢兢业业，一丝不苟，认认真真，就算是打扫一个会议室都要打扫得干干净净，每个角落都要打扫得一尘不染。第二个是时间观念、纪律性要强。我原来在蚕蜂所是做广播的，每天6点不到就要起床，所以养成了习惯，要起早、要守时。第三就是安排的事情都要提前完成，包括扫地、擦桌椅、打水都要到位，要认真做好。除了这些以外，就是这个电话，以前的农科院只有一部电话，每天都要跑很多趟，要去喊领导、科研人员下来接电话。原来我是做广播的，于是我就建议买个扩音设备，建一个小广播，院里面也同意了，就去市场买了设备，架起几个高音喇叭，通过广播叫人来接电话，或通知开会等。我现在会讲一点昆明话，就是在那个时候学的。我最初是红河口音，广播的时候有些年轻人因为口音时常会笑话我，所以学会了一点昆明话。写材料是李华模先生对我的影响较大，他是"大笔杆"，负责宣传，不仅会写材料，书画诗词样样精通，每个月都要写出1~2份手刻的工作简报，也确实有才有德。

问：李华模老师是从哪里退休的？住在哪里呢？

答：大概是组织人事处，当时好像是叫政治处，现在住在下

农科院的足球队

马村，他是李展的父亲。这个老同志应该访谈，他很有文采，也很正直。

问：结合您40年的工作经历，您怎么理解农科文化和农科精神？

答：从我的工作经历，从我的人生经历来说，就是要听党的话，要跟党走，这个是大的前提。只有在中央、省委和院党委的正确领导下，我们才能快速发展。我是做行政和群众工作的，第一是要做好领导交办的任务，必须要认认真真，踏踏实实地去做事情。第二就是要清清白白，干干净净地活着，要对得起自己的工作，对得起自己的家人。还有一个就是做思想工作要善解人意，包容人。还要学会感恩，感恩领导、感恩同事、感恩家人。通过这些年的发展来看，现在是住宿好了，工资也提高了，生活也好了，要懂得知足，知足很重要。最后是要能吃苦，农科院要有大的发展，就是要靠能吃苦耐劳和努力奋斗的精神。

问：李处，您对现在在农科院工作的年轻人，现在的农科人，有什么想说的，想听听您的人生经验、建议，甚至是忠告、寄语？

答：科技人员一定要有吃苦耐劳、艰苦奋斗、勇于创新和踏踏实实工作的精神，一定要深入到农村，深入到实际，深入到田间地头去做科研，要向实践和群众学习，同时还要努力向程侃声、蒋志农、罗家满、岳建强等老专家和劳动模范学习看齐，这样才能掌握到具体的研究数据，才能把农业科研工作做得更实更好。

作为机关工作人员，要刻苦、认真、勤劳、无私，才能做好工作。我还有一点建议：就是作为农科文化来说，除了工作以外，职工的文化生活也很重要。我们原来举办了五六届全院"科技兴农杯"职工篮球赛，搞了四五届全院职工文艺会演。在职工文化生活方面，我觉得我们院里面还是缺乏一个职工活动场所。不论共青团也好、工会也好、职代会"职工之家"建设也好，我们还是缺乏一个"家"，真的要有一个职工活动的家。在当时那种条件下，我们老领导都给我们建了电影院，还通过职工义务劳动建了篮球场，举办各类职工文体活动。我们那时下班以后，第一件事情是到食堂把饭菜打好摆着，然后就去组织职工打篮球、踢足球，一直活动到天黑，洗个澡，有时没有热水，就用冷水冲洗一下才去吃饭。我觉得除了工作以外，职工的文化生活还是非常重要。我们原来环境那么偏僻，一个星期至少要让职工看一至二场电影，举办一场舞会，要开展活动才能凝聚人心。"职工之家"建设真的还是要有一个家，一个活动场所。体育锻炼也好，组织其它文艺活动也好，都能提高职工的身心健康。如果有一个活动场所，我们各种活动的开展就都方便了。因为我是院机关第一个被访谈，我没有什么准备，也不知道怎么谈，都是你们问什么我讲什么，这难免有讲得不对的地方，请予批评指正。我现在突然想起一件事情来。是有关程侃声老先生的，是我亲身经历的。人活着是为了什么？从程侃声老先生身上学到了很多。他是全国劳模他也不说，当时工会树立了几个劳模，我去总工会查档案，我才知道他是全国劳模，他家属也不说，他自己也不说。全国劳模是有很多待遇的，包括住房、工资、津补贴等。他是当过副院长、院长、名誉院长的老领导和老专家。有一次我陪同领导去看望他的时候，他在家里躺在床上吸氧，穿着补丁中山服，因为礼貌，在病中都还要努力坐起来。在人品方面，我觉得全体职工要向他学习，太感动了，一个在全国都有名望的专家，又是全国劳模，不为名不为利，不向组织提任何要求，真的是太难得了。

（访谈录音整理编辑：院历史文化挖掘工作组）

# 我就是桃园本地人

## ——束凤祥访谈录

问：今天想请你给我们介绍一下院所的历史，农科院怎么来到桃园村的，您所经历的一些历史故事，让我们现在的农科人、年轻人，特别是后来的农科人了解我们自己的历史。今天请您来是想做一个访谈，我们还要根据您的口述整理成文字，所以在访谈过程中我们有录音，我们此行的目的大概是这样。

答：桃园村为什么叫桃园村，姓束的应该就是桃园村最早本地人，其他都是后面才搬进来的。我父亲是嵩明人，是后来搬到桃园村的。我母亲有兄妹三人，父亲是从嵩明来桃园村的上门女婿。他来的时候还是在清朝，他还编过辫子。听我母亲讲，他以前教育子女时还是用辫子来打娃娃。

问：想请您给我们讲讲省农科院是怎么来到桃园村的？

答：我是本地人，曾经当过桃园小学的教师，教过省农科院的很多职工子女。在村子（桃园村）里我很受人尊敬，这是我感到很自豪的一件事情。省农科所来到桃园村大概是1959年，那时我只有八九岁。他们来的时候，桃园村全村男女老少不上100人，我现在数都数得出来是哪些人。省农科所来的时候先来的是工人，现在已经 80~90 岁了。来的时候只有一个马车组，人员有刘银章，钱有信、樊同功、程侃声、任承印、张仁科等。领导组成也很简单，樊同功是省农科所分管试验农场的副所长，任承印是农场的书记，张仁科、董海云先后担任场长，省农科所试验农场的主要领导就是这几位。他们都是我非常佩服的领导，为什么佩服呢？他们都正直、实干。任承印当书记，一天抽八分钱一包的烟抽 3 包，是等外烟。他当了书记几十年，他爱人到他去世的时候都没有正式工作。桃园村的领导有张兴仁和周幕。周幕是解放初期宝云乡的乡长，他也是一字不识。

问：他们是 1959 年就到了，那么他们在做些什么呢？

答：当时好像划了一点地，算个农场，名字也叫省农科所了，房子都没有，都是租房子住。60 年代以后才盖了老大楼，现在的老大楼是最先盖的，后来才盖了生活区这几栋。

问：我听说最早省农科所是在水校（省水利学校），是什么时候搬过来的？

答：就是 1959 年。最早是在大普吉，然后搬到水校，最后才搬到桃园村的。

问：是否有这么一段历史，据说最先是到瓦窑村在了几天，之后才搬到桃园村，是否在瓦窑村在过？

答：没有在过。

问：整个桃园大队划进农科院是什么时候？

答：是 1983 年。我记得马明礼 1980 年来到农科院后，决定将桃园大队划入农科院。

问：想请您给我们讲讲八角楼的故事。

答：瓦窑村有两个花园，是刘经理私人的两个大花园，两个大花园还带着个农庄在村子的中间，八角楼就在小花园中，解放前就盖了。两个花园是分开的，中间有一条路，路两边就是花园，八角楼是住人的。后来这家人不行了就交给植物所管理，但是植物所觉得麻烦，不好管理，就交给了省农科所管理，最后让给了瓦窑村。现在瓦窑村盖清真寺的这个地方叫小花园，八角楼就在小花园内。八角楼是老式房子，瓦屋面有翘角，好像是有八个角，有点像亭子一样，还是气派的。

问：您能否给我们讲讲程侃声老先生？

答：程侃声以前是棉花专家，来省农科所后也是一个所长。后来搞水稻，成为水稻专家。当时他的工资最高，有240元。他天天下田，那时没有水鞋，下田都不穿水鞋，卷起裤脚就下田了。人很朴实，不抽烟，也很不爱说话，为人很好。

问：束老师是什么时候退休的，是从哪里退休的？

答：我是2006年从机关退休的。

问：中日课题的影响很大，能否请您给我们讲讲中日课题的事？

答：1980年以前我在桃园队拿工分。我是十一中的学生，1968年回乡。大概1980年成立的中日课题，日本人和农科院合作搞水稻研究就叫中日课题。后来盖了冬繁的大棚，我就到了中日课题，主要工作是烧锅炉。主持人是王永华，人员有何云昆、李家瑞、李成云、蒋志农、张思竹、王怀义等。我进中日课题就是跟着蒋志农，做田间管理的工作，从课题成立做到课题解散。中日课题存在的时间是1980年至1996年，1996年日本人就离开了。

（访谈录音整理编辑：院历史文化挖掘工作组）

# 茶树资源调查经历

## ——王平盛访谈录

## 当知青后到了茶试站

我是 1969 年景洪中学的知青，我老家是宁洱县的。在我 11 岁的时候，我父母过世，我哥哥在勐遮工作，就把我接到勐海来供养我读书，高中在景洪读，到了 1969 年，就遇到知青下乡，我们就回县，回县又回乡，我回到勐遮公社插队。

1969 年下乡到 1971 年的时候，遇到农业学大寨，要增产就要学新科技，那个时候还不叫科技，叫增产技术，要增产就要做些技术试验。那个时候茶叶所叫茶试站，属于农业厅管理。整个勐海就委托茶叶所培训，培训完了就叫农村培训人员到各个乡村大队去推广。

1971 年 2 月份，我就到茶叶所。那时茶叶所已经搬到曼真了，南糯山（原二场场部）已经叫二场了。到了茶叶所一直是学习，可能是到了七八月吧，就是培训了几个月，主要是学习制作治虫的生物农药啊什么的，生产出来后，我们 10 多个人（因为各个县和各个乡都来人了）就来培训推广，结束的时候又遇到知青大招工，就我和另外一个留下来。如果不培训，我就不会来到茶叶所。

来到茶叶所就是当工人，主要在化验室，后来参与做茶叶的分析化验。那个时候工人也是科辅工，当时在化验室的主要是以丁渭然老教授（后调农大，已退休）、陈思伟（后调林业科学院）、钟罗3人为主，我就是在他们3人的领导下开展工作，每天就是打杂洗瓶瓶的。

## 自力更生的故事

我们基本很少下地，但是整个所、整个站的都要参加干集体劳动，例如突击采茶，采茶的时候天不亮就要出去采茶。那个年代都是靠自力更生，盖房子做土基，那个时候在个大篮球场，全场人全部去挖土做土基，不管干部、工人都要做。当时职工不包括南糯山的应该不到100人，当时南糯山上面有2个厂（场），一厂是属于勐海茶厂的分厂，就是负责收购新鲜茶进行生产，属于勐海茶厂；一个是属于茶叶站的下属分场二场，基本就是栽茶种茶制茶，属于一个试验地，当时，也基本没做试验研究而主抓生产了。

茶试站80年代以前虽说是科研单位或者试验单位，但是基本没科研，就属于生产单位，以生产为主，整个茶试站分成几个生产小组。

1973年底1974年初，勐海遭遇百年不遇的低温冻害，我们茶试站整个200多亩茶园全部冻死，最低气温达到 −5℃，大叶茶种植，气

温到 −3℃就不能再低了，再低就受冻了。茶树冻死后全场职工动员搞台地（离地面留 15 公分全砍光，只留根让它重新发芽），干部职工，包括领导全部到地里去，刀砍的砍，锯子锯的锯。到现在那些茶叶基本都换了，只有不多几个品种是 20 世纪 60 年代种植的，到现在都还没更新换代。我们科技人员后来去查看 200 亩茶园，只有 50 多株轻微受冻没冻死，我们就选育了云抗系列茶叶，到现在的"云抗 10 号"就是从那个时候开始搞研究的。

农业学大寨的时候，老房子那里，也就是现在篮球场旁边的房子，都是我们职工自己盖的。当时我结婚的时候都是住那里的。

## 走上科研之路

我留在试验站后，还没恢复高考，因为"文革"，停了好多年的大学要开始逐步恢复招生。当时来了云南农大做植保的几位老师到我们这里做调查，要编写茶树的植保教材。来了以后住了一段时间。刚好是云南农大恢复第一批招生的时候，那个时候云南农大还在寻甸天生桥，当时农业厅的张方池（音）老师是学茶的，他和金鸿祥是同学。后来张方池老师抽到云南农大去筹建茶叶专业。筹建后，当时我们试验站的负责人总支书记是斯元仁，站长是蒋荃（当时还没恢复正式职务），我们试验站的丁渭然老师调到农大茶叶系，我们站就调去

他们两夫妇。他到农大的时候，和农大商量我们站能不能也送两个到农大去培养。后来，站里面就推荐了我和王复生（音）去跟班学习培训。为

什么会推荐我呢？我想主要一是平时工作表现好，二是我读过高中，当时试验站大部分年轻人都是小学文化，我读过高中，文化基础要高点。我和王复生是 1973 年去培训的，一直学习到 1976 年毕业。毕业的时候，张方池老师找了点项目经费做资源调查，就找站里面商量，把我们俩留下半年，配合他做调查。但是我们的毕业证是代培毕业证书，因为这事我的正高职称报了好几次，说我这不是正规的大学毕业。

## 茶树资源调查的故事

1977 年上半年，我从农大回试验站后，开始是跟着张顺高老师在栽培室，干了一段时间。王海思老师当时在品种室内管化验室，但王海思老师一直想做品种资源调查项目。到 1978 年，就把我调到化验室，我就开始一直跟着王海思老师干工作。

虽然资源调查项目还没立项，但是我们还是陆陆续续地做了一些工作。像我们去巴达大黑山，那时候，巴达的交通不像现在好，坐车去都要一天，到巴达在山上一般就是三五天。我们去调查的地方有个村子，有个小学校，我们就在小学校借宿，小学校就 2 个女老师，我们一行 5 个人，刚好有个新招的科辅工是女同志，她就和 2 位女老师挤一起住，我们剩下的几位男同志就去教室住，晚上把铺盖打开住教室，白天把铺盖卷起来收好。找个向导领我们去调查，那个时候巴达（自然环境）保护得好，还没开发，全是原始森林，出去调查的时候必须找向导，不然找不到路，进去就出不来。里面也没什么路，全靠向导在前面带路，用"甩刀"开路，以前的调查都是这样的。就是这次，我们在巴达发现了一片野生茶树品种。

我们外出考察的时候，当时山上驻守着一支边防部队，有一天我们吃饭的时候，他们的车翻了，当时的老乡跑来找我们，前面部队的车子翻车了，有人受伤，请你们的车子过去帮忙拉伤员。我们放下碗就去帮忙，到出事地点，伤重的人员让前面的拖拉机拉着先走了，我们追上拖拉机将伤员换到我们车上，后来送到部队卫生室，部队医生看了后说，再慢几分钟这个伤员就抢救不过来了。为了这件事，部队还是很感谢我们的，还专程来到所里找到领导对我们表示感谢。

另外，1984年，我们到怒江州贡山县独龙江乡去考察，过风雪丫口的时候，我们一行10个人请了马帮驮着行李，因为一路需要徒步，怕人走不动还雇了马匹。出发的时候天气还很好，走了一天的路，下午四点左右的时候就停下来烧火做饭，砍树搭棚休息。晚上睡觉的时候还月朗星稀的，才睡下不久就下雨了，因为是用树枝搭的棚，外面下大雨，里面淅淅沥沥地滴水，连坐的地方都没有。我们只好几个人背靠背地蹲着熬到天亮，天仍一直没晴，简单吃了点东西我们就又赶着马帮出发。我和许卫国那个时候都还年轻，才30多岁，就我们俩走前面打前站。下着雨，路也是泥泞小路，一路上都是荒无人烟的，只是偶尔会遇到的从贡山下来的马帮。因为路窄，遇到这样的事情，必须提前找一个宽点的地方相互让行，不然就都过不去，就会摔下悬崖，我们在路上都看到很多摔下悬崖深谷去的马匹尸骨。我们进去了几天，一路上都下雨路滑，虽然雇了马匹，但

都不敢骑。我们2个打前站，就要一路找部队巡逻搭的棚，找到棚后我们就要提前烧火煮红糖水，我们从部队上买了些压缩饼干，大部队赶上我们后，喝点红糖水，吃点压缩饼干休息下接着出发。一共走了三天半的时间。第三晚上的时候，还没到乡上（独龙江乡），晚上经过部队驿站，刚好有几个军人在，我们就在里面借宿歇了一晚上。调查的时候，又到独龙江各个村子里去。回贡山县城的时候，因为风雪丫口下大雪封山，马帮进不来，我们也就出不去。就这样在独龙江乡被困了半个多月，什么地方都去不了，天气稍微有点好的时候，我们又去马库做调研，资源也没找到。后来，马帮进来的时候，大概因为天气好，心情也好，我们两天就出来返回县城里。

## 我的老师

我的第一位老师是王海思老师，他虽然脾气大些，但对工作是尽心尽力。我到茶叶所的时候，他从国外回来，就把我要到他课题组。我从1978年就一直跟着他做资源课题，甚至他当所长后，把资源课题也交给我负责。我从他身上学到了对工作负责认真，对一些小的事情，包括生活和工作。像我们去搞野外调查，不管生活多么艰苦，道路多么难行，不达目的决不罢休，一定要坚持。作为科技人员，他培养了我，也锻炼了我，我也从他身上学到很多。另外一位老师就是张顺高老师，他是王海思老师的前任所长，他是做栽培的，他也是吃苦、认真、负责、肯干。我写了一篇资源调查的回忆录，我也写到了我的这些老师。

我们作为农业科技人员，第一要素是务实，农业你搞虚的不行，以前的科技人员，包括"文革"时期农业学大寨，虽然条件差，大环境也不好，但我们的科技人员都是踏踏实实、兢兢业业的。以前我们的科技人员一把尺子，一杆铅笔做科研，我们一年还发一把锄头，一

1995年王平盛副所长参加"茶与健康"国际学术研讨会

个背篓采茶，但都是踏踏实实的。第二是要深入实际，茶期你不去实地调查，你怎么做资源调查。第三是要认真，一丝不苟，像我们所的王朝纪老师，他做茶树人工杂交，所有杂交都要人工授粉，他就摸索出茶树什么时候授粉最好，结实率最高，那个时候条件差，他就是晚上点着马灯，在茶地里观察茶树花，采集花粉来进行人工授粉。

我希望现在的年轻科技人员还是要向老一辈的同志学习，学习务实认真，一丝不苟的精神。现在的年轻人整天围着电脑，不能说电脑不好，但你不能整天围着电脑。实践出真知，你不实践，怎么出真知，就像你栽棵茶树、茶苗，你从书本上知道怎么栽怎么种，你不去亲自实践，那实际怎么栽怎么种你就不会操作。现在经常提的"工匠精神"，我理解就是实践出来的，不是写写画画出来的。

（访谈录音整理编辑：院历史文化挖掘工作组）

# 王平盛找茶记

## ——云南茶树资源考察与研究的回忆

1969 年，我随着"知识青年上山下乡"的浪潮，来到勐海县勐遮曼桂生产队插队落户。两年的知青生活，使我的身心得到锻炼、充实、提高，为以后的工作、生活、学习打下了坚实的基础。

1971 年我被分配到勐海县茶试站（今云南省农科院茶叶研究所，简称"省茶科所"）工作，并被安排到云南农业大学茶学专业进修深造，回来后一直在省茶科所工作到退休。

30 多年的科研工作，使我从一名普通的技术员成长为享受国务院特殊津贴的茶叶专家。这一切都离不开领导的关心、同事的帮助及前辈的指导。至今，我还深深的牢记着与他们一齐共事的岁月，点点滴滴，历历在目，不能忘怀。

20 世纪 70 年代的中国茶叶科技事业，与其他各行各业一样，经历着从"文化大革命"影响中复苏，百废待兴的特殊时期。当时的茶叶界，对茶树原产地争论十分激烈，自 1838 年以来，已经历近百多年的唇枪舌剑，虽然国内外多数专家、学者公认是在中国，但具体定位是在中国的西南，还是西南地区的云南？仍众说纷纭。

进行茶树资源考察是我们多年来的心愿，但因"文革"的影响，一再延误时机。直到 1978 年全国科技大会召开以后，才迎来了科学的春天。时任品种室主任的王海思同志带领我们致力于茶树品种资源的研究。1979 年初，我们达成共识：茶树资源考察不能再等了。时间宝贵，我们必须争分夺秒，边开展工作边申请项目。我们上昆明进北京，四处奔走争取项目，在项目未落实之前，边开展小规模的考察工作。

野外考察，是一项常人难以想象的艰苦工作，跋山涉水、穿林过箐、风餐露宿、蚊虫叮咬、忍饥受冻是家常便饭。

1979 年 9 月，我与王海思、许卫国、马光亮及韩素芳到勐海县巴达乡贺松大黑山原始森林考察野生茶树。到了贺松寨，由于没有住的地方，只能到贺松小学借住。当时学校只有两名年轻的女教师，对我们很热情，但也没有多余的宿舍，只好让我们晚上将学生的课桌拼起来作床铺，早上起来将铺盖卷起留存在教师宿舍，而一名女同事只能与女教师拼个床一起住。

为了上山考察的方便，我们请了一位名叫左梭的当地中年猎手作向导。每天吃好早饭，背上考察工具，带上干粮就出发。一出寨子，顺着很陡的山坡往上爬，又是羊肠小道，坑坑洼洼，稍不注意就会跌跟头，才走了一会，大家就气喘吁吁。这样走走停停，休息了几次才爬到坡顶。山上树木苍天，抬头看不到蓝天。又顺着平路走了一段，大家刚松了一口气，突然前面没有路了。这时只见向导拔出身上的挂刀在前面开路，一边走，一边用刀砍出一条路来，我们才能继续前行。这让我想起鲁迅先生的名言："其实地上本没有路，走的人多了，也便成了路"。就这样，我们在密林中苦苦搜寻了 7 天，终于发现了成片的野生大茶树，其中基部围粗在 1 米以上的大茶树就有几十株。消息报道后，引起了茶学界的空前重视，无数中外专家、学者及茶人纷纷来到勐海，以一睹野生大茶树的风采为快。随后，我们撰写论文，提出了从生存环境等方面综合研究茶树起源演化问题的观点，为推动茶树原产地研究产生了积极的影响。

考察期间，我觉得有一件事很值得一提。一天下午我们考察归来，正在吃晚饭，一位当地村民突然跑来说：村子前面四五公里有一辆解放军同志的小车翻下沟里，有人受伤，请我们赶快去救人。我们听后二话没说就放下手中的碗筷，立即开车前去救人。到了出事地点，伤员已被一辆拖拉机拉走了。我们急追了上去，追到拖拉机以后，我们将伤员抬上我们的车，不顾天黑与道路不平，急速驶向巴达部队驻地，将伤员送到卫生队，经抢救后脱离生命危险。事后，医生说，晚到几分钟伤员的生命就危险了。听了医生的话，我们都松了一口气。当晚，我们的车子又送部队领导到出事地点，这样来回跑了几趟，当我们回到寨子，已经是下半夜了。那天，白天考察及晚上的奔波，我们身体很劳累，但心中却充满了愉快，因为我们做了一件很有意义的事情，抢救了解放军同志的生命，增强了军民团结，再苦再累也值！后来，解放军部队领导还专门写了感谢信送到我们单位，我们也因此得到单位上的表扬。

经过艰苦努力，云南茶树资源考察征集项目终于在 1981 年正式列为农业部重点科技项目，由云南省农业厅、省外贸厅、省农科院共同负责，省茶叶所、中国茶科所及相关地州县农业部门共同组成考察组对全省茶树资源进行考察征集。

1982 年，正是中越边境军事对峙紧张时期，我们在屏边、金平等县考察时，由县上派武装民兵护送，以应对随时遭越军特工袭击的可能。我们冒着生命危险，在中越边境的崇山峻岭中采集了 10 多个茶树资源材料。经后来鉴定，在屏边等 5 个边境县发现了 6 个新种和 1 个变种。

1984 年，我和王海思、许卫国、矣兵、马光亮及中国农科院茶叶研究所的陈炳环老师、虞富莲老师，以及林树琪等人，一起到怒江州贡山独龙族怒族自治县独龙江乡进行茶树种质资源考察。独龙江乡是独龙族的主要聚集地，位于滇西北独龙江大峡谷地区，这里山高陡坡崖峭。乡政府驻地距离县城虽只有 96 公里，但不通公路，只有陡峭的羊肠小道，异常狭窄与危险，出行不便，物资全靠人背马驮。特别是到了冬季，大雪封山，每年约有半年时间与外界断绝来往。因此，独龙族群众的生活必需品必须在大雪封山以前依靠马帮将物资驮运到独龙江乡，否则到了冬季，独龙族群众的生产生活将受到很大的影响。

我们到了贡山县以后，首先到县政府作了汇报，取得县政府的支持。县上领导向我们介绍了独龙江沿途的种种困难，并指示县交通局帮助我们联系了马帮，租借了行李铺盖，筹备了粮食，并到部队购买了压缩饼干。一切准备就绪，当天中午我们就高高兴兴地随着马帮队伍出发了。出发时，天气晴朗，风和日丽，大家都认为是一个好的兆头。行到下午5点左右，马帮队伍就停下休息，大家跟着赶马人一起砍树枝搭窝棚，生火做饭。饭后，大家就早早躺下休息，透过草棚，看着满天的星星一闪一闪的，野营的滋味感觉新奇，一会儿大家渐渐进入了梦乡。不料，一阵阵滴落在脸上的雨水将我们从睡梦中惊醒，下雨了！大家惊叫起来，上半夜还是繁星满天，下半夜突然就下起了瓢泼大雨。雨水透过窝棚上的枝叶将我们的衣服、被子全淋湿了，根本不能再睡，没办法大家只好起床，相互挤在一起，挨到天亮。没想到，这雨一下就不停，我们只好冒雨前行。我与许卫国打前站，一路上无一户人家，到了中午时分，我俩只好找一处可以避雨的地方烧火烧水，以便大家到来后可以烤烤火，喝点热水。中餐大家只能吃点压缩饼干，稍休息片刻便冒雨赶路。前行的道路可真是羊肠小道，对面来个人都必须两人侧身才能通过，而马帮相遇，早早听到马铃声，一方必须先找到较为宽一点的地方，让另一方的马帮走过后才能前行。如一不小心发生冲撞，必定会掉落悬崖，无生还的可能。就这样，我们一路风餐露宿，摸爬滚打冒雨行走了3天，终于才到了独龙江乡政府驻地孔当村。这一路的艰辛是我们从来未遇到过的，令我终生难忘。这样真实的困难和危险故事在我们资源考察过程中时有发生，不胜枚举，但我们凭着一颗革命工作的热情心，以苦作乐，与艰苦抗争，终于取得了丰硕的成果。

从1980年至1984年的5年间，我们考察组沿着怒江、澜沧江、元江、金沙江的流向，走遍了高黎贡山、无量山，哀牢山、乌蒙山，行程 51,900 公里，考察了云南省 15 个地州 61 个县（市），181 个乡镇 486 个点，征集茶树资源材料 410 份，种子 355 份，采制蜡叶标本 4000 多个。考察结果令人振奋！我们通过考察发现茶树植物 17 个新种、1 个新变种，发掘了 26 个地方群体品种、110 个优良单株。我们用铁的事实做出了响亮的回答："世界茶树原产地，在中国云南！"为此，云南茶树资源考察征集获得 1987 年农牧渔业部科技进步二等奖。

20 世纪 90 年代以来，我带领一批年轻的科技人员继续开展或参与茶树资源补充征集及古茶树资源调查工作，足迹遍及西双版纳、普洱、临沧、保山、德宏、大理、红河、文山等等茶区，摸清了云南茶树资源的家底，发现了一批品质优异的珍稀资源。至此，全世界发现的茶组植物有 47 个种，中国占 39 个，其中云南占 33 个，在 33 个茶种中，有 25 个为云南独有。

茶树资源考察不仅仅是摸清家底，同样重要的是收集保存、深入研究利用。1983 年，在省科委的支持下，我们与考察工作同步，在省茶科所内建立了占地 30 亩、全国最大的国家级茶树种质资源圃，保存野生型、栽培型茶树及山茶科近缘植物活体材料 607 份，并加强管理，使之生长旺盛、妥善保存，也挽救了一批濒临灭绝的茶树资源。1990年经农业部验收后正式挂牌"国家种质勐海茶树分圃"，2012年升级为"国家大叶种茶树资源圃（勐海）"。至2016年，资源圃已保存各种珍稀茶树资源材料2000余份。

由于在资源考察过程中打下了坚实的基础，取得了大量珍贵的一手资料，使我在后来多年从事资源研究的过程中受益匪浅。从"六五"至"十五"的20多年里，我先后主持、参加的课题有"茶树种质资源农艺性状、加工品质、抗寒、抗病虫、化学成分鉴定"（农牧渔业部项目）、"云南茶种质资源收集保存和鉴定评价研究"（国家八五攻关课题）、"茶树优良种质资源评价与利用研究"（国家九五攻关项目子专题）、"茶树种质资源收集、整理和保存"（科技部科技基础性工作专项资金项目）、"云南大叶茶优异资源机能性物质研究"（省基金课题）等十多个，带领科技人员对部分资源材料进行了农艺、加工、化学、细胞学、酶学、抗性学等多学科的综合研究，筛选出一批综合性状优异的资源材料，发掘和提高云南茶树资源的利用价值，为科研、生产提供了丰富的优质材料，促进资源优势向经济优势的转化。这些优质资源材料在生产上推广应用，取得了较大的经济效益和社会效益。为此，我先后获得国家级、省部级科技进步奖7项，其中"茶树优质资源的系统鉴定与综合评价"1993年获国家科技进步二等奖，"云南茶树优质良种选育、有机茶生产及名优茶创新研究"2008年获云南省科技进步一等奖。另外，茶树种质资源"86-9-12"和"86-12-7"2001年被农业部评为农作物优异种质二级。

回想自己30多年来亲身经历的茶树资源考察与研究工作，虽然有无数的艰难困苦，但也有许多收获与成功的喜悦。现在，我虽然退休了，但为了云南茶叶科技事业的进步，为了云南茶叶产业的发展，我愿意奉献余热，做一些力所能及的工作。

（供稿：王平盛）

# 还是发展解决了问题

## ——吴正焜访谈录

## 与甘蔗所结缘

我老家是建水人，中学是在建水二中度过的。1965年，我到蚕桑所云南省半农半读中等蚕桑专科学校，当时这个学校是文革期间省农业厅在蒙自草坝办的一个蚕桑学校，属于半农半读学校，也就是一边读书一边务农（实践），总的两个班学生，一班就是胡保明那个班，另外一个就是我们这个班；当时农业厅办的属于他们管理，因为人数多无法全部安排在蚕蜂所工作，另外一个原因是因为还有一些历史遗留问题，就分配了20人到甘蔗所，我就是其中之一。

我是1970年12月1日来到甘蔗所的，那个时候甘蔗所还属于农业厅管理，当时是叫木棉试验站，也是农业厅设立的，当地的农民称我们单位为"农场"，现在周围的农民上年纪一些的也还叫我们单位为"农场"。那真是相当偏僻、荒凉，房子都是20世纪五六十年代的，都是些烂房子，简单的砖混房。从参加工作一直到80年代的时候，没有什么工人、干部之分，全部都干体力劳动，全都下地干活，栽甘蔗、栽包谷、栽水稻，天天都出工收工，跟农民一样，没机械，后来有了唯一一台拖拉机——第一代东方红拖拉机，再后来有台轮式拖拉机，逐步地添加了其他的拖拉机，当时进出的交通工具就是那台轮式拖拉机。周围的人根本就认为我们是农民，1976年农业学大寨，我被抽调到工作组工作了一年，之后就在食堂做管理工作。1977~1978年就刚好遇到招第一批文革后的新工人，即知识青年，我负责去招工，招了一二十人，一个人都不愿意来甘蔗所，一没名气、二没收入、三没地位，人家说那个是苦窝窝，名声相当不好。

要说苦，当时年轻，也没觉得有多苦，但是确实还是很辛苦很累，例如砍甘蔗是要定任务的，一个人一天砍800公斤甘蔗，还要负责削好、捆好，扛到路边。另外，到了收获的季节，如果是糖厂有车来装甘蔗，不管什么时候，白天晚上，吃饭时候，只要广播一响，就要赶紧装车去，年轻时也没觉得多辛苦。

当时，我们的新技术和新品种，到甘蔗收获的季节，就有附近的单位联系，需要甘蔗种的，就自己带着人来自己砍种，不需要钱。吃的米也是自己带自己负责，没什么招待的东西。到80年代时，文山

有个监狱带着犯人来我们所调（砍）甘蔗种，那些监狱管教看看我们当时的情况，说我们单位的环境、住宿、条件还不如他们犯人的，干的活比劳改犯还苦。你想象一下，20世纪80年代有多辛苦，有多差、有多落后，当时来的时候工资26块钱，买个手表都是一伙人约着凑钱买，当时想着的是以后的工资能拿到五六十元就顶天了，现在你看看，差不多都五六千了。

## 还是发展解决了问题

当时的国情，大环境氛围，直到20世纪90年代初期，我们所还基本处在一个落后，封闭式的单位。当然也跟计划经济时代分不开，几乎没什么大的改观，处于一种我干我的，平平安安地过完就行的时候。

真正变化大的是从范源洪担任所领导以后（大概20世纪90年代接任副所长，两千零几年左右接任所长），从封闭到逐步地开放，这是个很大的改变，加上基础设施的改变，当然也遇到国家有好的政策，那个时候有些项目也开始有了，原来在院里申请到一个两三万的课题是件很大的事情，当时能够跟院里申请到一个三万元的课题都干得很开心；另一个也是刚好遇到好的时机，申请到几个规模稍微大的项目，加上大家团结拼搏，艰苦奋斗，当然这个也是个观念的改变，

甘蔗所历史的见证者

不管是基本建设也好，国家种质资源圃也好，也可以算是甘蔗所的一个小里程碑；后来，到张跃彬来接手的时候，又继续发扬了我们所的艰苦奋斗精神，靠着国家越来越好的政策，又争取到好些项目，使我们所发展到现在，还是发展解决了问题。

## 寄语年轻科技人员

过去的科技人员几乎都是在地里，地里调查什么的都是自己亲自下去看。现在的科技人员都是坐在电脑边上，下地是请临工，调查株高、茎径、锤度，科技人员就拿着本子记数据，你不亲自去观察，不亲自去查看，剩下的只是干瘪的报告。所以说现在的科技人员，先进的东西要肯定，也要利用，但是最缺乏的就是像番兴明那种实干、亲自动手、深入实践的精神，特别是选种，不能光看电脑上的数据，不亲自去观察、不亲自去看就不能选出好的品种，希望年轻人压缩一下对着电脑的时间，多亲自下去地里，多去实践。

（访谈录音整理编辑：院历史文化挖掘工作组）

# 农科人应该有实干精神

## ——吴方格先生访谈录

问：吴老先生是哪里人？今年多大年龄？什么时候到蚕蜂所里的？什么时候退休的？

答：我是玉溪易门人，今年90岁。1949年云南大学农学院蚕桑专修科毕业，毕业的时候草坝蚕业公司到学校招人，于是我被分配到草坝蚕业公司工作。当时学蚕桑的同学有4人，其中1人在农业厅工作，另外1人在楚雄工作。我是1990年退休，退休后又继续带了一下后任所长胡保明，到1991年2月11日正式退休。

问：请吴老先生跟我们讲讲草坝蚕业公司的来历？为什么蚕业公司会建设在草坝？

答：草坝蚕业公司成立于建国以前，以前是以栽桑、养蚕、制种为主，制的种卖到江苏、浙江一带。当时云南省开蒙农垦局杨文波在草坝搞开荒工作，后来成立的蚕业公司。

问：老先生，您1949年就到蚕业公司，比较早，当时蚕业公司是什么模样？蚕业公司有多少职工？

答：当时草坝人烟稀少，到处是荒山荒地。我报到时坐滇越铁路小火车来到草坝报到的，中华人民共和国成立前只有我 1 个人来报到，中华人民共和国成立后来了 2 个，当时蚕业公司干部有 20~30 人，其他的是临时工。解放后叫草坝蚕种制造场，由西南蚕丝公司领导，1976 年省农科院成立，划归省农科院领导。

问：您到草坝蚕业公司的时候有几个大学生，您是不是第一个到的大学生？

答：我到草坝蚕业公司时有 4 个大学生、老前辈。

问：我们没听说过哪个时期的场景，哪个时期有多艰苦呢？

答：现在的蚕室就是办公室，没有办公楼，办公楼是后来建的。

问：您是大学毕业生，需不需要干农活，有没有觉得很辛苦？

答：我们要干农活，跟工人一起栽桑养蚕，我工作是领组养蚕，带领工人干。我们男同志养蚕也不算太苦。

问：当时养蚕一天喂几次叶子？制出来的茧是怎么处理？

答：开始的时候每天喂 12 次，2 小时喂一次，后来改进了每天喂 3 至 4 次。制出来的茧是自己加工成丝绵。

问：当时您是老牌大学生，到草坝蚕业公司这么艰苦的地方，跟想象中的差距大吗？

答：当时非常艰苦，栽桑养蚕采桑叶请临时工干，蚕种生产很少，是技术工人和老工人干。

问：所里的招待室是以前的办公室，老楼有没有什么故事？

答：那三幢洋楼叫公馆，杨公馆、何公馆，都是当时蚕业公司负责人的。

问：当时那三幢房子为什么要盖成洋楼？

答：那是当时杨文波在时盖的。在当时条件比较好，在附近很闻名的。

问：刚开始工作，有没有什么记忆深刻的故事？

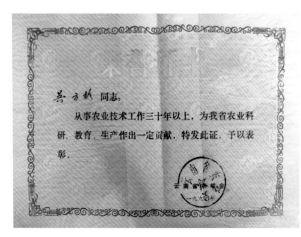

答：当时养蚕是招女工干，从蒙自、建水招的15、16岁的小姑娘来养蚕，然后由技术干部带组管理技术，领头养。

问：您参加工作后有没有敬重的人？您从他身上学习哪些东西？

答：当时有一个四川老工人欧仁章，是我的师傅，栽桑养蚕嫁接都是他教的，手把手地教我，从他身上学到了好多的东西。

问：您参加工作后有没有记忆深刻的几件事，涉及所发展或变迁过程的事？

答：草坝制种场划归云南省农科院管后，叫蚕桑研究所，在培训各州县技术干部、蚕桑方面的人才做了很多工作，以前生产的蚕种卖到四川、江浙，影响比较大，名气也很大。

问：我看你写着三个字程侃声，当时程侃声是农科院老院长，你为什么会写这几个字在这里？

答：我到农科院的时候他已经比较老了，已经七八十岁了还在田间工作，是个实干家，是著名的水稻专家，对云南粮食作物影响比较大。在做学问和做人方面都是我比较敬佩的一个人。

问：您认为农科人应该有什么精神、品质？

答：我觉得农科人应该和群众联系在一起，要有较强的实干精神。

问：您对现在年轻人有什么希望建议？

答：我希望他们能继承老农科人、老专家的那些精神，能与农民联系在一起，苦干实干，把生产搞好。

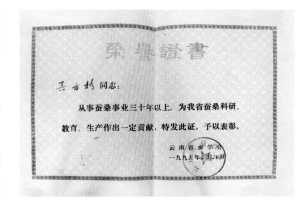

（访谈录音整理编辑：院历史文化挖掘工作组）

# 要跟党中央保持高度一致

## ——王虎治访谈录

## 早年参加革命

抗战时期，大概时间在 1942 年，那时候我才有 20 岁，当时在我美丽的家乡太岳中间有一个地方是长治地区，我的家乡就是山西省长治县。当时我们那个地方有游击队，叫长治独立团，从那里我就开始参加革命。20 岁参军，我是抗战后期参加革命，大概是 1944 年，当时日本人还没投降，那时候参加打游击，后长治独立团合编为 13 军，我参加的独立团后来就变成第四兵团 13 军 74 师 22 团，参加了保卫延安战役，就在我们太岳军分区。后来我又跟随着陈赓将军参加了解放大西南的进军，从山西一路来到云南，从河南、江西、湖南、广西就一直打到云南，我最后打到云南的建水县，就驻扎在建水县。

我原先在团部工作，最后到建水县就停下来了，几天以后 13 军就调回昆明，回昆明以后就搞城防部队，团部在圆通山。当年，大概是 1951 年的下半年，我就从部队下地方支援地方建设。我们下地方的一共大概有 3000 多人，从昆明出来以后又回到开远，我们这部分就分往云南文山地区，我们一起下去以后又分到县上，有部分在县上工作，部分在区上工作，我下地方以后，就分在广南县那洒区当区委书记。

## 来到甘蔗所

后来抗美援朝开始，我们去的这些同志大部分又征召回部队，包括我在内，之后又调回马关县到县委工作，又从马关调回文山工作，在文山财政局党组工作，后来又调到文山农垦分局，在文山工作了几年，那时候有几个农场搞香蕉、橡胶。我在农垦工作过一段时间，有一次到湖南开全国油茶现场会，就碰见了云南省农科院的马明礼副院长，我们两人就熟悉了。大概是在"文革"后期，后来我就不想在文山工作了，工作时间长了想变一变（工作）地区，最好换到个研究院，就考虑到省农科院干工作。

后来在西双版纳开会，会议上我和马副院长就商量好了，说我调

到省农科院搞点什么，他也表示同意，后来到省农科院，他就找我商量，叫我到甘蔗所来，结果就是到了省农科院以后就又把我调过来到甘蔗所。他的意思就是叫我来这边就好好主持，把甘蔗研究抓起来，好好搞好，我就从头开始。后来，全国甘蔗的科研会议在浙江义乌召开，我开完会议以后我就来到甘蔗所，就一直在甘蔗所干到离休，大概是在 1984、1985 年退下来的。

我在部队里面是搞政治工作的，任指导员，在团里政治处搞这些工作，然后又从部队下到地方，我一直是搞党务工作，包括来到甘蔗所也是做党务工作。初来到甘蔗所，环境是相当

王虎治所长率甘蔗所科技人员参加学术会议

的差，那个面貌现在看不见了，环境还不一定比得上农村，还没有农场好。住的房子都是小平房，都是单人间，一格一格的，没有楼房，有点小土路，公路都好像很不见，像农村盖房前的那种路，草坪路，试验地和后面农村的土地一样，没什么样子，七拐八拐的有几块。虽然当时已经叫甘蔗研究所了，但由于领导的流动也比较大，实际上也没有搞什么研究，没搞什么名堂，跟现在就是天地之别，吃的、住的、办公的、地里的地块也好，地块里的各种东西也好，大不一样，那时候哪像什么甘蔗所，像什么研究所，根本就农村都不如。

## 听党话跟党走

后来靠党的领导，在党的领导下培养了大批的科技人员，这些科技人员现在下到基层发挥了他们的技术优势，才有了现在的品种、土

地规划、甘蔗栽培这套技术，才会有甘蔗所现在的环境。

一个人干工作，不管省农科院的、甘蔗所的也好，应该有点精神，就是跟党中央保持高度一致，听党话，跟党走。甘蔗所现在也好，将来也好，作为年轻人，包括你们后来的这些，现在有了基础，包括领导、职工，都有信心想搞好甘蔗所，因为这个地方事业有前途。现在生活环境，住宿条件各方面都好，在这个大前提下要安心本职工作，做好手上的工作。所长书记都是我看着长大的，长身体、长知识、还长了自己的工作职务，以前叫科技员，现在叫研究员，包括张跃彬、郭家文这些都是我亲眼看着从大学生分来，一步一步逐渐成长起来的，成为领导的，甘蔗所的事业也成长，党的事业也成长，国家也发展了。

（访谈录音整理编辑：院历史文化挖掘工作组）

# 养蚕人生

## ——沈正伦访谈录

### 为了早些参加工作

我是建水人，今年已经69岁快70岁了。我初中是在建水一中读的，当时建水一中就属于红河州一流中学了，师资比较强，我的班主任老师是清华大学毕业生，他教我们数学，但他的外语比外语任课老师还厉害。

1965年，我从建水一中初中毕业后，学校要求我们填志愿的时候第一志愿填高中，第二志愿填蒙自师范，但我因为家庭困难，兄弟姐妹多，母亲没工作，所以想提前工作为家里分担点责任。于是填了技校、中专，后来被草坝蚕桑学校录取了，属于半工半读的。当时云南为了大力发展蚕桑产业，农业厅委托草坝蚕种场办了蚕桑学校。来到学校后，因为蚕桑学校有一些田地，我们在课余时间外，还要干一些栽秧、收割等等农活，学制三年制，到草坝就读的时候，教室是临时盖的房子，宿舍是以前牛棚改造的，中间隔开大通铺做集体宿舍，跟建水一中相比真是天壤之别，但是因为家庭关系，只能提前参加工作。1966年"文革"开始，中途停了一段时间，我们要求复课，后来复课了，因为"文革"，我们到1969年才毕业，毕业后留在蚕种场了。

# 那时的蚕桑所

当时单位名字不叫蚕蜂所，叫云南省农业厅草坝蚕种场。工作后分到了最基层，蚕种场栽桑1组，人员差不多有16人左右，干的工作是采桑叶、犁地、除草。当时1800多亩桑园，分4个组管理，每个组管400多亩。当时也没有机械，地全靠牛犁人挖的，所以我们男工主要还是犁地，工作还是比较艰苦。

说到这个犁地，因为当时耕牛有几十头，都是由一个部门统一负责管理，我们这些才新参加工作，是没资格分到好牛的，分到的耕牛都是些驯化不好的，脾气怪的，非常难用。学校毕业后也没用过耕牛，不会怎么使用。有一次我去耙田（当时所里种了几百亩水稻），因为牛脾气怪，拼命跑，在田里跑了几圈，又从这块田跑到那块田，缰绳两只手拉都拉不住，幸亏我看情况不对就跳开了，刚跳开，犁耙就顶到田埂上顶翻了，要不我当场就会被耙打倒了。当时旁边有个职工叫赵宝宽看到了，他说幸亏你跳出来了，要不你完蛋了，要被耙了。

干活的时候倒没觉得怎么样，回去睡在床上的时候想想，想着工作、劳动这么苦，就会掉眼泪。虽然掉眼泪，但是从来都没有后悔过，这是我自己的选择，因为家里比较困难，想提前工作为家里分担一下困难。当时工资也低，一个月才26元，"文革"期间中断学习的时候，因为困难，还去"文革"接待站借了60多块钱。工作的时候账单寄到所里面，每个月扣5元，扣了一年多，才把这点钱还清。另外每个月寄10元回去家里帮补家庭，当时我自己每个月的生活费基本就是8元到9元左右，基本能维持生活。

## 我的科研之路

我在栽桑1组干了两年后，因为所里的事情比较多，缺少年轻人，就把我和潘绍良抽到政工组工作。工作一段时间后，接触的人和事情较多，感觉自己文化不够，觉得有机会还是要再学习深造一下。到1972年，我被调到生产科，负责日常生产管理，整个科室只有我一个年轻人，主要工作是协助领导做一些管理生产的工作。单位也比较重视年轻人发展，当时苏州大学办蚕种高级进修班的时候，就推荐我去

进修了一年，回来继续参加蚕种生产上的日常管理。

过了两年，农业厅联系了西南农大办成人教育，主要针对"文革"中断学习的那批人，云南省推荐45人，录取15个名额，省农科

院分到1个名额，院就推荐我去，我因为刚刚才学习回来，时间不长，另外一个我自信心也不足，担心考不好丢院里的脸，就推辞了。当时院党委书记王寿南找我做工作，我向王书记说了我的顾虑，向王书记推辞了，王书记说不行，坚持叫我去参加，说这是院里面定的，你不仅要去考，而且还要考好，作为一个任务去参加、去完成。后来，在40多天里我一边工作一边复习，经过努力，最后还是考上了。

我非常敬重江靖老师。江靖是我们在蚕桑学校的老师。他是西南农业大学蚕桑系毕业，分在四川蚕科所工作，然后为了支援云南蚕桑的发展，由四川调了100人来云南，100人中有一部分技术干部，多数是技术工人。江老师从四川调到云南后，被分配到蚕种场，因为蚕种场办了蚕桑学校，他就安排到蚕桑学校教学。同时，我也非常敬重杨秀华老师，因为跟这些老师的经常接触，在他们的言传身教下，我在他们身上学到了工作踏实、跟工人同甘共苦、任何事情都亲力亲为、带头以身作则的工作原则，受他们的影响，后来我主持课题的时候，我也亲力亲为，什么工作和事情我在条件允许的情况下，我都会亲自去做。因为亲自去做的，得到的结果和感受不一样，我到写文章引用阐述的时候底气十足。

# 寄语年青农科人

　　我认为我们农科人最基础的是要踏实、勤奋、多实践。对现在年轻人及一些正在承担科研项目的年轻人，希望他们不要过分依赖电脑，要多实践，像有些实验一次不清楚要多做，存在疑问，要反复验证多次求证。因为查的资料都是别人做出来的，你自己没有去进行实践进行论证，不是自己的东西，你说话都不硬气。实验结果要自己验证才真实，靠电脑来搞品种选育工作是不行的，一定要自己实践。

　　　　　　　　（访谈录音整理编辑：院历史文化挖掘工作组）

# 国内第一家研究咖啡的单位

## ——革家云访谈录

问：您哪年出生的？老家是哪里的？退休多少年了？

答：我是 1930 年的出生的，快 88 岁了。老家是龙陵的，我 1985 年退休的，已经三十多年了。我退休的时候已经叫热经所了，1980 年改过来的。1980 年以前是叫棉科所（棉花科学研究所），1980 年以后云南不种棉花，就改成热带亚热带经济作物研究所。

问：您哪年到棉站的？怎么会来站上的？

答：我是 1954 年来的，我来就在潞江坝。我是家庭贫困，从小就没有父母，4 岁没有父亲，8 岁没有母亲，兄弟姐妹也没有，跟着叔叔长大。1953 年从家里出来是在龙陵县医院当护工，后来医院又不需要人，当时棉站需要个医生，去龙陵县医院去要人，我就跟着医生来这里，当时是叫棉站，来到这里以后因为单位人少，只要一个医生，我也没学过些什么，只是见过些，在医院做过些杂工，医生就把我的家庭情况、出身跟单位介绍了下，因为当时也无所谓招不招工，只要人来就行，我就留下搞农业，不搞医学这块。来了以后最先我是当一般的工人，后来单位慢慢成立了植保组、选种组、栽培组这些，我就分在植保组搞植保，就一直搞植保。

问：您 1954 年到站上的时候潞江坝是个什么样子？

答：我们去的时候已经开发一些了，我们这个单位是一开始是在施甸，因为施甸的温度不够，种植棉花不适当；又搬去芒市三棵树，那个时候人也少，七八个人，找了几匹毛驴就全部迁过来了。在了一年多又才搬来潞江坝，来的时候是荒草野坝，那时候卫生各方面都差，住的都是搭小草棚，开荒。

问：您从龙陵来到当时棉站的时候，棉站是个什么样？

答：那时候有 4 栋小洋平房，用瓦盖的瓦片房，在以前说是洋平房，有两小排，是住宿的地方，后来又请人盖间草房做办公室，以前盖都是平房，没有楼房，住的不存在分，当时干部少，我们所就只有 4 个技术干部，4 个大学生。他们的待遇要比工人的好点，但是住的都是几个一大间，四五个、五六个一间，成家的是又盖茅草房，一家一小格的样子，大约七八平。吃饭是在伙食堂，有专门煮饭的炊事员，按人头交生活费，我们当时是一个月 3 块 5 的伙食费，当时工资是老的工人还当临工的时候只是十七八块左右，我们拿过二十多块，当时没什么编制这种说法，是后来才有的。当时，菜是由菜园组种的，不够再买一部分。

问：您当时在植保组主要是做什么工作？

答：那时候种着棉花，工作就是查虫，就是作物上的虫，查了以后虫量达到多少要通知打药，那时候是太艰苦，打药水是用一只桶，

喷雾器插在桶上，一个在后面加压，一个在前面喷，后来改进以后把喷雾器绑在桶上，两个人抬着，一人在后面加压，一人在前面喷，种棉花是从出苗到棉花收起，可以说是天天都要打药，云南不种棉花是气候太温暖了，病虫害太严重，所以中央决定从 1980 年起云南不种棉花，我们才转成现在的热经所。当时，好多人都苦不起，跑了好多人。当时洗澡什么的，都是直接找个水塘下去洗，或者在怒江里面洗。

问：吃水怎么解决？当时生病怎么办？

答：以前是有间厨房，就在门口挖个井，沟里淌来的水，过滤下就吃了，不存在消毒；生病的话就去医务室打打针，病重点的就送去保山，当时站上没有车，就在大门口挡车，后来才有车子的，先有拖拉机，后来慢慢的才有张吉普车。

问：逢年过节怎么样？

答：以前过年时放 3 天假，还要打扫卫生，开开会，以前哪能像现在晚上不开会。以前是天天晚上要开会，最早时候是没有娃娃，后来成家结婚有娃娃的就背着娃娃去开会，拖着蓑衣去，娃娃就睡在一边，有的领导也倒是讲到九点、十点多，有的领导要讲到深更半夜。

过年鞭炮都没有，最早只是单位养猪过年集体吃个团圆饭，后来才开始分点肉给职工。

问：想跟您求证两个事情：一是当时的棉站是整个潞江坝区域第一家党组织？二是建国以后我们作为棉站也好，热经所也好，是不是全国第一家开展咖啡研究的科研机构？

答：对！是建国以后（潞江坝区域），我们单位成立党组织就是第一家党组织，我们有个党小组，我是第一批党员。当时，周边糖厂、农庄、农场都还没有建立党组织

当时最早筹建棉站的张意，在芒市一家摆依（傣族）家见到棵咖啡树，在三棵树还育了一批咖啡苗，我们是全国第一家开展咖啡研究的机构，海南热科院是1957 年以后才开始开展咖啡研究的。

问：在这些过程当中，您遇到最难的事情是什么？

答：也没觉得什么最困难，我们从家门出来进到国家单位，就觉得是最幸福的事情，工作再艰苦再困难就感觉不到困难了。

问：干了一辈子您觉得收获最大的是什么？

答：我从一个字不识，没有读过书，经过党的培养、单位的关心，到现在我能够评上中级职称，这是我最大的荣誉，我来单位的时候一个字不认识，自己的名字都不会写，就边工作边学习，晚上人家睡我不睡，学到十二点，早上人家不起床我就起来，自己学，到后来工作的时候简单的工作总结自己能写，实践也能干，总结也能写。

问：您工作了一辈子，在这个过程中有没有遇到好的老师，有什么值得您学习的地方？

答：有的！像我们的马书记，他是个大学生，他的苦干精神，在他身上学到了踏踏实实干，别的想法没有，做什么不管，单位上，领导分配的就踏踏实实地干，不讲究什么。就像1970年我从单位抽去昌宁驻点，协助农村种植棉花，在昌宁柯街我待了10年，在大队上，一小间房子，早上农民老大哥出工的时候，我们也要跟着出工。跟着大队吃饭，我们刮锅巴吃是常有的事。我开始去驻点的时候，他们棉花亩产才14斤，我去后，用良种把他们的种子换了，然后教他们怎么种，把产量提到了100多斤。我的两个女儿都是跟着我在那边（昌宁柯街驻点）上了初中、高中。

问：以前潞江坝大概存在过农场、农庄、糖厂、棉站，怎么我们（老棉站）当时会被瞧不起的？

答：棉站是最先建立的，以后才有糖厂，最早是老糖厂，后来才是我们前面的东风糖厂，农场也是在我们后来建立起来的，农庄就是农村剩余的农户移过去组成的，管理机构是当地政府，应该是有管委会。农庄的是农民，糖厂的是工人，农场就是退伍军人，退伍后去开发潞江坝，身份也是工人，他们不是事业单位，是自苦自吃，我们是属于事业单位，国家发工资，实行差额。我们在潞江坝是比较好的，但是棉站是搞农业的，农作物要挖地，要打药，要管理，天气热，男的女的都穿着半截裤干活，穿长的受不了；他们是搞工业的，当时是工人老大哥，我们以前也没有沐浴室，糖厂的榨糖，淌出的热水还能洗下澡，所以还看不起我们，但是现在他们又羡慕我们，羡慕我们工资高。

问：您希望现在的年轻人有什么发展？

答：现在的时代各方面都不同，我们以前是干部也好，领导也好，工人也好，比如说田间需要管理的，干部科技人员是陪着工人，中耕除草，整什么都陪着去，整理资料就是晚上去办公室里弄，白天当然也可以弄，譬如写总结之类的，但是大多数时候是陪着去的，在地里也分不清谁是工人，谁是干部，锄头工具每人都有一套，自己要动手去挖。

（访谈录音整理编辑：院历史文化挖掘工作组）

# 孜孜不倦地追求

## ——张为林访谈录

## 从金平到开远

我老家是弥勒竹园的，我是在昆明上学后，1968年年底毕业直接分配到了金平。报到的时间应该是1969年1月，在五七干校工作了一段时间。当时分配来的大中专院校毕业生，都是分配到县五七干校，县委、政府、人大、政协几套机关都在五七干校，在了三年五七干校，最后干部都走完了，我们就归队了，那个时候叫归队，就归到了县农技站。

1973年，全省四级科技网建立，县这一级就把农技站改为农科所，会议是在大理下关召开，我去参加了会议，回来以后就安排负责农科所，就任所长。到1979年2月自卫反击战开始，当时分区司令员就去大礼堂作报告：四十岁以下的人员一步也不能离开红河，参加自卫反击战，能做担架队的就做担架队，能做后勤的就做后勤，能挖烈士坑的就挖烈士坑（可理解为就地支前）。我们单位当时四十五岁以上基本转移到泸西，当时的农业局就剩下我们这些年轻的，差不多就是二三十岁左右的，整个农业局的这些年轻人，基本就是我负责组织白天到山上挖烈士坑，男同志一天挖两个，女同志一天挖一个，按人头有任务指标，完不成任务后果很严重，晚上的时间就到粮食局加工炒面，女同志还分装一些腌菜，支援前线，有的还负责烧开水，当时的部队相当多，我们这里山大、交通还闭塞，东西还不一定能运上去，这种情况从1979年的2月持续到4月结束。自卫反击结束了一段时间后，我就收到调令，我因为夫妻两地分居，自卫反击战前我就写申请调动工作了，申请通过的时间也比较短，据组织部的说本来反击战之前就准备下通知的了，但是因为这个自卫反击战到8月才下的调令。

## 来到甘蔗所

我是1979年调入甘蔗所工作。我调入到甘蔗所是因为夫妻两地分居，我爱人当时在甘蔗试验站工作，也就是现在的甘蔗所前身。1979年之前的情况听说一些，原来甘蔗所建所是1956年9月，隶属于国家轻工部的开远甘蔗试验站，这个试验站实际上是由三个单位合并：建水曲江棉作站、开远木棉试验站、开远农场合并的。建立在开远主要是考虑交通方便，气候比较合适，主要是搞木棉，以后逐步转为甘蔗的选种、栽培、植物保护等。实际中间的隶属关系几经变更，起初是由省农业厅主管，后期划到红河州农林局主管，之后农业厅又收回管理了一段时间。1976年云南省农科院成立后科研单位归类，就划

归农科院管理，之后就一直属于省农科院管理，原来的试验站名称就改为云南省农科院甘蔗研究所。

正式调到省甘蔗所之前，也因为各种出差、探亲每年都要来几次。到 1979 年我调来的时候，甘蔗所的环境还是相当差，就是有点土基房，几栋矮房子。办公楼是个两层的房子，还是建所 50 年代盖的，烂兮兮的，修过几次的。职工住宿环境也是差得很，就像我们夫妻两个，加一个娃娃住的就是一个 11 平方左右的房子，三个人一张床，一张桌子，吃饭是所里办的食堂，后期慢慢的调整，就多得一间，两个房间也就是二十多个平方的土基房，防个老鼠都防不住，堵了这边那边通，下雨也是漏得不得了，年年都要补漏，当时热天也没什么空调之类的，那时候没这个经济条件，所以来的时候有点小瓦房就是洗澡间（在水塘边过去点），职工砍甘蔗之后就来这边洗个冷水澡，冲个凉，就只有这个条件。

有个小故事，是职工住宿问题，晚上睡觉的时候都有人来敲门："漏雨了，书记，帮我们看看去"，最根本的要解决职工住房问题，后

1985 年"五一"职工花样比赛

来因为这个吴凡，当时的院计财处处长，我们是在党校就认识的，就找他聊了几次，请了原来的省计委投资委员会的穆处长来到甘蔗所，看办公环境，看老专家和职工住宿的情况。后来，在穆处长的积极促成下，最后省计委在 1980 年代投资了 380 万，然后把老的综合楼，8 栋职工宿舍也就是福利房，由省建四公司承建，用了几年，在省计委、省农科院的支持下把职工的住房问题解决了，这个时候心就落了，后来条件更好了，也就有基础换到更好的住房。

# 那些年的科研工作

我进来的时候还是搞科研，1979~1983 年在栽培研究室搞了 5 年的科研，和侯良宪他们一起，因为本身也是学专业的。那个时候的科研条件相当差，一把尺子，一个卡尺，就搞科研了，最多就是还有一个皮尺，一个锤度计。像我们搞一些光合作用的测定什么的，到广州华南大学（以前叫华南农学院）去学了一段时间，回来以后这样、那样的条件都没有，一般的光合作用测定我们这里基本可以做，微量的就不行，要到中国科学院昆明植物所这些地方才能做，后期才能到院里生物所做。后来慢慢地好起来，当然现在条件好，搞什么测定都可以。

当时的科技人员也是要干活的，那个时候调查、安排实验，从划线、怎么栽、种苗怎么摆一直都是我们带着干，没什么干部工人之分。我们不是说去当指挥，是要教要干，甘蔗怎么摆、土埋多深、覆

多少土、地膜怎么覆盖都是手把手地要教技术工人。薄膜在甘蔗上的应用就是从这里发起的，最早就是在我们这里弄的，全省特别是甘蔗上的首先由我们这个栽培室一起弄起来的，包括对宿根蔗、新植蔗上怎么使用这些从这里开始的，我们逐步摸索出一套规范的，然后培训，培训全省的甘蔗主产区的技术人员，都在这里培训，培训过几期。

从原来的在资源利用这块也是花了好几年的时间，一个是收集、另外一个把收集来的怎么保存好、能够利用，这个难度是相当大的。因为要选育出一个甘蔗良种一般要 10 年左右的时间，特别野生资源进行远缘杂交，经过各个系谱要的时间更长，直到现在，可能才有一些有苗头材料。但是说客观一点，从全省来说，我们现在能够一个推广上百万亩我们自己育成的一个良种，很多都是外面引进的，自主选育难度很大，周期很长。从 20 世纪 90 年代后期开始国际合作，就是为了共同研究选育更高糖，更优质的、高产的良种。

到了 1984 年全国性的机构改革，当时是老同志要让出位置来，提拔年轻干部，也就是"四有"干部，就把我推到领导岗位，老同志基本留着个别的，其余的基本上就是一起上，我是负责当时党支部，先任副书记，后来就任书记，先后与段昌坪和范源洪两位搭班子，直到 2004 年退休。

## 回忆扶贫工作

除了自己的科研以外，扶贫我也跑了好几个地方。原来的怒江、泸水、孟连等这些地方也去了。从 1995 年，原来规定是 5 年扶贫工作，省里分着任务的，作为科研干部来讲，说实在的扶贫没什么成果，对职称是有影响的，基本没人愿意去，但是作为一个省里下达的任务，另一个为了边疆少数民族的能够摆脱贫困，也是我们应尽的责任，所以当时就说让我去，我点当时植保室黄应昆的将，另外一个已

故老同志朱学贵，我带队我们三个去。我们就负责发展当地的甘蔗，到孟连后，经过调研发现，甘蔗种植面积不小，但是单产太低，建一个糖厂两条生产线，原料只有10多万吨，吃不饱不够榨；孟连方面也希望能够提高单产，让糖厂能够吃饱，希望能够把产量提高到25万吨。我说这个问题不大，只要你们有这个决心，糖厂配合好，一个是从品种入手，然后就是栽培上，改善栽培方式，水肥保足，采取以点带面，做好一点然后带动其他的附近的。在孟连计划是5年的工作，后来实际是3年就完成了。首先是抓良种，然后是抓技术，另一个是抓培训，第二年样子就做出来，第三年良种大量的从所里调运，最后这个地区的样板会都在那边开，由原来的10多万吨到第三年就突破30万吨，几千万的效益就出来了，我们的任务也就完成。

# 谈农科精神

不论在金平也好，在甘蔗所也好，这些老一辈科技干部、专家，很突出的一点就是吃苦耐劳的这种精神，对科研的执着这种精神，孜孜不倦的这种追求，对自己事业的全身心投入，用现在的话来说就是一种工匠精神，就是这种精神相当执着。个人的得失都抛开，为了在科研上取得很好的成果，更好地服务于全省甘蔗产业产生贡献。希望我们年轻的一代、中青年一代，还是要继承老一代专家的好的优良传统，很好地传承农科精神，把自己的事业追求、目标，与整个省的甘蔗产业结合起来，产业发展好，我们才好过，产业萎缩，我们日子也不好过。也为省里的脱贫攻坚做出很好的服务，我们的科研如果只是为了出点成果、专利、为了拿去申请奖励，不拿到主战场去发挥作用，那我们就没有希望，我们科研人员更多是室内研究和田间结合起来，不能脱离，要和实际生产紧密的结合起来。我们科研所的建立就是为了解决生产上关键性的技术问题，促进产业的发展，这是我们最根本的问题。

（访谈录音整理编辑：院历史文化挖掘工作组）

# 吃苦其实是一种享受

## ——李兆光访谈录

问：李老师，您是什么时候来到所里面的？

答：我是 1991 年从北京农业大学（现中国农大）毕业就到所里的。大学毕业生第一批来的是袁理春，他是 1990 年来的，当时就来了他一个。我们第二批来了 2 个，我和李建国。李建国是搞油菜的，他已经调走了。

问：那么李老师是哪里人呢？

答：我是丽江本地人，当时我先去植保所报到，在植保所待了一个月，院里面手续都办理了，宿舍也分了，但是所里领导在外面下乡一直没找到，所里面相关手续没办完。后来听说丽江有个所，我就找院里反映，想到丽江来，这里也是家乡，就回到丽江来了，我来的时候所里才有 7 个人。

问：李老师，您是在院里面报到的，那么您能不能说下你是怎么到院里面报到的？

答：我当时报到是坐火车到昆明，然后坐 9 路车到黑龙潭附近，黑龙潭到省农科院就没班车了，因为当时校友（北京农大）比较多，没有毕业前也经常到省农科院来玩，每年假期回来的时候就会来省农科院找校友玩。所以也知道要坐小马车，就坐小马车到省农科院。

问：李老师您能不能说下当时农科院的面貌？

答：当时黑龙潭一出来就是农田了，就是农村。农科院的大门没有印象了。从桃园村上来那里，9栋上面食堂附近，好像进来就是个农贸市场了，里面有卖菜的，那个时候农科院宿舍里面可以做菜吃，用个小电炉。

问：李老师，当时因为机缘巧合，有一批人的户口都留在昆明，您的户口留在昆明没？

答：我的户口没有留，当时热区所的留了，我的没有留，我在植保所报了到，因为所长没在，一直等所长回来安排工作，手续也没办全，后来所长回来的时候，我已经有去高山所的意向了，当时李霞是人事处副处长，樊永言副院长是主管我们所的，后来王所长也去院里面说，要我这个人，院里面也打电话给梅良梓（当时高山所所长），所里也答应要我了。后来，樊副院长还找我谈了话，说你回去考虑一晚上，你自己来定去那里吧，院里面也不安排了，到底是要在植保所还是去高山所。

问：当时，高山所还不叫所吧？

答：名字已经有了，我来的时候这个所还在建设，我们在新大街租了几间房子办公，我们现在办公的地方当时是义正办事处玉河下村的老粮仓，已经在开发了，最早的时候是15.1亩，边上有个鱼塘，差不多有1~2亩，后来修玉河，现在只有13.1亩了。当时在新大街的时候，我们只有七个人，我们财务都只有一个出纳，财务都是请人来做的。

问：那么您来的时候是做什么呢？

答：我来的时候是做西洋参，我们所是边建设边铺开，同时开展科研工作的，当时只是没有挂牌，我们就开始进专业技术人员，我们跟着李绍平做中药材，杨静全做油菜，我们做了三年西洋参，就开始做红豆杉。我们做西洋参在鲁甸有个药材种植场，还有医药公司向我们取经。最早我们在清溪有个基地，土地也是划给我们所的，后来，市政建设占了部分，我们所打算在那里建科研办公区。

问：李老师，昨天我们在和书记家听说，当时 10 多个人都要到基地上干劳动？

答：那个时候，不管什么人都要做的（干劳动），我们搞油菜的

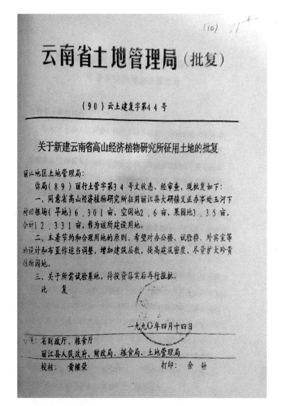
云南省土地管理局（批复）

（90）云土建复字第44号

关于新建云南省高山经济植物研究所征用土地的批复

丽江地区土地管理局：

你局（89）丽行土管字第34号文状悉，经审查，现批复如下：

一、同意省高山经济植物研究所征用丽江县大研镇又正办字处五河下村旧粮场（旱地）6.301亩，空闲地2.6亩，果园地3.35亩，合计12.331亩，作为该所建设用地。

二、本着节约和合理用地的原则，希望对办公楼、试验楼、外宾宝等的设计和布置作适当调整，增加建筑层数，提高建筑密度，尽量扩大珍贵造林园地。

三、关于所需试验基地，待投资落实后再行报批。

此 复

一九九〇年四月十四日

抄送：省财政厅，粮食厅
丽江县人民政府、财政局、粮食局、土地管理局

校核：黄继荣　　　打印：余 莎

在鲁甸，也没有什么机械，都是手工的，当时试验地都要平地，基本上都是自己来做，你要种多少就自己平多少地，也不是请不起机械，因为找机械来做，草第二年又会长出来，都是自己挖，挖一下再把草捡起来再挖。还有自己砍竹子来做竹帘子，所有事都要自己做。

问：那么和您印象中的科研单位差别大不大？

答：一开始来的时候还不觉得怎么，我一开始为什么来丽江呢，因为省农科院太偏了，我在一个月觉得不方便，离城太远了，每次进城都是骑着校友的单车，生活实在不方便，当时丽江这里所址也选定了，是在城里面。当时建设的起点也比较高。

问：当时，劳动什么的都要自己做，虽然是年轻人，您觉得苦不苦？

答：因为我是农村长大的，我们那个年代农村出生的，基本都是

干劳动长大的，再加上学农出身。也不觉得怎么样，也许有些城里的会觉得受不了。

问：那么当时，分不分领导干部啊，职工啊，工人啊什么的？还是个个都要下去干活？

答：现在回想起来，那个时候经常下乡，吃饭什么的大家都是AA制的。在基地上，我们下去干活，领导就帮我们把饭做好。

问：李老师，您1991年从植保所到高山所1994年挂牌，您可以说整个高山所筹备你都参与了，遇到过最困难的事情是什么？

答：我觉得那个时段也没有什么最困难的，虽然条件艰苦，人也

少，精神面貌都是积极向上的，也没有人抱怨什么我太苦了，我不想干了，这个单位这个不好那个不好。当时出差车子也不多，基本都是公共车，如果要坐公交车，一天就一趟，如果要从基地回来，一般要早上四点或者四点左右要出门，走山路，下坡再上坡，到路口拦车，如果错过了，只有第二天了。

因为我们所成立的时间比较晚，进来的时候基本上没有人带，都是我们自己慢慢摸索慢慢实践。

问：近20年了，在高山所发展变迁过程中有没有您记忆比较深刻

的事？

答：以前的高山所互相礼让，相互合作的氛围很浓。以前，我们不管去什么地方，当时有辆五十铃，一般身体弱的，老同志和女的坐驾驶室，年轻的一般都是坐车厢，根本不会去抢着坐驾驶室。

问：李老师，能不能谈下您对农科文化和农科精神的理解？

答：我觉得农科精神关键第一还是要能吃苦，第二要耐得住寂寞，第三还是要有奉献精神。

问：您对现在的年轻人，还有以后要来到农科院或高山所工作的年轻人有什么好的建议？如何把工作开展好，如何个人发展好？

答：我觉得第一个是现在的年轻人，吃苦的锻炼不够，因为现在的家庭不是独生子女就是两个子女，都是父母的宝贝，不像我们那一代，都是一群一群的，兄弟姊妹也多。现在的年轻人父母都是很在乎的，相对吃苦的经历很少，我觉得吃苦其实是一种享受，也是人生成长的必不可少的一个阶段，一种感受，缺少那段感受，干什么事我也是觉得不顺，不是很完美。不管你是科技人员还是什么也好，如果要做农业科研，特别像我们所的，针对的是高寒山区，你如果没有吃苦精神，是不可能做下去的。第二是有吃苦精神的同时，你还要到实地去，因为我们的研究方向是应用技术和区域性的实际问题，你不能天天在办公室对着电脑和在实验室研究数据，那个对我们科研农业也是没有很大帮助和进展的，更多的是要到实地去。

（访谈录音整理编辑：院历史文化挖掘工作组）

# 信心是慢慢建立起来的

## ——董立华访谈录

问：董老师是哪里人？是哪年来到瑞丽站的？

答：我是临沧人。离开临沧去上大学去了四年，来这里二十多年，快三十年了，口音都变了，是1990年来到这里的。

问：那时候是不是已经叫站了？

答：已经是了，1988年成立这个站的，以前叫瑞丽甘蔗杂交试验站。我们1990年来，1988年就是经艳芬老师，以前的彭少强，还有楚连璧老师，张兴安

这些人。姚育刚跟我们一年来的，他只是我们前后一天，我在他前一天来。

问：当时上大学在哪里上的？学的是什么专业，当时是分配的，怎么会到甘蔗育种站的？

答：我在云南大学上的大学，学的是生态专业，生物系生态专业，也不是分配来的，叫做供需见面会，就是招聘来的。我们那年就开始开招聘会，但是我当时没去。是我们以前的老站长，他去我们云大生物系要人，找着我们谈话，问我们愿不愿来，又把这里的情况介

绍了一下，当时他是专门找了一个下午跟我们这个班——生态班作介绍，但是他讲讲我们也没什么兴趣，但是因为孙有方跟我是同学，同一个系，他是当时教的植物专业，是他推荐了我，当时我进去的时候也没注意。第二天他（老站长）就约我在会泽院见面，说好8点钟，我准时去了，等了15分钟他没到，我就走掉了，走掉以后他又跑到我们系，找到我们系主任又说，最后又安排了另外一个时间见面。

我们是13号出来，到了14号晚上11点多才到瑞丽。当时路相当难走，坐的是硬座，没卧铺，相当于坐了两天两夜的车子。

问：当时跟您谈话描述的景象，与您到来到这里的有什么差别？

答：简直就是两回事，他说的就是美好的愿景，这里要发展成什

么样。当时有两三个人都准备来，但是最后都没有来，最后只有我来了，我虽说不是农村出身，但是小时候也是在农村周边长大的，对这些也没太在意，来到以后也比较安心。

当时这个单位才新建的，什么都没有，包括我们整个瑞丽的大环境都很差，其实来到这里还是有落差的。这个叫作点对点分配，当时也是包分配，只是相对自主点，有点选择。

问：当时来到这里的时候有多辛苦？

答：当时我们来这里，生活后勤要自理，包括我们的水、电、道路（我们要走的路），都是我们自己搞。

问：是无法请工还是没有钱请？

答：你要说经济上当时应该是有点经费，但是作为单位内部小的东西（设施），比如说吃水这个问题，打井肯定是人家打，但是我们要抽水，从井里抽出来，原来是安排一个人值一天班去抽水，晚上就休息，白天基本就安排一个人来抽，满足单位生活用水，抽到楼顶的水池，通过水池满足用水，一天要抽几回水。原来是深井水，打了100多米，后来又打了70多米，我们楼下面还专门有个沉降池，因为水质太差了，沉降以后再抽到楼顶再用。

那时候的吃：那个时候下班也不说是几点钟下班，有事情就做到几点就几点下班。吃饭就是下了班，然后买米、买菜自己去自己做。

住：当时有两小排房子，一排石棉瓦房，后面一排油毛毡房，那个墙是用竹篱笆围起来的，漏风漏雨，有一年刮大风把后面油毛毡房的顶都吹开掉了。至于为什么要分石棉瓦房，油毛毡房，我们也不知道，我们1990年来的时候，前面的石棉瓦房里面还套着我们的仓库，办公室，人（住）货混杂在一起，工作生活在一起，楚连璧老师一家，跟我们几个先后来的女同志分在后面那排房子。有年油毛毡房顶被掀开，分管我们的德宏州蔗糖局有关人员还来实地查看灾情，慰问我们，瑞丽那几年每年都有风灾，台风到不了，只是有那么几天风特别大，我们这边是油毛毡房，以前在弄岛，姐相那边是铁皮房都刮掉，经常是受风灾。

怎么说呢，对待生活环境这得看人，有些人对这些也不太敏感，有的人就敏感，敏感的人就不来，像当时我们班有一个原来也想要来，

但是听了当时的状况，就没来。还有孙有方他们班的一个，也是听听就没来。后来我们这个单位又进人，盈江的毕业生也来看过这里的环境，实际也没有来。当然这个可能是多方面的，一个是环境不对，另一个是当时我们进来的基本都是大学生，可能是也有这种压力，就都没有来。

当时住的地方就是这两小栋房子，到 1991 年的时候，才盖了新的房子，一楼四格（间）房子，分进去，当时基本上都是单身，一个人住一格，有个结了婚的，住了两格（间）；当时住的环境都比较差。

问：这里的土地都是用小车推平掉的？

答：听他们讲这里的土地以前是个小山包，因为我们来的时候也基本种上甘蔗了，但是最后成了这种样子的时候，还又大干了一年，专门请了推土机来推，人也在坪地。当时我们是穿着个半截裤，上身脱光掉，拿着锄头挖着干，我们来这里的最初四五年，基本上我们都是像农民一样地干。

问：董老师跟我们讲讲这 30 年当中记忆犹新的几个小故事，或者重大的事件。

答：当年建站的时候是农业部，还有德宏州州政府，还有一个是省农科院三家合办的。当时拨款，行政事业费属于州上，省上就是管科技，但是后来说是关系不好理顺，一个管人事，一个管科研，两头有点脱节，1992 年德宏州政府由蔗糖局收回去操办，把单位变成了德宏州来主管，变了以后就把站上党政的领导班子，五个领导从德宏州甘科所一下子就安排到我们单位，5 个人三家，两口子的有两家，安排到这里，相当于是把整个领导班子都换掉，就包括财务都是领导的夫人。

1992 年的时候，我们三八节还在德宏参加唱歌比赛，比完赛以后回来就变掉了，完全就变成了州属单位，跟省农科院有没有关系我们也不清楚了，反正就是他们（德宏州甘科所）可以调配人事，因为也确实是他们主管，然后就是因为这种管以后，技术人员的和行政主管的矛盾比较多，总之不太顺。

问：这种状况维持了多久？

答：维持了几年，最后到 1995 年底，下面又打报告，为把这些关系理顺，就划为省农科院甘蔗所管理——垂直管理。这个关系变了以后，作为省农科院收回我们单位的条件就是划出了一块地给他们，当时是准备划 10 亩，但是具体也没量，最后就是 7 亩多点，就划出去了，也就顺了。

问：听你描述的，当时的条件确实很艰苦。

答：确实，当时无论是哪家的爹妈看见自己家的子女在这种环境下，这种干，真的是心疼。

问：我们想向您请教，是一种什么样的精神或者说什么样文化氛围支撑着几十年一路走来？

答：因为当时楚老师在这里主管，行政也好，事业也好，都是他，平常一闲下来也好，经常吃完晚饭以后就约着我散步，就讲，甘蔗的发展史也好，未来的发展，或者是讲他具体的一些设想，工作上的探讨，讲讲以后，就感觉通过这种发展下去还是有希望，所以说平常的累，睡一觉也就过来了，也就没什么心理包袱了。不过这个过程有点太长了，就把人的耐心磨出来，把锐气都磨没有了。当然后来环境又变，一步一步的，走到哪个阶段肯定是有哪个阶段的成果，在这个上面有更高的高度，又看到更高的前面，所以说就慢慢地有信心。

问：你们作为老前辈，特别想听听你们对现在的年轻人，包括后面想加入这个队伍的人有什么好的意见，怎么开展好工作？

答：可能正因为过去我们是从建站时候就来到这个单位，从最艰苦的环境成长起来，所以说各方面的东西理解要比他们要深一些。现在来的年轻人，书本知识要比我们老一代要丰富，知识更新比较快，但是在具体的实践中，年轻人还是缺乏锻炼，有时候是你想要锻炼他，他也很不愿意去接受这些东西。什么东西都是要从实践中来，要深入实践，将来写什么，搞什么才会知道这些东西，多实践，还是要艰苦奋斗，要脚踏实地地去做些具体的事情，不要只会动嘴，这是最基本的。

（访谈录音整理编辑：院历史文化挖掘工作组）

# 学以致用是很快乐的事

## ——江靖访谈录

问：江老师，听好多院里、所里的老同志都提到您，他们说您是他们的老师，从您身上学到了很多东西，请您跟我们讲讲蚕蜂所变化的过程，还有您记忆犹新的事情，意义重大的事情？

答：我今年 87 岁，耳朵有点听不清楚，记忆力也减退了，很多都记不起了。我是昆明人，青少年时期都是在昆明，小学中学都是在昆明读，高中在昆一中就读，考取了云南大学蚕桑系，1953 年院系调整，我被调整到西南农业大学，1954 年 8 月西南农业大学毕业，毕业后由国家统一分配，分配到四川盐亭县蚕桑指导站任技术员，工作是对蚕桑生产进行技术指导，工作初期在四川。

工作半年后，被调到四川省农科院南充蚕种场实验部，以科研为主，当时四川省要搞桑树选育，那次调的一批人包括我们同学 5 人。

1965 年 8 月，云南省发展蚕桑，背景是阎红彦从四川调到云南，任云南省委书记兼昆明军区司令员。阎红彦对四川比较了解，来到云南后要发展蚕桑，于是向四川申请调 100 名蚕桑技术员到云南支援，当时 100 人是由省农业厅下面的各个科技站调入，四川省农科院是没有名额的。但是因为我是昆明人，自己申请调回云南，调回云南后被分配到草坝蚕种场，1976 年云南省农业科学院成立，草坝蚕种场划归省农科院领导，一直到现在。

从四川南充到云南蒙自草坝蚕种场工作以来，我工作是以桑树品种选育为主，另外"文化大革命"初期前，云南省教育厅委托云南省农业厅蚕种场办了云南省半工半读蚕桑技术学校，我兼蚕桑学校的教学工作。草坝蚕种场还办了蚕桑培训班进修班，培训农村的科技人员，我担任培训进修班教学工作。（编者注：所以江靖当过很多院里、所里的干部职工的老师）

问：江老师，您是土生土长的昆明人，被分配到四川工作，后来又被调到蒙自草坝蚕种场工作，当时条件很艰苦，您觉得反差大不大？

答：反差不大，都是搞蚕桑的，因为我搞蚕树品种选育工作，而草坝是云南最大的蚕种场，自己所学的能够施展，工作都是下乡，为了找桑树资源满山跑，跑遍了云南腾冲自然保护区、西双版纳自然保护区、临沧、屏边大围山自然保护区、大理云龙县自然保护区，都是满山跑，野外跑，也不感觉艰苦，我觉得还不错，是我工作的好地方。

问：听许多老同志说，当时蒙自草坝蚕种场工作条件很辛苦，您觉得呢？您干活吗？挑过桑叶吗？

答：我觉得不苦，我工作主要是以科研为主，没挑过桑叶，当时也干活，工作主要是平整土地，栽植桑苗，中耕除草，工作量也不大，还有一些小青年来参加帮忙，劳动力很强，感觉不苦。

问：江老师，您到草坝后遇到最困难的事情是什么？

答：我觉得没有什么困难的事情，我很顺利，当时蚕种场书记李有齐，是个团级干部，还兼着县委委员，对我很好很和善，他知道我在四川搞了十年科研工作，还发表了一些文章，对我很重视。

问：您来到蚕种场后，哪位老师最值得您敬重的人？

答：我敬重的人是蚕种场场长李有齐，他是老革命，团级干部，县委委员，山西人，他对人和善，平易近人，工作负责，没有"官架子"，"文化大革命"过后，全家调到山西去了。

问：现在我们讲文化复兴，您对农科文化、农科精神的理解？

答：我觉得是为蚕桑、为农业，为全省的农业搞好技术服务，做好后勤服务，为农民服务。

问：江老师，您对现在年轻人工作、学习、生活、实践有什么建议和希望？

答：我觉得现在的年轻人都不错，但在业务方面应该多了解，加强科学理论的学习，把科学理论知识跟业务结合起来，更好地服务蚕桑、农业。

（访谈录音整理编辑：院历史文化挖掘工作组）

# 潞江坝垦荒人

## ——杨银川访谈录

问：1955 年当时这里是叫什么？您是怎么会到这个地方来的？

答：当时是叫棉作试验站，种棉花。我是被动员来的，当时我家在施甸县由旺镇，支部书记李孟太（音）去由旺动员，动员来种棉花。

问：您当时在由旺是在家务农？怎么会招到您的？

答：是在家的，他去镇上动员，到镇上招工，然后乡里的乡长就排队（筛选），是哪些人能去，哪些人不能去，那年我们同时来了 35 个人，大多离开了，到现在就剩下我一个。

问：当时你们来的时候，不包括你们这 35 个人，棉站有多少人？

答：当时，李孟太是南下干部，他来这个单位当支部书记，这个站是 1953 年成立，本来是 1950 年就成立了，它只是来选址一直没有选定，相当于来了几个技术干部来调查，开始是在施甸的扎里（音），那个时候我只是听说过这个事情，但是我还没有参加工作，我是 1955 年才来到潞江坝的，还到芒市三棵树在了一年，1952 年在芒市，到 1953 年就来这里（潞江坝）。

问：当时棉花试验站为什么会选在潞江坝？

答：它是属于亚热带地方，估计是这个地方自然环境、温差，降水等等都比计较合适，从整个日照时间，降水量等各方面选址，选下来以后可能还跟芒市三棵树那边比较，觉得这边比那边自然条件要更好一点，更适合，还有一个是，当年这一大片全是荒地，方便开垦，50 年代后期军垦农场也下来开荒搞这些，所以当时选址选在这一片。

问：听说当时这块地还在当地土司手里？

答：是的，以前这里是属于土司的地皮，因为那个时候棉站来这里，就问（向）土司家要土地，要了2千亩土地。

问：他凭什么给你？是什么样的土司？

答：那个时候已经解放了，土司也就跟着到北京开会，承认新政府，一个姓线（音）的土司，是个傣族。

问：云南历来都不是棉花的主产区，都是北方，为什么会要种棉花，而且试验站在潞江坝？

答：那个时候都是搞试验，在西双版纳那些地方，凡是有点热的地方都去试种棉花，像瑞丽，陇川，芒市，施甸等，我们都派人去种了（这个是后期了），估计是跟当时的历史背景有关，以这里为重点，全省都发展出去种棉花，估计当时是有历史背景在里面，因为当时新生政权才成立不久，国民经济也需要，那个时候还什么都凭票，供给不足才弄这些，种棉花可能是当时的历史背景，要大力推广粮棉，解决温饱问题。

问：您招进来的时候是搞些什么？

答：在这里就是种棉花，棉花打枝，收棉花，棉花中耕施肥，就是这些农工，我们就是属于农工，整个试验站分为选种、栽培、病害、土壤营养等几个组，这里叫棉花试验站，当时也培养些棉花技术干部。

问：当时这些分组有没有技术干部领头？有多少？

答：有的，大概就是10多个，这些都是学校里出来的，有些是四川的，有些是大理这个大学，有昆明的大学来的，那些人来这里还是能待得住，都呆到退休。并且这些大学生来到这里，都要劳动的，不是比手画脚的，都是实际劳动的，选种都是亲自下去选，看哪个棉桃好，纤维有多长，棉花的拉力有多少，都亲自干，跟我们是一样的，那个时候说苦也不算苦，苦的时候也有，要说苦是在大跃进时候最辛苦，大跃进时候正常工作都是 10 个小时，晚上还要加夜班，那个时候还没有电，打着汽灯，有些出去砍甘蔗，有些出去收棉花，像我们棉作试验站就是一个是棉花，一个是甘蔗，还有附带着胡椒、咖啡，主作是棉花。

到后来七几年的时候就是棉花不合适种了，一个是种棉花的成本太高，一个是有虫害，收不起棉花，棉花还在是青桃的时候虫子就吃掉，有时候还是花蕾的时候就吃掉，有时候是把棉植株的尖子都吃掉，打什么药都不行，那个时候我们是打 1059、1065、DDT、乐果（后期才有的），打药都弄不下去，到后来潞江坝就淘汰棉花。那个时候是潞江坝种棉花是讲万数亩（六七十年代），还专门成立了一个机械压花厂，一天能够处理 3~5 千斤棉花，饿肚子那些年正是种棉花时候，那个时候我们年纪轻，我才有二三十岁，也吃不饱，天天去干活，人都搞瘦掉。

问：当时住的房子怎么样，住在哪里？

答：当时住的房子也简陋，像我们一家人住一小阁房间，小单间，刚开始的时候住的是草房，还是会漏风漏雨的，后来逐步盖了住瓦房，现在都还有几间瓦房（那个是 20 世纪 60 年代左右盖的）。

问：那个时候干劳动是白天天气热，晚上打着汽灯蚊虫叮，有没有"逃兵"？

答："逃兵"还是有的，从我们站的情况来说，为什么说我们一起来了 35 个人，到现在就剩我一个人，其他有些就抵不住，跑掉的很多，像我们这个单位是逐步轮流去招工的，我来了以后又招了好几批，腾冲、保山等地的都有。那时候一个是天气热，二是蚊虫叮咬有毒，坚持不住就什么都不要就走了，走了以后慢慢地又把户口迁走就行了，那个时候是户口身份证这些都还不重要，跑出去国外的都没人管。

问：那个时候能领到多少的工资？

答：我是一来就领到 24 块钱的工资，24 块拿回老家也只是能解决点基本生活，其他也不能做什么事情，那个时候的肉一块多一点，偶尔能吃上点，如果是在老家务农的话还拿不到 24 块钱。

问："美丽富饶的潞江坝"这首歌非常优美，请跟我们说说？

答：是真的，那个时候是产量出产很好，像唱的香蕉成林，咖啡这些都好的，咖啡、香蕉、胡椒，包括甘蔗这些出产都好的。所以说是美丽富饶。

问：那个时候是蚊子叮，虫子咬，条件也很艰苦吧？

答：那是另外一回事情，那时还有瘴气，中了瘴气就不会好了，那时候是来不及抢救，另一个是没有药来治，我们单位棉站成立，就有这样的说法：要到潞江坝，先把蚊帐挂，还有一句是：要到潞江坝，先把棺材买下。

（访谈录音整理编辑：院历史文化挖掘工作组）

# 保山潞江坝研究棉虫的中科院专家张广学

张广学（1921~2010），山东定陶人，回族。著名昆虫学家。1946年毕业于中央大学农学系，中国科学院动物研究所研究员，1991年当选为中国科学院院士。

张广学为中国蚜虫分类权威，他将中国蚜虫记录从148种鉴定明确到1000余种，发表9新属、224新种。他利用系统演化理论和支序分类学方法突破蚜虫11科分类系统，建立了蚜虫13科的分类系统。

张广学从20世纪50年代起便致力于以棉蚜为主的棉花害虫防治研究，他通过反复试验研究，阐明了棉蚜的田间发生消长规律，以及棉蚜在我国棉田中发生危害迁飞、扩散及与环境条件的关系规律，提出了棉田天敌指标和种群结构指标为自控机制指标。张广学主编的《我国棉蚜及其预测预报》《中国棉花害虫》《棉虫图册》等为开拓和发展中国棉虫学研究作出了重要贡献。

位于云南保山地区潞江坝的潞江棉作试验站（热带亚热带经济作物研究所前身）有着种植棉花的悠久历史。自1951年潞江棉站创建初期就开展棉花品种选育、栽培技术和棉花病虫害防控配套技术措施试验研究等工作。1957年后，保山潞江坝地区因常年连续不断的种植棉花，使棉花重要害虫金刚钻成为主要害虫，持续蔓延，对棉花生产造成严重危害。

1959~1962年，中国科学院北京动物研究所张广学团队一行来到云南保山潞江坝，开展棉花主要害虫金刚钻的防治技术研究。他们在当地科技人员施发涛、革家云、汤仙芝等的配合下，经过调查研究鉴定明确，保山潞江坝棉区危害棉花的金刚钻虫有3种：翠纹金刚钻、埃及金刚钻和鼎点金刚钻，其中埃及金刚钻在上半年危害较大，翠纹金刚钻在下半年危害较大，且周年发生，一年发生 9 ~ 10 代，没有越冬现象。他们对保山地区潞江坝棉花的主要害虫金刚钻种类进行室内饲养、田间发生消长规律的系统调查研究等工作的基础上，提出了一系列棉花害虫金刚钻的综合治理的防控措施，提出从改变棉花栽培制度入手防控棉花主要害虫金刚钻的综合治理的解决方案：

1、改变保山地区棉花春播、夏播、秋播、宿根再生的周年交错连续栽培种植制度方式，为采用棉稻水旱轮作两熟的耕作模式，通过改一年多茬棉花栽种改为一茬种植，这样截断金刚钻害虫以棉田生态食物链持续蔓延危害的途径，降低了棉花金刚钻的发生种群基数和密度，起到对金刚钻的生态环境治理的效果。

2、采用棉花早播，密植、早打顶的农艺措施，保证棉花早种、早熟和早收，避开金刚钻的盛发期。

3、清洁棉田，清除金刚钻危害的棉桃和植株。

4、合理用药、提高药效，减少农药的防治次数。

张广学离开潞江坝时，留下他们常用的解剖镜等科研试验用具，提供给仍在当地开展棉花害虫研究的施发涛、革加云、汤仙芝等科技人员。施发涛等根据张广学的研究思路和方法，对棉花重要害虫金刚钻、棉铃虫的田间发生规律和室内生活史等方面继续开展长期系统研究，并研究其防治技术措施，为有效控制保山地区潞江坝棉花害虫的危害起到重要作用。

（杨弘倩根据施发涛、革加云、汤仙芝等当事人的口述整理）

# 自 述

## ——刘宗春访谈录

我老家是保山板桥的，我今年92岁了，耳朵还能听着点，眼睛也不行了，走路原来也不行了，腿脚现在又好点。因为我们以前都是冬天夏天开荒搞那些，经常泡在水里面，风湿有点严重，现在是医好了，但还是等于是褪了一层皮。

我们原来的支部书记李孟太，他在板桥（位于保山市）当过区委书记，后来又调到老棉站（热经所的前身），原来主要是种棉花的，他原来是在板桥当区委书记，后来因为土改时候就经常开会，对我比较熟悉，因为他调到这里当书记，就去板桥招工，我说我们也去，我们来了30个人，打着背包一起来到这里，那时候板桥到这里车路（滇缅公路）是通的，但是没有车，走路走了两天，到蒲缥县还歇了一天（一晚）。

过去我参加工作首先是在公安处（保山地区公安处）。本来办了个公安训练班，培养了30个人，出来以后搞公安工作，我们就是吃亏在没有文化，后来出来落脚后，不识字，干工作又记不起（写字记录），整整就搞在炊事班干活，在炊事班又要叫我去做饭，还要做他们的小灶饭。后来是郑刚任地委书记，他是又管地方又管军队，部队那边他当师长，地方这边他管 14 个县，叫保山专区。后来郑刚的炊事员，也是一个老革命，也是师级干部，也是像我一样文化没有，但是待遇是师级待遇，我就去跟他学了几个月，跟着他做馒头，做面包，做饺子。过去那个时候的干部，北方人多，我来到这里之前就没有下田，因为我去地委食堂学了回来就叫我来做炊事员，负责搞搞小灶。后来家庭没有人照应，孩子又小，又有老人，因为在 1956 年搞土改的时候就经常在一起，就跟他（李孟太）一起来到这里（潞江坝老棉站），把家、老人、孩子（当时我有 3 个孩子了）全部搬到这里，我来到这里的时候刚 30 岁。

## 那个时候的潞江坝

搬到这里（潞江坝）后，住的房子都没有，盖个草房都要自己去找草，才来的时候老金坑（现为热经所潞江坝科研试验基地的一部分）人都不敢进去，进去绕几下就找不到出来的路。当时从板桥来的 30 多人，因为条件真是太艰苦了，苦不得的就跑了一部分了，当时有句话说的："来到潞江坝，先把老婆嫁"。30 多人，到现在包括我只剩下 2 个人了。

我们老棉站上面是农场。我们棉站隔壁是农庄，也是生产单位，后来并到农场去了。当时住的是草房土基墙，干的就是开荒。过去潞江坝这里布满了"瘴气"，也就是毒气，因为过去树呀、草呀，还有动物尸体腐了以后，又

在污水塘里，而且污水塘又特别多。只要一下雨，地上就开始冒（瘴气、毒气）了，一股一股的、红红绿绿的像雾一样，人吸入就非死不可。还有，我们一来到就开始打摆子（高烧，忽冷忽热，实为"疟疾"），蚊虫疟疾多，非常难受。这个现在是没有了。但是高黎贡山那里也有，我当时还去高黎贡山种过蔬菜。当时开荒非常艰苦，每天要做（做工）满8个小时。

（访谈录音整理编辑：院历史文化挖掘工作组）

# 甘于奉献的广东人

## ——钟基万访谈录

问：钟老师是哪里人？今年多大年龄？什么时候到所里的？

答：我老家是广东梅县的，1938 年出生，今年 79 岁。1956 年云南到广东招生，成立了广东招生工作队，涵盖了很多，有农林、有色、地质、医师护士，招了几千广东学生，我被玉溪农校录取了，以前在白塔山，现在已经叫红塔山了，农作栽培专业的，我是第一届学生，玉溪农校在广东招了很多的客家人学生，基本上都在云南工作安家，多数在玉溪工作。

问：您当时为什么到蚕蜂所呢？哪年到蚕蜂所？

答：我毕业的时候由省里面统一安排，最先到云南省农展馆（现省科技馆）做讲解工作，我们广东人做讲解不行（口音重，编者注）。1959 年 11 月又被分配到云南省农业厅，到农业厅报到后，农业厅安排我到草坝蚕种场，当时单位名是草坝蚕种场，从昆明到草坝坐米轨火车需要 2 天。

问：报到时，您对蚕蜂所的第一印象是什么？工作和生活条件如何？

答：我从昆明坐米轨火车经过 2 天时间到达草坝，第一天到开远，第二天到草坝。当时草坝条件很差，那个时代，单位厂房都是旧社会留下的烂摊子，感觉很差。

问：参加工作后，第一个岗位是什么？生活和工作情况能不能说说？

答：当时蚕种场有栽桑股、蚕事股，因为我专业是农作栽培的，我被安排到栽桑股的农事队。

住是跟工人同住，条件太差了，我个高，睡的床板长度（高度）还没我高，就是两个板凳一个床板。吃饭到食堂吃，当时是实现配给制。工作非常艰苦，跟农民一样干农活，闲时栽水稻、苞谷、白薯、小麦。

问：您当时工作情况与在校时的憧憬差别大不大？

答：差别很大，感觉命很苦。我是从农村出来，又到农业单位干农活干了一辈子。反差很大，不过现在退休好多了，像生活在天堂。

问：听说当时的工作强度很大，会让人苦得掉眼泪，请您给我们讲讲这些故事。

答：当时当真苦啊，栽桑股是最苦的一个部门，冬季每天作息时间虽说只有八个半小时，要犁地、采桑叶，但经常要干义务劳动。草

坝有个监狱，我们干的活和劳改犯差不多，但是吃的还没有劳改犯好，人们常说"蚕种厂的工人还比不上草坝农场的劳改犯"。当时工人思想单纯，觉悟高，任劳任怨，工资从 22.8

元 / 月到 26 元、29.64 元、33.8 元、38.48 元，生活非常艰苦。

问：您给我们讲讲最苦的工作是哪个岗位吗？

答：最苦的就是栽桑股的工人了，好多人苦了呆不住。我们工人主要是采桑叶，最多的时候要采一万多公斤，100 公斤的桑叶给采叶工 0.7 元，总的有 20 多个工人，另外找临时工，每个工人每天平均要采 100 多斤。如果自己采不够，要让家人帮忙采。

问：您能给我们讲讲刚参加工作以来印象最深的一件事吗？

答：1959 年参加工作，在场里面工作了几年，草坝蚕种场办蚕桑学校，半工半读的，办了两届，到 1969 年没办了，我因为是学农的，我又去蚕桑学校，什么都干，偶尔还带学生，主要是讲桑树栽培方面的，搞一些管理。

问：您从学校到蚕种场工作，遇到最敬重对您影响最大的人是哪位？

答：场里面的老工人最值得我敬佩，踏实、能吃苦、任劳任怨。

问：当时的老工人是怎么进到场的？

答：有几部分，一部分是解放前留下的，资本家办厂留下的；有当兵退伍的，还有一部分流浪人。

问：听说养蚕的要干两件事很辛苦，一件要穿麻衣去背桑叶，另一件是每天喂蚕要喂 12 次，您给我们讲讲。

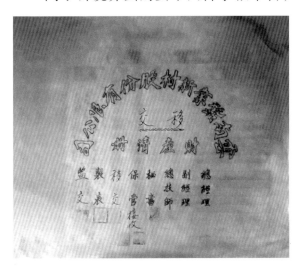

答：养蚕分组喂蚕，根据时间来换班，几点几点喂一次，后来改革了。我来的时候改进了，每天喂 3 次了，制种的蚕喂好点的叶子，养丝茧的蚕就少喂一点；穿麻衣是因为

没有衣服、也没有工作服，只发一个围腰，布都是定量供应，所以穿麻衣去背蚕叶不容易把衣服弄烂。

问：您从广东来到云南，语言不通，当时是怎么转变过来的？

答：我当时一个人被分配到云南，慢慢地转变，找了当地的媳妇，蚕种场的职工子女，现在变成了地道的云南人了，已经把自己卖给云南人了。后来因为身体不好，55岁就申请提前退休，1994年正式退休，退的时候任所里面的财务科长、职称是会计师，我还在所里干了两届的党委委员。

问：最后我们想听听您的人生感悟，您对农科文化、农科精神的理解？对现在年轻人的希望和建议？

答：我退休20多年，具体说不出什么，我觉得是吃苦精神，甘于奉献精神。现在的青年条件好，我们不能把吃苦精神丢了，老科研人员的这种精神不能丢，只有保持这种精神，才能研究出新的东西。

现在的年轻人生在新社会，要吃得苦中苦。现在的年轻人吃不了苦，条件好了，不愁吃、不愁穿，当时吃苦精神不能丢，希望现在年轻人要培养吃苦精神。

（访谈录音整理编辑：院历史文化挖掘工作组）

# 潞江棉站的故事

## ——汤仙芝访谈录

### 从凤庆来到潞江坝

问：汤老师是哪里人？怎么会来到潞江坝？

答：我是凤庆人，1963年学校毕业分配就来到这里了。1959年在云南农大上的学，那时候农大刚从云南大学分出去，是云大的农学系分出去之前，我们已经毕业了。我学的是植保专业，初到这里那时叫潞江棉站，一起来了3个，李槐芬，我，还有一个已经去世了，她们2位是农学的，都是同一年来的。

问：1963年从昆明到潞江坝要好几天，是怎么来的？

答：坐车要好几天，当时好像是去农业厅开个介绍信就下来了，坐班车六七天，一路上需要住宿南华、楚雄、下关，有时候还要在永平住，大梨树（云龙）还要住，来到保山还要住。那个时候完全靠分配，没有一点选择的可能，分到哪就去哪，毕业之前要搞教育，思想教育，你要接受分配，去哪里不管。

坐车（到达潞江坝）是到东风桥头下车，然后就走路下去，三公里多的路，没有人来接。拖拉机是后来70年代才有的，以前就是有2个马车拉粪，我们是3个女同志，都是各走各的，她们两个是在昆明的，走得要早一点。当时到棉站报到的时候也没有大门，也不知道怎么去。还好潞江棉站在当地还是知名的，就一路问着到的，就是一条小路进去的。

问：进去报到的第一印象跟农大有什么差别？当时的条件跟您在学校比起怎么样？

答：当时的房子就是些草房。我同学来看我，说你们是在这个农场？还是个农村？办公室楼上楼下都是点瓦房，住的就是草房，而且那个草房就是个大宿舍隔开，随便隔点墙，皮面盖上点草，雨倒是不漏，风也不漏，盖上草还是比较热乎，潞江坝热，住着还算冬暖夏凉。

当时学校（云南农大）也是才搬出去，学校也是苦，水都没有，要从那个山包下去，到花渔沟去抬水吃。来到棉站也是要挑水吃，是从棉站门前的沟开进去，沟开进去以后有2个过滤池，过滤出来就是吃的水，洗澡的话就去江边。有个伙食堂，伙食堂也是没什么吃的，有个种菜队（蔬菜队），种什么吃什么。

## 最初的工作

问：汤老师刚参加工作的时候，安排了点什么工作任务给您？怎么开展工作的?

答:一开始就是搞棉花的植物保护,每家发一把锄头,一把镰刀。白天把自己的任务完成后,回来吃完饭后,就去种地,栽秧,人人都要去的。

当时实验室没有,就是一个大办公室。办公室就是个瓦房,发一盏煤油灯,晚上要去做资料,看书就小灯点起,自己去办公室坐着看。当时就是一把尺子(钢卷尺也有,皮尺也有),一把锄头就搞科研了,铅笔和记录本在仓库自己去领,连电灯都是后来什么时候才有的。

问:去保山(城区)的机会多不多?回老家的机会多不多?

答:不多,开会是领导来开,我们是完成自己的任务就行了。回老家很困难,老家在凤庆,从那里来到保山,保山去临沧没有直通车,到保山又坐昌宁车,然后从昌宁走路回家,走路要一天半时间,路上还要歇一晚,来到这里是潞江坝的车票都不卖给你,我说我要去潞江,人家说没有潞江的车,明天坐车,就今天5点以后来看腾冲车,腾冲车有位就给你坐,没有的话就再等,等到有位子,因为人家只卖远处的车票。有时间一等就要等几天。

## 老棉站的故事

问:当时整个棉站有多少人?那时候觉得苦吗?

答:当时大概是有100多个人,科技干部少,就是我们搞植保的5个,栽培的几个,品种的几个,10多个人,行政干部有几个,其他的就是工人。

苦倒是不觉得苦，过都过来了。每天不单是调查一下，每个月起码还要写写简报，病虫的发生情况，要指导面上该防些什么虫，该用些什么药，这是每个月都要做的。

问：那时候农场办起了没？

答：农场办起了，是1958年办起来的，农庄也办了，但是后来农庄跟农场合并了。后来又办了糖厂。当时是旁边的人看不起我们棉站（热经所的前身）的人，觉得棉站的人苦，比起糖厂是要苦点。因为那时候潞江坝不卖柴，工人也好，干部也好都是自己做饭吃，要去乡上拉柴，自己去江边捞河柴。人家编的顺口溜：棉站人，二短裤，用腿捞柴么湿下；棉站人二短裤，糖厂人背带裤。在当时相同的环境下，我们老棉站的要差一点，因为所里是差额拨款，奖金什么都没有，那些领导也是辛苦，工资是要发，钱就那一点，像我们大学一毕业去的是40多块，转正以后是59块，一直拿到"文化大革命"以后。

问：当时为什么会在潞江坝建设棉站？

答：棉花当时是战略物资，因为国际形势我们国家被进口封锁，就需要自己种棉花提供给国家。我们棉站的棉花，有个特点就是中长绒棉，就是只有新疆和潞江坝种着，湖南那些大量农场的棉花，都不种长绒棉，长绒棉有个好处就是丝里有空隙，做轮胎，做工具这些比较牢实。

棉花种植面积最多的时候大概有个几万亩，昌宁、蒲缥这几处种得多，我1964年去昌宁搞样板田蹲点，还有搞栽培的一起，当地样板田是乡上、地区和我们单位3家一起弄的，就在那里大家共同发展，当时棉站这块地已经属于保山了，最早是龙陵棉花实验站，是属于农业厅下面的农业实验站芒市分场。

问：棉花的研究持续到什么时候？

答：大概是到八几年的时候，我1994年退休的时候，所的名字已经改做热经所了。1976年省农科院成立并进去，并进去一两年以后就改成热经所，原来是棉花研究所。种棉花那段时间比较红火，产量也比较红火，但总是农业比不上工业，只是跟糖厂那种工业还是有差距，待遇也是有差距的。现在我们（热经所）在保山也算是好单位，变化也很大，待遇各方面都算好的，当地的供销社什么都赶不上我们，保山原来的新华工厂什么的以前还是有名的，但是现在都倒闭完了。我们也希望所里发展得越来越好，我们出去也能抬起头了。

问：在您 1963 年参加工作到后面有什么印象比较深刻的事情？

棉花所改热经所的批复

答：我从 1964 年以后，就一直在昌宁搞样板田，当时的样板田有 1000 多亩，站上最初去了 5 个人，最后就是我一个守场，一直干到 1968 年。因为 1966 年以后，乡上、地区、站上这些陆续的开始撤了，站上去了 3 个干部，2 个工人，当时的长绒棉亩产产量能到 200 多斤，但是比起其他湖南、湖北的一般棉花，产量不算高，但是重在它是长绒棉，那个样板田搞得很成功，公社书记还作为代表去北京出席了全国棉花大会。

问：汤老师 1994 年退休的时候有没有开始评职称了？

答：已经评了，当时我是评的副高，那个时候已经不错了，所里那时候没正高，整个省农科院正高都很少，开始有开始的难，1979 年的科学大会以后才开始有职称之说，所里跟中科院合作的项目还在全国科学大会上获得奖励。

（访谈录音整理编辑：院历史文化挖掘工作组）

# 聊一聊潞江坝的历史

## ——黄家雄访谈录

## 到潞江坝参加工作

我是 1985 年 7 月参加工作的，当时的大部分老专家、老领导中的第一代，就从施甸到芒市，再到保山的这一代老专家都还在，跟他们交往还是了解了一些信息。

第一代创始人最先来考察调查，当时的筹备人是张意、李超，他们先来调研。1951 年的二三月份就来调研，这些老专家还在，特别是李超老师，杨云，马书记这些第一代都还在的，我跟他们工作了差不多十年左右，所以了解了一些情况。

当时是 1950 年，云南刚刚解放，边疆土匪、国民党残余势力都还在，还比较多，所以很不稳定，新政权需要巩固。当时叫军事管制委员会，陈赓、宋任穷就为了发展边疆少数民族经济，巩固边疆社会秩序，就想在滇西成立省级农业科研机构来带动经济发展，然后稳定社会秩序，所以当时有这么个想法，这就是为什么成立这个单位的历史原因，当时是出于政治考虑，巩固边疆社会秩序，巩固新政权，所以当时军事管制委员会就派云南省农业试验场（当时场长是张意），李超等承担工作，就派来保山这边调研，他们就拿着军事管制委员会的介绍信来保山地委，当时是介绍了施甸县保场乡查邑村，就选在了这里，二三月份调查，四月份就正式成立。成立时人也不多，像保山、施甸这些土地比较紧，资源比较有限，发挥空间比较小，后边可能通过汇报省里安排就搬去芒市三棵树，当时保山和德宏可能像一个地区一样；当时在的时间也不长，1951 年 4 月份成立，大概 11 月份就搬去芒市，在芒市的时间也不长，大概是 1952 年 12 月份就搬到潞江坝，因为芒市热区，当时是规划发展橡胶，橡胶是战略物资，所以要优先满足国家战略需要，所以又搬到潞江坝，我们当时是以棉花为主，属于解决穿的问题，棉花属于热带作物，当地有土棉，我们当时成立的目的是以棉花为主，因为是跟当地（芒市）的规划有冲突，就搬到潞江坝，在保山的时候是叫云南省农业试验场保山分场，搬到芒市又叫芒市分场，搬到潞江坝的时候名称就改了，叫云南省龙陵棉作试验站，因为当时潞江坝是属于龙陵管。

## 为什么选择在潞江坝?

潞江坝天气热，人口少，瘴气比较多，所以在坝子的基本上都是傣族，汉族都不敢来。因为气候太热了，打摆子、疟疾情况比较多，好多人都不敢在，汉人也不敢在，汉人顶多住在山上，干完活就回去，所以潞江坝土地资源比较丰富。当时我听那些老专家讲，为什么搬潞江坝是叫土地资源比较丰富，开始搬时候是在潞江坝对面的一个叫米坝子的地方，当时有 7 个人，加上家属才 11 个人，人不多可能马驮人背搬家就过来了，在对面的米坝子住了一晚上，不是有土匪嘛，第二天看看土匪还是比较多，就渡江过来。

刚开始是在江对面，因为对面土匪多，不敢在就到对面，土地也多，那个时候刚刚解放，还不叫潞江镇，叫龙陵县第四区，属于潞江土司的地盘。拿着陈赓的介绍信来要的土地，那个时候也很简单，也没有量地什么的，就哪点到哪点就行了，所以当时大概是有1万多亩的地盘，包括潞江农场的地盘，还有东风糖厂这块的地盘都是我们的地盘，都是属于最早老潞江棉站的土地。东风糖厂成立以后占着老百姓的土地，又把我们的土地划走一块还给老百姓，我们是1952年12月份搬到潞江坝，潞江农场是1955年成立的，又把上面这块街上的地盘划到这里，然后燎原农庄划到农场（我们单位1951年的时候成立了一个燎原农庄），又划出去了好几百亩。

## 农庄和农场有什么差别？

农庄是保山这边移民过去的，潞江农场是由部队（有点类似军垦）搞了一个团过来整的一个农场。

东风糖厂那一片以前是没有人居住的，独树寨这里有几个寨子，其他都没有人，都是荒坝子，听说还有豹子，孔雀这些。

还有就是瘴气，在当时是致命的，是热地方的一种病。我听李老师说有谚语：要到潞江坝，先把老婆嫁。因为那时是有去无回的，可能去了就回不来了。还有：芒果开花，汉族搬家；是芒果开花的时候就开始热了，病就来了，都不敢在了。傣族因为呆的时间长，已经适应了。整个环境条件比较恶劣，医疗条件比较差，公路基本上不通，没有公路，走的是滇缅路，我们门口这里去腾冲是1957年才修的，就是东风桥这里老保腾公路。

棉花试验站当时归农业厅管，一直到农科院成立以后才归到农科院管理，在这个之前是有过一次更名，1974年的时候改成棉花研究所，1981年的时候更名成现在的名称，农科院成立以后划进来叫云南省棉花科学研究所，到81年正式更名为云南省农科院热带亚热带经济作物研究所。

## 我们是保山潞江坝成立的第一个基层党组织

我们单位是当时潞江坝第一个党组织，从芒市过来就成立了第一个党支部，大约三五个党员，第一任站长张意是江苏的学院毕业的。

## 您是怎么会来到潞江坝的?

我老家是文山县的，高中毕业以后考取云南省热带作物学校（思茅），现在的云南农大热作学院，学的是热带作物，当时考虑文山热作也不太多，我学了之后对科研也比较感兴趣，当时是有三种选择，一个是中国科学院云南热带植物研究所（版纳），一个是云南省景洪热带作物研究所，一个是保山热经所；热经所不知道是保山还是哪里，根本不清楚。当时是这三家三选一，因为考虑到版纳植物园是中科院系统，景洪热作所力量都很强，怕我们去发挥不了作用，听说保山有个热经所，属于哪里管都不清楚，全称叫什么都不知道，就写了封信联系一下，他们同意要，那个时候是包分配，那个时候高中毕业能够考取学校就不错了，很难考取的。

后来就来这边，那时候通讯什么的都相当差，不用去院里报到，直接到保山，从昆明到保山要3天，电话的什么都没有，只有手摇的，打几天打不通，我们那个年代来了11个人，其中我们那批学校来了五六个，我们班就来了3个，就来保山报到，没有联系到，因为无法联系；我们来就住在保山市客运站，第二天要坐车还遇到个一起报到的。当时是不用什么手续，同意来就行，学校有个介绍信，拿着介绍信就来。坐班车到保山天都没亮，热经所在什么地方都不知道，想着搞农业的单位都很偏僻，应该在郊区。当时天又黑，什么都看不见，坐车一会平路，一会爬坡，一会下坡，就想是在郊区可能也是坝子，走着走着又爬坡，心里就凉掉了，是个山区，快到蒲缥那个山头上看着下面有个坝子，想着是快要到了，到了蒲缥以后车子还不停，后来心就更凉了，想着这个地方在哪里不知道，到了后面看着都很荒凉，也不像是城市的样子，然后就问车上的乘客，当时也不知道叫热经所，就知道全名叫云南省农科院热带亚热带经济作物研究所，还讲点普通话，那些老百姓用施甸话说没听过啊，那是哪个单位？旁边有人就说那是棉站，我听听好歹有个民航站，还可以坐坐飞机（误以为"棉站"是"民站"），就没听过有棉站，到东风糖厂下车以后就有人来接，当时办公室主任毛俊平开着拖拉机来，拖拉机上面还有些牛粪那些，叫我们搬东西上去，就拉进去了，我们同行一张车子的有 3 个人，手扶拖拉机拉东西以后临时来接的，当时进去以后还觉得半天不见大门，第二天就问毛俊平老师：怎么不见这个单位的大门，毛老师就说：忘记说给你们了，大门就是旁边进来公路边有两个土墩。

我们来的时候，七八月份天气很热。就问毛老师：哪里洗澡的地方，天气太热要洗澡。他就说等等，晚上我领你们去。我说怪了，洗个澡还要等天黑才去。吃完晚饭黄昏的时候，就领我们去洗澡，去江边抽水站有个小水塘，一下水就搅浑了，我说这种怕整不成，后边就建议他们给我们安个水龙头。我们住的是一排的瓦房，开始的时候是几个人住一小间，就建议安装个高的水龙头好洗澡。用的都是冷水冲澡，随便冲洗下，女同志也是一样，住的就是瓦房，来的时候基本上都检修过，开始住房也紧张，五六个人住一大间，后来盖了新的办公楼以后，老办公楼就拿来做招待所，就把招待所腾出来给我们一人住一间，也是瓦房。

我们一批来的 11 个人，基本上都调走了，到元谋、临沧等这些地方，现在就剩下我一个人。才参加工作就分工，就搞热带资源，跟着马锡晋，也是第一代创始人，马老师是 1987 年退休，就跟着他干到 1987 年。马老师他们算是第一批科技干部，他是西昌农专毕业的，是解放前的，也是毕业分配过来的，开始是在宾川农作试验站（解放前就有的），后来才去芒市，然后到的潞江坝，李超是一直从施甸跟着过来的。

一来的时候是开始搞所史教育，大家先开会，介绍热经所的历史，过去搞什么，现在搞什么，介绍完就根据本人意愿，单位需要又分工，有些搞栽培，有些搞植保，有些搞品种。1987 年农业部又资助去广州华南农业大学研究生班读了一年的植物分类。

我们那个时候搞科研是一把钢卷尺就完了，那时候卡尺都没有，根据资源的不同类型分为 3 类，重点资源每个月调查一次，第二等资源每季度调查一次，一般很普通的资源是一年调查一次。根据目前可以开发利用的前景来分类，就是靠数据的积累来找出规律，没有现在的手段；我们下地干活不是很多，主要是以研究为主，招有科辅工人，也有需要自己干的，像是中耕除草，育苗这些。刚开始来的时候有点不适应，就想着搞科学研究是穿着白大褂，实验室里泡着，一来是发一把锄头，心就凉掉了，说好不容易离开农村，丢掉锄头把，来又发给一把。当时也想不通，慢慢地就觉得适应还是需要个过程。

当时来的时候还是有点不适应，工作条件也艰苦，生活条件也艰苦，条件又差。找媳妇就有点难找，找傣族又语言不通，因为那个时候汉语还不普及，找个农村的又辛苦，女的也比较少，好多人就因找不到媳妇就走掉，确实很困难，2000 年以前女的都很少。

以前条件好点是的东风糖厂，效益好，工资高，工作环境各方面因为是工业单位所以要好些，地位比较差一点的是我们单位和农场，他们说的："农场是土八路，糖厂是背带裤，热经所是花短裤（下地干活呗）"。糖厂是 1978 年左右成立的，一直到 2000 年左右还是比较红火，慢慢的就衰败掉了，现在来看我们要好得多，农场没怎么变，糖厂倒闭了。

1995年到2005年这十年的时期，怎么会由所变站，站又变成所？

1995年前后，当时一个是热经所问题比较多，单位内部矛盾比较大，问题也比较多。1987年元谋资源圃成立，当时他们新单位，新事物还是欣欣向荣。因为他们处于创业阶段，所以就合并过去。

合并时的文件我看得也很清楚，会上也说得很清楚，两个单位两个牌子，对外还是各干各的，是两套班子，对内实行合并管理，一套班子。到后来，管理运作上，元谋那边就把我们作为二级单位管理，这边的单位受到很大的限制。一般从省上、部上来的各种文件都到不了我们这里，有什么好项目都到不了我们这里，所以说相当恼火。

1987年4月份我就任科研管理科副科长，一直到1995年合并的时候，所以说经历过这些。2002年9月份我任站长，合并以后成立园艺开发中心，热作中心我就任这边的主任。1999年七八月份到2002年九月份这段时间，我去思农公司去打工，以单位合作派过去的技术服务，2002年回来任站长，直到2005年恢复建制。

## 热经所是中国第一家开展咖啡研究的单位

当时像这种继续发展下去热经所可能相当恼火，不利于发展。加上元谋始终是干热河谷，他们离热区植物比较远，从热区植物干的话也没多少潜力；另外热作的同行也很不认可，热带作物研究这块我们虽然开始以棉花为主，但实际中间我们热作做得多，因为咖啡是我们1952年从芒市搬家引进过来的，是中国第一家研究咖啡的单位。那是1952年春天的时候张意，马锡晋两位老师去傣族遮放考察时，发现一种红彤彤的果子，也不知道叫什么，觉得有价值就把它摘下来，它不是野生资源，就在傣族的田园里面，就采了70多斤的鲜果到芒市育苗，一半种子留给芒市林场，一半苗拉到潞江坝来，我们到潞江坝是

1952 年底，当时在潞江坝是种了 100 多亩，潞江农场成立以后到底干什么不知道，刚好我们咖啡长得也比较好，就决定搞咖啡，他们是农场土地面积大，规模大，影响也大；我们是新中国第一家研究咖啡，中国热科院是 1957 年成立，我们比他们早得多。

## 搞农业科研的人应该有点什么农科精神

国家有国家的文化，企业有企业的文化，包括单位有单位的文化，文化是灵魂。过去时代发展不同，20 世纪 80 年代毕业的人都是在计划经济时代发展起来的，无论读书也好，工作也好，什么也好，都是为现代化服务，做两种准备，考取是为国家服务，所以大家有个目标，有个共同理想，所以大家的凝聚力都比较强，为同一个目标而努力奋斗。

为什么要搞科研？首先要搞清楚，要发挥为三农服务，因为我们是靠国家财政供养，政府发工资，首先要为政府服务，做好参谋助手；第二要为企业服务，现在好多东西靠企业，为农民服务，为什么做科研要先把目的搞清楚，然后围绕这些目标，把自己该做的事情做好，最根本的是新品种、新技术，扎实做好科研。

（访谈录音整理编辑：院历史文化挖掘工作组）

# 云南咖啡研究与推广简史

## ——黄家雄访谈录

咖啡（小粒种咖啡）原产非洲埃塞俄比亚，埃塞俄比亚人于公元 4 世纪发现并栽种咖啡。公元 6 世纪，咖啡传入也门。1616 年荷兰人从也门将咖啡引入荷兰阿姆斯特丹温室种植。荷兰人于 1658 年将咖啡引入斯里兰卡，1699 年引入印度、印度尼西亚和马来西亚。1813 年咖啡由印度传入缅甸，1885 年缅甸成为英国殖民地，开始大面积种植咖啡。1893 年景颇族边民从缅甸将咖啡引入瑞丽市户育乡弄贤寨种植。

1952 年春，云南省农业科学院热带亚热带经济作物研究所（时称云南省农业试验场芒市分场）所长张意同志（第一任所长，时称场长）和科技人员马锡晋同志到德宏州潞西县遮放坝作社会调查，在傣族农户庭院中发现结满红色果实的植物，也不知为何物？问其名称曰"咖居"（傣族语），凭科技工作者的直觉认为这应该是一种有开发价值的植物，于是采得鲜果 70 多斤，带回芒市交由科技人员曾庆超同志和李超同志育苗。苦无半点资料，终于幼苗苗壮成长，后经当时农垦部顾问、著名植物学家、中国科学院植物研究所秦仁昌教授鉴定，告知曰这是小粒种咖啡，多产南美，国内是没有的，他也没有资料。

1952 年冬，云南省农业科学院热带亚热带经济作物研究所奉命搬迁保山市潞江坝，经秦仁昌教授苦劝，留下一半苗木给芒市林场，另一半苗木随所搬迁引入保山市潞江坝，在潞江坝所内试种 100 多亩，与番木瓜套种，1954 年少量挂果，1955 年后正式投产，硕果累累，取得了良好的引种试种效果，从此开创了新中国咖啡科学研究和产业化发展的新纪元。

1955年国营潞江农场成立，1956年国营新城青年农场成立，随后保山、龙陵等周边大批移民进入潞江坝，从此掀起了开发潞江坝的热潮，但不知种什么作物为好？刚好国营潞江农场等相关单位人员到云南省农业科学院热带亚热带经济作物研究所参观，发现咖啡长势很好，说明潞江坝很适宜种植咖啡。加之，当时国际上形成了以美国为首的资本主义阵营和以苏联为首的社会主义阵营，两个阵营互相敌对，而苏联及东欧社会主义国家人民日常消费必需的咖啡原料为资本主义阵营控制，无法得到有效供给，于是苏联政府向中国政府提出发展咖啡要求。1957年12月17~28日全省农业工作会议在潞江坝云南省农业科学院热带亚热带经济作物研究所召开，省委省政府派省委委员、农村工作部郑刚部长、省人大张天放副委员长主持会议，来自全省140余人出席会议，会议研究决定，我省广大热区除在部分地区发展橡胶外，应加强棉花、甘蔗、咖啡、双季稻的配套研究和生产发展，第一次为全省热区开发利用提出了规划和布局，首次把发展咖啡列入重要议事日程。这批种子成为国营农场和潞江坝农村大面积推广种植咖啡的第一批种源，1957年国营潞江农场在老桥队种植咖啡2.4亩，其后国营潞江农场、保山地区外贸局等单位也从德宏采购种子，咖啡种子又通过农垦从潞江坝传播到临沧、普洱、红河、文山、德宏、西双版纳等垦区，五六十年代全省咖啡面积发展到5万多亩，产品远销苏联、东欧等社会主义兄弟国家，也为支援我国社会主义建设发挥了重要作用。

云南省农业科学院热带亚热带经济作物研究所自1952年以来，一直致力于咖啡科学研究及新品种新技术推广工作，是新中国成立以来最早从事咖啡研究的科研机构（海南中国热带农业科学院成立于1957年，云南省德宏热带农业科学研究所成立于1962年），在各级党委、政府的正确领导下，通过艰苦努力，已建立从种子到杯子、从田间到餐桌的咖啡产业技术体系，围绕产业链构建了咖啡资源与育种、耕作与栽培、植物保护、植物营养与施肥、产品加工和产业经济六大学科体系，已收集保存咖啡品种资源200多份，主持省部等项目50多项，获咖啡科技成果奖9项，授权专利15项，发表论文130多篇，出版咖啡专著6部，制定标准6项。2004年被科技部命名为全国唯一的"咖啡科技成果转化中心"，并担任云南省咖啡产业科技创新战略联盟理事长单位、云南省咖啡行业协会副会长单位、云南省精品咖啡学会副会长单位、中国热带作物学会咖啡专业委员会理事／副主任单位、中共云南省委专家服务团咖啡领衔专家单位等。近年来，"特色热带作物产品加工关键技术研发集成及应用"获国家科技进步二等奖，"咖啡加工关键技术研究与推广"成果荣获2014~2016年度全国农牧渔业丰收奖三等奖，"云南小粒咖啡产业化关键技术研发与应用"成果荣获2017年云南省科技进步三等奖，对促进咖啡产业科技进步发挥了重要作用。通过数十年的艰苦努力，总结提出一套"咖啡标准化生产技术"，其中"咖啡机械脱胶技术"被列为农业部"十二五"主推技术，"咖啡酶促脱胶技术"和"咖啡豆机械干燥技术"被列为农业部"十三五"主推技术，并在全省进行推广应用，科技覆盖率达70%以上。截至2016年末，云南省咖啡种植区有9个州（市）34个县面积达175.46万亩，产量达15.84万吨，产值达25.90亿元，分别占全国的98.44%、98.80%和98.81%，为咖啡科技进步和产业化发展做出重要贡献，对促进我省热带农业农村经济发展发挥了重要作用。

（访谈录音整理编辑：院历史文化挖掘工作组）

# 农科精神需要传承

## ——尼章光访谈录

## 走上农科之路

问：尼老师老家是哪里的，是怎么来到这里的？

答：我老家是怒江六库的。我 1986 年从怒江农校分配到这里，那个时候已经叫热带亚热带经济作物研究所了。我在农校的时候学的是农学专业，来的时候就跟李超老师一起种芒果，到现在，种了 31 年。

问：您跟我们说说当时的大概环境是个什么样子？

答：要从我们怒江农校怎么出来开始讲起：当时我们怒江

农校是初中毕业的四年制中专，因为在滇西，我们那是怒江州招的一个民族班，都是少数民族，按正常的是要分回怒江州的，后来毕业的时候分配不是教育局分配，当时分配的是科委和农业局。因为是学农的，就往农业这块走，热经所 1985 年的时候在怒江做热带作物的推广，做咖啡和玫瑰茄推广，当时单位的领导感觉跟少数民族地区接触沟通有点困难，因为语言上不通，为了便于在怒江州推广热带作物，

就去怒江农校要了三个名额，说是以后利于怒江搞推广，但是最终只有我一个人留下来。

当时怒江州人才比较缺乏，尤其是对农业科技人员需求是相当大，所以最初怒江农业局很不愿意放人。来的时候很少有人知道这个单位，我有个亲戚他说他知道一点，那个单位在这里，当时他们叫棉站，我那时候什么都不知道，听说了以后才买了车票来到东风桥这里。当时东风桥是老桥，新桥还没建，刚到恰好遇到我们单位的职工在这边买水果，我下车以后就问这个单位在哪里？邹大姐说：就是我们单位了，他们是走路过来的，我们进来的时候所长就派了一辆拖拉机拉着我们进去的。

当时我们所大门都没有，就只有两个土包（土墩），他们就说往两个土包（土墩）那里进去就是你们单位了。来的时候办公就在下面的老房子，办公室就全部在那里。现在这栋房子是 1987 年盖好的。1986 年，我们刚来的时候，单位领导跟科技人员和职工代表在一起。讨论我们的办公楼盖在哪里好，是在保山还是就在这里，当时年轻人有十多个，其他的是老专家，有两个意见：一个是盖在这里，一个是盖在保山。盖这里的意见主要是老同志老专家，他们是长期在这里，他们就说是搞研究第一个是要在地方（基层），第二个在这边办公是最好，好研究，去保山太远了。当时高速公路不通，从蒲缥走（老路，国道）要两个多小时，我们年纪轻的就觉得去保山条件要更好点，现在想，如果基地在保山的话，很多工作不好落实，在基地上，有什么问题我就进试验地马上就可以解决，如果是在保山打电话说什么就是什么，不一定能解决问题。

## 那时的热经所

问：1986 年来的时候所里有多少人？

答：那时所里人还是多的，职工有 200 多个。那时退休的人都没有，主要是工人多，大概是有 100 多人，现在我们退休职工都有 130 人左右。当时我们在农科院也是经济效益最好的，因为当时我们种咖啡，胡椒，最贵的是胡椒，那时候就已经卖到 40 块一公斤了，我们单位当时种的胡椒面积还是比较大的，我们附近过去种胡椒的都是从我们单位推广出去的。咖啡也是从我们这里推出去的。我记得原来保山市科委的一位主任总结是：要了解中国的咖啡，首先要了解云南的咖啡；要了解云南的咖啡，就要了解保山的咖啡；要了解保山的咖啡，就必须要了解热经所的咖啡。

因为我们单位从 1932 年就研究咖啡，1951 年的时候从保山施甸的查邑，然后迁到芒市的三棵树。1951 年德宏农垦也是搞农业，他们是种香蕉（橡胶），所以说有冲突，要重新选址。1951 年底到 1952 年中期，李超老师他们就从芒市过来找土地，当时在对面的大山山顶上，看过来这边是个比较平的坝子，就看中这块地是比较好的，所以就过来选地。当时陈赓是云南军政委员会主席，拿着陈赓的介绍信过来，过来以后给新城一个土司宣讲，宣讲要直接找土司，李超老师他们去的时候是背着步枪，因为当时那里还有土匪，这里没有，顺江走是最好的办法，去土司家就顺江直上去是最安全的，然后去找他要土地，说是我们看中这块土地，他就去到潞江坝指指点点就把地划下来了。以前我们的土地是顺着门口的河流过来全都是我们的，后来是东风糖厂建厂，建厂以后建住宅区、厂区，老百姓的土地占用掉，我们单位又把东风糖厂占用的土地又置换给老百姓。

## 为什么叫"老棉站"

问：这里有个旧称叫老棉站，这个是怎么来的？

答：我们单位刚刚来这个地方（建立）的时候，主要研究的是棉花。因为当时我们国家是属于计划经济，棉花在当时是属于战略物资，我们单位 1980 年以前都是做棉花研究的，最早就叫棉花研究所。当时是跟中国农科院棉花研究所一起合作过，还有成果。我来的时候，那是 2003、2004 年，中国农科院的一个老专家还专门跑过来，他看了以后说：这是过去我们一起合作搞棉花的单位。他们一些资源还在这里，当时是我们已经做得很少了，他就过来看看。原来是叫潞江棉站、棉花试验站、棉花研究所，热带亚热带经济作物研究所，是这种来的。

## 热经所的分分合合

问：1995 年的时候又有一次变更，是跟元谋合并，当时的背景是什么？

答：1995 年我们与元谋（热作资源圃）合并后，我们这边是叫保山试验站，当时是我们这里是研究所，是研究所的框架。20 世纪 90 年代以后，1990、1991 年那段时间，很多科技人员是留不住的，因为这里交通位置相对闭塞，各方面的交流接触比较少，信息也比较闭塞，所以说我们这边很多科技人员都回家去，1985~1988 年这几年来了好多大中专生，但是之前调走的也有好些，一些是从学校分来的，来到这边看一眼以后直接就走了，有些户口都不要就走了，当时户口还是很关键的。我印象深刻的是我们有个大学生是分到咖啡这边的，后来他就跑到德宏那边，好像到了建设局。那个时候条件确实很艰苦，20 世纪 90 年代前期和中期，大量的科技人员走了。

一直到 1995 年，留下的很少，那个时候我们在试验站作了统计，大概 70% 以上的专业科技人员都走了，留下来 30% 左右，其他有条件的能走的都走了，专业技术人员大量的外流，引进来很难，在这个背景下，院里就全院搞合并，我们就跟元谋合并。

我们那时候因为年轻，另外特别是农村出来的，看着是艰苦，但是具体也觉得不怎么，当时住宿舍两个人住一个房间，在一起住三年，工作条件确实艰苦。后来我们的房子建起来了，但是我们的实验室实验设备什么都没有，我们很多的工作都是去田间做调查，然后根据调查的实验数据去发表文章的。

我们单位 2005 年以前，所有的文章都是去地上调查整理后形成的文章，没有从实验室实验数据出来的，都是基础数据整理的。很多专家说的我们靠的就是一把卡尺，一把皮尺来做文章的。所以说我们来了很多人，看到这种条件，那些学历高的根本待不下去，他觉得无法干他的工作。我还是佩服我们前面的那些老专家，那么多年来，都是靠地上摸索，不靠实验室能够在全省推广应用，特别是我们的咖啡，胡椒，这些应该是我国研究超前的。

问：到哪一个阶段是发展、变化比较大的？

答：应该是 2005 年以后。2005 年我们所恢复建制，在外面上看起来只是一个名称的改变，但是对我们单位的发展，科技人员的工作条件平台是不一样的。过去我们试验站出去做什么项目就很难进入，很难从科技厅、农业厅这个层面上要到项目，因为平台就很低，根本要不着项目。在低谷的时候，我们的科技人员在这里是将近有四年多近五年的时间是不发工资的，因为省农科院提出 60% 工人的工资都是在站上发的，我们科技人员，比如那个时候黄家雄和我，还有其他好大一批科技人员是自付工资的，要自己苦工资的，黄家雄、我去下面资源圃的时候，那块地是交给我们，然后自己出劳力，自己出钱，自己卖产品，然后自己发工资，自苦自吃，但是那个时候我们选种室最辛苦的时候，资源这块是我们自己出去外面收集来的，本职工作没有丢。

## 步入科研工作"快车道"

我觉得在开展研究工作期间，最值得感谢的是我们一位腾冲老乡，他在海南的热带农业科学院，现在他是副院长，他当时是中国热带农业科学品质资源所的所长，他路过保山就听说这里有个研究所，就过来看看。这是我们单位真正起来的一个点，因为当时他来的时候我们实验站我是分管科研的，黄所叫我去陪他，然后我就领他去资源圃，进去看了以后他就说：想不到你们这里还有这么多的资源，你们赶紧参加我申报的一个项目，科技部资源平台的重大专项。那个时候经费有一千多万，我们都还以为是开玩笑的，后来一天他就打电话，说是赶紧坐飞机，明天就到海口参加项目会议，那个时候是他给我们带出来的，当时钱（项目经费）都没有，飞机票都是他报给我们的。

第一次参与科技部这种重大项目，我把所有的科技人员都叫上，因为这种项目好多人没参与过，那个项目介入以后，后来农业部启动产业技术体系，当时就下设试验站，我们派人去华南农大读硕士，跟那边的老师说起来就很少知道这边有个试验站。在什么条件都没有的情况下，能够进入到这个项目，那个腾冲老乡是起到决定性的作用。

问：在那么艰苦的条件下是什么支撑您走到现在？

答：在这些做的过程当中，不管是做什么东西，只要有技术，有实力，首先是老百姓认可，其次是同行认可，最后是领导也认可，在这个过程中，不论是科技人员、一般的人员，你干工作得到领导或者是同行的认可，就不一样了，科技人员不说是给你多少钱，要多少名誉才是好，其实在基层科技人员也好、一般人员也好，得到大家认可你的工作，就可以了。

这么多年支撑我的是我们服务的果农、种植大户和企业，周边的百姓，做芒果这块，培训那么多人，见到我都非常亲切，有什么问题就主动跟你说帮他解决下，他们得到实惠了，我得到他们的认可。在新城培训，说做一个百万富翁，我们很难想象，老百姓都很难想到，但是在种芒果的过程中老百姓做到了，他们一起享受到了，那边有一个老百姓去年、前年做到了，他有 1700 多棵芒果，将近 50 多亩的面积，年收入超过 100 万，华坪 20 世纪 90 年代的时候我们也帮他们种了，到现在发展也比较快。

## 精神可以"教给"年轻人

问：对现在这些年轻人要开展好手上的工作也好，个人发展也好，您是老前辈，您有什么好的建议或者意见？

答：我们是从艰苦的日子过来的，但是现在的年轻人说按照艰苦时候来做是不可能，而且随着时代的变化，条件也改善了，按那种要求是不行的，也是不现实的，精神是可以"教给"他们的，是可以发扬，但是不能照着做，我觉得科技人员给他留下一个好的工作平台，让想做的事情能够做；科研的氛围也给他留下，尽量保留更多的学术氛围；一定要保证好的环境，因为离家人比较远，创业的生活氛围一定要保证。

问：农科精神是什么？

答：一个院有一个院的精神，每个所有每个所的，就像是灵魂一样的，也是一种精神，但是这个精神是什么？是通过挖掘形成的，把过去、现在好的东西总结出来的，农科精神也需要传承。当时我们试验站新来的工作人员，第一个就是听故事，讲传统，就是来了以后听老同志讲他的故事，讲这个所是怎么来的，不是从天下掉下来的，是多少代科技人员努力后形成的精神沉淀，这个精神又传承给下一代，让他知道这个所是怎么来的，这些专家是怎么做的，他知道我今后应该怎么做，如果前面怎么来，为什么形成这样的他都不清楚，他要留下来这个是很难，开展好工作更难，一个单位的领导、干部职工如果不知道这个所是怎么来的，发展背景都不知道，那是白瞎的。

（访谈录音整理编辑：院历史文化挖掘工作组）

# 云南咖啡的由来

中华人民共和国成立初，百废待兴，云南省委省政府为发展边疆少数民族经济、稳定边疆社会秩序和巩固新生人民政权，决定在滇西成立一个省级农业试验场分支机构，以带动边疆农业农村经济社会发展。

在前期调研准备的基础上，于1951年4月在保山市施甸县保场乡查邑村成立了云南省农业试验场保山分场（云南省农科院热经所前身）。因施甸人多地少，发展空间有限，1951年11月奉命搬迁到潞西县芒市三棵树，更名为云南省农业试验场芒市分场。

1952年春，云南省农业试验场芒市分场场长张意与科技人员马锡晋到德宏州芒市遮放镇海弄寨作农村社会调查，在傣族边民庭院发现一种结满红色果实的植物，也不知这是何物？叫何名？有何用？遂问傣族同胞这是何物？傣族同胞曰"咖倨"，但仍不知是什么植物？但凭科技工作者的直觉，认为这应该是有开发价值的植物，于是购得23斤鲜果，带到芒市试验场交科技人员李超、曾庆超育苗，苗木终于苗壮成长，但仍不知这是什么植物？恰好中国科学院植物研究所植物学家秦仁昌教授在芒市考察，于是请其鉴定，才知道这是"小粒种咖啡"。经秦仁昌教授指导，科技人员将小粒种咖啡引入保山潞江坝种植，发现小粒种咖啡第二年就可以开花结果。

1952年12月，单位奉命搬迁到潞江坝，遂更名为云南省龙陵棉作试验站，一半咖啡苗木留在芒市林场，一半苗木引进潞江坝，在试验站内种植100多亩，1954年少量挂果，1955年正式投产，长势良好、硕果累累，这块咖啡试验地一直保存到1970年，后因坡改梯被毁。

1955年国营潞江农场成立，1956年国营新城农场成立，还有保山、龙陵等周边大批移民进入潞江坝，掀起了开发潞江坝的热潮，但不知发展什么产业为好？农场和当地干部到热经所参观，发现咖啡长势良好，硕果累累，加之苏联及东欧国家急需咖啡原料，于是决定发展咖啡。

第二次世界大战后，国际上形成了以美国为首的资本主义阵营和以苏联为首的社会主义阵营，两个阵营互相敌对、互不往来，咖啡原料被资本主义阵营控制，苏联及东欧社会主义国家日常消费必需的咖啡原料得到有效供给，于是苏联政府向中国政府提出在海南、云南等热区发展咖啡，以满足苏联及东欧国家需求，从而促进了保山咖啡产业的发展。

云南省农科院热经所引进的这批咖啡繁育的种子提供潞江农场、新城农场、燎原农庄等单位作为生产性规模种植，成为保山乃至全省发展小粒种咖啡的第一批种源。经鉴定该品种铁毕卡（Typic）占83.6%，波邦（Boubon）占16.4%，这批品种直到1995年一直是我省的当家品种，后因该品种不抗咖啡锈病，逐步被抗锈的卡蒂姆系列品种替代，近年随着精品咖啡的快速兴起，开始恢复铁毕卡波邦生产。

以上内容《云南省农科院热经所简史（1951-1985）》和马锡亚2005年2月《贺信》有记载，马锡晋、李超、曾庆超等老专家口述潞江坝咖啡的来源。

（作者：热经所黄家雄）

# 科技支撑"云咖"香

近年来，云南省农科院热带亚热带经济作物研究所承担的"特色热带作物产品加工关键技术研发集成及应用""咖啡加工关键技术研究与推广""云南小粒咖啡产业化关键技术研发与应用"等成果的研发和转化应用，对促进咖啡产业科技进步发挥了重要作用。

"建立从种子到杯子、从田间到餐桌的咖啡产业技术体系，围绕产业链构建了咖啡资源与育种、耕作与栽培、植物保护、植物营养与施肥、产品加工和产业经济六大学科体系，已收集保存咖啡品种资源200多份，主持省部等项目50多项。"省农科院热经所咖啡专家黄家雄研究员介绍道。

据了解，通过数十年的艰苦努力，热经所已总结提出一套咖啡标准化生产技术，其中"咖啡机械脱胶技术"被列为农业部"十二五"期间的主推技术，"咖啡酶促脱胶技术"和"咖啡豆机械干燥技术"被列为农业部"十三五"期间的主推技术，并在全省推广应用，科技覆盖率达70%以上。

"省农科院热经所自1952年以来，一直致力于咖啡科学研究及新品种新技术推广工作，是新中国成立以来最早从事咖啡研究的科研机构。"黄家雄说，一系列咖啡科技成果的研发和应用，推进了云南咖啡产业化发展，提升了云南咖啡的市场竞争力。目前云南咖啡种植面积和产量占全国的98%以上，是全国最大的咖啡生产和出口基地。

（本文刊登于2018年7月5日《云南日报》科教卫生版）

（邓君浪等）

# 稻作试验站的故事

## ——周国祥访谈录

稻作试验站的由来。德宏这边第一个是气候优势，气候比较适合，温度、昼夜温差比较合适，同时这边优质米的资源比较丰富，特别是遮放米，俗名叫毫米秀，这个品质比较好，因为我原来在陇川是搞栽培的，过去我们在瑞丽推广的极大部分是广西的珍珠矮，广糖矮那些很难吃的品种。所以贺老师到了这边以后，就利用当地的气候，水稻资源，利用广西稻作所的24这些品质比较好的水稻，来到这里就跟遮放米杂交，杂交以后的成果就是408，获得国家的金奖，报成果大概是在1985年。

稻作站最早成立是在1974年，当时我在瑞丽农场，瑞丽农场的副场长蒋克福主管生产的，贺老师和李铮友两个来办培训班，他一来大家都比较欢迎，我们也很支持，县里也是一样支持的。当时种铁刀木的茶叶山下面的稻田，是农场平整过的土地，就划出来。当时这个地区在品种推广上主要是种植地方品种，虽然好吃，但是产量都比较低。农场主要是种植珍珠矮这些广西品种，虽然产量高一点，但是面积小，一说起难吃的米就是广西米。在这样一个技术条件下他来办培训班，大家都欢迎，农场也欢迎，又培养了技术人员，就取得了县里、农场大力支持，所以就取得了这块土地。

稻作试验站最早的归属是云南省农委牵头来办理的，土地是有农场划分了36亩，总的有140多亩，时间大概是在1974年。人员是由当地招了部分，各地州抽调部分，最早叫水稻协作组，之后才定名稻作试验站。

当时选择在这里建这个站的最主要的原因是：这里的地方品种品质好，但是产量相当低，只有二三百斤，很少到 400 斤的；外来品种品质太差，贺老师想利用这里的优良品种资源，就在这里组建了这个点。

那些年边疆的稻作历史。稻作站的前身是有个历史背景，主要的一个问题就怎么解决中国人粮食问题，怎么解决吃饭问题，怎么改善人民生活问题，说来说去就是围绕这个来做。因为从 1980 年以后，承包到户以后吃饭问题就解决了。吃饭问题解决以后，因为那个时候品种革命，主要是从外面引来的矮秆品种，最典型的，当时推广得最多，面积最大，产量最高的就是桂朝二号，不单是在云南，整个广西、广东，整个南部地区都占领了，产量很高，在丽江永胜涛源还创造了世界纪录，所以这个粮食问题很快解决了，对这些矮秆品种，高产品种立了功这是要肯定的，但是确实用一些老百姓的话来说真是不好吃。对桂朝二号老百姓的评价就说：你们拿来的那个品种，鸡吃都会哭的，口感很差。所以那时候在研究产量提高的同时，如何改善品质的问题。对此，大家都想到一起，农民又要求能够有高产的品种，又好吃，因为这个地方的品种很丰富，但是秆很高。

1958 年，我一来的时候就在这个地方搞研究，搞地方品种登记，第一个是地方品种登记，那个时候我们两三个人就登记了 100 多个水稻品种，非常之多，光是在瑞丽这个地方。我前几天看到董宝柱做的多小穗，多小穗实际上就是原来我们地方品种的，应该是十年前就搞过这个事情，多小穗，野稻化分布实际这两个性状都是水稻进化当中的一个阶段，这两个性状实际上不是进步的，是个不良性状，因为水稻实际上是外面的基本上退化后的，实际上只有一点痕迹在上面，但是现在又长出来。

我们登记品种名称叫作 3 粒稻，多小穗实际上是老品种当中叫做 3 颗一作，多小穗的不良性状是：本来水稻以前一个穗子上只结一颗，这个穗子上每一个稻粒基本上都是一致的，但是多小穗同一个穗子上粒的出入就很大，加工的时候就存在大的可能脱壳就能脱得很干净，小的谷壳还有，给我们加工上带来困难，另一方面碾出来米外观上就不怎么好，大大小小，所以说多小穗和双粒壳，省里觉得是一个新的发现，实际是两个退化的性状，就像现在我们人没有尾巴，如果说是他重新长出尾巴来就是一种退化。

像这种的稻种过去是比较丰富的，当时地方品种里有大面积一块连着田一块种植的，相应来讲杆比较硬，而且要矮一点，一般的地方品种属于晚稻类型，株高一般的都在 1.8 米左右，所以割谷子的时候从来都不用弯腰，当时的水稻品种确实很多，除了这些很特殊的稻种以外，一个深水稻也很厉害，可以长 2 米多高。1964 年国庆节搞展览，我就下塘子里取深水稻去展览馆展出，塘里水不是很深，但是我从塘里爬出来的时候身上全是蚂蟥，看不见一点肉。成片的野生稻在盈江有一点，在这边很少。

稻作试验站开创了优质米育种的先河。稻作站当时成立的时候，组织上是属于省农委，业务是属于农业厅，因为是来这边的人是各个地州抽来的，不是哪一个地州的，全省都有，后来搞了一年两年，通过杂交以后就拿着第一代种子就走了，这个地方最典型的时候两个品种，一个是获得国家科技一等奖的 408，一个是陇川的 201，这两个品种母本父本都是同一个，属于姊妹系，当时这个品种有个创举，开创了优质米育种的先河，因为过去我们国家没有直接搞优质米研究，在我们云南也好，全国也好，应该是从瑞丽开始的。

当时搞的远缘杂交，近亲繁殖以后都变异不太大，远一点的把菲律宾国际水稻所的这些高产品种引过来，矮秆这个系统的比较多，因为我们 1975 年的时候在瑞丽的广双引进了一个品种，这个品种我们当时县委书记取了个名字叫广双 725，广双 725 是从缅甸引进的，缅甸那边是又从菲律宾国际研究所引进的，当时不存在什么资源交换，还没有这些意识，我们当时引进来的这个品种在广双种了以后产量很不错，植株与老品种相比就矮了一倍，一般就是 80~90 公分左右，产量在一千斤左右，产量一下就翻了两番。所以当时在瑞丽，在德宏推广的面积还是比较大。

我们稻作站这边就是利用这些作为新的品种，与地方品种进行杂交，地方品种基本上都是原始品种，最大的特点就是米质好，用很简单的一个句话说就是好吃，吃起这个饭，冷热都一样，冷不回生，热的时候非常油润，吃起来非常爽口，所以外地人来这边都说吃你们这个地方的饭就不用菜了。

当时在瑞丽种植最普遍的品种就是毫安弄，最主要的一个特点就是它是个晚熟品种，国庆节以前一般不会抽穗，到谷子成熟的时候 11 月份，雨水基本上已经没有了，这个地方割谷子就摆在田里，摆很长时间，然后堆起谷堆来慢慢地打，到了过春节甚至是过春节以后都还在打，所以就说半年栽秧，半年收割，有那么一个良好的条件。在这个地方，优质米、优良品种的选育还有一个比较好的条件，除了地方品质资源丰富之外，获取国外的品种资源都很方便，比其他任何地方来源都方便，气候条件也确实很不错，就选了这个地方。

一开始协作组来这个地方的时候我就接触过了，因为当时广双已经很有名气了，所以协作组一到瑞丽就参观了广双，后来李铮友来培训班讲课以后，有了示范点，就这样搞起来了。一直到 2004 年合并到省农科院甘蔗站，2011 年又分开并到热经所。历史上首先是协作组，由省农委领导，后又划归到省农科院粮作所管理，叫粮作所瑞丽稻作站，后又跟甘蔗站合并，到 2011 年又分开跟热经所合并，为热经所瑞丽站，现在稻作站这块牌已经不用了，只是习惯了，只晓得这里是粮作所的稻作站，当地人找热经所瑞丽站他们不知道，说稻作站他们就知道了，来到瑞丽只找得到稻作站，问其他的都不知道。

# 编者注：稻作站的历史沿革

瑞丽稻作站创建于 1974 年，选址为云南瑞丽，始称云南省稻作育种协作组，从全省多个地方抽调人员组成，李铮友任协作组组长。1977 年划归云年省农业科学院管理，隶属粮食作物研究所，更名为云南省农业科学院粮食作物研究所瑞丽稻作试验站。

2000 年 4 月，经省农科院行文，把云南省农业科学院粮食作物研究所瑞丽稻作试验站更名为云南省农业科学院瑞丽农业试验推广站。该站的主要任务是稻作新品种选育及水稻新品种、新技术的试验示范和推广工作，同时还是全省籼稻和陆稻新品种选育的牵头单位，组织并主持了全省各地州籼稻和陆稻新品种的选育和试验、示范工作。

2004 年 4 月 7 日与云南省农业科学院甘蔗研究所瑞丽育种站合并，原云南省农业科学院瑞丽农业试验推广站，与云南省农业科学院甘蔗研究所瑞丽育种站两块牌子共用，隶属于云南省农业科学院甘蔗研究所，主要研究对象为甘蔗、柠檬两个作物。

2011 年 1 月，从事柠檬研究的柠檬团队（亦即原云南省农业科学院瑞丽农业试验推广站）从云南省农业科学院甘蔗研究所瑞丽育种站分离出来，更名为云南省农业科学院热带亚热带经济作物研究所瑞丽站，隶属于云南省农业科学院热带亚热带经济作物研究所。其中设有品种资源、栽培技术、植物保护、贮藏加工、柠檬产业经济五个学科。建有国家柑橘产业技术体系柠檬综合试验站，挂靠的单位有云南省农业科学院红瑞柠檬研究所，设有的机构平台有邓秀新院士工作站、云南省企业技术研究中心、农业部柠檬种苗良种繁育基地，是我国从事柠檬、柑橘类专业化的科研机构。柠檬团队入选为德宏州柠檬产业化技术创新团队，获全国工人先锋号、云南省工人先锋号等荣誉称号，云南省民族团结先进单位。

（供稿：周国祥）

# 柠檬的故事

## ——高俊燕访谈录

### 从陇川到瑞丽

问：您是何机缘巧合来到这里（瑞丽）的，在了几年？

答：我是 1991 年西南农大毕业后分配到这边，因为家是陇川的，直接回了德宏，在德宏州农业局上班。后来因为家庭原因，1996 年调来到这里的，在了22 年。当时这里还是稻作站，但那时候做水稻育种已经开始走下坡路，来的时候还做了一两年水稻，然后我们站合并到甘蔗站，归甘蔗所统管。

以前稻作站正季种水稻，因为土地不能连作，冬季就种西瓜土地就能连作，解决了这个问题，当时也是有省农开办的项目支持，所以做了这个，那个时候发展很别扭，种水稻的时候基本上都有人上班的，冬季基本上很多人就出去种西瓜，像杨世平他们老一代那些在瑞丽种西瓜是相当有名的，瑞丽整个坝区到处都去种。那个时候根本不像个科研单位。

那时候我自己还出去办公司做了五六年，相当于是停薪留职，工资是没有拿着，单位上是一年有六七千的项目经费。我记得当时唐副院长来的时候都没来柠檬站，小岳（岳建强）带着他去看我和上海合作弄的种鸡场。

那个时候整个稻作站都是属于为生存而努力的阶段，又没有相应的项目支撑，整个站就只有几千块钱，也没有什么项目，还是比较艰难，那时候的话大概就是十多二十个人，发工资的时候是冬季相对要少一点，种水稻做项目的有一些，反正就是经费非常的少。

从水稻育种，到种西瓜、养鸡，再到柠檬

问：怎么会从种水稻、种西瓜转到种柠檬上？

答：瑞丽是在 1998 年就发展种植柠檬。那个时候是满山遍野都是柠檬，但是产量低，产量一亩到三五百公斤，优质果 20% 都达不到，农民的果子，因为长得丑，种出来也没有卖的地方，就挑到政府门口，企业门口；企业种的果子，果实品质差，市场也做不了。这样就形成政府，企业，农民都三难的一个很困难的阶段。

应该是到了 2004 年，云南省政府在这里（瑞丽）开了一个柠檬发展的会议，省里面就叫省农科院来做这块工作，当时所长说是搞不成，到处都不得吃，那个时候我们也不看好柠檬，觉得满山遍野都没有人卖得出去。当时人家讲，原来种甘蔗打麻将还可以打 50 块钱的，红本本（小存折）天天都你有我也有，种柠檬基本上是连麻将也打不起，存折也没有，那个时候是非常难的。

也就是在这种背景下，叫省农科院开展（柠檬产业支撑）起来做。当时也没有钱，好像院里给了 4 万块钱启动费，说去考察下看看产业的问题，所长想着说是去看看，写个调研报告，说是搞不成就结束了。结果一去看，就觉得这个东西在这个区域确实有它的特殊性，确实可以发展。

# 找院士、找专家的故事

问：是在什么时候跟邓院士（邓秀新院士）"搭上线"的？

答：就是 2007 年的时候吧！因为做柠檬他原来还来过这边，还带着一些品种过来。原来发展柠檬的时候，他跟丁德田（当时的一个副市长）交流得比较多一些。那是 2005 年的时候，我们有个省攻关的项目，2007 年的时候他突然打电话给我们，叫手机上报给他名字什么的，说要成立产业技术体系让我们参与，很简单地发了个短信，然后就进了实验站。

开始起步做柠檬的时候，初期人很少，大概有 8 个；现在，连上外聘的将近有 60 多个，发展壮大了。因为当时都没有做过专业的，那个时候就是岳建强和我两个是本科生，别的大多是中专生，周东果是属于专科生，学历结构就是这样了。

邓秀新院士到基地检查指导工作

2005 年做省攻关（项目）的时候，项目申请书这些我们都不会写，全国做柠檬的一个叫马嘉祺的老专家，我们去他那里（外省）请教。后来是小岳（岳建强）叫他的一个同学买了个传真机放在老专家的家里，有什么问题他写写又传过来，当时就是这样干的。院里面整合了像陈伟、董家红这些，那个时候柠檬学科里面病虫害学科就是谌爱东、曾丽带着起步的，董家红主要是做柑橘的危险性病害，陈伟是园艺这块，原来他也做柑橘这块，当时黄兴奇院长"五一""中秋"还带着院里面的人来看整个产业，那个时候我们也形成一个跟云南农大很强的竞争。

小岳（建强）去华中农大找过邓院士几次，但是就说是因为产业做的不好，专业也做的不好，就是这种一个大概的交往。然后 2007 年的时候，他可能是布局他整个柑橘体系，云南有区位特色，气候条件确实非常有特色，就叫小岳拿手机将他的名字、简单的学历什么的发给邓院士，岳建强就这样当上了站长。

岳建强当上了站长以后，进入体系的工作，应该是整个学科就进入很好的轨道了。柠檬属于柑橘类，当时我们每个人都要盯住自己学科最厉害的专家，因为当时云南做果树，做柑橘这块也是在全国没有什么特色，所以说进入体系后平台更好，人才、专业等等都是由那个时候开始慢慢发展起来的。像引进人才，院里支持最大，基本上每年指标都有，院上这些都是非常倾斜的，包括后来博士、硕士，2006 年进了第一个硕士研究生，后面接着是李进学，年轻人员这些就慢慢成长起来，整个团队就进入状态，有点像研究单位了。

## 所有的研究都是以生产需求为着力点

问：柠檬团队发展到今天，您觉得最有感悟的是什么？

答：我们现在工作的性质是研究学科建设，整个团队最大的特色是所有的研究都是以生产需求为着力点，包括我们现在做的两个国家基金项目。我做的一个是柑橘资源，另外一个是小岳他的秋花果项目，德宏的柠檬亮点是秋天能开花，柠檬它本身可以一年多次开花，但都没有像德宏这样大批量开花的，它秋天开花，第二年三到五月鲜果上市就能填补市场的空缺，市场价值很大；还有李进学做的柠檬专用肥项目，它解决了营养这块，包括做配方委托企业生产推向社会。整个团队和全省37家企业合作，合作都是专人负责一块的。整个学科团队是由不同领域组成的。

我觉得其实是个人的机会还是要通过团队的平台来实现，就像以前我们做水稻，无论你再优秀，像你育种，留不了你的种，你要去做推广还要委托，还要出钱给人家。像做柑橘这块，它的目标，体系建

设起点非常的高，做种苗不是说一般的人能够来做的，整个学科领域里前人做得很少，就给我们一个做科研的领地，然后市场的转化平台很好，技术难，10个里面做成3个就很不错了。现在都是，现在即使发展地方很多，但是很多人达到市场饱和量的时候，我们都说是其实还远远不足，一个是作为我们研究人员有研究的方向，有市场需求的拉动来做这块研究工作，有转化促进的工作。

也不能说是做柠檬门槛很高，技术慢慢地成熟，关键是它的节令性非常强，一年365天，比如说开花时候我必须该打药了，不能说是我这几天忙着，或者是逛亲戚而不打药，过了以后可能全年就影响了，从农民接受技术，像我们就是做品种，可能慢慢的品种引领以后，能够支撑起来，营养这块做研究比较难，推给农民，只要他接

受，还是比较简单的，然后植保就是根据它的需求来做，可以做到优质果 95% 以上。

## 对"跟着小岳种柠檬整得着吃"的理解

问：瑞丽当地农民或者寨子里有句话："跟着小岳种柠檬整得着吃"，这话由来是什么？原话是怎么说的？后面有什么小故事？

答：这个主要就还是靠整个团队，就像你说的，天上飞也好，山上跑也好，其实就是一个团队成长以后，需要方方面面的。你在这个团队里不可能什么都懂，你的强项是项目的争取等等这些，他的定位就比如说是资源的一些引进；细化以后，叫他做一个植保方面的这些就不是他的强项，但是作为团队来讲，人员是构架起来的，也能够支撑得起来。要发挥整个团队的活力，这句话既代表岳建强本身，也代表了整个团队。不是说跟着他一个就把所有的事情都搞定，他只是一个柠檬团队的形象代言人。因为身后有这么一个团队，各个学科的支撑，对整个产业的支撑，包括是对农民的种植的技术指导，才能够成为体系，通过从栽培到植保，从品种引进一直到选育，包括适应性这些整个综合措施，产量、品质，包括收入、市场整体提高，"才得吃"。

问：从稻作站发展到今天，您所理解的农科精神或者农科氛围是什么？

答：我觉得整个团队每个人的发展空间都很大，我们整个团队大概直接服务有 7 个公司，这些人里面就像我们一个硕士生说的，在你们团队不要看着"闷处处"（不作声）的，但只要一个星期不在就觉得掉队一大截，因为他的认可度不止是单位上对你的一些学识的认可，还有社会认可。像我们说的社会就是种植户，企业对你认可，这些企业对你是直接烧钱的，你不能解决工作问题，我们是无条件退回来，你给他节约资金，增加了产量或者造成了损失，你都要去面对这些风险，这些考验。我们去年有个植保专家，他现在就是做生产上的一些创新点，优质果的推产，周围的农民都来找他，今年的话农民也都赚了钱，以前农民一般来都是我们请农民吃饭，现在都是农民请我们吃饭，随便问那一个你赚了些什么钱，人家都是：高老师，也赚了不多，也才 10 多万。在柠檬这个产业，农民确实效益好。

## 年轻人还是要踏踏实实沉下心来多做事

问：最后一点，想请您给年轻人提点建议或者意见。

答：我觉得像我们年轻人这块，在我们单位我们这一代人，已经算走过了起步阶段。现在年轻人应该是走在更高的一个平台，已经比我们走在前面了。像我们单位的一位年轻人，他出去外面，解决技术问题，企业也是非常认可的。我觉得就是一个单位有了良好平台之后，年轻人的发展是非常快的，不能无端地说要求年轻人怎么发展，太空洞了，像我们单位确实是，你不小心就落后了，同学科的人摆在那里，你愿不愿干事，虽然每个单位都有不干事的人，但是想干事的人发展确实很快。年轻人应该借助现有的良好条件，踏踏实实沉下心来多做事。

（访谈录音整理编辑：院历史文化挖掘工作组）

# 懂得合作才能把事情做好

## ——熊兴怀访谈录

问：今天请您来是想做一个访谈，请您给我们讲讲所的发展历史，您所经历的一些历史故事。您是所里老前辈，老职工，情况你了解，也说得清楚。

问：熊老师是什么时候到所里的？

答：我是 1987 年到所里工作的，2015 年 11 月退休。加军龄和在元马镇沙地办事处工作的年限有 37 年工龄，（1975 年在元谋县元马镇农机站工作一年和 1983~1984 年受聘到元谋县司法局工作二年，加起来有三年未计算入工龄，实际工作年限有 40 年）。

我是资源圃筹建小组领导成员之一。当时的筹建领导小组成员有楚雄州副州长纳世华、农科院副院长钱为德，两位领导挂帅，元谋县县长胡之才任组长，元谋县委副书记张春华任副组长（省农科院已任命张春华为资源圃党支部书记和行政副主任），组员有：省农科院开发出副处长蒋民汉、元谋县水电局长管兴邦、科委主任袁久鸿、计经委主任甘环、元马镇镇长马慈云、元马镇沙地村的主任熊兴怀。我因为参加资源圃的筹建工作干事认真踏实，尽心尽责被筹建组织领导看上，后召工入资源圃工作。

为加强资源圃前期筹建工作，省农科院又下派了杨红钧，曾永川等工作人员。为加强领导班子又从地方上，从省农垦局瑞丽热作所调入了吴仕荣，从元谋县调入杨茂寿、王广明等人员任资源圃副主任。筹建时首次招录了第一批大中专生和从地方上调入干部，沙毓沧、马开华、甘环、阮恒著等人。

问：您参加工作之前是否听说过省农科院，是否听说过资源圃？

答：1984年，和志强省长来元谋召开元谋热坝开发的会议，当时就听领导讲话要加强金沙江流域的农业开发。在元谋搞一个农业开发建设的示范试验区，带动金

沙江流域的经济发展。决定在元谋办一个云南省热作研究中心。和省长觉得中心太多了需要一个有特点的名字，就把云南省热作研究中心改名为云南省热区经济作物资源圃，并且亲自题名，做了一个大理石牌子，现在那块大理石牌子还在。我们所的名字后面又改了几次，总共改了4次。我第一次到省农科院院部是九几年，我们从黑龙潭那边去的老院部，当时感觉是已经出城市到农村了。大门感觉很矮，右手边是保卫处，大门进去正中间还有个水池和假山，假山正对面是土肥所，左边当时是个汽水厂。以前还有个电影院，我还在里面看了几部电影。生活区还有职工食堂，食堂旁边有个球场，球场再过去有一些房子。当时我们单位就要了几间房子，在里面支起一些床铺，我们去的时候就是住在里面。当时的印象就是那个床是以前的那种挂着蚊帐的绿油漆双层床，就像学生宿舍一样。因为里面长时间没有人居住，进去以后有很大的霉潮气，条件和现在相比，真是天差地别。

问：您退休之前最后一个岗位是什么？

答：我退休之前最后一个岗位是行政管理科的科长和行政后勤党支部书记。当时我的年龄已经到53岁了。我没有任职后，仍兼任所里一个1000多万的项目，县上和州政府下了一个文件，成立了一个工程局，任命我为局长，后来因为我身患冠心病，非常疲惫于超负荷工作的情况，难于坚持继续担任职务，为此我向所党委行政报告申请辞去工程局长的职务，后经所班子同意批准。

问：您刚参加工作的时候有没有哪件事情让您印象深刻？

答：最早来的时候，张春华的创业精神和艰苦朴素精神让我印象深刻。当时舍不得花钱请小工，很多事情都是我们自己做，我们又都是农村出身，都很积极地去干活，把自己当成农民一样的去干活，而且都没有怨言。单位买的木材到了以后，都是领导和职工一起去扛去抬。我们还自己挑粪、搬卸水泥、挖土、栽树，用化肥换农家肥，一包化肥换一车农家肥。所里还买了一台拖拉机，做成了真空粪灌包，用于去一些机关单位的公厕拉大粪，来浇灌科研实验作物，管理干部和科技人员都轮值和驾驶员一起去拉粪，每次拉粪后身

筹备组成员

上的粪味几天都难散掉。资源圃张书记等老同志特别能吃苦、特别能耐劳，无论是脏活重活都身先士卒带头干。在他们的精神带动下，许多新参加工作的同志深受他们感染，都能积极参与所里各种繁重、苦脏累的科研劳动任务，都学着领导抢着干。随着时间后移，资源圃许多新参加工作的同志都和老同志一样特别能吃苦耐劳，从整个资源圃对青年的培养教育来看，他们在劳动、学习、实践中都从老同志的身上，真正学到了能吃苦耐劳能团结干事，造就了他们的优秀品质。许多年轻人后来不断走向中层干部的提拔任用，像沙毓沧、朱红业、李

建增、阮恒著、杨红钧、江功武、冯光恒等优秀的青年人，都从中层走到了所高层领导，他们都受到上级的重视，都上调到了省农科院，在许多重要的部门担任领导。资源圃特别能吃苦特别能耐劳、特别能团结干事的优良品质，在全院不断开花结果。

问：来到资源圃后，第一个岗位是什么？

答：我刚进入这个单位，主要工作是协助征用土地，当时还没有土地局，但是有城建局的征用地部门。当时的人集体观念比较强，又比较配合政府的工作，征用工作并不像现在那么难。

问：工作开初，遇到最艰难的时刻及事情是什么，您是怎么克服的？

答：我刚进入到所里的时候，人真的很少，也没有完善相关的设施，很多事情人手不够，也没有专业性的技术人员来做相关的工作。水利工程也没有，单位在瓦渣箐挖了一个深井，平时的职工生活用水和生产用水都是从这一口井里抽出来的。经常都会出现抽水机启动不起来的情况。当时又没有电工，我们种的那些苗子需要抽水上来浇

资源圃大门

水，但我们找的电工又没能帮我们解决问题。基本是我们晚上去弄，我自己去试电路检查，最后发现是很隐秘的一根保险丝烧坏了，有时候是深井里的进水管底阀漏水，近八米深的水面非要人潜水下去弄底阀，有的时候是在冬季，潜水下去前要喝上几口酒才能耐得住冷，每次潜水下去闷得十分难受，解决这些问题都非常辛苦和危险。事后所里也感到长期下去难以保障水电正常供给，就去电力公司调了个电工过来。

问：我们了解到张春华书记曾经触过电很危险，能不能给我讲讲当时的情况？

答：有这件事情，那是电力公司架起来给我们用的电，但是电杆架设不规范，防止电杆倒塌的那根拉线打滑和电线搭在一起了。张春华和我哥当时从工地上返回办公室，经过电杆旁边，他没注意就碰到了那一根带电的线就触电了，张春华当时就不会说话也不会动了。我哥因为当过兵，对电力的知识也知道点，意识到他是触了电，也不敢直接拉人，就用力拉他的衣服，使他与电线脱离之后才得救。

问：我们开展历史文化挖掘工作，要梳理一些线索，比如重要机构设置、重大科研成果、重要人物，老建筑、老古籍、旧图片等，这些反映历史的东西所里面还有吗，您是否了解一些情况？

答：县政府招待所对面的那栋房子就是筹建领导小组最早的房子，现在还在。照片大多都已经移交到档案室了，其他一些私人的照片需要找一找。

问：记录历史是为了留存记忆，教育后人，到了农科院后，对您影响最大的一位老师或者是领导是谁？你在他身上学到最珍贵的什么？

答：张春华书记对我们的影响最深，印象也最深刻。他也是当过兵的人，和他做事情就比较合拍，他特别能吃苦、不铺张浪费，过年过节，我们就自己组织职工表演一些节目，吃饭都是三菜一汤或者四菜一汤，非常的节约。

问：您认为什么是农科精神？什么是农科文化？我们想听听您的理解，可以展开，也可以说几个词。

答：农科精神、农科文化从内涵上来说是比较相近的，精神和文化之间是相辅相成的。我认为的农科文化是涉农的研究人员一定要根据当地的农业所需来研究并解决当地的农业相关的一些难点技术问题。

问；您对农科人，特别是年轻人如何开展工作，如何做人做事有什么好的建议、忠告或者是寄语？这是传承，请您给我们年轻人一些告诫。

答：科研人员应具备吃苦耐劳的工作作风，爱学习，爱专业，爱钻研，从课题实践研究中应用学习积累经验和知识，实践和理论紧密结合，论文避免空谈抄袭等等，坚定研究方向，如果你定了研究方向就不要轻易变动，因为一个研究成果是需要长时间的积累的。如果年轻人的学术水平达到一定的层次，就应该给相应的职称，奖励也一定要给。我认为年轻人的思想教育工作方面一定要加强，一定要勤奋努力，天道酬勤，还要懂得人与人的相处合作之道。

（访谈录音整理编辑：院历史文化挖掘工作组）

# 齐心协力创建资源圃

## ——马开华访谈录

今天请您来是想做一个访谈，请您给我们讲讲院、所的发展历史，您所经历的一些历史故事。您是所里老前辈，老职工，情况您了解，也说得清楚，我们准备了一个初步的访谈提纲，您先看看，然后我们再聊，下一步我们还要根据您的口述整理成文字，所以在访谈过程中我们有录音。我们此行的目的大概是这样。

问：马（开华）老师是哪里人？今年多大年龄？什么时候到所里的？

答：我老家是宜良的，今年53岁，1965年出生，属蛇的。1987年参加工作，我们这一批来了6人，另外5人是李贵华、汪国鲜、严俊华、沙毓沧、周红艳。我是三届元谋县政协委员，第七、八、九届，县里去年刚换届，现在是第九届。

问：您参加工作之前是否听说过省农科院，是否听说过资源圃？

答：学校分工时，找我们谈话，说云南省农业科学院热经所要5人，要在元谋新建一个所。我们专业要了3人，然后植保的1人，园艺的 1 人，最后只是我们三人来了，是沙毓沧、严俊华和我。其他人还有黄应昆和高玉蓉，黄应昆本来是要来这里的，结果去了甘蔗所，高玉蓉去了园艺所。后来又有 6 人去了保山，是段曰汤、李岫峰、严俊华、孙正虎、李勇和杨明。后来段曰汤调到我们所，李岫峰和严俊华调到了农垦农业科学设计院。李勇是学园艺的，工作一段时间后，调去了芒市。杨明后来好像是调回景东，现在是思茅烟草公司的副经理。孙正虎后来调到保山农业局。他们几个都是分到保山潞江坝，然后又从潞江坝调出去的。

问：当时在华南热带作物学院，也就是原来的两院，现在叫海南大学，在校时是否听说过云南省农科院？

答：当时没有注意到，分工时听说云南省农科院要人，就过来

资源圃旧貌

了。当时如果我们要求，也可以留在海南，但是想到云南省农科院更符合我们学的专业，所以就同意到云南省农科院。大概是 7 月 13 日到省农科院报到，报到后在等待安排工作时

回家了几天，然后就到农科院上班。

问：您是怎么到桃园村老院部报到的呢？到老院部的第一印象是什么？

答：我们当时是坐 9 路车到黑龙潭，然后院里派了一辆双排座的生活车来接我们的。当时感觉院部很偏僻，比我们两院还偏僻，交通都只能靠两辆交通车定点进出，现实情况和想象的还是有较大的差距。现在，老院部基本全翻新了，原来的房子基本找不到了，变化很大，发展很快。我们这个单位（热区所）是 1986 年开始筹建。筹建

时，楚雄州派我们老书记张春华来元谋当县委副书记，准备筹建这个所。省农科院是开发处副处长蒋民汉参与筹建，1986 年毕业的杨红钧具体整理相关材料。我们报到后先是在院开发处上班，住在农科院招待所。工作主要是跟着师兄王家金熟悉情况，当时周智敏、肖植文都在开发处。我们熟悉一段时间后就到元谋。8 月 10 多号，我们就到元谋找张书记报到，了解元谋的情况。

问：来到元谋后，第一个岗位是什么？

答：当时土地还没有征过来，我们下来后就在现在的县招待所（现元谋宾馆）对面，把现在还在的红砖房租下来住，配合着开展征地工作、整理图纸，当时这些土地请水利水电设计院测量过。我们下来了解情况后，又回农科院去拿东西。第二次我就没有下来，院里把另外几个人及我的行李送下来，我在昆明作为院机关篮球队员参加农科院第一届篮球赛。另外配合整理我们这片土地的图纸及"五省六方"会议材料。图纸拼接好，篮球赛结束后，我就下来了。下来后就参与征地、土地清整、迁坟、确定坟墓、树木等归属的工作。我们这里当时有 350 多座坟要迁移，有些找不到归属，我们就进行编号，进行公示，希望家属来认领。当时还发生两家人来认领一座坟的事情，但是相邻的坟又没有人认领，其实就是其中一家人弄错了，认错了祖坟，发生两家争一座坟，两家都不认另一座坟的事情。还有两家人因木材赔偿，为争一棵树差点打架。我们几个就天天解决这些事情。当时，张春华书记喜欢带着我，让我做一些记录、协调等工作。

问：参加工作开初，印象最深的一件事情是什么，能否给我们讲讲？

答：就是刚讲的迁坟的事情，当时有几十座坟因年代久远没有人认领，张书记就派我礼拜天到苴林买回一批土锅，然后请人将没人认领坟的尸骨放入土锅，用红布盖着，照相保存，然后再集中安葬。这些事情我们都亲自参与做，有时要把骨头掰断才能放进土锅中，有些女性尸骨还有头发，当时也是胆大。

问：工作开初，遇到最艰难的时刻及事情是什么，是什么时候，您是怎么克服的？

答：这个也没有什么。我们这个单位是新筹建的单位，土地基本平整后，就进行分组，周红艳当时是蔬菜组组长，杨红钧任热果组组长，我是资源组组长。我们资源组的地就是现在土坝下面那片，分好地后就开始收集资源，搞育苗。我们挑土、平地，每天都是亲自干活，开始种植蔬菜。

问：我们了解到挑粪、搬水泥、搬钢筋，用化肥换农家肥等事情，这些事情你做过吗？

答：做过，搬水泥、钢筋、木料。我就是第一任仓管员，来了新人后，我才交给别人管理。当时仓库是在红卫村中的一个库房，从昆明拉物资下来就是交给我了。当时是要指标的，钢筋、水泥等物资都是从昆明拉下来，这些事情我们都参与，参与搬运物资，清理仓库。我还亲自到昆明参与运输过一车钢筋。当时还供汽油，我们还在土坝那里建了一个小油库。

问：男女都要干这些活？

答：有些工作主要还是男同志完成，比如当时我们在拖拉机上装一个大铁罐，用来运输农家肥。设计改装完成后，我们用发动机带动

水泵来吸粪池的农家肥，要把大管子丢进粪池中，粪池有10多米深，当时做这个工作，为了节约成本，4元的临工费我们舍不得出，能自己做的

我们就自己做。

问：当时您的工资是多少？

答：我的工资是 84 元，一个月还有 20 元的全勤奖励。我们下来那一年的开始几个月，组织关心我们，下来工作是按出差蹲点给我们发补贴，所以第一年的几个月每出勤一天有 1.5 元的蹲点补助，够我们的伙食费，第二年就取消了。

问：我们了解到张春华书记曾经触过电很危险，听说当时您在现场，能不能给我讲讲当时的情况？

答：有这件事情，不过当时我不在现场，我在离事故点不远的地里。当时我们是临时搭的变压器，临时架设的电线，可能是有点漏电，他好像是碰着地线还是怎么就被触着了。当时我们在打出水井，这个工程是熊兴怀的大哥——熊兴阳负责，老张和熊兴阳一起来看这个工程时，被电触着，是熊兴阳把他救下来，是拉着他的衣服把他拉下来的，当时张书记身体都蜷缩了，情况非常紧急，还好没出事故。

问：在当时的男同志中，谁干活最厉害？

答：好像我还相对可以一点，所以当时院团委来收集资料，我挑大粪的照片都拿去展览。我们把土地平整好后就种蔬菜，种的有黄瓜、菜豆，我们都是亲自挑粪来浇，院团委下来照相时，我都没有注意，刚好就把我挑粪的情景照下来拿去展览，后来他们告诉我我的照片展览出来了。其实，大家干活都差不多，没有人偷懒耍滑。

问：我们开展历史文化挖掘工作，要梳理一些线索，比如重要机构设置、重大科研成果、重要人物，老建筑、老古籍、旧图片等，这些反映历史的东西所里面还有吗？您是否了解一些情况？

答：老古树，现在在桥头过来还有一棵攀枝花树，在我们围墙内。在我们辣木地里有三棵酸角树，另还有几棵攀枝花树。保留的老建筑可能只有那栋红砖房了，我们最先建的就是红砖房，基本建设验收后，我们就搬进红砖房办公，我们资源组、热果组、蔬菜组及办公室、财务室就在楼上办公，楼下是厨房。

问：记录历史是为了留存记忆，教育后人。到了农科院后，对您影响最大的一位老师或者是领导是谁？您在他身上学到最珍贵的什么？

答：我们生产上和张春华书记跑得比较多，我们老张书记实干精神、艰苦朴素等方面做得比较好，对我们影响较大。

问：您是否能为我们说说一两个小故事？

答：当时我们这条河会出水，打了井后，我们请自来水公司的来为我们架水。架水时，我们跟着一起抬，跟着公司的人学技术，张书记与我都是亲自操作，用钢钎撬动时，两人的头撞在一起，头都撞着过。1992 年我们搞酸角林，挖树塘，挖树塘真的很艰苦。1992 年 1 月 4 日，我们所资源圃成立，成立时请了院里、州里、县里相关人员来座谈，吴仕荣作了一个报告，报告中提出了开发雨养酸角。后来院、州、县总共拨了 14 万元经费给我们发展酸角。在挖塘时，我们开始是按照 100cm × 100cm × 100cm 的标准开塘，按照这种方法，无法深挖下去。后又想办法采用火药爆破的方式开塘，但是火药炸石头可以，破土不行，用火药爆破后，更难深挖下去。后来我根据我们

的林地是坡地的特点，提出按照 140cm×70cm×100cm 的标准开塘，这样便于深挖，利于收集雨水，最终完成了这项工作。在塘验收时，还发生了一件有趣的事情，当时是我负责验收，我请木工做了一个 130cm×65cm×95cm 验收工具，严格按照标准验收，合格后才发给工钱。因做事认真，要求严格，请的小工在离开时就在我们的墙上写了这样两句话："福禄寿喜张春华，千刀万剐马开华"。

问：您认为什么是农科精神？什么是农科文化？我们想听听您的理解，可以展开，也可以说几个词。

答：我认为就是我们所里写的团结、求实、创新、协作八个字就集中反映了。

问；您对农科人，特别是年轻人如何开展工作，如何做人做事有什么好的建议、忠告或者是寄语？这就是传承，请您给我们年轻人一些告诫。

答：现在的年轻人要加强实践，尤其是刚参加工作的。现在有些年轻人实践动手能力还是强的，但是有些在办公室、电脑上的时间多了一些，我们当时大部分时间都是要下地实践。另外生产实践要善于总结，现在有些年轻人跟着去了田间地头很多次都不能进入角色。在取得中级职称以前，实践上还是要多锻炼，我们州市所接触农业、农村更多一些，所以实践显得特别重要。

（访谈录音整理编辑：院历史文化挖掘工作组）

# 瑞丽甘蔗站与我的三十年

## ——经艳芬访谈录

### 辗转来到"瑞丽甘蔗杂交育种实验站"

我1988年从云南农大毕业。当年大学毕业是分配，省农科院也去过，以前实习的时候就去省农科院参观了。同时期云南农大和省农科院的建设水平差不多，但是省农科院建在前一点，那些建筑要老一些，农大是1982年才开始搬来落索坡这里，我们去的时候路都是新的，但是地还都是红泥巴地，你站在农大里面还要问农大在哪里。当时农科院那边至少是办公楼已经建好了。实习的时候人见的不多，我记得看油菜什么的还实习去过农科院，当时花卉还没开始，当时最好的还是粮作所和土肥所。以前最早到农科院是以学生的身份，看到那些专家学者还是看老师的那种感觉，最后还成为同行、同事。

实际上我毕业的时候是属于二次分配，一开始分配是当时省商检局（云南商品出入检验检疫局）去要人，农大分了3个人过去，结果说是那边办公楼没有盖好，所以说是我们那一批就退回学校，重新分配。别人分完以后，自己也不想回老家去了，就来到了省农科院。

我是学农学的，当时农学 1 个，茶学 1 个，还有 1 个什么专业，反正我们 3 个被退回来后。回来以后也不想回老家丽江，回来以后他们跟我说去安宁，还是去宜良？还是怎么说，当时我也没想好去哪里？也搞不清楚，也不了解那种地方，反正是分配，好像当时是德宏这边，他们前边来的那些人分工还不错，我就来这边了。来这边以后，结果就把我分到德宏州甘科所——德宏州甘蔗研究所。

在德宏州报到，去到德宏州甘科所，当时跟省农科院还没关系，然后我也没想到我会成省农科院的人。我们这边建站是 1988 年，楚连璧老师要投资来建站的时候，第一批建站时我们这些人是属于借来筹建甘蔗站的。

我当时是在陇川景罕，在一个镇上。我最记得的是去到州甘科所一个月，然后有个老师说是要去到保山学食用菌栽培，我就报名跟他去了。当时去到龙陵，我就觉得我咋会连龙陵这种县城都在不住，但是好歹就是我在州甘科所在了 4 个月。楚老师筹建这边去我们那里借人，从那边借了我们 4 个人过来，借来了以后就再没有回去。真正来到这个单位（甘蔗站）是 1989 年 1 月，我记得是 1989 年 1 月 9 日我们 4 个人来这里报到，当时楚老师是住在乡下在做杂交花穗，然后把我们安排在稻作站那边住，当时是他们那边有房子。

问：当时这个站的隶属关系是哪里？

答：当时是省、州、农业部三家联合投资，隶属关系是属于德宏州州蔗糖局的一个二级单位，当时跟省农科院没有关系，楚老师的身份还是甘蔗所的人。当时主要是院里、省里、甘蔗所不同意，领导也不同意。楚连璧自己拿着汇报材料去到农业部找部长，找签字，找协议，这样签一个农业部的协议下来。然后他再来请州里，请省农科院出面，跟州里再签一个 3 家协议联合办这个站，最后定名就是：瑞丽甘蔗杂交育种试验站。当时给的第一批投资是省里 70 万、农业部 50

万，共120万投资，就是设施设备、土地。土地当时是不能买，盖房子这些都没有投资，所以当时一开始的时候确实很艰难。

问：基本建设开始的时候就有很大的缺口？

答：不光是经费的缺口。尽管有这样那样的协议，但是开头来的时候找地都费劲，最终我来的时候这块地都还没有定下来，等我来了以后，楚老师去找市委班子，找住建局，到处去找，找了以后就说是这块地是属于市里征用的，征用以后后边的相关投资没有跟上，所以就闲置了一块。当时就说是我们来建单位，协商多少钱然后就把这块拿给我们，最后是按1万5每亩拿给我们，这块地当时是60亩，我们第一批投资是90万，这笔钱是从我手里打出去的，因为我来的时候是筹建，连地都没有，不要说是住的，会计、出纳我什么都干过。

到了一个没有建好的单位工作。当时土地证这些东西好像都没有，这些证是前两年才办的，当时落名就是瑞丽甘蔗杂交育种站。当时的协议规定是人事关系是属于州管，业务关系是省农科院管，然后省农科院每年还要给2万块的业务费，但是最终是有时候落实，有时候没有落实，一开始的时候跟省农科院也就是只有这2万块的这点关系，人、财务、党政工团都是在州上（德宏州）。

问：你能不能给我们描述下当时工作的环境条件？

答：那种艰苦是你们想象不到的。一开始来的时候周围全部是荒地，然后大门前边是个大深沟，侧边是热作所，是一个坟地，开始住进来的时候是冬天1、2月份来的时候，灰很深，下雨天进来又全部是烂泥。在稻作站住了一年多，然后这边地批

下来以后就来这边盖"竹笆房"，地下是我们用竹子的那种一锤一锤的锤平掉的，然后晚上不能开灯，一开灯的话，田坝中间全都是蚊子还有就是蛐蛐，有时候晚上起来上厕所，回来腿上会粘到蚂蟥。当时没觉得多苦，只是有时候郁闷，觉得命苦，到个单位还要自己建。

一开头来的时候是从州甘蔗所借调了4个人，州蔗糖局来了一个当副站长。第一年我来的时候那个副站长还没有来，就是楚老师家2个，我们4~5个人。就开始征地，开始跑了，然后1989年8月份，杨李和就过来了。1990年就姚育刚、董立华、孙有方他们3个来，1991年陶联安来，然后这个单位就一直这几个人就没变过。

州蔗糖局最先的想法是我们跟州甘蔗所是同样属于二级部门，都是科研所，有想把两边合并的迹象。但是我们的定位跟他们那边是两回事，我们这个单位是瑞丽甘蔗杂交育种试验站，作为甘蔗产业的一个基础研究部门，这个定位至今没变，也一直按照这种一路发展起来。甘蔗的育种是部分人来提供杂交花穗，选育由各个科研所来选育的这种方式，有性杂交，无性繁殖的一种方式。所以当时楚老师建这个站的目的，就是开发我们云南的甘蔗野生种质资源，创新亲本，提供选育种，改良品种的抗育性，跟德宏州甘科所应用推广不一样，甘蔗选育种我们是最前端、他们是做末端。直到1995年，通过多方面努力，才把这个单位收归省农科院管，又变成院甘蔗所的一个二级部门，直到现在。

当时划归省农科院的时候是人财物一次性划清，人还是这些人，之前调过来的人也就归这边，就没有双重管理了，划了以后就派张正清来当站长，这以后我们的职称评审、评定也才全部理顺。我从1988年工作到1995年之前，我们的工作就是筹建，就是这里挖下，那里整下，根本就没什么职称的概念，也没有出去培训深造的意识。

1988年地征过来以后，我们就开始搞科研，甘蔗已经种着了，外面杂交的一个选种圃搬回来种着。有一件趣事，有天我在地上干活，我拿刀把倒掉的甘蔗砍掉，理顺掉，然后外面帮我们拉钢筋建房子的人以为我也是请来的个人，就问我，人家一天给你多少钱，我说，我一天一分钱工钱都没有。

女生也要干体力活。当时我们为了养地种过绿豆，然后挖过甘蔗沟，都是自己手工挖的，当时是楚老师培训我们挖的，一锄两锄三锄挖一个甘蔗沟出来，田埂整理好好的，哪个挖得好不好、及不及格还要进行评比。所以有的时候我也郁闷，我们科研人员这些东西肯定是要会，但是我们去挖那些以后，其他该我们做的事情就没有做，有的时候就像生产队出工一样，天天下地干活。张正清老师来的时候，我们站没有经费，什么都没有，甘蔗种好以后，一个就分给几沟，负责培土，像我们这种女生实在干不动，干不完干不动，只有花钱请人干，请人就只有自己开钱。没办法，就是这种走过来的。

但是像我们这种单位，有个好处，就是因为是我们定位很准，开始做的这些只是个过程，我们收归农科院以后，无论是挖地也好，做什么也好，始终坚持着我们自己的定位。到现在为止，持之以恒。这30年我们确实很辛苦，外面的人来说你们这种条件，全国就海南育种场跟你们，前几天广西人来还说，你们这种不要说100万、200万，一年投个1000万都不为过。但是实际我一年几十万都没有，我到处找米下锅，我们单位最郁闷的就是这点，我们做的是应用基础研究，很希望是有个稳定的经费支持，我们只用考虑自己该干什么。

问：现在这块能不能纳入到国家、省体系当中？

答：我们毕竟是甘蔗所的一个二级部门，如果在云南比，我们要比的就是所本部，科研平台不一样，我们没办法比。这两年所领导对我们的支持比较大，我们的站容站貌变化比较大，以前的话，温室只是个小温室，要做什么确实困难。从我们到站科研条件来说，我从1999年开始主持第一个院基金项目，当时楚老师申请，由我来主持，后来院里科研处的人下来，觉得这个还是可以报下省基金，就开始由我来做这个事情。当时得到一个省基金的支持，以前是楚老师为主，从1999年开始，所有的科研项目基本上都是我参与主持，或者是我主持，到现在为止，云南野生甘蔗品种我们审定了2个，获得品种权的3个。2009年获得省科技进步三等奖。

一路走来，我们这几年项目以基金为主，张跃彬所长安排以后，我们也有科技惠民计划，2014年我们申请了云南省重点基金，2013年拿到了一个国家基金。到今年，总结了二三十年的科研成果，获得了一个云南省科技进步二等奖。对于我们来说，我们一辈子干的就是这块，我们能做得更好，但是还是有差距，还有点遗憾。现在我们的云南省重点基金项目坚持做一件事情：独立亲本系统。我们一路走来，

还是希望我们做的东西一是真正为产业有贡献，二要做出产业特色，云南的野生种质资源优势我们要利用起来。

问：这 30 年，特别是刚起步的时候，你觉得最困难的时候是什么？有没有想放弃的时候，又是怎么克服的？

答：最郁闷的是从征地开始，3 年 5 年忙忙碌碌地过去，不比还好，一比旁边的人已经跑出去一大截，自己还在原地，只是还在做些杂事，找不到自己的方向，然后就在工作上一年有两个圃管着，种质创新本身就难，每年就一点进展，好像很没有成就感。

没有想过放弃。新进的人加入，然后又一个个走掉，自己好像还是这种样子（原地踏步），特别是下地，甘蔗大生长期培土，我们曾经有过这种经历，请两个临时工来培土，从地里出来以后下午就不来

了，说是这种活计会把脸划烂，媳妇找不到，然后就不来干了。但是对于我们来说我们就干这种，即使没有人来，自己还是要干。我们这种农业科研类型，往往铺开下去以后不能不管，一年又一年，反复的想怎么做的更好，就像选一个品种一样，从最细的到最粗的，然后在生产上认可的，我一步一步怎么走过来，也在不断思考，在我们留下来老的这几个中，生活想的不多，多多少少有点事业心、责任心，干的一件事就只认着这件事情去做，都还是有这种精神，平常我们做工作在别人看来，就算是农民工都可以做的，但是有时候可能请农民工还要出钱出不起，我自己都还要去做，经常要面对这种问题，但是我们在最艰苦的时候，最难的时候都没说不干了，没有放弃的念头，

以前我们单位条件差，包括室内室外，在农大做同工酶分析实验的时候，跟实验室老师弄了份实验守则，然后再自己回来摸索，开

始是有些化学药品没有光就做了不反应，做不了要的东西，就反复地试，白天不行就晚上来，加班加点的也做不出来，这种情况也有，还是有方方面面的限定局限性，但是我们认定的一件事，就是怎么艰苦都要把它做出来。

谈农科文化的转化。我们站的人对于工作，责任心、事业心是不欠缺的，这个团队，不论是有什么事还是要抱成一团来完成，我们也努力把我们的定位落到实处，基础研究这部分我们做得扎扎实实，站在我自己的角度就是，把我们能卖的东西推销出去，服务产业，把我们的云蔗系列推广出去，这种也是农科文化的转化。

另外，在这个过程中，也要体现一种对产业的服务能力，把我们的云蔗系列推向生产我们也做了很多工作，从科研这块来说，曾经部分人觉得我们做亲本就做亲本，育种丢掉不要做，但是站在我们的角度来说，育种是检验亲本优劣的一种方式，所以从这种角度上来说，我们应用基础研究一路走过来，我们对外全国性的服务是提供花穗，对省里产业服务我们是提供新品种，成果转化的话，因为是跟所里一体的，我们所里的战略就是多点育种，配合所里的大育种计划把云蔗推向生产，因为云蔗品种在生产上应用不是太多，把优势品种推向生产，我们这几年申请过国家的中小企业创新基金，现在又申请的农开办的项目，都在做这些东西，我觉得我们对农科精神的弘扬还是在于服务上，面向产业的贡献。

问：您对现在的年轻人工作、生活上有什么好的建议、希望？

答：总体上来说，我觉得在对待工作态度，工作效率，对生活等方方面面的管理，现在年轻人与我们有很大的差别，可能作为我们老一代人来说，如果今天过节了放假了，但我实验做不完，那不管过节不过节还是应该把实验做完。但年轻人就是我先把节过了，我其他的不管，然后能休假的我就休假，如果没有条件，你扣我工资该扣就扣，反正我是不来，会有这种心态。但是换种角度来说，年轻人有种好处就是思维比较活跃，包括充分利用先进的科研手段，他学习的知识背景肯定要比我们新，手段要比我们高效，比如一个数据的分析，我们花 10 天的时间，可能他花半个小时，或者一天就可以分析出来，工作效率高，从这点来说是年轻人最大的优势，还是希望真正愿意在某个行业有所建树的年轻人，要把自己的优势跟老一代人踏踏实实的奉献精神两者结合，有所吸收，会成长的更好，虽然效率高，但是学无止境，还是要在实践里学，在大的环境里学，有学习的能力，更要有实践的能力，动手能力还是要有，动手能力是在实践里一锄一锄挖或者是一颗一颗捡出来的，如果没有这些东西和过程，就没有灵感。

（访谈录音整理编辑：院历史文化挖掘工作组）

# 第三章　文化情怀

## 坚定文化自信　引领农科创新

文化是一个民族的精神高地、价值体系和科学创造，是一个国家、一个民族的灵魂、内核和标识，是建设富强民主文明和谐美丽的社会主义现代化强国的重要软实力。文化兴国运兴，文化强民族强。党的十九大强调要坚定文化自信，推动社会主义文化繁荣兴盛，提出到2035年建成文化强国的战略目标。对如何实现这一战略目标作出新的谋划和部署，将"文化自信明显增强"视为新时代文化建设的突出成就，推动全党全社会增强历史自觉、坚定文化自信。

云南省农业科学院承担着云南省全局性、关键性、战略性重大农业科技问题的研究和为全省农业农村提供科技支撑引领的重任，推进农业科研创新，不仅需要提升平台、队伍、成果等"硬实力"，还要更加重视理想、价值观、科学文化、学术氛围等"软实力"，切实发挥好"软实力"作用，培育农业科技工作者的文化自信，夯实高水平农业科技自立自强根基。为此，省农科院传承、创新、发展以农科精神为核心的农科文化，赋予农科文化鲜明的时代特征和精神内涵，增强干部职工的文化自信、文化自觉，为农业科技事业高质量发展提供强大的精神动力和文化支撑。

# 建设农科文化，凝心聚魂强实力

一个国家、一个民族的强盛，离不开文化兴盛的支撑。一个单位的发展，不仅需要坚实的物质基础，也需要强大的精神力量。省农科院只有切实加强农科文化建设，建立与发展目标相适应的文化氛围，为农业科技创新注入强大的精神力量，才能推进农业科技事业创新发展，为云南经济社会高质量发展贡献出更大的力量。

农科文化为提升实力提供新保障。农业科研院所是国家农业科技创新体系的主体，是提升现代农业核心竞争力的创新动力源。大力培育农科文化，有助于促进农业科研院所提升管理水平，增强凝聚力和向心力，打造核心竞争力。省农科院以科研为立院之本，确立了"建成低纬高原特色农业科技创新中心和面向南亚东南亚区域性农业科技创新中心，建设现代化强院"的目标任务，通过农科文化建设，教育、引导科研人员为农业科技事业高质量发展而努力奋斗。

农科文化为凝心聚力打造新抓手。农科文化赋予科研人员共同的价值观念、思维模式、行为准则、管理风格、科研特色、传统习惯等，把科研人员紧密地团结在一起，让科研人员在精神上寄托、情感上依恋、行动上忠诚于单位，把个人荣辱与单位兴衰紧密联系在一起，再加上相应的配套激励措施，能够凝聚人心，振奋精神，增进团结，形成创新合力。

农科文化为精神传承增添新内涵。在长期发展中，省农科院形成了服务"三农"、创新不懈的开拓精神，艰苦奋斗、永不停息的拼搏精神，栽培后学、甘为人梯的传播精神，严谨治学、追求真理的务实精神，取长补短、联合攻关的协作精神等。在传承和弘扬这些优秀传统精神的同时，省农科院与时俱进，确立了符合时代特征的院训"笃耕云岭、致惠民生"，谱成了院歌《红土高原写风流》，设计了寓名为"丰收喜悦"的院徽，创作了奋力耕耘的铜牛雕塑和双螺旋 DNA 雕塑；编纂出版了《云南省农业科学院科技专家传略（一）（二）（三）》和《云南省农业科学院科技人才风采录（一）（二）》五册系列丛书，全面展示和介绍了省农科院各时代杰出专家代表为云南农业生产发展做出的突出贡献和取得的业绩；编纂完成了《笃耕云岭 百年稼穑——云南省农业科学院历史文化拾贝》，追溯和厘清了云南省农业科学院110周年的机构变迁历史沿革；组织开展了农科文化培育、农科精神大讨论活动、全院历史文化挖掘、组织编纂《云南省农业科学院志（2005-2020）》，开展了农科文化培育，农科精神大讨论，全院历史文化挖掘等工作，丰富了农科文化的内涵和外延，增强了农科人的自豪感、光荣感和使命感，增强了科研人员的创新责任和创新激情，激励全院广大职工不忘初心、砥砺奋进、爱岗敬业、无私奉献，诚实守信、薪火相传。

## 提升丰富内涵，创新发展显活力

进入新时代，在创新实践中，省农科院农科文化建设不断融入社会主义核心价值观、劳模精神、劳动精神、工匠精神、科学家精神以及"跨越发展争创一流，比学赶超奋勇争先"精神等时代元素，农科精神的内涵和外延得到进一步提升，对省农科院科技事业持续发展起到了巨大的推动作用。全院各项事业取得了长足发展，改革开放强力推动发展、科技创新大步跨上新台阶、科研成果转化成效明显、人才团队成绩斐然、科研条件平台显著增强、党的建设全面加强，干部职工精神面貌发生了巨大变化，全院面貌焕然一新。在农业部组织全国1048个农业科研单位参与的第四次（2006—2010年）农业科研院所综合实力评估中，省农科院6个研究所进入全国百强所，居西部省份前列，于2012年11月授牌 2020年云南省农业科学院荣获"全国文明单位"荣誉称号。

把核心价值观作为农科文化建设之魂。社会主义核心价值观是当代中国精神的集中体现，凝结着全体人民共同的价值追求，党的十九大报告将社会主义核心价值观提升到了新时代坚持和发展中国特色社会主义的 14 个基本方略层面。省农科院把社会主义核心价值观凝注于农科文化建设之中，融入农科事业发展各方面，凝聚发展共识，发挥其强大的感召力、凝聚力和引导力，将其转化为科研人员的情感认同和行为习惯，引导科研人员强化社会责任，报效祖国，造福人民，在引领社会良好风尚中率先垂范。

弘扬工匠精神增强农业科技创新自信。"执着专注、精益求精、一丝不苟、追求卓越"的工匠精神，包含了敬业、精益、专注、创新等精神特质，不仅制造业需要，农业科研事业也同样需要。在农科文化建设中倡导创新创造，有助于培养科研人员的创新意识，坚定创新意志，为孕育创新成果、实现科研价值夯实基础。

以奋勇争先的担当引领农科文化建设。良好的精气神就是强大的战斗力，在农科文化建设中，科研人员要增强"四个意识"，坚定"四个自信"，忠诚拥护"两个确立"，坚决做到"两个维护"，胸怀"国之大者"，大力弘扬"跨越发展争创一流，比学赶超奋勇争先"精神，立足岗位创先争优、锐意进取、埋头苦干、勇毅前行，奋力推动农业科技事业高质量发展。

## 发挥导向作用，繁荣文化增动力

农科文化建设是一项艰巨而长期的任务，不可能一蹴而就，必须脚踏实地，抓住重点，在创新实践中一步一个脚印地凝练、形成和发展。

抓导向。实践证明，发挥正确的价值导向是支撑文化建设的最主要因素。在农科文化建设中，最核心的是引导科研人员形成正确的价值观，自觉遵从价值规范及准则，发挥自己的能动性、创造精神，为农科事业发展尽职尽责。如在农科文化建设中，要引导科研人员树立献身科学、服务"三农"的思想，激励科研人员努力攀登科学高峰，拓展研究领域。要发扬一流科研机构的科学精神，推进学术民主，形成崇尚创新、尊重人才、开放包容的良好风气，树立敢为人先、追求卓越、团结协作、敬业奉献的精神。要培养科研人员高尚的职业道德，敬业、乐业、勤业、精业等。

抓载体。以制度建设、主题实践等为载体，深入推进农科文化的理念文化、创新文化、行为文化、制度文化、标志文化、环境文化和廉政文化建设，培养广大干部职工的责任感、使命感和主人翁意识，增强凝聚力和团队精神，提高农业科研院所竞争力。如近年来省农科院建立健全创新激励机制，出台《云南省农业科学院科技成果转化收入分配暂行办法》《云南省农业科学院关于进一步促进科技成果转移转化加强技术转移体系建设的实施意见》《云南省农业科学院人才工作十条措施》等激励制度，极大地激发了干部职工的干事活力，院所、职工获得国家和省的多项表彰、多个荣誉称号。

树典型。通过树先进、立标杆、抓典型，推动农科文化在干部职工心中生根开花结果。省农科院已建院110周年，110年的光辉岁月，一代代农科人筚路蓝缕、沐风栉雨、艰苦创业，与祖国同呼吸，共命运，形成了涵盖敬业、奉献、创新、求实、团结等关键词的农科文化，涌现出一批献身科研、献身"三农"的优秀团队和先进人物，激励着一代代农科人献身农业科研事业，以良好的精神状态和奋斗姿态主动服务和融入国家发展战略，服务云南跨越发展、高质量发展，为谱写好中国梦的云南篇章贡献农科力量。

（王海燕、邓君浪等）

# 缅怀程侃声先生

程侃声，1908 年 3 月 28 日生于湖北省安陆县曹家冲。祖父是前清的孝廉，父亲曾留学日本，对文学颇有研究。

程侃声幼时在家读私塾，1918 年，随父到北京，就读于北师大附小，在北京师范大学附属中学完成中学学业。1927 年，以第一名的成绩考入北平大学农学院。其时，"五四运动"方兴未艾，爱国主义思潮和新文化运动在深受封建统治和帝国主义欺凌的国土上风起云涌，有识之士大声疾呼，要行动起来拯救水深火热中的祖国。少年程侃声以"鹤西"为笔名，奋然投身新文化运动，经常在报刊上发表诗文和出版译作，如"城上"这首诗，刊于 1926 年徐志摩和闻一多合编的《晨报副刊》第 6 期。上海北新书局出版的童话故事《镜中世界》是他高中毕业前翻译的；与张骏祥合译的小说《红笑》是 1929 年由岐山书店出版的。春潮书局还出版了他翻译的《梦幻与青春》（原文名叫洛蒂卡），岐山书店出版了他翻译的《一朵红的红的玫瑰》。

## 献身农业科学

民主和科学是"五四运动"的两面旗帜，是中华儿女对强国之道的感悟。程侃声从爱好文学转向报考农学院，并在大学毕业后把毕生精力献给农业科技事业，这显然与当时的社会环境有密切的渊源关系。国以民为本，民以食为天。农业是人民衣食所系的产业，丰衣足食是贫苦大众的迫切要求，也是青年程侃声立志的毕生追求。

1931 年，他在北平大学农艺系毕业后，留校担任王善铨老师的助教。在著名高等学府执教，这对一个初涉工作的青年来说，无疑是令人羡慕的。但程侃声更愿意到生产第一线去和庄稼打交道。两年后，他去广西农业试验场任技师，随后历任湖北省农业改进所、鄂西农场、云南开远植棉场、云南裕云木棉场等单位的农业技术职务；其间也曾应聘河北农学院任讲师、广西大学农学院任副教授，湖北省农学院任教授。

1931 年 9 月 18 日，日本发动侵华战争，我国的东北、华北、华东、华南和华中的大部分地区相继沦陷，爱国者多是生活在颠沛流离之中。程侃声从北京、武汉、桂林、恩施辗转来到云南，并扎根于云南。

1931 年至 1949 年，可视为程侃声从事农业科技工作的第一阶段，主要研究棉花，也涉及黄麻、烟草、甘蔗和花生等其他经济作物。先后发表过一些科技论文，如"棉作田间试验之研究"（1937），"中国黄麻品类及其栽培的初步研究"（1944），"木棉绒长变异之初报"（1947），"木棉枝叶发育之观察"（1948），"棉作田间试验技术之研究"（英文，1948），"云南木棉根系发育观察"（英文，1949）等。课堂教学与田间试验交叉往复的工作经历，使他在理论结合实践方面得到丰硕的收获和启迪。

新中国成立，1950 年，程侃声奉调到昆明，担任云南省农业试验站站长，领导农业科研工作。此时他已 42 岁，根据工作需要，调整自己的专业，放弃已经做过近 20 年的棉花研究，改行研究稻作科学。人到中年，还毅然改变专业，实属不易。

直到 1983 年退休，程侃声潜心研究稻作科学 34 年，取得了备受国内外注目的硕果，为发展云南农业生产和我国稻作科学，做出了突出贡献。他从摸清云南农业环境和生产现状入手，深入农村蹲点，亲自下田调查，陆续写出"云南水稻栽培技术的初步研究总结"（1953），"认真总结群众经验、掌握农业技术关键"（1954），"巍山县旱秧和懒谷的调查"（1956），"整理云南水稻品种在稻种演化上的意义"（1957），"云南水稻生产上施肥和密植问题"（1958），"适应立体农业特点的丰富多彩的云南稻种"（1961），"水稻选种的生态研究"

（1962），"对换种问题进行试验研究的建议"（1962）等指导云南农业生产的科技文章，并选育出 127、129、134、174、373，云粳 136 等优良稻种，在生产上得到大面积推广。他根据云南农业环境复杂，耕地垂直分布在海拔 70 多米到 3000 多米的特点和作物生育特性，揭示了作物品种适应范围和性状变异规律，首先提出"立体农业"观点，强调推广农业技术必须因地制宜，切忌"一刀切"的做法。

早在 1956 年，周恩来总理发表"论知识分子问题"时，全国科技界大受鼓舞，激发了"向科学进军"的热情。农学界正在热烈讨论物种形成和种内有无竞争等问题，程侃声饶有兴趣，却又觉得空洞的讨论解决不了多大问题，暗自打算研究三个课题来澄清谜团：一是通过研究籼粳稻的演化来探讨物种的形成，二是通过密植试验来研究种内有无竞争，三是通过异地选育来研究遗传和环境的关系。然而，随后是政治运动迭出，从"大跃进"到所谓的"文化大革命"，哪有系统进行科研的条件。但他还是陆续为研究这些课题做了不少准备工作，先后发表了"云南稻种演化在生产实践上的意义""水稻光温反应型及其在育种上的应用"和"从个体和群体关系上看水稻的合理密植"等很有见地的文章。直到粉碎"四人帮"后，迎来了科学的春天，程侃声才在多次考察云南稻种资源的基础上，申请启动大型研究项目"云南稻种资源的综合利用与研究"，通过长期的系列研究，取得一些重要成果。他在 1985 年，提出了根据粒形、稃毛、叶毛的有无等主要数据建立鉴别籼、粳稻的形态指数法，被国内外誉为"程氏指数法"，受到广泛采用；并提出了亚洲栽培稻分类的新体系，把亚洲栽培稻划分为五个级别：种（species）——亚种（subspecies）——生态群（ecogroup）——生态型（ecotype）——品种（cultivar or variety）。这种分类体系澄清了当代国际上稻作分类中的混乱。关于爪哇稻的分类地位，国外有学者把稻种分为籼稻、粳稻、爪哇稻三大类型，程侃声通过杂交亲和力分析和籼、粳稻鉴别标准判定，爪哇稻是隶属粳亚种的一个生态群。关于光壳稻的归属问题，国外认为籼、粳稻中都有光壳稻，程侃声通过实验研究证明光壳稻是粳稻中的一个生态群，而不存在籼稻中，即粳亚种（subspecies Keng）是由普通群（ecogroup communis）、光壳群（ecogroup nud 答）、爪哇群（ecogroup javanica）组成；籼亚种（subspecies hsien）由早中籼群（ecogroupous）、晚籼群（ecogroup aman）和冬稻群（ecogroup boro）组成。这个稻种分类法被称为"程氏分类法"。关于亚洲稻的起源与演化过程，他认为栽培稻起源于野生稻，亚洲栽培稻起源于亚洲，同时述评了籼、粳稻起源的三种假说；他根据文献资料、考古发现、酯酶分析、基因连锁关系、形态与机能的关系、人为因素的干预等方面的研究成果，对栽培稻的演化作了深入探讨。他不顾年事已高，继续根据稻作科学的新研究和新认识、系统整理和综合归纳自己取得的主要成果，于1993年，出版了《亚洲稻籼粳亚种的鉴别》和《亚洲稻的起源与演化——活物的考古》两本很有价值的专著；在耄耋之年，还为培养农业科研新生力量呕心沥血，鞠躬尽瘁。

程侃声先后担任过云南省农业科学院院长、名誉院长、省人大代表和常委、省科协副主席、省农学会副理事长、中国遗传资源研究委员会主任等职；曾获全国科学大会奖、农业部科技成果一等奖、云南省科技进步一等奖、被授予云南省有突出贡献优秀专业技术人员称号、享受国务院颁发的政府特殊津贴。

1999年1月24日，程侃声因病医治无效，逝世于昆明，享年92岁。辞世前，他还汇编出版了散文集《初冬的朝颜》（上海书店1997年出版），实现了他青少年时代的文学夙愿。

## 道德风范，光彩照人

程侃声的一生除默默奉献之外，并无惊天动地的丰功伟绩，但无论在治学上或是在为人方面都堪称一代风范，人之楷模。诚笃敬业。人的兴趣和追求往往有联系，当两者难以统一时，如何取舍？不同的人会有不同的选择，不同的选择反映不同的思想境界。程侃声一生有过两次关于人生道路的选择，均以国家利益和人民需要为重，放弃了个人爱好和已经打下的基础。选定了人生道路就义无反顾，勇攀高峰，这未尝不是拳拳报国之心。

求真务实。追求真理和捍卫真理是很重要的科学道德。程侃声从不盲从附合，曲意逢迎，即使在疾风劲吹时也不含糊。20世纪50年代，我国曾有一股把学术讨论政治化的强大逆流，遗传学界一些人把孟德尔、摩尔根遗传学斥为唯心的反动学说。程侃声在1951年发表文章坦言直陈，"我们不应该把米丘林学说变成教条式的东西"。更为突出的事是，1958年"大跃进"期间，浮夸之风，甚嚣尘上，水稻亩产几万斤、十几万斤的报道，炒得热火朝天。云南省的有关领导便指定程侃声拟定一个水稻亩产"放卫星"的计划，程侃声婉言谢绝了上级领导的嘱托，认为这种现象充其量是"其志可嘉，其情可悯"。"思想右倾"的帽子便不由分说地扣了下来，使他遭受到不公正的批判，作为中国共产党的新党员，他被停止了组织生活，直到1978年，党的十一届三中全会后，拨乱反正，才恢复组织生活。这种坚持真理，不计个人得失的凛然气度，受人敬佩。

他对待科学研究工作，不仅踏实严谨，还力求有所创新，经常说："搞应用科学的人，如果不了解生产情况恐怕是不行的，相反，这才是克服唯书唯上的唯一途径。"强调"搞科学研究一定要独立思考，要有好的思路；搞应用研究的根本思路是：应用理论，检验理论，去伪存真，完善和发展理论。"综观程侃声推出的富于创造性的科研成果，不就是实践这种治学思想取得的吗？

勤奋好学。除了读书和写作，程侃声别无业余爱好。涉及自己专业的古今中外典籍都在必读之列，特别是当前的新成果、新动态，更是力求及时精准掌握。他对选读的书刊，常加批注，表明自己的见解和发现的问题，为尔后利用它们作铺垫工作。除了专业书，他还喜欢读点哲学、文学、历史和经济方面的书。他认为这对开阔视野、提高认识、解决问题大有帮助。此外，他还非常重视向农民学习和在实践中学习，他发现"农民所经验到的许多问题，农业科学还没有作过认真的研究。"强调要"尊重农民的经验，不能停留在传统经验上"。他回顾自己漫长的研究历程时说："我不能不感谢云南这个特殊环境，它不但资源丰富，复杂的生态环境也是国内所仅见的。因此，稻作栽培上，也就有许多书上没有的特点，促使你去实践中学习，向群众学习，我的生产观点、实践观点和辩证观点，就是在这种学习中形成的，群众的许多因地制宜的经验也很启发人们的辩证思维，我后来的工作就得力于这三个观点。"

谦虚谨慎。程侃声写的文章都是深思熟虑后的精炼之作，从不信手拈来、马虎对待，发表科技文章常常要先请同行提意见，然后修改、定稿发表。写科普文章时，还先请粗通文字的勤杂工过目，认为这样的人能懂，农民也就看得懂了。他毕生从事农业科学研究，博学多才，洞察能力和写作能力都很强，按说会著作等身的，但他除了发表研究报告外，只出版了两本专著，真可谓"文章千古事"，严谨治学，精益求精。

程侃声胸襟坦荡，待人真诚，善于团结别人共同工作，和持有不同学术观点的人合作研究一个课题，能做到求同存异，相得益彰。这是非常难能可贵的。他生活俭朴，操守清廉，但对救灾济贫之类的捐赠，从来都是慷慨解囊的。

史有"三不朽"之说："太上有立德，其次有立功，其次有立言，虽久不废，此之谓不朽"，用以评价为人类做出卓越贡献之人。程侃声教授兼而有之，无愧于不朽。

（作者：陈其本）

# 宣传我院杰出专家代表

# 彰显农科文化自信

　　加大力度宣传我院各个历史时期杰出专家代表，褒扬他们在笃耕云岭，致惠民生的道路上，筚路蓝缕，以启山林，担负起为云南农业生产发展做贡献的历史使命，承担着服务"三农"责任社会，不懈努力，孜孜以求做出的突出成绩。弘扬他们躬耕实践，扎根基层，在农业生产第一线不断开拓创新，为提高农业生产力所做出的杰出贡献，为农业科学事业和学科建设写下新的篇章。通过广泛宣传我院一批批杰出的科技专家，彰显他们的业绩，弘扬农科文化自信，也是单位一种文化自信的象征，是激励我院一代代农科人为农业学科建设和科技事业发展做贡献，为云南农业生产发展做贡献，为乡村振兴做贡献的重要的精神文明建设。

　　这里先从老一辈杰出专家程侃声先生说起。

　　程侃声，字鹤西，1908年3月生于湖北安陆，于1999年1月在昆明病逝。

　　程侃声青年时代积极投身于"民主与科学"的五四新文化运动，

以"鹤西"笔名，经常在《晨报诗刊》《小说月报》《华北日报》《新中华日报》《北京文学》等刊物上发表诗作，并翻译发表国外一些著名诗作和文学作品，是中国文坛上有一定影响的青年诗人，并深得叶圣陶等先生的赏识，1935 年朱自清主编的《新文学大系》的诗集就收录了他早年的诗作《城上》（1926 年发表于徐志摩和闻一多主编的《晨报诗刊》第六期）。鹤西的诗作专辑集结著有《野花野草集》，散文集《初冬的朝颜》（上海书店出版社，1997），《鹤西文集》（云南美术出版社，2002）。

程侃声于 1931 年毕业于北平大学农学院，曾留校担任过助教、讲师。20 世纪 50 年代之前，主要从事究木棉、花生、烟草等研究。50 年代以来，他转行从事水稻研究，成为国内著名的遗传学家和农学家。从事稻作研究之初，程侃声便站在哲学的高度，科学地拟定出了三个研究方向和题目：一是通过籼稻粳稻的演化来探讨物种的形成；二是通过密植的试验来研究种内有无竞争；三是通过异地选育和培育来研究遗传与环境之间的关系（《程侃声稻作研究文集》P283）。从那时起，他一直追寻着从这三个方面拟题开展研究，对稻种资源进行了系统深入研究，在稻种起源、演变、分类等方面形成和提出了新见解，为发展我国水稻科学做出了杰出贡献。程侃声认为，农业科技是门应用科学，"绝知此事要躬行"。他常说："观察，在应用科学中占有重要的地位，常常是科研上重大发现的先导""亲自下田，能直接感受到试验材料的茎秆韧硬，分蘖强弱，叶片厚薄，脱粒难易，根系状况等等，增加对材料的全面认识和综合判断，有利于正确选留和淘汰"。在平凡甚至琐碎的工作中，往往才能发掘出真知或真谛，在实干中，才能有灵感和预见，乐而忘倦的实践中，才能活跃自己的思维能力，以及敏锐的观察力和洞察力。

程侃声在以下几个方面取得杰出成就：

1、程侃声研究提出稻作品种光温反应型的"三性重组（即品种三性：感光性、感温性、短日高温生育期）"观点，以此通过杂交实现品种的"三性重组"，培育出具有不同适应性的新品种，他的这一理论得到育种实践的证实；

2、创立"程氏形态指数法"，用稻色、抽穗时壳色、酸反应、一二穗节间长度、叶毛和粒型6个性状进行籼稻粳稻品种的分类，得到了国内外学者的广泛应用；

3、通过对云南农业深入的考察和调查研究，对云南农业所处复杂的地理、气候环境等因素，于20世纪五十年代末，最早提出云南为"立体农业"概念，找出云南农业的特点和优势，为农业生产规划、布局、作物区划等提供了依据。现已被广泛应用。

云南省科学技术协会和云南省农业科学院联袂编纂《程侃声稻作研究论文集》（云南科技出版社，2003），选编了程侃声先生在稻作资源研究，稻作育种与栽培及阐述自己科学研究学术思想的一些心得体会之文章。读程侃声的研究论文，会有特别的感受和心得，他的研究论文总是逻辑层次清晰，论证论据得当，文字表达一气贯通。他善于总结分析民间传统农耕生产经验，并将其提升到理论的高度。

中国科学院资深院士吴征镒在为《程侃声稻作研究论文集》代序中说：他（程侃声）对云南水稻品种建立的新分类体系是我在栽培作物方面见到的能把生态型和生态群结合到种下分类单位的成功尝试，……其成就绝不比金善宝院士之于小麦、丁颖院士之于华南籼稻小，也不逊色于吴觉农先生之于茶，章文才先生之于柑橘。中国工程院院长卢良恕院士在程侃声先生诞辰95周年纪念题词"德高望重，造诣精深，治学严谨，业绩卓著"。

程侃声先生有着独立思考科学精神和风骨、求实创新、严谨慎重的学术态度。上世纪五十年代初期，我国学术界全面推行米邱林的遗传学说，而将摩尔根的遗传学说斥之为唯心论的反动异端学说时，程侃声在一次学术会议上提出"对米邱林学说，我觉得还不能全盘接受","我们不应该把米邱林学说变成一种教条式的东西"（1951 年 3 月 25 日《正义报》）。在"一边倒"的巨大政治风潮中，程侃声敢于提出不同见解，有着疾风劲草的刚直；1958 年，"大跃进"期间，浮夸风甚嚣尘上，国内水稻单产上万斤频频见诸于报端。程侃声作为水稻专家，也被要求制定个"上万斤"的"放卫星"计划，程侃声却对此报以"其志可嘉，其情可悯"而婉言谢绝，为此他被扣上"思想右倾"的帽子，受到不公正的对待，甚至被停止了党员的组织生活。程侃声的"零落成泥香如故"实事求是和坚持真理的精神，是农科人应该学习的科研情操和道德风范。

程侃声曾担任过云南省农事试验站副站长、站长，云南省农业科学院院长、名誉院长，先后担任第三届、第五届云南省人大代表，第六届省人大常委，第二届省科协副主席，中国遗传资源研究委员会主任等职。

古人云，君子不朽有三：立德、立言、立功。程侃声兼而有之，他一生淡泊名利，默默奉献，无论在严谨治学还是人文情操方面都堪称一代风范，人之楷模。

为进一步弘扬农科文化自信，以此褒扬我院不同时期杰出专家在云南农业生产发展做出的突出贡献，彰显他们严谨治学、博览群书、刻苦钻研、勤于思考、追求真理、开拓创新、学以致用、躬行实践、笔耕不辍的科学家风骨，对弘扬农科文化精神，坚定文化自信，激励一代代农科专家承前启后，笃耕云岭，致惠民生将有着积极和重要意义。

（陈宗麒 2018 年 3 月 4 日）

# 程侃声先生二三事

自很小记事以来，程侃声这一名字就如雷贯耳。对他既有一层看不透的神秘感，他有些什么学问？为什么会拿那么高的工资？同时也因生活在同一环境，几乎每天都能见到，他也与全所的每一位职工或家属一样，同样也做一些最为普通和日常的家务琐事。

当时人们每提到他，经常会因为他的工资收入特别高，高到与众人悬殊很多倍。当时单位上的一般科技人员或行政管理干部的月薪大约只有在 50 ~ 60 元之间，老资历的科技专家或管理人员月薪能达到 80 元左右就感觉算是高薪了，而程侃声当时的月薪是 240 元，这成为当时大家很是羡慕不已和难以企及的高收入，以至于人们说到薪水就少不了将他的收入当话题来议论几句。

"文化大革命"期间"文攻武卫"的那一段时间，财政工资发放不正常，就有用程侃声的存款来预垫付部分职工工资的情况。我们儿时嗜好收集香烟包装的烟壳，总是争先恐后地在他家门口的竹编废纸篓里找，运气好的话能找到大中华、牡丹、云烟或大重九等一般人不大可能消费的高档奢侈品香烟的烟壳，就看谁能捷足先登得到，或者谁能碰巧他丢弃垃圾的时间。顺便还说一句，后来大家都知道程侃声不抽烟，那是因为他有次说戒烟就一次性戒掉，这与当时不少人戒烟多次未能戒掉形成鲜明的对比，从而看出他的决心与毅力。

"文化大革命"初期，每个人都不得不被裹挟着"文革"的风潮中写大字报，成为那时单位职工是否积极参与"文革"政治活动的一项重要标准。当时整个科研大楼楼道内外墙上，以及楼梯上与墙面之间也钉了许多钉子，并来回用铁丝牵上，到处都贴满和挂满形形色色的各种大字报。大字报的内容大多是批判国内走资派一些言之无物空洞无聊的口号，或抄袭"两报一刊（《人民日报》《解放军报》和《红旗》杂志）"上的一些时政文章，或职工之间相互揭发一些陈芝麻烂谷子的陈年旧事，大字报署名最多则是单位中文化水平最低且神经有些不正常的一位工勤人员（很多心中有鬼的人，总是借助已不太正常的孤寡老人来说自己的话）。那时我们虽小，也凑热闹到科研大楼内去欣赏铺天盖地大字报的壮观场面，而真正愿意驻足浏览几遍内容的大字报则是程侃声用钢笔写在几页信笺纸上的"小字报"，他的"小字报"文字书写行云流水一气贯通，内容言之有物。当然，具体内容也早已无任何记忆了。

可以感觉到，当时整个单位不论男女老少科技人员和职工家属，都对程侃声抱有深深的崇敬之心，大都很尊敬地称其为"程先生"，而那时同事之间相互称谓都只有在其姓氏前面称"老"称"小"，或直呼其名，没有称"老师"的习惯，称之为"先生"，已是很难得的尊敬之称呼了。

在 20 世纪 70 年代初中期，我高中毕业后在园艺组做临时工期间，碰巧与一位"文革"后期因"站队划线"属于"站错队"的原行政档案管理人员在一起干农活，他与我聊天时，聊及程侃声的一些经历，说到过去程侃声还曾与鲁迅先生有过文字论战口诛笔伐的历史往事，后来就此放弃从文而改为从事农业。鲁迅的杂文之犀利以"投枪匕首"著称于国人，我们中学《语文》课中学习过多篇鲁迅的杂文，认真学习研读其感鲁迅的文笔犀利和酣畅淋漓。能与鲁迅笔伐论战的人可想见也非同凡辈。就此我也对程侃声先生更有些肃然起敬。后来读了他的《鹤西文集》和一些其他资料，得知他在 20 世纪二三十年代就是中国文坛上一位杰出的年轻有为诗人，徐志摩主编的《晨报诗刊》上发表他早期的作品《城上》，以及在"五四"运动时期的一些诗文。《鹤西文集》代序中有这样一段话："先生（程侃声）和文学的缘分，大约始于"五四"时期。那时候先生（鹤西）常在《晨报 诗刊》《小说月报》《华北日报》《新中华日报》发表诗文和译作，很早就显示出才华、意趣和风格，好像是应该就此始终于文学一途了"。在他的《野花野菜集》和《初冬的朝颜》可以看到，他朴实而有哲理的诗文中，可以窥知他认识自然界中一草一木之深邃，情感表达之细腻。在《程侃声先生诞辰95周年纪念册》中，也得知他早在20世纪二三十年代很年轻时就在中国文坛上发表一些诗作、文论以及一些国外著名诗人诗作的译文。该纪念册也详尽地记叙了鹤西（程侃声）与鲁迅就《红笑》一书翻译出版孰先孰后是否有窃取嫌疑在文坛上的争论，并且从此他销声匿迹远离了文坛。他也是这期间依靠他高中阶段翻译出版的《镜中世界》一书的稿费，得以有了上大学的资费，他考上了北平大学农学院农艺系，从此走上弃文从农的人生路。

20世纪70年代末期至80年代初期，程侃声先生作为德高望重的老专家出任云南省农业科学院第二任院长，那时他已是年逾古稀的老人了，虽身为院长，仍经常能见到他戴着草帽，穿着农田水鞋出入，经常骑着辆很破旧的单车，每次总是到单位大门口的车班让驾驶员用气泵帮他的单车轮胎打气，然后就骑上单车到试验田作田间调查，或观察选种情况等田间工作。水稻试验田中总能看到戴着草帽或白帽的老者，在田里一站就是半天或大半天，挎着当时农科院发给职工的一种人造革用于装田间记载本的挎包，那形象总是历历在目。

差不多与此同时，我担任植保所的团支部书记，负责本单位出黑板报，经常署名"晨钟"写了一些描写科技人员田间调查病虫草害场景的短文或小诗，或表现青年们激情洋溢的诗歌，被程侃声院长看过后称为是当时年轻人中难得的有一定思想和内容的诗文，并在院召开有各所领导的会上口头表扬过，这让我们植保所当时的党支部书记李世广很有面子，回来问我："那是谁写的？"当然，他也很肯定地判断是我写的。还有一事，1980年末，程侃声院长推荐我和经他介绍刚调入院不久有绘画专长的刘建中，一同到广西农科院植保所学习昆虫绘

画，师从于他曾经在广西工作时的同事李永禧先生，李永禧先生在昆虫绘图方面是国内集大成者。我们在广西作为国内首届昆虫学绘画培训班（大概也就只有这么一次专门的昆虫绘画培训班）学习了一个多月，之后我将此次昆虫绘画培训班学习的同学吴应生推荐调入我们所。

　　后来，陆续听说和知晓一些关于程侃声先生尽可能谢绝参加各种评审会的情况，以及他对此事的处理原因。程侃声先生作为省内甚至国内享有盛誉的著名专家，经常得到参加各类项目课题评审会、验收会、成果鉴定会等等的会议邀请，而且这些会议往往都是有专家咨询费或合理合法的劳务费收入，但他对此大都谢绝参会。谢绝一种有直接收益的各类评审会，这是很难能可贵的一种精神和情操。据说他之所以谢绝参加各类项目评审会或鉴定会，是不愿在一些场合说违心的话，或为一些有既定结果的会议浪费时间。另一方面，他也既不让同事为自己搞祝寿活动，也不参加单位的老领导或老同事的祝寿活动，似有逐步淡出人们视野的期冀。正是：花当春尽应辞树。

　　　　　　　　　　　　　　　　　（作者：陈宗麒 2016 年）

# 植根于"土壤"中的人

汉族农业技术员罗家满获得了全国科技大会的奖状！这个消息传到他工作过的云南瑞丽县傣族、景颇族的寨子上，人们兴奋极了，似乎表彰了罗家满也就是表彰了他们自己。

农民，特别是山区和边疆的少数民族的农民，是非常淳朴而求实的。一个陌生的异族人，要想在他们之中扎根，如果不用长时间的行动和血汗，而要取得他们的信任，那是不可能的。瑞丽的少数民族干部、群众，不但信任了罗家满，而且把他当成了自己的亲人。他，确实献出自己的一切……

在20世纪50年代，罗家满从昆明农校毕业后，被作为一个优等生分配到土地肥沃、气候宜人的瑞丽县。他兴奋极了。接到通知，立即登程。报到的当天晚上，就到附近少数民族寨子上去摸情况，第二天索性把铺盖一卷，上山了！他风尘仆仆地一头挑着标本，一头挑着行李卷走遍了全县每一个角落。白天他跟群众一起劳动，晚上八、九点钟回到住处再舂米做饭。吃罢晚饭已是午夜时光，他还要把看到和了解到的情况、问题和自己想出的方案记录下来，还要查阅资料研究当地的土壤、气候和作物。他买了许多大盆、小盆、瓶瓶罐罐，搞作物生理、气候生态等等试验……

20世纪20年代的瑞丽，景颇族下坝收谷要杀牛祭鬼，傣族还在种不施肥的"卫生田"，稻子蔸距一尺多，苞谷不间苗，全县庄稼，稀稀疏疏，高高矮矮，产量很低。尽管罗家满用自己的汗水使这里的少数民族人民喜欢了他，但他心里明白，要改变这些几百年，乃至上千年传下来的耕作习俗，只有喜欢是不够的，还需要信服和信任，而要取得这些就得拿出最有说服力的实际成果。为了推广早茬小麦，罗加满把种、收和吃全部过程都做给群众看。麦收后，他走几十里路到县城加工小麦，然后担着炊具到寨子上表演介绍，让他们亲眼看一看，亲口尝一尝。于是人们开始动了。为了保证群众第一次试种的成功，罗家满帮助人们选种、播种、管理，还弄来农药，挑着两百斤的滴滴涕罐子，背着喷雾器，挨家挨户地帮助他们灭虫……然而，在那浮夸风盛行的年代，这个为求实的人们服务的求实的人，却遭到了挫折。

上级单位下达了指示，让每亩播 1200 斤种子，搞亩产十万斤小麦的"卫星"田。罗家满听了摇着头："十万？把种子能收回来就是奇迹罗！"这个话被汇报上去，气得某位领导人在地区小麦创高产现场会上，指着他狠狠地骂了一顿。耿直的人却没有从此"吸取教训"。一次，一个工作组长为创造提前完成丰收任务的"卫星"，逼着干部和社员下坝收割青谷。不割受不了，割又要减产，人们愁着找罗家满商量，罗家满搔着头皮想出了一个主意：哪块熟了割哪块；本队没有帮别队。这个工作组长又到县里告了他一状——"无视党的领导"。

尽管这样，在我们的国家连续遭到三年自然灾害的极度困难情况下，罗加满虔诚地向党献出了一颗鲜红的心，递交了入党申请书。然而，1962 年，他还是以冠冕堂皇地被以"充实基层"为名"踢"了下去，下放到姐相公社的广双傣族生产队。临行前，跟他有矛盾的人竟给他罗织了一个贪污的罪名。他向上申述，要求调查、核实，可是却没有人理睬这件事。他，背着这口黑锅下去了……

这个与群众有着深厚感情的人，一到了生产队，就像鱼儿回到水里。广双的干部和群众，像迎接出远门孩子回到家里一样地欢迎他。他又信心百倍地迈开了双脚。

广双，是 1959 年荣获国务院颁发的"社会主义建设先进单位"奖状的生产队。这个傣族寨子，群众勤劳肯干，干部虚心豁达。几年苦干中，粮食亩产由 290 多斤上升到 360 多斤。在当时来说，这个产量确实够高了。可是，有心的罗家满在跟大家一起劳动中，很快就发现了更大的潜力。他向队干部提出了四个试验课题：

第一个，就是针对这里田块小，高低不平，耕作不便，抗灾能力低的情况，进行平田改土试验的课题。队里拨了五十亩田进行试验，在平田中坚持熟土不搬家，生土不露面，挑过土的地方重点施肥，尽量做到胶泥沙土掺杂，改良土壤。做到了当年平整改土，当年增产，亩产由三百六十多斤提高到四百七十多斤。人们从这五十亩田的变化，看到了平田改土全面规划的前景，于是挥汗大干。从此，广双每年有近三百亩稻田用拖拉机犁耙，省下大批劳力精耕细作，为大面积稳产高产打下了基础。

施肥对比试验为第二课题。《贝叶经》上说，"水洗过的月亮最亮，放过粪的田软米饭不香"。因此，长期以来傣家种的是"卫生田"。队委会给罗家满十亩中等田做对比试验。结果施过肥的谷子平均亩产比没施肥的增产一倍。打下谷子以后，罗家满把两块田的稻米煮了两锅饭让大家尝，人们心服口服了。接着，他又做了引种绿肥的试验，他亲自同一位老人昼夜轮流看守，防止被牛马吃踏，1966年广双种的二百亩绿肥田，都得到增产，其中85亩稻谷产量提高五成四。人们也信服了，施肥和种植绿肥得到了推广。

第三个课题，是改革水稻品种试验。因为本地稻种不能适应较高的肥力，影响产量提高，罗家满从外地引进十多个矮秆良种，进行培育试验，选出和培植了最适合本地条件的良种，逐步推广。当种植面积达到百分之七十以上后，又大搞合理密植，获得了粮食大幅度增产。

耕作制度改革的试验，是第四个课题。他们在150亩稻田上试验了一年三熟：以40亩种稻、稻、麦，以110亩种稻、稻、肥。结果，前者亩产一吨，后者亩产过双纲。种过绿肥的田，罗家满采取用水直播的方法种植双季早稻，每亩只花16个劳动日，产量900多斤，平均每个劳动日产粮 60 多斤。

耕作制度和技术的改革，明显地大大地提高了粮食的产量；而粮食产量大幅度提高，人们收入迅速增加，又大大地促进了人们的生产积极性。在国外寨子上举行"万人大摆"（即赶街、或赶集）的时候，我们的社员就在离大摆几十米的地方大搞生产，没有一个人请假，没有一个人过去赶摆。这并不难理解，傣族人民爱他：他脱下的衣服，常常被人偷去洗净、叠好放回原处；边境上有什么风吹草动，武装民兵就自动在他门前守夜……他，幸福地生活在少数民族人民的这个温暖的大家庭之中。

正当人们奋勇前进的时候，十年浩劫开始了，广双一下子成了"修正主义的黑样板"。这对罗家满来说，比说他是"富农狗崽子"，更令人气愤。他不顾一切地辩论着。接着，他就被勒令回县接受批斗。

在他走的那天，老队长坚持让儿子赶着牛车把他送到县城。牛车上，装满了家家户户送来的食品。人们抬着红旗，敲锣打鼓把他送出一里多远。罗家满忍不住哭了，人们全都哭了。他回县城以后，脖子被套了个麻布口袋，成为"狗崽子""黑权威"，游街、揪斗场场必有，三岁的孩子每次见到他，都撕心裂腹地大哭，他难过极了。他回想着自己这个只拿 45.5 元的"黑权威"，的的确确没有干过一件对不起党的事情，心里很坦然。广双的人民惦念着他，队里分东西，都要给他留一份，每隔几天队里都要派专人带着鸡蛋和各种食品进城去看望他的家，托他爱人捎几句安慰的话。这些使罗家满感到了无限的温暖，感到仍然生活在群众之中，从而使他有信心，有力量。

罗家满从扫街被改成了群专劳改，被送到山上的景颇族寨子。谁曾想，由于景颇族群众对他早已闻名，不仅不管制他、轻视他，反而待如上宾。不得了呀！那些人赶快又把他换到另一个寨子。然而，那些人走后仍是上宾。生产队立刻把他们遇到的生产上的难题交给他：有一大片土地，虽年年施化肥，可就是不好好长庄稼。罗家满到地里一检查，酸性土壤又缺少磷肥，他就带着人往地里撒石灰，结果当年就得到了好收成。从此，人们就把这块地叫作"小罗田"。

小罗田，小罗田！小罗确实是牢牢地生长在这少数民族群众的田地之中。他经过几次地颠簸，心里非常明白：如果没有群众这肥田沃土，也就没有他罗家满。

由于傣族群众的恳切要求，1971年罗家满又回到了广双生产队。他又在生产队的领导下，和群众一起搞新的科学试验了。

他大力使用农家肥，减少使用化肥，不仅增加了土壤的有机质，而且大大降低了成本，使每亩地成本费降到一分四厘七。

他尽量少用农药，利用益鸟灭虫。今年麦田起了蟑虫，到处都在打农药，而他却迟迟不动，待到蟑虫吃了许多麦叶时，他立即灌水，迫使蟑虫爬麦梢，益鸟飞来，全部吃光。

他现在正在盘算着，如何充分利用瑞丽地区具有的亚热带的条件，使农作物与经济作物合理布局的问题。一亩胡椒的收入是八九千元，一吨大豆出口换四吨小麦，那砂仁、咖啡、橡胶、油粽以及各种药材，可就……。

现在，罗家满已是姐相公社的党委副书记了，仅他所在的广双，每年每人平均产粮已是三千七百六十五斤，每个劳动日收入二元四角五分，每年向国家提供商品粮五百七十一万斤。这个公社每年贡献给

国家粮食，占全县总数的一半！难怪县领导犹豫是否把他调回县里，公社的书记又甘愿"让贤"也不肯放他走呢！而他自己，仍旧热衷于大搞科学试验……

（晓村，原文刊登于《中国民族》1980 年 05 期）

# 热作专家革加云的自学成才之路

革家云，女，1930 年 9 月生，云南保山人，没有受过正规教育。1953 年 11 月至 1984 年在云南省农业科学院热带亚热带经济作物研究所工作，助理研究员，中共党员。1985 年 1 月退休。在 2019 年热经所离退休党支部委员换届会议中，被评为优秀支委。

革家云几乎没有受过正规教育，自幼父母双亡，参加工作后，她自强不息，坚持学习。在爱人与同事的帮助下，先后参与从事过棉花、咖啡丰产栽培技术研究，她多次被所在单位评为先进工作者。

1982 年，革加云参与云南省棉花抗枯萎病综合防治协作组"棉花枯萎病综合防治研究"课题，负责全国及云南棉花抗枯萎病品种联合区域试验，获云南省政府二等成果奖；1975~1979 年在柯广公社芒赖大队驻点，先后被生产队、大队、公社评为先进工作者；1978 年与中国科学院合作完成棉虫发生规律和综合防治，该项目于 1978 年获得由全国科学大会颁发的全国科学大会奖；1984 年进行云南小粒种咖啡综合丰产研究，获云南省农业科学院三等成果奖（排名第 10）。2013、2015、2017 年党员民主评议活动中被评为优秀。

## 艰苦辛劳的前半生

1930 年 9 月，革家云出生于云南保山一个贫困的农家中，尚年幼时父母先后去世。年幼的革家云从小就在叔父家过着寄人篱下的生活。叔父家本就生活拮据，能维持基本的生活已实属不易，无法再给革家云提供上学的费用。因此年少的革家云只能每天眼巴巴地看着自己的两个表弟背着书包去上学，自己却只能在家中做家务或去田间干农活，艰苦的生活磨炼出革家云勤奋、坚强的品质。1953 年龙陵县卫生院在龙陵地区招工，招工单位见革家云踏实肯干，待人亲和近人，就把她录入了卫生院担任卫生员工作。1952 年云南省龙陵棉作站刚成立，急需医护人员，卫生院的医生见革家云不怕吃苦、勤奋好学就把她留在自己身边，一起到棉作站为棉站的工作人员治病。到了棉作站后，医生发现这里的工人不多，自己一个人看病足矣，就把革家云推荐给了当时棉作站的领导。多年参与田间劳作的经历，使革家云对棉作站的工作很感兴趣，1954 年，她开始在龙陵棉作站工作。

到棉作站工作以后，革家云和三个大学生一起住在潞江坝的草房里，潞江坝是云南省有名的边疆"瘴气"发生区之一，那里土地荒芜、杂草丛生，恶性疟疾的发病率很高，当地流传着"只见娘怀胎，不见儿赶街"的民谚。革家云和棉作站其他的同事们一起白天去潞江坝开荒种地，晚上住在自己搭的小草棚中。为了更好地工作，她努力自我学习，不断自己的文化和科学知识，以适应工作的需要。

革家云白天与同事们一起去给棉花调查棉虫发生情况或开荒，晚上就回住处读书识字。由于潞江坝的气候炎热，适宜各种昆虫的繁衍生息，棉花更是如此。棉花从出苗到收成，几乎喷施农药成为日常工作，打药是一件非常艰苦的工作，需要两个人共同协作才能完成，两个人抬着一只大水桶，一个人在后面加压，一个人在前面喷药。往往一天下来，打药的两个人都累得大汗淋漓，四肢发软。

恶劣的自然条件，艰苦的工作环境，使许多曾立志改造潞江坝来到这里工作的人纷纷调离。据热经所的另一位老职工刘宗春回忆，1950 年代潞江坝棉作站招工时，保山板桥来了 30 多人报名，后来很多人都因为受不了这里的工作强度和气候条件，纷纷离开了潞江坝，到现在为止，当年报名来潞江坝的 30 多人只剩下两人尚在热经所工作，革家云就是其中之一。

也许是因为从小艰苦的生活环境造就了革家云不怕吃苦的坚韧品

质，也许是颠沛流离的生活经历让革家云对这份来之不易的工作格外的珍惜。她到潞江棉作站以来，甚至没有一次产生过要离开自己工作岗位的念头，相反，在努力工作之余，她还不断地坚持自学和向他人学习，常常是天还没亮，同事还没有起床她就开始学习，同事睡了她还在学习，使她几乎从文盲学习到会写工作总结。

多年后，革家云向别人提起在自己成长历程，她说对自己影响最大的是两个人：一位是热作专家马锡晋，虽然是大学生（当时的大学生算高学历），却一点也不骄傲，无论工作条件如何，都能踏踏实实地去干，从不抱怨，也不摆架子，自己从他身上学到了苦干实干的精神。另一位是自己的爱人杨悦，他酷爱学习，无论到什么地方都随身携带笔记本，走到哪里就记到哪里，学到哪里，自己从他身上看到学习对于一个人成长的重要性，因此也就变得和他一样酷爱记笔记。

## 硕果累累的后半生

1957 年后，潞江坝地区终年不断的棉花种植，使金刚钻害虫蔓延危害肆意为虐，造成棉花生产上的严重灾害和威胁。中国科学院昆虫所棉虫组张广学团队于 1960 年来棉作站驻点，专门指导潞江坝地区的金刚钻防治工作，在中国科学院专家的指导下，革家云等我所科研人员通过室内饲养、田间调查，弄清了金刚钻危害的原因是终年有棉花生长。针对上述原因，革家云等科技人员针对潞江棉田的金刚钻进行生态环境治理，通过改一年多季种植为一季种植，切断金刚钻在棉田生态食物链中辗转的桥梁，降低了棉花金刚钻的发生种群密度，降低了农药成本，缩短了棉田管理时间，提高了棉花的产量。该项工作于 1978 年获得由全国科学大会颁发的全国科学大会荣誉奖。

1970 年至 1979 年，革家云到保山昌宁柯广公社芒赖村驻点，进行棉作栽培技术推广应用，她在那里驻点十年间，主要参与以下工作：

一、配合生产队建立老中青三结合的科技组，进行棉花抗枯萎病抗病品种的对比试验，选育出优质高产的 86-1，协作一号，112-3 等抗病品种并推广。

二、结合潞江坝地区的地理和气候资源优势，提出棉花栽培技术实施早播、密植、早打顶的栽培管理种植措施并积极推广，促使棉花获得高产早收，能在有利季节进行棉粮复种，达到粮棉双丰收。

三、进行棉田虫情况调查，掌握了以棉铃虫为主的田间虫害规律，指导治虫工作。

四、通过群众性的科学试验，进行棉粮增长技术推广，使该地的粮食总量较之 69 年增产 15%。

革家云待人平和近人，善于与当地棉花种植户老百姓交流沟通，讲解棉花栽培技术使人能明白易懂，使每个参与培训的人很快接受新的知识和栽培技术措施，是当时最受欢迎的技术推广员之一，这使她在驻点期间先后被生产队、大队、公社评为先进工作者。

1980 年后，革家云主要从事咖啡、玫瑰茄、石栗的栽培技术研究，她和热经所的同事们一起，进行小粒种咖啡综合丰产研究，并取得了初步成效。该研究课题组于 1984 年获得云南省农业科学院科技成果三等奖（排名第 10）；1984 年至 1985 年革家云参加玫瑰茄栽培与利用研究，经过两年的试验示范，基本掌握了玫瑰茄的栽培技术，并于 1986 年 5 月在热作简报上发表 "关于玫瑰茄的套种间种方法"，该文通过对玫瑰茄在干热河谷地区的生物学特性，套种品种、套种方法的介绍，对推广玫瑰茄起到了一定的作用。同年 11 月，革家云被邀请到怒江州讲述玫瑰茄的采收和脱萼的方法。1986 年以后，已经退休的革家云仍在进行石栗育种及栽培技术研究。

革家云在自己的业务自传中这样写道：我是一个从小就失去父母的受苦人，从小过着吃不饱、穿不暖的生活，曾经是一个不识字的家庭妇女，在党和人民的培养下、同事们的不断帮助下，学到了文化知识、掌握了一定的科学技术。我的一切成长都是来之不易的。这首先要感谢党和人民对自己的培养、同事的帮助。

她就是因为心怀这样一份感激之情，退休后的革家云依旧十分关心单位的事业发展，并积极建言献策。在热经所的 2013、2015、2017 年的党员民主评议活动中被评为优秀。

30 年的勤勉刻苦，30 年不懈进取，革家云由不识字的农村妇女变成了热经所的专业技术骨干专家。也许与热经所的其他的专家相比，革家云的业务和专业技术水平，以及科研成就还算不上是最耀眼的，但她的人生轨迹来看，她一步一个脚印地艰辛地将自己从普通农家妇女造就成一位专家，艰难地走出了一条自学成才之路。

## 简历

1930 年 9 月出生于云南省保山市龙陵县

1938 年至 1953 年 10 月在家务农

1953 年 11 月至 1954 年 3 月在龙陵县卫生院工作

1954 年 4 月在云南省农业科学院热带亚热带经济作物研究所工作。

1988 年退休。

## 参与论著

根治金刚钻研究逐步总结　中国科学院昆虫所棉虫组 1961。

（杨弘倩　撰稿）

# 编纂《植保所志》的前前后后

说起我们植物保护研究所编纂《云南省农业科学院植物保护研究所所志》的前前后后曲折经历，真算是起个大早，赶了个晚集。

长期担任所办公室主任，看到老专家们因到法定退休年龄不得不办理退休的手续过程中，对工作岗位难于割舍的情景，对工作状态仍有强烈的惯性。对此，我也广泛而持续地与多位退休老专家保持着较为密切的联系，深切地感受到老专家们从事科学研究和专业技术工作几十年，对单位科研事业发展有着强大的向心力，若单位有需要让他们做点事，他们仍期望能不计报酬地继续做点事情。

2002年初，为充分发挥和发掘各位退休老专家充满激情的工作热望和潜力，挖掘老专家们几十年工作经验的积累，我向主持植物保护研究所工作的李家瑞副所长提出建议，争取让部分退休老专家们继续发挥潜力做点事情，请他们总结和梳理个人乃至于植物保护学科几十年的工作经历，记述单位发展历程，将我们研究所的发展历程好好整理编纂成一部历史资料书籍，以资后人知晓前辈们几十年筚路蓝缕、薪火相传、兢兢业业的工作经历，取得的一系列业绩，也算是记存史料，垂鉴后世。

对此，李家瑞副所长表示支持，而他则主张将植保一些老前辈专家如吴自强、屠乐平等先生的工作笔记手稿，甚至田间试验原始记录本等历史资料进行收集整理或影印，整理老专家们的一些工作简历、经历和业绩整理编辑成册，搞成一本展示老一辈植保科技工作者扎根基层、刻苦钻研、严谨务实、勤奋努力的科研工作经历，解决生产上一个个问题的历史资料。

对此提议，经与当时其他所领导等沟通，初步达成了请本所部分退休专家来编写一些历史资料的共识。经我一再督促，于当年（2002年）5月10日，邀约了植保所部分退休的杨昌寿、王永华、屠乐平、刘玉彬、王履浙、严位中、杨家鸾、柏明骏、邓吉生、周汇等植保专家来所开个座谈会，听听他们的意见，就如何编写几十年来植保学科发展历程及取得的科研结果等做个全面广泛的议论。

座谈会广泛听取各位植保老专家的意见和建议，最终形成了两个

老专家回所研讨所志编撰

明确的意见：一是编纂《云南省农业科学院植物保护研究所所志》，经过大家议论推举王履浙任主编，杨昌寿、屠乐平、王永华、刘玉彬等任副主编；另一是整理编辑《云南省农业科学院植物保护研究所论文集》，王永华自告奋勇出任主编，其他几位资深植保老专家作为副主编。植保所曾编辑刊印过《云南省农业科学院植物保护研究所论文集（1980-1990年）》，也是由王永华任主编，时间又过去了十多年，而且上次编撰论文集未收录1980年以前的论文，所以这次就有补录1980年之前的，以及编撰1990年之后的十余年论文，将植保所历年发表的论文做个较系统总结。确定了两部书的编纂事宜，随即组建成立了两部书的编纂委员会，所领导作为编委会负责人，我作为所的办公室主任，又是该项工作的积极倡导和推动者，就理所当然地成为两部书的编辑工作组办公室主任。

那天会议开得很成功，退休老专家们接到新的任务之后也都很兴奋，终于又有可发挥自己的潜力，又是自己熟悉的工作内容，甚至很多原始的工作资料都还在自己手上。确定了工作目标和任务，随后两位主编就对编纂和编辑两部书的"编写提纲"及其相关内容进行了初

步分工，并分别列出目录框架，以及下次开会的大致时间和讨论编写提纲等问题。

会后我草拟了《情况通报》，将此事向全所职工作了通报。各位接到任务的退休专家也就兴致勃勃地准备各自的材料。八月初，王履浙主编即提出《植保所志》的编写提纲目录，初步确定了植保学科病虫草各专业方向的编写内容，以及对各章节的编写任务和撰稿人进行了分工。这样，专家们在编写内容的任务下着手收集资料和撰稿。我则根据分工要求着手撰写生物防治部分内容、植保大事记、所团支部工作等，并配合各位老专家需要处办相应事务，查阅核实一些档案、收集资料和打复印各位老专家手写稿等，工作在一点点推进。

真是天有不测风云。当年八月份，院党委行政决定将植物保护研究所与土壤肥料研究所合并管理，新组建成立植保土肥研究所，所领导班子有了大的调整，新任命了植保土肥所的所长和书记，合并后的植保土肥研究所我仍担任所办公室主任。

新到任的领导们一来就面临两个传统学科合并管理的新情况，面临诸多新问题。长期以来两个传统学科，同在单位一栋科研实验楼的楼上楼下，一旦合并管理，诸多事情千头万绪。面对两个所各学科的行政及科研管理和学科间的组织协调，统一应对院及上级申报的各种资料都得从我这里报出，按新到任的所领导要求，又草拟所行政管理、科研管理和制度建设等方面一系列管理文件，以及配合所领导处理所务上下内外的日常事务工作。

新任领导一开始对是否继续编纂《植保所志》等工作尚未明确，或者说也无暇顾及。加上配合领导处理各方面的日常工作应接不暇，随之很快又启动新植保土肥所科研大楼工程（即之后的农业环境资源研究所大楼）的基本建设工作，我这个所办公室主任就少不了为新大楼基本建设花不少时间，去完成所领导安排的相应工作，包括原两个传统研究所各学科办公条件现状的调研，新大楼各研究室布局的考虑和安排，面积及房间的分配，各课题组的电力等设备的用电量需求，新大楼各实验室试验台桌配置、会议室装修、办公桌椅采购、科研实验台桌的调研以及政府采购，监督科研试验台桌制作工程等等，基本建设资料督促收集管理，新楼的各项室内工程招标，工程施工和实施监督等等大量工作。

基于以上各方面原因，《植保所志》和《所论文集》的编纂和编辑工作，一度不得不被搁置暂时放在一边。而退休老专家们仍然热情不减，经常电话来催问我，要求召集专题会议来具体讨论工作进展，研究解决在编纂工作中碰到的一系列问题，以及要求配合查阅资料核实历年各位领导的任职时间相关文件，老专家们手写资料稿的打印等工作，各种碰到的问题需要商量解决。面对这些情况，我既不能随时根据《所志》的编纂工作进度需要及时召集开会，也不能影响退休专家的工作积极性。只好忙里偷闲中，尽可能逐步争取将工作缓慢推进。毫无疑义，继续推进《所志》和《论文集》编纂和编辑工作，少不了有些日常费用开支，还应考虑出书的出版编辑和印刷等相关费用。而且领导还面对植物保护和土壤肥料两大学科是否搞好《所志》的平衡问题。于是乎，对于老专家们要求召集开会讨论编写材料中存在的各方面问题，只有一拖再拖。我作为所办公室主任，又是编辑《所志》和《论文集》编委会工作组的办公室主任，也常面临进退两难窘境。

机遇再次降临。2004年，院里启动《云南省农业科学院志》的编纂，各所也就按需要配合完成《院志》中各学科的相应内容，这样在一定程度上再次推动了《植保所志》工作。所以，又多次召集退休老专家们落实《院志》中"植物保护"章节内容的撰稿进展，以便按照《院志》编纂办公室要求的进度提交相应材料。经过多次召集退休植保专家开会讨论提交《院志》的材料，总算按《院志》要求的时限完成了植保部分的交稿。《院志》植保部分的交稿，也算是为《植保所志》学科建设和发展历程方面完成了基础资料。

在提供《院志》植保章节材料的基础上，如果再去完成《所志》，尚需补充很多其他内容资料，如人事和人文部分、行政管理部分、植保大事记、图片征集等等，尚有大量工作需要完成，能否就此再推进一步，以便完成《植保所志》。土壤肥料学科也同样完成了《院志》要求的内容。对此，所领导更具体地面临植保土肥所两个传统学科的《植物保护研究所所志》和《土壤肥料研究所所志》出版的平衡问题。土壤肥料学科谁来牵头完成该项工作一直未定？毕竟一旦要做，尚有大量的组织和具体工作需要落实下去。

2006年，《云南省农业科学院志》已正式出版，院内一些研究所的《所志》也相继出版，植保退休老专家们一再感叹，我们起步最早，却落在最后，还尚不知到底能不能有个最终好的结果。

经过一再争取，所领导最终明确表示同意支持将《植保所志》编纂工作继续推进完成其他部分，并让联系云南科技出版社正式出版，而《植保所论文集》就只能编辑成册，印刷成书，不作为正式出版发行，这样可节省两万元左右的书号费及编辑费等开支。

有了这样的决定，我又再次组织退休植保专家们商讨，重启了收集整理编辑研究所发展几十年的"植保大事记""科技成果及其转化""科技成果、论文及论著""科技合作与交流""植保专家简介"，附录部分"植保所职工状况"等章节内容进行组稿和撰写，以及图片征集等，在整理《植保所志》工作的推动和资料查阅整理工作中，反复查阅核实相关文书档案中所领导任免文件，核实历年来职工调入调离及现状等信息资料，广泛征集各学科代表性工作图片资料，并将初步成型的《植保所志》初稿多次打印成册，提供所内外植保专家审阅。

在整个《植保所志》的编纂和组织过程中，各位植保老前辈老专家看到我为此做了大量工作，不仅在几近半途而废的《植保所志》中起到积极关键的组织协调和推动作用，还撰写了部分生物防治部分和

"植保大事记"等章节内容，对整本书的资料收集整理和编辑，承担起全书的编排等各方面的大量具体工作，老专家们多次会议提议将我列为第一副主编。我个人感觉在老前辈面前，既是学业晚辈，也还资历尚浅，做点力所能及的工作也是尽其本分，努力推进该项工作也算是为植保所几十年历程的总结做成一件善事，最后也就将自己名叨陪各位老专家前辈之后，算作一个副主编。

《植保所志》送云南科技出版社，我又配合出版社编辑一而再地校稿和文字修改，图片编排，以及送印刷厂排版印刷等等，自始至终完成了《云南省农业科学院植物保护研究所所志》的正式出版发行的整个过程。在编辑整理《植保所志》过程中，植保老前辈王永华研究员于2007年2月病逝，原定由她作为主编《云南省植物保护研究所论文集》已完成前期论文征集和章节目录编排工作，而编辑整理《论文集》不得不放在完成编纂《植保所志》提交出版社之后，由王履浙最终负责完成，形成王永华和王履浙两位植保专家共同作为《云南省植物保护研究所论文集》的主编的情况。

经过各方面的通力协作，直到2008年初，才先后完成了《云南省农业科学院植物保护研究所所志》的出版发行，以及《云南省植物保护研究所论文集》作为内部资料刊印成册。

就这样，《植保所志》尽管历经多次波折，算是起了个大早，总还算赶上了晚集，为云南省农业科学院植物保护研究所完成了一份历史性的资料总结。虽说限于一些历史久远，早先历史记载欠全面准确，历史档案资料查阅不全等等，可能仍有这样那样的不足之处，但对于植保后来者，多少能从这些史料中，在植保前辈建立的业绩基础上，鉴史知今，把握未来，肩负起新时期历史使命，开拓创新，为云南植保事业续写新的篇章。

（陈宗麒2017年8月）

# 《情报所志》编纂拾遗

　　2005 年 3 月，恰逢我院情报所（现农业经济与信息研究所）成立 20 周年，经过有关领导和全所干部职工近两周年的共同努力，《云南省农业科学院科技情报研究所志（1985-2004）》正式出版，大家一般把这本书简称《情报所志》。当时，自己作为参与该书编写的工作人员之一，心情是"出版了就出版了"，并未有什么特别的感觉。

　　2017 年，云南省农业科学院决定开展"历史文化挖掘工作"，自己被确定为农经所（原情报所）工作人员之一，在填写 5 个《历史文化挖掘工作普查表》时，《情报所志》成为我们的最好帮手。打开《情报所志》，查找所填内容，快速准确填写，半天时间完成任务。那时那刻，内心深处的确有一种轻松愉悦的快感，并真心觉得大家当年为编写这本书所付出的辛勤劳动都很值得。

　　2003 年 4 月 9 日，经过前期反复酝酿，时任情报所长李学林组织召开所长办公会议研究决定，开展《情报所志》编纂，成立《情报所志》编纂领导小组：组长李学林，副组长张庆云，成员刘星昌、杨庆贵，为该书编纂提供良好组织领导保障。成立《情报所志》编纂工作小组：组长张庆云，副组长刘星昌、杨庆贵，成员李学林、游承俐、陈其本、万红辉、钱金良、杨敏群、李露、罗辅林、谢晓慧、王家银、陈良正、钱绍仙、罗雁、江惠琼、胡芷萍。之后，又根据实际需要补充了李勃、李艳、胡书红等工作人员，为该书编纂提供合适充足的人力资源保障。之中，尤其要说说李学林所长，当时从酝酿到提出编写所志，在我院各研究所中，他是第一个"吃螃蟹"者，面临很多压力，他统一领导班子认识，确定合适目标，提出合理要求，有效安排人员，带头以身作则，协调内外有关关系，提供足够经费支持，毫不夸张地说，他是做好该书编纂的首要功臣。

随即，刘星昌老师拟定详细的《情报所志》编写提纲，经所领导研究通过后，及时按章节将任务分解到具体编写人员，要求大家从 2003 年秋季开始分头搜集资料，当年底完成初稿编写。合理分工利于任务完成。大家立即行动起来，反复查阅收集有关文书档案、科技档案、财务档案、个人档案；认真收集整理有关图片资料，补拍有关照片；向本所有关在职职工、离退休职工、调离职工咨询核查有关情况；向所外熟悉情况的有关老师核对有关情况等。通过各位有关人员尽心尽力，不辞辛苦的共同努力，终于按时完成各自负责部分的初稿。例如：当时已经 75 岁高龄的离休干部陈其本老师，为了写好"非正式期刊及内部资料的编印"一节的初稿，克服视力下降、听力不佳等困难，翻箱倒柜地找出自己在职工作时收集的一大堆有关资料，逐字逐句地拼接，编写出了一份质量很高的初稿。

由于多数工作人员均系初次接触修志工作等原因，《情报所志》各个章节初稿出来以后，主要存在两点不足：一是不少章节较简较粗，远未达到"完整准确"的要求；二是"边头脚尾"，即领导题词等资料差得较多。领导小组有针对性地采取几项工作措施，扎实推进《情报所志》初稿编写。2003 年底，通过召集部门负责人会议和分头多次与编写人员交换意见，要求大家认真核实资料，补充内容，做好第一次修改，保证各个章节稿件质量。2004 年 2 月，李学林组织召开所长办公会议，专题听取《情报所志》编纂工作情况汇报，之后，针对存在的问题，指示领导小组及时下发《关于进一步做好＜情报所志＞编纂工作的通知》，明确指出第一次修改稿中存在的不足，具体落实收集补充相关资料的人员，要求抓紧时间开展工作，保证在 3 月底以前完成第二次修改。4 月中旬，在全所职工大会上通报了《情报所志》编纂工作进展情况，提出需要进一步补充的内容和注意事项，要求大家加快有关工作推进速度。全体编写人员，以负责严谨的态度，吃苦耐劳，任劳任怨，按时按量推进有关工作，终于在 6 月底拿出了一份初步形成的较为完整的《情报所志》初稿。其中，关于领导题词，有一件小事，如今想起都还觉得有点"莽撞"。2004 年 12 月，杨庆贵和武卫二人，出差赴广州参加学术会议，巧遇中国农科院信息研究所所长许世卫，想起之前说过《情报所志》须请许所长题词，二人反复商量，最后决定斗胆"夜闯"正厅级干部许所长住处，二人提心吊胆地敲门进去，小心谨慎地说明来意，许所长不仅没有生气，反而十分和蔼可亲地接待，随后欣然找出白纸和碳素笔，题写"努力提高农业信息科技创新能力，公益服务能力和产业发展能力，为全面建成小康社会作出新贡献——祝贺云南省农科院经济与信息所成立 20 周年"。

　　2004 年 7 月初，经刘星昌老师认真组编，形成《情报所志》（征求意见稿），之后，一系列修改工作紧锣密鼓地推进。第一步是送所领导审阅提出修改意见，第二步是送有关专家和老同志及全所职工传阅提出修改意见，第三步是召开《情报所志》征求意见座谈会，邀请院有关领导、本所离退休老同志、《情报所志》编委会成员共 33 人，广泛听取修改意见。之后，将收集到的修改意见和建议集中整理、分类；所领导还与主编、副主编一道，详细讨论部分反馈意见中涉及的重大原则问题，逐条形成处理意见。之后，安排有关初稿撰写人员按照要求做好修改完善。8 月初，形成《情报所志》（修订稿），分送所领导和几位老同志，逐字逐句认真审读。10 月 24 日，召开《情报所志》终审定稿会议，编委会主任、副主任、主编、副主编对修订稿各章节的文字和初选图片逐一审定，会后，对志稿进行最后修饰润色，形成《情报所志》定稿。《情报所志》，初稿照片 300 多张，初稿文字约 100 万字，定稿照片 60 张，定稿文字约 20 万字，定稿照片和文字分别只占初稿的约 1/5，真是有点大浪淘沙的味道。在整个组编和修改过程中，刘星昌老师发挥了中流砥柱作用。他发挥自身文字功底扎实、编辑经验丰富、摄影技术过硬、作风准确细致、做事认真负责、编校一丝不苟等长处，高度负责，保质保量做好《情报所志》组、编、审、校等工作，受到大家一致好评。不少编委会成员都说，刘星昌老师审阅的稿件，任何错误的表述、语言、文字、符号，都会被查找出来。

2004年12月，《情报所志》定稿，送交《云南科技出版社》出版印刷。

2005年3月，天蓝色封面的《情报所志》，带着一股淡淡的墨香气味，运回情报所。

2005年6月，《情报所志》，通过分发、送达、代送、邮寄等途径，全部到达有关领导、专家、学者、单位、职工、友人手中。

志书珍贵，撰写志书苦中有乐。

让我们大家以此为鉴，共同努力，努力挖掘整理好我院的历史文化。

（作者　杨庆贵）

# 农科院环境五十年之变迁

　　我们作为云南省农业科学院单位职工子女之一员，又在同一单位就业至今，算是生于斯，长于斯，从业于斯，将退休于斯。几十年来，历经岁月的风风雨雨，见证单位环境的变迁。单位的发展变化也如社会之变迁一样，算是山乡巨变了。

　　云南省农业科学院的前身云南省农业科学研究所，于1964年从昆明北郊蓝龙潭迁址至现在这个位置，即龙泉镇桃园村，迄今已有50年整的历史了。据说，1958年西南农科所从重庆迁入滇之前，当时迁滇地址上有许多选择，有呈贡跑马山（西南联大时期的农学院）附近，有西站省农校那个位置，有马村地质学校，但最终迁到了蓝龙潭水利学校校址。几年之后，或因感觉水利学校发展空间不够，就选择了当时龙泉公社的桃园村。据说选址此地的理由是：试图在这里在发展云南农业科学技术研究的同时，将单位环境发展建成为一个背靠花果山，房前屋后有潺潺流水，出门就是林荫大道，职工工作和生活住宅环境都处在一个充满绿荫和鲜花的花园式单位。

　　1964年迁入此，当时的农科所，位于四周为田野之中，前方相连有个桃园村，迁入时被纳入农科所的直接管理；前右侧有个竹园村，前左侧有个据资料可稽明代就以烧龙窑著称的瓦窑村。

　　农科所的后方，有条称为东大沟的灌渠，沟宽约两米左右，水源于几公里以外的整个昆明饮用水源地的松华坝水库。东大沟地势较高，流水终年不断，成为农事活动灌溉之需的水源，也是当年农科所职工家家户户洗衣物的主要方便之水；单位前方不到200米也是同一条来源于松华坝，直接径流几乎整个昆明坝子的主要干渠金汁河。金汁河河宽约四五米，是昆明坝区农田的主要灌渠；再往下200多米，又是一条河道蜿蜒曲折绵延盘桓的盘龙江，也是松华坝水库的泄洪河道，河流延伸至昆明滇池。也就是说，农科所当时的区位是前后分三台有三条河流，分别是东大沟、金汁河和盘龙江，且都几乎是终年流淌不息。有水，其间也就密布着沟壑网联，各种鱼类蛙类也在其中繁衍生息，似乎就有了些灵气。

1965年秋，松华坝为保坝泄洪，导致盘龙江发大水，金汁河以下一片汪洋，昆明城区相当部分都几乎处于被淹没的严重状态，大面积面临秋收的农作物毁于一旦。洪水泛滥过后，绵延盘桓的弯道河流到处成为浅河滩和沙滩，抓鱼、捡鱼成了这时人们意外收获的肉食，而农田已经不成其样子了。随之，盘龙江河道的重修拉直，成为当时附近部队以及河两岸单位和农村出义工劳务进行的一大工程，前后大概近一年，修成了现存的较为直通的盘龙江河道，而老旧的盘龙江河道，也逐步被改变成为鱼塘和农田了。

农科所的四周，东大沟以下至金汁河之上，大多为科研试验用旱地；而金汁河之下到盘龙江之上，大多是水稻试验田。周边无论是竹园村或瓦窑村，农田几乎都是根据农时轮作水田和旱地，一年四季总有可根据需要似乎有充足的灌溉用水之保障。

农科所的后方有一个原被称为"小坝塘"的小水库，刚迁来时由李华模起名为"笑天湖"，也是个钓鱼的方便去处，工作之余，几步路就到，夏天多钓白鱼，其他季节更多为钓鲫鱼或鲤鱼，偶然浅水季节，还能直接用渔网下去打鱼。农科所当年尚有一支浩大的打鱼大军，包括一部分职工和不少职工子女。每到冬季时节，前后几条沟河都处于浅水季节时，打鱼大军出动，也是浩浩荡荡几十人，将盘龙江河道横排列成二三排，经常自下而上，从昆明火车北站铁桥一直往上打鱼，运气好每趟也能收获几公斤鱼来改善家庭伙食菜肴。

捡菌则是每年夏季农科所职工或其子女们经常上山的一项采获山珍的时节。近处，有时在家门口就可采到一些青头菌，猫眼菌。稍走几步，在农科所右后山有座称为麻山，山上多为青松树，各种菌都有；而左侧称为"假麻山"则多为青冈栎树，多青头菌和牛肝菌；更远的地方如后山的新建村、九龙湾、老蜜蜂窝、哨上、旧官等地，可能收获菌的种类和数量就会更多，有时甚至不得不用背箩去背，一下子吃不完总能晒干以备其他季节吃。

除了打鱼、捡菌之外，农科所的职工及其子女们还需经常上山挑柴、耙松毛、挖煤和捡碳，以及根据不同季节农作物收获后到田间地头去捡些遗漏的稻谷、麦穗、洋芋、红薯、蚕豆等等，以增加和添补当时家庭日常生活中的粮食、蔬菜和柴火薪木的来源之不足。

稻田里捧青蛙卵、捉蝌蚪观察青蛙的生长变态过程和生活史；稻田里逮鱼、钓黄鳝、舀干田沟水捉鱼、刨泥鳅。夏夜循着响彻云霄的一片蛙鸣声抓田鸡，应着不同季节时间，似乎我们总有很多可以向这大自然直接索取的恩赐，以改善和增加物资和生活困难时期的家庭生活之需的菜肴和柴草。

那时的农科所，也常被戏称之为地处于偏僻的"夹皮沟"，四周开阔的田野田园，春季耕牛繁忙，耕田耙地；夏季稻田一片碧绿，夜来蛙鸣喧嚣，此起彼伏，煞是壮观；秋季稻穗金黄，随风飘荡；冬季雪白麦绿，滚滚麦浪。

这就是当年农科所的周边环境。事实上，回顾"文化大革命"前的云南省农科所的单位环境，大概如是，一栋体量不小的三层的科研大楼，屹立在开阔的田野之中，在附近几处土坯房的农村之中，也显得特别醒目和耀眼。大楼前整整齐齐规划如锦似绣的园林苗木，两排郁郁葱葱的龙柏树，排在大楼之前显得特有气势，四周还种植有棕树。大楼的外缘四周以迎春花作为绿篱，开花时节金黄灿烂，同时科研大楼四周还镶嵌着种有水杉、腊梅、垂丝海棠、桃花，点缀得四季繁花似锦，美不胜收。单位大门的门口外前直通盘龙江的大路两边，也整齐地栽种着两排棕树，后来又被柏树所替代。而生活区每栋住房前和各家各户的家门口，也摆放着由园艺组培育的各种盆花，装饰得犹如花园一般。

科研大楼的右边有两个独立的养虫室，那是20世纪50年代后期设计建造的养虫室，设计建造还比较规范，有方便加温换气的专门房间，有通风透气的昆虫繁育间，有换衣物的工作准备间，以及操作的工作间。养虫室周边都是排水沟，避免饲养昆虫的逃逸和非目标昆虫进入。养虫室前面是一大片网室，可直接避免科研试验作物成熟时种子遭受鸟类的取食。网室周围还建造有储存农具农资用的保管室；旁边还有加温玻璃温室。

科研大楼前，以金汁河之上主要是旱地，作为油菜、小麦、玉米等旱地作物的试验地；而金汁河之下的则是水稻试验田。在金汁河上面还有个挂藏室，是整个单位各种农作物种子品种的集中处理场地和存储仓库。挂藏室中间是一块晒场，各个农作物品种的种子根据需要或在天气好的时候还可将摊开晾晒，天气不好时还能在挂藏室四周的室内悬挂晾干。总之，就一个老工人匡钱山，负责了全单位各种农作物品种的保管、晾晒、存储和发放。在盘龙江边稻田中间，气象局在农科所设点建设的一个气象站的旁边，还有一个更大的晒场，用于大批量水稻或其他农作物收获时晾晒的场地，四周仍是些临时收放和保存农作物的工棚。笑天湖坝埂之下是园艺蔬菜试验地，湖水可直接用于灌溉蔬菜试验地。

在挂藏室旁边，还有奶牛房、养猪场和马厩，饲养着不少优良的荷兰种奶牛，每天一大早挤奶工人就将挤好的鲜奶挑到生活区，职工总是可吃上最为新鲜的牛奶；养猪场饲养有很多品种优良的猪，每年春节过年前总能宰杀一些猪，让全所职工每家每户都能分上部分新鲜的猪肉，以及食堂里还加工制作各种美味的肉食，如千张肉、粉蒸肉、肉饼、回锅肉、肉丸狮子头、酥肉等等，那是那些年基本上平时不太可能吃得上的美味佳肴；猪牛圈旁边还有马厩，圈养着不少匹用于拉车的高头大马，作为农科所当时除了仅有的一辆美式吉普车和解放牌大卡车之外的另一主要交通工具。马车既担负着运送各季节收获的农作物，也拉肥料、圈肥到各块田间，还是职工食堂进昆明城区米厂心购买蔬菜的运输工具，甚至有时担负着送职工及其家属生病住院进城看病等等。

生活区的背后，是一整座山被一条通往远山的路分为两半，那里既是园艺果树的试验基地，也被建成花果山一般，一边是满山的苹果树，另一边的后半部分是各种品种的梨树，前半部分则是柑橘树，间或还栽种过一段时间的西瓜，用骨粉和油枯饼大肥栽种的西瓜，在这气候积温不够的地方也照样在大水大肥的催促下，成熟得硕大和沙甜。每当一夜春风时，满山满园的梨花和苹果花盛开，饭后到后山走走，笑天湖边转转，也是散步或观花的好地方。在收获果实的季节，硕果累累挂得满园的苹果和梨，成为单位职工的福利之一，也成为与一些相关单位建立良好关系的一种润滑剂。当然，守护好守住这些丰收的果实，也着实让单位头疼的事，不得不请附近部队指战员和军犬配合。

总之，当时的农科所与现在的农科院在科研人员数量和学历不能同日而语，科研设备精密化和现代化设施等方面自然无法比拟，但早先的科研工作的各种较为规范的试验地、试验田、满山果园，以及功能较为齐全的挂藏室、晒场、温网室、养虫室等一应俱全的基本设施、基本条件现在已消失，开阔的田野已成为一幢幢楼房的水泥森林，整个北郊再没有了农田。当年虽然农科所地处偏僻，但屹然矗立在开阔的田野和农村环境中的科研大楼显得鹤立鸡群，来找的人能很远就能看得到单位之所在，能循着方向很容易来到。

（作者：陈宗麒）

# 云南省农科所的主要建筑及其相关功能设施

云南省农业科学研究所 1964 年从蓝龙潭迁来龙泉桃园现址时，各种基础设施已初步建成和逐步完善其功能，成为农业科研试验基本设施场所和场地等条件较为齐全的农业科研所，包括"科研楼""行政楼""八角楼"，"挂藏室""养虫室""温室""网室""钴室""医务室"，以及"农场""气象站"和"拖拉机房"，以下对此分别作个简述。

## "三楼"

1. 科研楼：那是一栋高三层体量比较大，约 2400 多平方米的科研大楼，白墙平顶，高大矗立在四周零星的农村土基房和一片广袤的

田野中，尤其显得鹤立鸡群。最初全所科人员都集中在该大楼内从事室内科研工作。当时从科研学科建设方面有粮作系、油料系、园艺系、植保系、土肥系等，各领域科技人员除了室内工作外，很大一部分科技人员都常年在基层农村驻点开展田间试验研究和技术示范推广工作。大楼的周围绿化非常漂亮，前面一排高大雄伟的龙柏矗

立，楼四周环绕种植着棕榈、水杉、腊梅、梅花、垂丝海棠，在龙柏的前面，还有一排作为绿篱的迎春花，每逢春季或不同的季节，大楼周边各种花绽放，繁花似锦。科研大楼一直是人们摄影留念的主要背景。

2. 行政楼：行政楼是位于科研大楼旁边的一栋两层红砖楼，行政管理人员集中在行政楼办公，处理日常工作事务，保证单位的各方面工作的正常运转。行政机构有所长、副所长、书记室等，有党政秘书科、总务科、财务科等。那时行政管理人员不多，科研部门各单位课题组所需基本科研仪器设施、设备、实验室各类器具、药品等耗材，乃至笔墨纸张，都是每年申报计划，由总务科统一采购，并造册登记发放。

3. 八角楼：八角楼是中华人民共和国成立前昆明电力公司经理刘幼堂和银行孙东明行长在瓦窑村村中自建的私人别墅及其花园，同时还有建的收集种植有上千种茶花品种和部分果树的私家花园。解放后，刘、孙两位将八角楼及其花园捐赠给国家。1951 年 1 月 3 日，中国科学院植物分类研究所"植字第 88 号文件通知"和 2 月 28 日云南省农业厅通知，由云南植物研究所（即中国科学院昆明植物研究所）先后分别接收孙东明和刘幼堂在瓦窑村八角楼及其花园地产和花木。1964 年云南省农科所迁到桃园村后，经省农科所与植物所协商，八角楼及其花园移交给了云南省农科所管理使用。

# 六室

1. 挂藏室：挂藏室是农科所科研课题组收获、晾晒、拷种、储存各类农作物品种和种子的重要场所，挂藏室四周是框架房，成一个大四合院形式，南侧是用于收获作物秸秆捆扎好室内晾干的地方，靠东一端是各类种子的存贮，分成若干小隔，由上而下可逐个取小门板便于由少而多堆放各类农作物种子。中间是个宽敞平坦的水泥地晒场，用于每季农作物收获后，放在晒场上晒干，逢雨季又将连同作物秸秆晾晒在室内或用大簸箕晒种子；另一端是各类农作物拷种的场所，拷种，也就是各种农作物成熟后计数千粒重，以测定各作物品种产量构成的科研试验的重要依据；靠西部分是负责挂藏室日常工作和旁边养牛场的工人的住房。挂藏室位于现在院机关行政楼处。

晒场：在金汁河下面的盘龙江边，农科所还建有一个更大的晒场，也是个大四合院，其功能也与挂藏室类似，是用于大宗农作物收获后晾晒的主要场地，晒场的四周是些小平房，主要用于临时存放在晾晒农作物工程中遇下雨天气便将农作物放入房间内储放一段时间，等天晴了再敞开在晒场上晾干。还有些房间也是作为放农具的保管室，也方便田间劳动时取用和存放。

2. 温室：温室呈拱形钢架结构厚玻璃覆盖，当时温室的玻璃比一般的家用玻璃窗厚实两三倍，也成为人们感觉稀奇的。是农科所试验研究季节温度不足时各农作物温室内栽培提供加速开展研究工作的重要设施。温室内分隔有多个水泥池供小面积栽培研究作物，两边还有管道，天气凉时，位于温室一端的锅炉房加温传热保证温室内增加温度的设施。温室内还有各种浇灌喷洒设施，既作为灌溉浇水，也是增加室内湿度的一种方式。

3. 养虫室：位于科研大楼北侧，有两栋大概各四五十平方米的一层平顶屋。养虫室是按标准的养虫要求设计建造，其中有工作准备间，有多个分隔的养虫间。养虫室四周墙面上部是玻璃和尼龙网纱双层窗，下部是尼龙网纱单层纱窗，便于透气通风，以保证养虫的室内空气流通。养虫室四周是修有排水沟，以防止室内饲养昆虫逃逸，或室外昆虫进入的防范。

4. 网室：网室是四周和顶全是铁丝网制成的几百平方米的框架结构网罩，有几道侧门，一侧还有若干间工具房用于临时存放农具。网室建于养虫室下方和温室旁边，是为了防止农作物成熟后鸟类来啄食农作物种子而影响科研试验结果的准确性。

5. 钴室：钴室建造于"文化大革命"前期，是针对农作物核辐射诱变育种的基础而重要的设施。钴室外形似一座无外窗密闭的碉堡，墙壁厚约 1.5 米的钢筋混凝土铸成的一个钢铁堡垒，内有一个深井，用来存放放射性钴 60 元素的单体于深井水中。从操作间进入深井辐射内室放置农作物种子准备辐射时，需要经过几道弯，操作间能透过几道厚实的玻璃观察辐射内室到被提供辐射种子的情况。钴室操作间是进行钴 60 升降的地方，钴 60 在辐射处理作物种子时，绝对不能进辐射内室，只有当钴 60 被放置在深水井时，才能进入内室去取辐射过的种子。进入深水井边缘处往下探望时，能看到钴 60 在深水中放射着蓝绿的光。钴室的外端连接着几间工作室，是处理辐射前后种子的工作场地。

6. 医务室：医务室对于地处偏僻的单位来说，有着很重要的社会功能和作用。那时无论是职工或家属子女，谁有个感冒发热的，就只有在医务室拿点药和打针了。农科所距离最近的康复医院，即昆明市第二人民医院都有一个多小时的路程，况且那时交通工具很不方便，几乎出行都靠走，如果生个什么病，毫无疑问首先就得在单位的医务室就诊，那时医务室就两位医务人员，王医生和李医生，为农科所的职工及家属子女解决很多常见病的治疗。

# 试验农场

试验农场：农场是农科所的重要组成部分，是所属各专业开展科研试验工作配合实施的辅助技术工人的管理部门，相对固定参与各科研专业试验工作的农场工人大多是熟练的技术工人，他们不仅配合科技人员实施各种农事活动的田间劳动，参与田间农作物杂交选种及各类田间试验、室内拷种等等工作，很多技术工人多年来积累了丰富的科技试验和田间工作经验，成为名副其实的技术骨干。农场职工大多住在距离院家属区以南200米左右的一栋三层住宅红砖楼，位于八角楼及其花园的北侧，与瓦窑村相连。

农场还附设有拖拉机班、马车班、奶牛场、养猪场，以及前面提到的挂藏室、晒场等部门，大多位于挂藏室一侧和农场与挂藏室中间的地带。晒场位于现在的清真寺和天宇澜山B区这一片。

（1）拖拉机班：拖拉机班最初有一台东方红牌的履带式拖拉机和多辆轮式拖拉机。拖拉机库房在农场北侧，履带拖拉机承担着单位的春耕秋种大量犁地耙地的任务，是重要的生产资料，也运送农家肥或化肥等各类肥料到田间，或拉运各种收获的农作物到晒场或挂藏室进行晾晒或脱粒。偌大而沉重的拖拉机一度被当时附近农民认为会将农田农地压板结，后来看到拖拉机的工作效率后，也纷纷来租借去帮附近农村犁地。轮式拖拉机主要是运送化肥、农家肥、收获的农作物，以及单位所需的各种建筑材料等。拖拉机的附属设施如划犁、旋耕机具等大多数时候就直接放在晒场旁边的一侧作为拖拉机的机具库房，也成为维修拖拉机的一个修理厂。

（2）马车班：马车班饲养着约十匹高头大马，还有多位专职赶马车的工人。赶车人不仅每天照料马的起居饲料，还为马修蹄钉掌，有位赶车人因轧马饲料不慎将整个手都轧断。马车班的主要任务是运送农作物所需肥料到田间，或收获的农作物运到晒场或挂藏室晾晒，其中另有一辆专门作为单位食堂进城到小菜园米厂兴蔬菜批发市场采购蔬菜，也曾有少数人与赶车人关系较近的能幸运地搭乘马车进城，有时马车也成为拉送病人去医院看病的一种交通工具。

（3）奶牛场：奶牛场有两位挤奶工，除了每天照料和喂饲奶牛，也经常为奶牛洗澡擦身，每天五点左右就去挤奶，清晨六点左右就将新鲜的牛奶挑送到家属区，供职工家庭的幼婴儿的营养或早晨有喝牛奶习惯之需，最鲜的牛奶也是当时农科所独享的营养饮品。

（4）养猪场：养猪场也与奶牛场在一起，位于挂藏室旁边。所养的猪品种优良，架子比起附近农村自养的猪大很多，十来个猪栏养着不少猪，是供单位职工节庆之日宰杀改善职工伙食的重要来源。在单位职工食堂不远处的厕所旁，也增盖一小间房子养着少数的几头猪，平常食堂的大师傅们也顺带将一些残羹剩菜做成猪食喂养。

# 伙食团

农科所的伙食团，那是一代人的美好回忆，甚至每当回忆起就有垂涎欲滴的感觉。那是个肉食严格配给制的时代，吃肉不仅是一种口福的奢侈，而且是一种与过年过节才能感受到的欢庆气氛的标配内容。伙食团的几位大师傅的手艺很好，一日三餐有各种膳食菜品，伙食团的饭菜做得也很不错，当然，平时就只有蔬菜素食了。早点通常有面条、米线、稀饭，以及馒头等，馒头大到与大型蒸笼的内径一样，各家要几两的馒头，大师傅手起刀落切下馒头现过杆秤，八九不离十的准确，谁也不会因哪家的馒头大小而有意见。

遇到逢年过节，伙食团就成为热闹非凡的中心，大家不仅享受着即将有肉吃的内心激动，还目睹和参与着整个节日前奏和过节的气氛之中。春节临近，听见猪的嚎叫声，少年儿童们就追随着观看整个抓猪、宰杀、烫猪、刮猪毛到开膛破肚的整个过程。农科所伙食团的大师傅宰猪烫猪有着其他地方不同的方法。谁都知道"吹牛"是怎么回事，但"吹猪"是什么情况就不是一般人所知道的，但农科所当时的少年儿童们都见识过什么是"吹猪"。大师傅将猪放血后，就用尖刀在猪蹄处开个斜口，然后用一根两米左右长的钢棍从猪蹄开的口处，沿着猪皮往里捅，整个猪的全身捅个遍，然后大师傅就口对着猪蹄开口处用尽全身力气使劲吹，不断吹，一直吹得整头猪成一个圆滚滚的气囊一般，又用麻绳将猪蹄开口处扎紧，以避免漏气，这就是"吹猪"。猪吹好后，这时才将猪放在烧得滚开水的大锅上，翻来覆去地浇水烫猪，烫透了就用弯卷的刮猪毛刀片在猪的全身上刮，被吹得滚圆的猪似乎特别容易烫刮猪毛，三下五除二，一头猪就被刮得干干净净。这时猪又被高高倒挂起，然后开膛破肚，取出清理内脏，再将各部分大卸八块，再来逐步分割成小条块，几头猪如此处理好，各家各户就开始到伙食团卖饭菜票的窗口排队准备领票，所领到肉票上有序号，伙食团大师傅按家庭户数分割好用报纸包好的每家每户应领的肉纸包上也有相应的序号，各家各户找找自己对应的号，请负责分发肉的人核对一下，就可领走自家那份肉，然后欢天喜地回家让家长去制作美味佳肴了。

每逢春节前这几天，单位也安排各部门科技人员到伙食团帮厨，来帮厨的人都听从大师傅的安排洗菜、清洗猪内脏、猪蹄等，将各类准备分碗蒸的肉分装碗盘等等，做这做那的。伙食团的大师傅们也将制作多种多样的肉类熟食，有酥肉、炸肉丸子、千张肉、粉蒸肉、红烧肉等等，还有油炸花生、酥黄豆等。开饭前，每家都安排多人，几乎拿出家里的各种类型的铫锅、钵、盘、碗等餐具早早的就来分别排队，各路纵队排得老长，热闹喧嚣，人们总是带着兴奋喜悦的心情等候着美味佳肴，等候着新春的喜讯。

春节前，单位还安排大卡车到外地去购买一些水果和不常见如甘蔗、冷冻带鱼、莲藕等等水果、蔬菜类，总之，那个年代各种菜肴食材十分匮乏，只有到春节这几天才是很丰盛，以至于那几天总是到处排队，购买各种难得见到的食材和佳肴，为热热闹闹过好春节，每家每户都一直处在欢天喜地地忙碌着。

那时的所谓美味佳肴成了现在日常餐饮，任何时候只要想吃就能随时随处买到的各种山珍海味等，但总感觉缺少味道，不仅缺少的是一种人们的企盼和向往，更缺少一种节日的气氛和家庭团聚带来的精神上的满足愉悦感。

# 桃园小学

晒场四周的农具房，一度成为农科所承办的"桃园小学"。还是在经历"文革"的"文攻武卫"和"停课闹革命"之后大概是1969年，各学校陆续开始了"复课闹革命"，晒场一侧的小平房就成为桃园小学，教育系统从龙头街龙泉宝台小学抽调了一些老师来任课，农科所也安排了一些有一定教学经验的来担任老师。这样，农科所和桃园村的职工子女就不用跑较远的宝台小学上学，生源也相对集中为农科所和桃园村的子女们了。位于晒场的桃园小学大概办到20世纪70年代末期，又搬到位于农场场部和所部中间地段，农科院专门修建了一个有两层楼多班级小学校。由于考虑上学路上雨季路烂泥泞，低年级学龄儿童行走安全，农科院还专门修了一条约一米宽从桃园村到桃园小学水泥路便道。之后，桃园小学又搬迁到院部建的电影院旁的篮球场一侧，使小学生有了更好的活动场地，上学也更为方便。约2010年代，因桃园小学一直未纳入教学系统等各方面管理不顺等原因，学校老师划入院各部门单位，桃园小学从此消亡。

# 气象站

在晒场的旁边，建设有一个气象站。气象站业务隶属关系归省气象局管，但人事和日常生活仍与农科所职工融为一体。气象站的气象资料就用于农科所科技人员开展科研试验以及进行与气象方面相关性研究的气象资料。

（作者：李努革、陈宗麒）

# 西南农科所迁滇与云南农试站合并

# 五十周年纪念活动始末

2008 年春节刚过，偶然跟人聊天，提及我们这批于 1958 年跟随父母一起，随西南农科所整体从四川、重庆迁徙来云南的职工子女，如今大多已经过了 50 多岁了。迁滇五十周年应是我们这个单位特别的日子，而对于一个人生的五十年来说，远不是短暂的历史，而单位的一些老职工都已经永远地离别了家人和一道工作多年的同事了。

简单算一算，当时迁徙来滇时的单位职工，最年轻的 20 来岁，现在都已过古稀之年了。而我们这些随家长迁来云南时尚处于幼儿阶段的职工子女们，现在大多都是年过半百了。

处在单位迁滇 50 年之际，站在当年奉上级之命迁徙来滇的单位老职工的角度来看，就感觉他们特别应该也值得组织一场聚会等纪念活动，让大家叙叙五十年来经历的风风雨雨，畅谈友情，怀念和回顾已逝去的同事，交流保健和长寿的健康经验等等。

刚好有聊天机会，我就将这样的想法跟个别当年从四川迁来的长辈们或老同事作了些沟通，大家都觉得确是件值得搞的聚会，有很多同事因各种原因来云南后都调离本单位，也多年不见了，而且一说起来迁徙来滇几十年，就总有说不完的话题和故事。

就这样，就此事在一定范围内议论了几次，一伙热心人就在私人家里就为此事开了几次议论会或预备会，有杨昌寿、钱为德、唐世廉、李爱源、柏明骏、贺官泽、雷远珍以及我等，本来我作为当时只是随迁的老职工子女，作为晚辈，感觉他们搞这个活动，如果需要，我积极参与配合就是，能配合做点服务工作也表示一种支持。后来长辈们都坚持由我来出面组织这场活动，大家都感到我年轻、精力好、有热情，也有组织活动的经验。我感觉难担此重任，但大家还是让我多为此多做些组织工作。

大家都议定来组织这场聚会活动之后，就如何组织这次活动的可能性，以及组织方式进行了广泛的讨论。首先大家觉得应搞成纯民间性质的，就像当年为原农科所老所长赵利群贺九十寿辰一样，由参加者自行筹份子钱。初步这样定了后，就开始策划预计多少人？要花些什么钱？大概可能花多少？以便好确定聚会的规模以及每人大概需凑多少。

这样，大家又开始统计当年迁徙来滇，以及云南省农试站的各专业组及管理人员的人数情况。李爱源记忆特好，很快回忆搞出了个当年刚合并的全所各组（系）人员名单初稿，然后大家依此回忆和补充当时各组人员的构成。这个回顾过程中，大家都充满激动，回忆起当年长途迁徙涉及的方方面面的难题和艰辛，回忆起当年职工间如何在艰苦的环境中工作，为云南农业作出了哪些重要贡献，也回顾已去世的老同事，一些欣慰，一些感叹。另一方面，就聚会的形式大家也有些顾虑，感觉仅聚会四川、重庆迁徙来的一批，可能引起非议，不太利于团结，不如就此搞成当年从四川迁来滇及与在云南省农业试验站工作合并成立云南省农业科学研究所当时的现全体健在的老职工大聚会，这样更有利于老职工之间的感情交流。

确定了聚会活动的规模和对象之后，我仍旧感觉此事事关重大，还是应该向农科院老干处汇报，争取支持，否则纯民间活动，应邀来聚会者大多是八九十岁的高寿退休职工，最年轻的也七十多岁，有些还住不同地方，不仅需要接送，而且万一身体有任何不适，若个别来参加聚会者有个三长两短，作为民间组织者很难向人家家里人交代。为此事大家也议论多次，多数认为还是民间自己组织为好，但我仍感应试着争取得到单位的支持为宜。

　　大家初步达成一致之后，就由我起草了一个报告，给院老干处领导，并提出请院老干处出面组织并给予一定资助，个人再出一部分资金的方案。我起草的一个方案经原副院长钱为德、杨昌寿等人审阅后，由我递交院老干处杨大银处长。杨大银处长接报告后，一方面认为是件好事，一方面也感觉事情重大，不仅涉及本单位的很多老职工，而且还涉及一些已调离的职工。所以杨处长也向院领导请示，院领导经与处领导协商慎重考虑后，最终答应由院老干处牵头组织这次活动，并说经费紧张，可能仍需要大家凑一部分钱，或每人凑10元钱。我感觉应没问题，我能动员大家出点冲扩照片的费用。经过一段时间的预算，最后杨大银也下决心定下不让这次难得的聚会者掏一分钱的方案。

　　得到院里的明确支持和出面组织，大家更感到兴奋和高兴，我也

就更放心大胆了。于是大家就策划如何组织，如何通知在外单位老同事，大家热心而兴奋地自告奋勇提出通知自己能联系上的老农科所职工，以便分片区分联系人负责联系。贺官泽负责家住茨坝的，柏明骏和雷元珍负责通知农科院江岸住宅区大院子里的，杨昌寿负责

通知家住刘家营的，一些调出外单位及家未住农科院的，都根据各人的关系去尽量联系通知，争取大家尽可能都能来参加这难得的五十年来的大聚会机会。后来大家就选定时间，开始我建议争取以四川搬迁来的整五十周年纪念日，大概在端午节前后，后来经大家讨论，以及院老干处的一些工作安排，最后聚会的日子商定在国庆节收假后的 10 月 9 日。

院老干处定下此事也积极行动了起来，杨大银专门调了一辆大客车接送住茨坝的老职工，还专门约好了几个驾驶员和备了几辆小车准备随时应急；并筹办买纪念册，文具，买水果茶点，准备照相等等。杨大银又让我联系了国际照相馆专门拍照大集体照的师傅，并要求相馆方带着便于人多拍摄需要的架子运抵瑞驰达（院综合楼）。

为减少老职工们在聚会活动中的折腾，聚会地点就定在农科院机关大楼的八楼报告厅，吃饭定在同楼二楼的餐厅。

各项事宜基本议定之后，几位为本次聚会的热心老职工分别作为主题发言者也开始准备发言稿和各自的节目了。总之，这段时间大家都在议论，在回顾，整整五十年，经历了多少世事变迁，社会也发生了天翻地覆的变化，从"反右运动""大跃进"，到"无产阶级文化大革命"，再到打倒"四人帮""改革开放"，一系列的社会动荡，人世沧桑，弹指一挥间，天若有情天亦老，人生奈何几度秋。但大家仍充满着热心、热情和不变的激情，并感叹着已逝的同事未能来得及享受着改革开放的成果。

到聚会的这天，原定 10 月 9 日下午 2 点大家集中，预计大家召开三个小时左右的座谈会交流，然后聚一起吃顿饭，再送各位老人们回家。这天我也很兴奋，能将活动推进到这一步感觉自己尽了努力了。于是我也带着照相机尽早赶到老干处，这些年院里组织的很多大型的活动，往往都是我负责照相或摄像的。这次聚会我自己感觉也是很值得纪念和留下照片资料的一次活动。

　　结果来聚会的农科所老职工 12：30 就开始逐步来人了，大家都带着颗激动的心情，毕竟这是五十年来的首次大聚会，难得的老职工聚会，以后还会不会搞这样的聚会？若按十年再搞一次，还有多少人能参加？起码不可能再等下一个五十年了。陆陆续续近 100 多位五十年前就工作生活一道的老同事们，在老干处工作人员的引导下来到会议室，有少数 1958 年后参加工作的也感到应该参加这样的聚会主动来参加了。

　　老职工们见面有些眼含泪花，有些激动地相互拥抱，大家都找到最有激情的回忆和谈起过去的往事，各自侃谈和交流。尽管大家分别围坐成两圈，但都尽量与自己相交最深的坐在一起，感觉有说不完的话。一些代表拿出了早已准备好的稿子发言，有些即席畅谈。院老干处的全体人员都参与协助此次活动，有照相的，有帮端水倒茶的，有帮递水果瓜子的，有传递《留言簿》让大家签名和写感受感想的，我也不停地为这次来之不易的活动尽量照相。

　　院领导夺石当副院长到会首先讲话，并代表其他因召开院党委会而未能到会的院领导表示感谢各位老前辈们为云南农业生产发展和农科院的建设作出的贡献，也祝愿大家身体健康长寿，老干处杨大银处长也讲话表示祝贺这次五十年大聚会的举办。

　　当年就工作在云南省农试站的原农科院副院长钱为德代表老农试站老职工首先发言，讲了此次活动组织的起因和组织过程，讲到云南省农科所为云南农业生产发展做出的贡献，讲了大家经历的这几十年的艰苦奋斗；四川迁滇的科技人员代表杨昌寿的发言中，说到"我们奉命从千里迢迢的重庆来到云南与省农业试验站合并，组成了一支结构整齐的农业科技队伍，活跃在云南农业科技战线上"，围绕省委省政府提出的农业增产措施要求，为云南农业生产发展，在各种主要粮食作物及经济作物的品种育种、栽培技术、土壤肥料、植物保护等方面做出了积极而重要的贡献。杨昌寿还专门提到，过去大多数科技人

员往往都常年下基层蹲点搞试验示范，而将子女托付给老职工家属们看顾，这些家属的爱心使蹲点的科技人员免去了后顾之忧，安心于工作。这些老家属默默无闻地献出的一份爱心，使当时单位里充满着和谐氛围，并表示对这些老家属们的一份敬意。原行政办公室的离休干部李华模也诗兴大发，一首一首的诗不断地吟诵，使专门为他手持麦克风的杨大银处长不断地交替换手，以便拿稳麦克风；还有一对80多岁的老夫妇来个了歌伴舞，大家都充满激情，98岁的老专家赖璇尚耳聪目明，也作了即兴发言。

激情不减的交流不断延续，大会进行的同时大家也在私下激动地各自分别交流开着小会。近3个小时交流基本结束后，大家又各自相约，让我帮照相留念。我忙上忙下，心中也充满激动和惋惜，激动的是，我父亲虽已去世多年，但他的这些交情笃深的同事们，能在我也尽了一份力的情况下，促成了这场迁滇并所五十年周年后的大聚会，同时也深深感到惋惜自己的父母都不能来参加这样的聚会。会后大家又到楼下去照集体照，虽有专业的摄影师在拍照，但我也一口气拍了10多张，也将这难忘的聚会记录在自己的照片资料中。一些长辈们也知道我是这场活动的倡导者和主要组织者之一，也让我一起参加合影，但当时我就只想到，我也就只是这场难得的大聚会的一名组织者和一名服务员。

在单位迁滇并与云南农试站合并成立云南省农业科学研究所之后的几十年里，作为这次从四川大迁徙来到云南的老职工子女，即成了迁徙随行的参与者和见证人，与一大批职工子女一道，随同这些长辈们一起，经历和见证了单位五十年来社会的变迁和时代的风风雨雨，并在坎坷的人生路上一同成长，一同建立了深厚的联系和感情。作为晚辈，在父母过世多年后仍能为这些长辈们做点事情，也算是甚感欣慰的。

（作者：陈宗麒）

# 生在四川，长在云南

## ——记云南省农科所的职工子女们

## 艰难的迁徙

那是 1958 年的 8 月，在一列西下飞奔的列车上，有两个小姑娘在为旅客唱歌、跳舞，给多天来一路风尘的西南农科所奉命迁滇的职工家属们带来愉快的气氛。随着火车的轰鸣声，驶向西南的最边省份——云南昆明。这小姑娘就是我（游承俐）和姐姐承俄。火车上，我爸爸和婆婆带着我们 5 兄妹：大哥承侠 10 岁，二哥承勰 8 岁，姐姐承俄 5 岁半，我 4 岁，弟弟承侃 7 个月，随同西南农科所的上百名老老小小携儿带女，奔赴祖国的边陲云南，去建设边疆。

火车在云南的沾益停住了，因为当时到昆明的火车只修到沾益。我们要下火车转乘汽车。我依稀记得下车后是夜间，我和姐姐各背着一个小包，走在田间的小路上，看见满天的星星在闪烁，还听见田里青蛙"呱呱"地叫声一片。我们一路辛苦辗转到了昆明。

几百人拖儿带女长途跋涉真是非常的艰辛。我爸爸把才半岁多的弟弟放在一个篮子里提着过来的。为了响应党中央的号召，接受组织上的安排，一个单位整体搬迁在当时是罕见的。由于西南农科所当时隶属于中央直管，其前身是国民政府的中央农业实验所，留下了许多的设备仪器和图书资料，后来为开展农业科学试验研究打下了基础。所里养了奶牛、种畜等，都随单位整体搬迁至云南，种畜等活口也得随之迁走。在武汉空军部队的大力支持下，奶牛和种畜搭乘飞机过来，人坐火车、汽车，物品长途汽车运载。

当时西南所的所长赵利群特别重视科研，他深深地知道这些科研设备、及种畜对以后在云南工作意味着什么。他说服大家，人可以辛苦一点，但种畜运输是有条件的，中途不能出问题。大家信服赵所长，愿意跟着他去开创新的天地，再难也义无反顾。至今，我们云南农科院图书馆还收藏着大量盖有西南农科所图章的图书期刊。特别珍贵的是还收藏着 1921 年出版的国外农业生物学文摘的创刊号和期刊，以及许多英、俄、日等外文图书期刊。我们院现在的许多稻、麦、玉米、油菜等农作物资源从那时候就已经开始积累的，也育成了一些适应西南地区种植的稻麦品种。有了这些前期工作，使得我们在资源上占有很大的优势，为以后云南省农作物育种和农业生产的发展打下了良好的基础。

我们作为农科所的职工子女，大部分生在四川，长在云南。我们在农科所院子的范围内长大，我们的父辈大多来自四川，川音奠定了我们省农科所职工子女的基本发音。因此，我们走到四川，人家说我们说的是云南话，我们在云南，人家说我们说的是四川话。归根结底，我们说的是"三川半"话。四川的根长了云南的苗，因为我们是历经艰难迁徙来建设云南边疆的农科人！

## 充满爱心的集体

我们从四川迁到云南之后，职工们都住在原水利学校的一幢大筒子楼里。家属小孩比较多，怎么来管理好家属工作，发挥她们的力量？学生们放假了，怎么把他们组织起来开展有益的活动？这些在农科所都做得很好。当时工会组织了一个家属组，周小平老师的母亲，我们叫她周妈妈，任组长。她常组织所里的家属妈妈们、婆婆们学习，不时让她们参加一些力所能及的活动。如秋季，萝卜收获了，食堂要准备腌萝卜，就组织家属去篮球场切萝卜（那时最大的活动场所就是原来水利学校的篮球场）。我婆婆也参加活动。记得她端着一个小凳子，拿着家里的菜刀、菜板和大家一起把一筐筐萝卜切成条放到簸箕里去晒。半个球场都是切萝卜、晒萝卜的人。我们小孩就在周围玩耍。一不小心，我掉进了沟里。所以，这事我印象非常深刻。

那时条件很艰苦，大人们都常常到农村蹲点，而且一去就是很长时间，孩子们在家都是托左右邻居照看，衣服破了没人补。这时，家属组下面又组织了一个缝纫小组。由李正英的爱人傅昭蓉（李妈妈）、任承印的爱人赵汝珍（赵孃孃）、冯光宇的爱人张爱香（冯妈妈），还有管国安的岳母蔡奶奶等组成。她们免费为大家缝补衣服，大人小孩的都补。那时不分彼此，一家有事大家帮忙，就是一个充满关爱的大家庭。

学生放假了，周围除了一条公路就是农田，孩子们没地方去，也没事做。工会就让我妈妈廖显坤来组织学生过假期，因为她是学儿童教育的，对孩子们充满了爱心。她把不同年龄的学生分成若干的兴趣小组，自愿报名参加。如有乒乓球、画画、图书室、跳舞唱歌等。这些活动减轻了父母的压力，让他们能全身心地投入到工作中。别看这些是小事，小事中体现了所领导的智慧和组织能力。一个团结向上的集体，就具有强大的凝聚力，职工爱领导，领导爱职工。几十年过去了，我还很怀念那些时候，记忆犹新。

## 独立的培养源于日常生活

在我 5 岁那年，一天牙痛得很厉害，爸爸带我到黑龙潭康复医院去看病。医生检查后说需要住院观察。记得那是一个下午，爸爸办好住院手续后，把我交给一个护士阿姨就走了。我住的病房有好几张床，靠窗户边住着一位老奶奶，她头上包着纱布，她说是被蓝龙潭山上放炮的石头打着了。整个病房就我们两人。下晚，护士给我端来了一碗面条，吃完后就带我到医院的一个礼堂，那儿正在举办舞会，两人一对，两人一对的（跳交谊舞）。我们在门口看人们跳，护士不时还和别人讲话。晚上，我就和那位老奶奶住在病房里了。第二天，我爸来把我接回家了。有了一个人住院的经历，我好兴奋，回去就给家里人讲医院里的事，好像好懂事似的。

又一次，我6岁，还没上小学，肚子痛了好长时间，也不知什么原因。家里爸爸没时间带我去看病。那时交通不方便，就那么拖着。有一天，爸爸要陪赵利群所长去城里开会，爸爸就把我带上。那是一个中午，到医院看完医生后，走到取药处，那儿有许多人在排队，爸爸对我说："你在这儿听着，叫到你的名字你就答应，并去取药，我去开会，完了在这儿来接你。"爸爸走了，我好紧张，周围好多人都围着窗口听叫名字。我个小，扶着窗口边，眼睛睁得大大的，竖着耳朵听，生怕叫我名字没听见。过了好久，叫我名字了，我赶快答应，并取了药，站在医院门口等着，直到爸爸开完会回来。这时赵伯伯也来了，我搭着他的吉普车回家了。

以上两件事都发生在我上小学之前，那时候，爸妈都很忙，顾不了孩子，在万不得已时才照看一下。我看病没人陪好像也是正常的。我不会撒娇，不会哭泣，靠自己可以走过来。在当时的农科所，父母双双出差在外是常事，家里孩子们脖子上挂着钥匙，吃饭拿着碗去食堂打饭，完后自己做作业、上学。有特殊情况才托付邻居帮忙照看一下。在那种环境下也自然培养了我们自立、自强的性格和能力。

## 农科所的"鱼花子"

1964年，农科所搬到桃园村后，大人、小孩都有了很多的活动的环境。上山采摘、下河打鱼，其乐融融。在松华坝这边，外来人很少，农民很朴实，以种田为生，生活也比较单纯，他们还不会去河里沟里逮鱼吃。我们从西南所过来的工人大多从四川农村里转过来的，他们有很多乡村的手艺和技能，如打鱼、编簸筐等。看到沟里有那么多的鱼，很是惊讶！为什么不逮来吃呢？在那生活困难的时候，这是多好的事呀！于是，以刘银章为首的打鱼队自然组织起来了，他们自己织鱼网、编鱼篓，以及各种打鱼工具，组成了打鱼队伍。每到周日天还没亮，五六点钟，听到"打鱼啦！"一阵喊喊喳喳，只见家里有男人的都腰挎鱼篓，手提着渔网和渔具，迅速集聚向北站方向跑去。他们要从桃园村走到北仓（现在的北站附近），从那儿的盘龙江下水，排成一大横排，人多时排两排，逆水而上。左手提网，右手拿赶鱼杆，一直打鱼到松华坝下。这个时候从盘龙江游下来的鱼大多落入网中。两排网在等着，不落这网落那网，所以不论大人还是小孩都有收获，机会大致相等。中午12点左右，打鱼队回来了，多的大半脸盆，少的也有小半脸盆，皆大欢喜。那时是计划供应时期，一个人一个月只有2两油，2.5两猪肉，有鱼改善生活是件欣慰的事。农科所的人几乎每周都去打鱼，慢慢的河里的鱼少了，沟里的鱼不见了。附近农民说，农科所的"鱼花子"把鱼都打完了。

## 退钱送鱼

人们每周去打鱼，有的家是父子，有的是兄弟几人同去，打那么多的鱼，又没有油煎，一下吃不了。有的工人家庭就把多余的鱼卖给没有能力出去打鱼的职工，一般是1~2元一盆。我们家我大哥、二哥都喜欢跟大家一块去打鱼。有一次打了两盆鱼，看到别人卖鱼，我二哥就想，他们卖鱼，我们也可以卖呀！于是，端了一盆鱼和其他人一块等买主。这时，从后山来了一位桃园村放牛的老倌，赶着两头黄牛，他用五毛钱买了我哥的一盆鱼。我爸回来听说了，严厉地冲着我们吼起来："谁叫你们卖的？卖给谁了？"我胆怯地说："我知道买鱼的人，他姓束。"因束家的女儿和我同班，我去过她家，见过她父亲。我爸说："走！去他家。"我们不敢回话，三人一起走到束家。我爸给人家赔礼说："小孩不懂事，这钱不能收，鱼送你们吃了。"后来我二哥一直想不通说："别人能卖，为什么我不能卖？"爸爸教育他说，鱼多了吃不了，可以送人，但不能有经商的思想。如你一次得到了好处，以后你就会老想去得到更多的好处，你就不会专心去学习，以后的路就会走歪了。现在想起这事好像有些好笑，但在那个时候人的思想就是这样的。

农科所的打鱼人，在盘龙江里整齐地排列，是一道亮丽的风景线。在打鱼的过程中锻炼了人们不怕苦，团结协作、相互帮助的精神，是农科男儿们磨炼的一个过程，对他们未来吃苦耐劳都有着很好的帮助。

## 劳动光荣

在 20 世纪 60 年代的农科所，自觉打扫卫生已形成风气。我记得 1964 年我们从蓝龙潭搬到桃园村时，只有 3 幢住宅楼，一栋是单身宿舍，我们家住三栋 2 楼。一栋西边有一个公共厕所，三栋东边有一个厕所。那时没有专职打扫卫生的人，公共卫生都是大家自觉做的。每周六下午，大人们先去打扫办公区，完后再打扫家属区。后来为了集中时间，周六午饭后，只要听见"打扫卫生啰！"的吆喝声，每家每户都会从家里出来，拿着扫帚、锄头、铲子来参加打扫。当时阴沟是明沟，有时会有树叶等杂物堵住，需要用锄头、铲子掏干净。一般 40 分钟就可以打扫完成。若家里有人而不出来参加打扫卫生就会觉得很惭愧、不好意思。这个好的习惯一直延续到"文化大革命"后期。

# 抢收抢种

"我姨爹是高级农民"。这是我表妹对我爸的评价。是的，云南农科所无论干部还是工人，其工作特征就是系着白围腰，头戴草帽或是白色喇叭布帽，双臂箍着袖套，一年四季，从早到晚，大多数时间都在田间度过，就是高级"农民"。

农作物是有季节性的，当秋收季节来临，全所科技人员无论是不是自己研究的作物，都会参加抢收抢种，争取时间。除此之外，所有的行政人员也参加收割。当广播里通知大家到田里收割了，我们小孩子也会拿起镰刀，冲向田间。试验小区由课题组人员负责，大田生长的作物由大伙儿一块收割。有一次，在我旁边割麦的是管理伙食的管国安叔叔，他力气大，一割就是一大把，我力气小，只能割一小把，为了不被他拉下，我跟着他拼命往前割，好累好累呀！

看到大人栽秧，我们也学着栽，所以农科所的子女大多都会干农活。有时放学路上，看到桃园村的人在栽秧，我们都会跳下水田，帮助他们栽秧，因为我们觉得劳动是光荣的，由此而感到自豪！

# 跟着花苗一块长大

在农科所的家属区旁边，有一个苗圃园，由刘正良伯伯负责管理，那儿育的苗，主要用于所内的绿化和装点。一年到头都在育苗和移栽。从搬到桃园村，我就非常喜欢到苗圃去帮刘伯伯种花和拔草，我在那里学会了怎么移栽小苗：先在小花盆里垫上几块碎瓦片，使之架空点便于滤水，然后放上土，栽上小苗，压紧，再浇水。在我小时候的作文里，多次有"我帮刘伯伯拔草""我帮刘伯伯种花"的作文。在我们去宝台小学的路上，要路过瓦窑村烧罐子的窑房，烧出次品

时，人家就会扔掉。我们把一些烧歪了，或有小裂口，但不影响栽花的花盆捡回家，在阳台上种起花来。喜欢植物应该是农科所孩子们的天分。我们生活在这样的环境，怎么能不爱绿呢！就连我女儿去美国读书，她们学校（加州大学洛杉矶分校）里也有个植物园，种植着不同国家赠送的植物，她从到学校的第一年开始，每个周五下午都会去植物园义务劳动，栽花、浇水、拔草、扫树叶……七年没断过。连我们去探亲也去植物园劳动，扫地、拔草等。所以说，农科所的子女，潜移默化地受着父母的影响，是勤劳，善良，有爱心的。

## 妈妈教我们打扫厕所

每周除了打扫院子，楼梯和厕所是挨家轮流值日清洁的。有一块小木牌。上面用黑毛笔写着"打扫厕所"四个字。第一家打扫完后，就把小木牌挂到第二家的门边上；第二家打扫完后，就挂着第三家的门边，由此类推。那时，我爸爸经常出差在外，在我的记忆中他很少在家。轮到我们家打扫厕所了，哥哥们都读初中住校，妈妈身体不好，家里有我和姐姐可以做事。妈妈就教我们怎么打扫厕所：先把厕所面上扫干净，再提一桶水，厕所门背后有一块一尺多宽很长的木板皮，一个人冲水，一个人用木板把槽里的粪便推下粪坑，然后用水冲干净，再把地面上的水扫出门外。妈妈示范一遍以后，我们学会了。以后，凡是看到我们家门边上挂着小木牌，我们就会自觉地去打扫厕所和楼梯，这也成为了习惯。以后，无论我们住在哪里，只要看到楼道的楼梯脏了，都会自然地去打扫。所以说，良好的习惯是大人教的。

# 快乐的童年

1964 年农科所从蓝龙潭搬到桃园村，我们依依不舍地告别了蒜村

和平小学的老师们，转到龙头街宝台小学读书。那时我三年级，10 岁。桃园村这边有山有水，我们有广阔的活动天地了。我们和村里的、农场的孩子们一起玩耍、上山背柴、抓松毛；捡菌子；采野果，如杨梅、鸡嗉子、硕梅、小毛桃……我们住地的前面有三条河：金汁河、盘龙江、西大沟，宿舍后面有东大沟。游泳是我们的最爱。

夏天，上体育课，学校没有球场，也没有专门的体育老师，班主任就把我们带到学校附近的小水塘边，让男生在一个水塘，女生在一个。我们就在一个没有膝盖深的水里嬉闹，坐在水里漂腿。五年级了，我们班主任罗明，男老师，四十多岁，是一位非常优秀的老师，他对我们要求很严格，有一手工整的板书。体育课，他带我们去流经龙头街袁家山的东大沟游泳。他不会游泳，把女生安排在上游，男生在下游。东大沟是专为栽秧季节供水的，水从松华坝放下来。由于是流水，一下去很凉、刺骨，凉得直打颤，起鸡皮疙瘩，坚持几分钟就适应了。我们从前边下水，游 50 米左右上岸，再跑到前边，又下水，反反复复。

　　在农科所家属区背后的东大沟集聚了一个很大的堰塘，地形是个锅底塘，最深处至少有 20 多米。所里的文学才人李华模给它取了个名字"笑天湖"。湖的西面是坝堤，东面是桃园村的烧窑房，周围长有很粗的青冈树，也是牛泡澡的地方。放暑假了，"笑天湖"是学生们最集中的地方。我们一般上午做作业、读书，下午吃过午饭，就到那里游泳。男孩子们在坝堤那边，因为水深可以跳水。女孩子们在东边，横渡岸边和青冈树之间 30~40 米的距离，累了可以抱住青冈树休息一会。那时因为在旁边的麻山下修防空洞，留下许多沙子在岸边，我们游一阵就到沙子上滚一阵，再下到水里，好舒服哟！在这里，农科所的 90% 孩子们都学会了游泳。

　　水给我们带来的欢乐，也给我们记忆中留下深深地遗憾。我们的两个小姐妹就在水中失去了生命。1966 年 6 月，党委书记曲成江的小女儿曲京娟（13 岁）就在和我们一块游泳时突发性抽筋，沉到了水底。1969 年 8 月我们从家返校（上初中，住校，学校为昆十六中学的农场，当时称为第一农业学校，位于昆明机床厂后的花渔沟），为了走近路，我们手牵手横渡盘龙江，但因发大水，江面水流湍急，把我们一起冲进了滚滚河水中，蔡其文（15 岁）因头部撞到了水泥桥墩上，也离开了我们。她和我同年同月生，我们是好朋友，好可惜啊！每当想起往事，我都会想念她们，都会自然地仰望背后的山尖山，因为她们就在那里。

## 吃苦从这里开始

　　在一个深秋的傍晚，农科所后山的一碗水坡下传来"下定决心，不怕牺牲，排除万难，去争取胜利！"的歌声。这是刘运林、蔡其文带着弟弟其武，我带着弟弟承俍背柴回家的一个小情景。这时，从山顶上传出"其文""其武""小林""承俐"的呼喊声，是家长来接我们了！听到大人的喊声，我们好高兴，加快步伐登上山顶。

原来我们一早出去山上背柴，中午在山上吃完带去的饭，回家途中，因为柴没有捆结实了，走到半路，柴一边走一边掉，又不舍得扔，就掉一根捡一根，实在不行了，只有解开重新捆。一来二去就把时间耽误了。从九龙湾走到一碗水坡将近两小时，天慢慢黑下来了，好害怕！我们想，唱歌吧，一来可以提高我们的勇气，二来如有小动物也会被吓跑。那时毛主席语录歌是家喻户晓，所以山脚下才响起了歌声。一路走来好辛苦，我想以后再也不来背柴了！但回到家，睡一觉，第二天又精神抖擞地上山了，我们的吃苦锻炼就是这样开始的。

## 丰富多彩的大课堂

1966年下半年，"文化大革命"来了，我们没有学上，闲在家里，大山就是我们最好的课堂。男孩去很远的山上砍柴，女孩则在稍近的山上剔干松枝，耙松毛，还扭成麻花样；捡菌子，我们认识好多菌，知道什么可以吃，什么有毒不可以吃；采野果——杨梅、硕梅、鸡嗉子、小毛桃。秋季是收获的季节，在学校上劳动课时，老师带我们去给生产队拾谷穗、麦穗、拔杂草。

学校没活动了，我们在家就去田里捡农民收获后丢弃的谷穗、麦穗；捡蚕豆角；洋芋收获后经大雨一冲，还有漏网的小洋芋可捡。在桃园村的烧砖瓦窑处，开始烧窑工不知道烧窑过程中撤出来的炭还可以再利用，就把这些炭灰用来垫地了。我们到桃园村后，刘基一的妈妈，我们叫刘婆婆，她看到了，说这么好的炭怎么就扔掉了！可以再烧的。她就带我们去捡这种"二炭"。这种炭烧起来没有烟子，特别适合冬天在家烤火或炖菜。后来，烧窑工懂得了这炭的用处，他们开始用来烧水了。

不是这些意外的收获值多少钱，而是我们喜欢这样的劳动。在劳动中我们学到了很多的东西，这些劳动给了我们潜移默化的教育，使我们从小热爱劳动。

# 工人的楷模

到云南后，1960年以后碰上了国家的经济困难时期，那时我在幼儿园，后上小学一年级，记得食堂里的饭里参着一颗颗带壳的蚕豆，我中午吃饭，趁爸妈不注意，把蚕豆留几颗放在口袋里，上学的路上拿出来吃，好爽呀！没想到困难时期，父母们省吃俭用，云南省政府对农科所也比较照顾，虽然有杂粮，但我们小孩没有饿肚子。我们在无意识中度过了国家最艰难的时候，和其他同龄人相比，我们幸运多了。

在我们的成长过程中，除科研人员外，还有些不可忘记的人。20世纪60年代，畜牧这一块划到兽医所了，但所里还养着奶牛、猪，为所里的孩子、体弱病人提供牛奶和过年打牙祭的猪肉。我从小就记得，奉孝礼和李妈妈（李桂英，属粮作所农场的）他们常年任劳任怨地在猪房煮饲料；潘再友清晨天不亮就提着一桶奶上来给孩子、病人打奶；年三十一大早刘银章持刀杀猪……他们在生活上为大家付出了很多，当"五一"劳动模范表彰时，看到他们胸带大红花，我好羡慕。我想，我什么时候也能戴上大红花呀！

农场是保证科研种植的基础，也有一批默默无闻在做贡献的工人，我印象最深的是当时有两个特别优秀的年轻人，一对夫妻，男女都是队长，带领农场职工劳动。他们是雷云清和段兰英，事过几十年，他们肩扛锄头的英姿至今还留存在我的脑海里。无论是从西南所过来的，还是原农业试验站的工人们，他们为农科所的发展都做出了贡献。

# 节日的卡车

记得 20 世纪 70 年代以前，元旦、五一、春节等重要节日所里都要安排职工乘车去城里逛逛，算是最好的过节方式了。那时所里只有一辆卡车和一辆吉普车。吉普车只能在工作期间用，节日只能坐卡车。一辆卡车，几百人怎么坐呀？办法是先登记人数，按编号乘车。第一趟从所里出发，乘二、三趟的人走到龙头街，到那儿去上车；回来时同样，坐一、二趟车下在龙头街，最后一趟才能直达所里。没有驾驶员谭友熙、鲁德才节日为大家服务，就没有家庭的团聚。我们家每年元旦到城里就是找个饭馆吃顿饭，照张全家照，那就是最好的纪念。那时在所里，无论是年前分肉，还是坐车；都是按号对坐，大家非常守秩序，尊老爱幼。没有抱怨，没有吵闹，和谐相处，相互尊重做得非常好。我好怀念那个年代！

孩提的时代已经很遥远了，农科所的孩子们已完成为国尽力，慢慢进入了迟暮之年，每当回忆起自己的父辈，回想起自己走过的路，无不感谢西南农科所、云南农科所对我们的哺育之恩。我不仅生在四川，长在云南，还接受了云南农科院对我的培养之恩，和父母一样，把自己的一生贡献给了云南的农业科研事业。从一个在叔叔、嬢嬢眼皮下看着长大的小姑娘，成为农业经济研究的一名研究员退休。我很感谢农科院对我的培养，感谢前辈们对我的教育与帮助，衷心希望农科院在新时代、新征程中再接再厉，为云南农业的发展做出更大的成绩。

（游承俐，2017.12.30）

# 童年记事

　　1955 年元旦，我的父亲冯志明、母亲刘清英在重庆西南农科所的大礼堂里参加了集体婚礼，10 月 14 日我就降生到这个世上，成为父母的第一个女儿。1958 年 1 月 13 日又有了妹妹。父母的生活才刚刚起步，西南农科所奉农业部令，整体迁滇与云南省农事实验站合并成立云南省农业科学研究所，这意味着父母将背井离乡，到边远的云南开始新的生活。1958 年 8 月父母根据组织的安排，放弃了西南农科所的房屋和家具，带着两口大箱子，背着我和妹妹，牵着小姑，跟其他同事一起，从重庆出发前往昆明。那时重庆到昆明没有直通火车，父母们凭借着长途汽车、货运卡车，转轮船再转火车，历经千难万险，行走了半个多月才抵达了云南昆明。

　　来到异地他乡，起初没有住房，借住在蓝龙潭水利学校。由于水土不服，妹妹一直拉肚子，吃药打针都不济事，瘦得皮包骨头，快两岁了头都直不起来。医务室的王医生曾让母亲做好心理准备，妹妹可能保不住。当时的母亲很后悔，不应该带着两个幼小的孩子跟着父亲来这边远的地方。外公从母亲的信中得知这一情况，曾多次来信让母亲带着我和妹妹回重庆。母亲犹豫过，后来想到她带着我和妹妹回重庆，把小姑和父亲留在昆明，一家人分居两地，这也不是办法，为了父亲还是留了下来。但"回四川"的打算一直留在母亲心里，成了她的生活目标。父亲由于受组织纪律的约束是不可能回去的。母亲曾一次次下最后通牒："你不走，就一个人留在这里。我带孩子走，我要回四川！"尽管每次说的时候，态度都非常坚决，但父亲不走，她也没走，我们当然也就没能迁回四川。

　　在我的整个童年记忆中，"回四川"一直是我们家的生活理想，也是父母谈论最多的话题，甚至是父母给我们的最好许诺："你们都乖乖的，等条件好了，带你们回四川"。此时父母们所说的"回四川"，从概念上说，已经由早期的迁回四川，变成了回四川探亲。那时候，并不知道"四川"对我意味着什么，只知道那是我的出生地，爷爷、外公、外婆在那儿，有父母留念的许多东西。其实离开外公、外婆、爷爷的时间太久，加之当时我和妹妹都还太小，他们在我们的脑海里并没有留下什么印象。如果不是母亲经常让我们指认照片上的爷爷、外公、外婆来加深我们的印象，我们恐怕早就忘了还有爷爷、外公、外婆的存在。

1964 年省农科所在昆明北郊完成了科研大楼、办公大楼、实验室、家属住宅区的建造，暂住在蓝龙潭水利学校的工作人员，整体搬迁到新居，人们的工作和生活才安稳下来，有了扎根的打算。坐落在昆明北郊桃园村附近的农科所，镶嵌在土木建筑乡村中如此耀眼，这所红白相间、楼房林立的科研单位，也是一个语言、衣着、生活习惯和当地农村全然不同的小社会。那时农科所的工作人员，大都来自于重庆，多数人都操着一口纯粹的四川方言，和当地农民的昆明方言乡村土语格格不入，形成了一个小小的方言岛。在衣着上，大人们都习惯于戴白色遮阳帽，系白色围裙；孩子们的衣着也和当地农村的小孩不一样，夏天有穿短裤、裙子的习惯。在饮食习惯上，当地的农村都只吃两餐，早上 10 点一餐，下午 4 点一餐，而农科所里的人吃三餐。父母们到龙头街赶集，当地人一看衣着，一听说话就知道他们是农科所的。农科所初建时期，占用了当地农民的一些土地，他们很不高兴，就骂农科所的人为"高脚野狗"，在情感上很长一段时间都不接受这群从远地来的外乡人。

父母的工作安稳下来，我已上小学二年级，有了清晰的记忆。父亲是搞水稻种植的，由于有在老家种田的经验，加之为人本分、忠厚老实，干活肯出力，被领导安排给水稻专家们做助手；母亲在所里做一些勤杂工作，如除草、插秧、扬场、数水稻小麦颗粒等，和普通农民没什么两样，不同的是农民拿公分，父母拿工资。在我上小学一二年级时，父母的工作很有规律：每天早上8点上班，中午12点下班；下午2点半上班，6点下班；晚上8到9点半政治学习。至于我的学习，父母根本没有时间过问，都是自己完成。母亲要管我们吃饱穿暖，父亲要管家里生火用的柴草，还要捕鱼改善我们的生活。那时一周只休息一天。周日，母亲一大早就起来，洗洗涮涮，缝缝补补；父亲不是上山砍柴，就是下河捕鱼，一家人的生活有序而平淡。

1964年到1965年是国家经济恢复社会发展最好的时候，也是父母所在农科所经过三年的奠基、培育，初见成效的时候。试验田里农作物长势喜人。稻穗扬花时，一笼笼白蚊帐在稻田里皙皙耀眼；玉米吐须时，一个个纸袋装戴在玉米棒上队列整齐；菜地里各种时新蔬菜层出不穷，红的番茄、绿的豆角、紫的茄子、黄的南瓜……品种多样；果园里桃子、苹果、李子、梨争相呈现。一到周末，不是畜牧组杀猪分肉，就是蔬菜组挨家送菜，园艺组分发水果。食堂里，早点面条、馒头、包子、米线、油条一周不重样，中午晚上经常打牙祭（吃肉）。星期天还有母亲的加餐，父亲的鱼馈。过春节时，所里的食堂会宰杀几头大肥猪，把一部分新鲜的猪肉按全所职工户头分给家家户户，一部分由食堂统一加工制作成各类熟食，有千张肉、酥肉、肉丸子、粉蒸肉、红烧肉，还有酥黄豆等下酒菜。那时的食堂好不热闹，一般情况下都是全家齐上阵，有的排队抽票，对号领生肉；有的拿着各种盆碗排队取熟食；还有的排队领取新鲜的蔬菜和水果。丰盛的年货家家一样，没有职位高低、贫富悬殊的差别，日子红红火火，一派祥和景象。

居住环境上，新建的住房，红砖白墙，外挑走廊，两室一厨，尽管不十分宽敞，但和当时一般居民的住房条件相比，已经是很不错了。每到星期六下午，广播里会传来："爱委会通知，今天下午搞卫生。先搞办公区，后搞家属区。5点钟检查卫生。"发布通知的是传达室的丘伯伯，他那地道的重庆话，慢条斯理的、一字一句的、尾音长长的播放声，周边的几个村子都能听见。母亲既爱面子又要强，每次卫生检查，都想得到爱卫会检查组贴在门框上的"最清洁"小白条，一到星期六，搞完公共区，她就急匆匆地赶回家里，带领我们搞卫生。其实，那时的卫生很好搞，家无长物，只有三张床、一张条桌、一张方桌，两口箱子，一会儿就抹完了。然后是擦窗子，拖地。窗子的玻璃用报纸擦得锃亮，地是水泥地，由于经常拖，很光滑，用拖把一拖，亮堂堂的，检查时，总能得"最清洁"。

业余生活也很丰富。星期六晚上，家属区的广场上有露天电影，吃过晚饭，人们就扛着条凳去占位。夏天8点开始放映，冬天7点开始放映，一般放两场。即使是寒冷的冬天，人们棉包棉裹也不放过露天电影带来的精神享受。城里电影院放过的影片，我们最多晚两三周，也能在露天影场看到。星期天晚上，宽敞的食堂饭厅里有舞会，只让大人进，孩子们就趴在窗台上看大人跳舞，聆听美妙的乐曲。最惬意的是，每天晚饭后，从家属区到办公大楼那条几百米长的柏油路上，挤满了散步的人群。最耀眼的是大学刚毕业分到所里的年轻人以及实习生们，穿着干净漂亮的衣裙，有说有笑地在路上嬉戏，好一幅欢声笑语、色彩斑斓的美妙画面。

从1964年开始，大人们的科研工作有了好的进展，便开始向外拓展，在各地州，甚至是省外建立了一些试验站，出差蹲点成为大人们的工作常态。父亲先是去元江蹲点，半年回来一次。然后又去上海学习，一去就是两年。我们家还好，母亲的工作固定在所里，一个人照看四个孩子尽管很累，但她始终在孩子身边。有的家庭，父母双双出差蹲点后，家里没人照顾，即便是已经上小学的孩子也要全托在幼儿园，让阿姨们照管生活起居。这些孩子一般都懂事早，有极强的独立生活能力，学习成绩也不错。我的同班同学陈明和她的妹妹陈乔，小学阶段很多时候就是在幼儿园度过的。

1965 年我们家从所部家属区搬到农场居住，这里的居住环境没有所里好，生活设施不配套，但也各得其乐。我们的住房坐落在一个规模较小，种着李子树、梨树、柠檬树的果园里。离住房 400 米处，还有一个更大果园，种满了各种苹果树、梨树、李子树、桃树，甚至还有杨梅树。水果成熟季节，晚上刮风下雨，早上起来就能看到一地水果，提着篮子捡水果是很开心的事。此外，我们还会站在走廊上，用一根竹竿，拴一个线网，套摘树上的果子。那时的我们不仅可以"近水楼台，先得果"，还能"游山玩耍，后得菌"。菌子采摘季节，约上几个小伙伴，手提竹篮，身背背篓，上山捡菌。捡菌是件轻松愉快的事，大家手拿竹竿扒着树根下的枯草，眼睛搜索着四周。多数情况下，发现一朵菌，周围总会有好几朵，或者是一大片。只要有人说我找到菌了，其他的人就会跑过去，围着那个点四处寻找。你一朵，她几朵，或多或少都会有收获。中午休息时，大家会拿出放在篮子里的各种食物补充能量，有的是鸡蛋炒饭，有的是面饼，还有的是饼干。一个叫刘德学的女孩儿，她是家里只有两个弟弟的独女，有先天性心脏病，父母很疼爱她，一般情况下不会让她做体力劳动，出于好玩，她偶尔会向父母申请参加我们的活动。德学的父亲是食堂里的大厨，每次都会为她准备可口的食物。有一次，父亲为她准备了卤猪脚，中午加餐时，从篮子里拿出猪脚，上面爬满了蚂蚁，她看着害怕，就把猪脚给扔了。其他几个小伙伴把猪脚捡起来，用树枝挑去猪脚上的蚂蚁，三下五除二把猪脚给啃了，竟然啥事没有。捡菌回来，篮子里堆放着的青头菌、见手青、牛肝菌、谷熟菌、黄癫头是大自然给我们的馈赠，也是餐桌上最美味的山珍。采摘菌子的季节，也是山上野果成熟的季节，白泡、花红、杨梅、鸡嗉子（四照花果）、火把果都是我们不花钱就能吃到的水果。故上山捡菌摘野果，其实就是在玩耍中获得馈赠，在快乐中饱了口福。

父亲外出蹲点学习，10 岁的我便帮助母亲承担起做家务、照顾弟妹的重任。那时我和 7 岁的妹妹上小学，5 岁的大弟和 3 岁的小弟上幼儿园。母亲一大早起来，从食堂买回早点，安排好我和妹妹去上学，再把两个弟弟送到幼儿园，自己才赶去上班。中午，我和妹妹会在离学校近一点的农场食堂吃饭，母亲一个人在所里的食堂吃完饭，回到家里还要做一些家务，2 点半又去上班，根本没有午休的时间。下午放学后，我和妹妹去幼儿园接两个弟弟回家，母亲下班后从食堂打来饭菜，吃完晚饭收拾完毕，母亲又该去政治学习了。周一到周五的晚上八点到九点半是所里雷打不动的政治学习时间。母亲去学习前，会为两个弟弟洗好脸脚，让我和妹妹哄他们睡觉。出门时，母亲就把我们反锁在家里，不让我们外出。

母亲万万没想到，那把铁锁根本锁不住我们。母亲走后不久，我们就搭起凳子，从厨房的窗子翻跳到走廊上，跑到院坝里，和邻居的孩子们一起跳橡皮筋、躲猫猫、跳海排、打扑克。玩耍时，身边放着我家的大闹钟，9 点 10 分闹钟一响，我们又踩着凳子，从厨房窗子翻回家里，慌慌张张地跑到床上，蒙头装睡。母亲学习回来，看我们睡了，自己洗漱后也躺下了。这样的夜间活动持续了一段时间，母亲都没有发现。后来由于小弟的告密，母亲才知道。那时小弟还不满三岁，要带他翻窗子很麻烦，也很危险，稍有不慎就会摔到地上。加之他太小，不可能参与到我们的游戏中，所以经常是我们才玩了一会儿，他就催着要回家睡觉，很烦人。后来想了一个办法，我们翻窗前，先把他哄睡着，然后再出去玩。开始时，小弟不愿意，说一个人在家害怕。我们就哄他，说只要他在家，不跟我们出去，母亲发给我们的糖果和饼干都留给他一个人吃。经过协商小弟同意了。夜间活动，没有小弟碍事，我们玩得更欢了。可没多久，一天晚上小弟因尿急，中途醒来，看到墙上有几只壁虎，吓得大哭，把尿尿在了裤子里。等我们回家时，他已经哭了大半天了，声音都哑了。这可把我们给吓坏了，一边给他换裤子，一边哄他，恳求他千万不要告诉母亲，可他就是不干。等到母亲学习回来，我们被告发了。母亲很生气，不过既没打我们，也没骂我们，只是不说话。从此以后，周一到周五的晚上，我们就老老实实地待在家里，只有周六周日的晚上才可以出去玩。

家里没什么可玩的，花石头、沙包、猪拐、玻璃珠就是我们的玩具。又一个晚上，小弟在床上玩一颗小指头大的柠檬。柠檬很香，他就把它塞到鼻孔里。等我们发现时，让他拿出来，可怎么也拿不出来了。妹妹为他拍背，大弟给他捏鼻子，弄了半天，还是弄不出来。小弟吓哭了，我们仨也跟着哭，哭累了，就睡着了。突然听见小弟边笑边叫"出来了！出来了！"原来我们睡着后，不知小弟用了什么办法，终于把柠檬弄出来了，化险为夷，破涕为笑。

幼年的小弟是个多事的孩子，3岁时，幼儿园流行黄疸型肝炎，他被传染上。按医生的要求，被隔离在离家属区一公里之外的挂藏室的一间屋子里，白天晚上有专人照看，但不能回家。那段时间，放学后，我们会去隔离区，隔着栅栏看小弟。小弟穿着母亲为他编织的白色线衣，紫红色灯芯绒的背带裤，瘦弱的身体支撑着一个大大的脑袋，脸色苍白，很像《烈火中永生》电影里的"小萝卜头"。母亲每天去两次，送营养品给他吃，晚上总是陪他到很晚才回家。每次去看小弟，他都嚷着要回家，我们不知道说什么好。那段时间母亲的情绪很低落，我们知道她是在心疼小弟，那么小就和母亲分开，每天打针吃药，情感上受不了。小弟解除隔离后，经过一段时间的调理，身体才慢慢恢复，母亲的情绪也才逐渐好转。

父亲在家时，一年四季的柴草都是他一个人包干，根本用不着其他人插手，也不用母亲操心。记得在我10岁时，看着邻居家的孩子，周日天或假期里，跟着他们的父亲上山砍柴，返回时，除了一捆柴草，还会带回各种各样的野果子，很是让人羡慕。暑假的一天，父母上班去了，邻居小伙伴宝珠和她哥哥六一，以及其他三个邻居男孩，用绳子缠着扁担，书包里背着饭团，腰间插着镰刀，又要上山砍柴了。路过我家时，男孩潘渣渣冲着我家叫了声："冯英，跟我们砍柴去。"我回答："我爸说我还小，不让我去。"潘渣渣说："走嘛，我跟你一样大，都去过好几回了。现在山上正是鸡嗉子熟的时候，可以摘鸡嗉子了。"我心动了，就回答道："可我没有午饭呀？"潘渣渣慷慨地说："没事，我们几个都带得多，到时候分给你吃。"就这样，我跟在他们后面，拿着绳子和镰刀，匆匆上路了。这是我第一次去远山砍柴，一路上特别兴奋。几个人一边走一边闹，来到一个叫浑水塘的地方。有人提议午饭太重了，把它藏在石头缝里，等回来的时候再来取，这样可以减轻负担，大家同意了。那时既没有时钟，又不会观测太阳，就凭着感觉往前走。来到目的地旧官山上时，太阳已经偏西了。

山上的木柴可真多，干枯的栎木、松木、冬瓜木，粗粗细细地横卧在山坡上，随便捡捡就是一大堆。大家很快找够了各自需要的木柴，用绳子捆好，用扁担挑着往回走。我没带扁担，就用一根光滑的棍子作为扁担，把两小捆木柴绑在棍子的两端，扛着棍子跟在他们的后面。出山时就已经很晚了，肚子饿，我走不动了。其中的三个男孩说他们先走，让宝珠和六一陪我在后面，他们在浑水塘等我们。这样我们六个人分成了两波，一前一后往家走。等我们来到浑水塘时，那三个男孩拿了他们的食物已经走了，根本没有等我们。我和宝珠、六一三人分吃了两个人的食物，太阳就落山了。等我们赶到干沟时，离家还有一个小时的路程，天已经全黑了。远处传来猫头鹰的叫声，我们感到害怕。这时一位小学女老师见到了我们，说夜再深一点，周围会有狼出来，很危险。让我们当晚不要走了，就留在附近的学校里，明天早上再回家。可我们说，家里的大人不知道我们在哪儿，会着急的，还是要回去。那位女老师就送我们走过了她认为最危险的那段路，自己又返回了学校。我们翻过山坡，来到大坪滩。只见宽敞的草坪上一片火光，夜空里回荡着"冯英，宝珠，六一"的叫喊声，这是我们的爸爸和邻居的叔叔伯伯们打着火把来找我们了。"在这里！"我们一边回应，一边向他们招手。父亲找到我时，我的肩上还扛着那根绑着木柴的棍子。父亲接过棍子，心疼地说："你怎么那么傻呀，早就该把棍子丢了，空手走路，也不至于挨到现在呀。"说完，就把我背到背上，往家走，一会儿我就睡着了。到了家里，母亲已经炒好鸡蛋饭等着我了。

父亲经常与科技人员一道下乡驻点，一去就是半年一年的。他不在家，家里没了壮劳力，日常用来生火的柴草成了问题，母亲又承担起父亲的角色，上山砍柴。有男劳力的邻居们，会到远处的大山里砍大柴，没有男劳力的我们，在母亲的带领下，用竹竿捆绑着镰刀，到近处的小山里钩取松树上枯枝，用竹竿做成爬子，抓取地上松针，捡小柴。砍柴、背柴妹妹是把好手，别看她幼年时病殃殃的，可到了8岁后，身体越来越结实，个子比我高，也比我壮。砍柴时，爬得比我高；背柴时，背得比我重。特别是拾煤渣的时候，她眼睛比我尖，手脚比我快，一会儿就能捡满一筐。每次捡柴、拾煤渣，我们都能满载而归，以至于家里的柴草煤渣，比父亲在家时堆得还高。父亲从上海回来，看到厨房里堆得满满的柴草和煤渣，一个劲儿地夸我们，说他在外学习，就担心家里没烧的，没想到我们这么能干。

除了砍柴、拾煤渣，我们还有一项特殊的活动，那就是在农作物收割的季节，去农田里拾捡农民收漏的苞米、蚕豆、谷穗、麦穗。别看一季下来，只能捡到为数不多的几斤粮食，这可满足了我们吃零食的需求。苞米粒可以炸爆米花，碾成粉，可以做成玉米饼；蚕豆可以用制过的沙子炒成沙胡豆，用泡菜水浸泡后做成盐胡豆，用油炸可以做成兰花豆；谷子碾成米，可以炸成爆米花；麦子磨成粉，可以做各种各样的面品。那时的口粮是定量的，我们的口粮都在食堂，粮店里买粮食，是要凭粮票的。有了这些定量外的粮食做补充，饭桌上、口袋里就多了一些美味的食品。

每个人回忆起自己的童年，都可以冠以不同的修饰语，比如"苦难的童年""幸福的童年""快乐的童年"等，如果要为我们的童年选择一个修饰语，我想只有选择"快乐"比较合适。"苦难的童年"意味着磨难；"幸福的童年"象征着殷实；"快乐的童年"充满着童趣。我们的童年尽管有艰辛，但算不上磨难；不缺吃少穿，也算不上殷实；唯有快乐与童趣，才是它的主体，一想起它，就能感受到清新、自由、欢乐。"云南省农业科学研究所——我童年的家园"

（作者：冯英）

# 云南省农业科学研究所的几次重大迁徙

## 第一次迁徙：从重庆北碚歇马场西南农科所迁徙 云南昆明北郊蓝龙潭

第一次迁徙的时间是 1958 年 7~8 月。

西南农科所是原西南农林部下属的大区级农业科研机构（前身为中央农业实验所北碚农事试验场）。1958 年大区撤销，西南农业科学研究所奉中央命令整体迁往云南（除少数科研人员留川或调往贵州）与云南省农事试验站合并成立云南省农业科学研究所。

我父亲陈泽普在中央农业实验所期间，以及后来的西南农科所就是负责单位各类科研仪器设备及物资财产采供和管理的老股长，这次远距离迁徙又是陪同单位领导作为最早来云南昆明为单位考察选择地址的主要工作人员之一。据说最初单位地址选择有呈贡跑马山附近

1956 年部分科研人员在西南农科所大楼前合影

（当时的昆明农学院），有昆明西站，即现在云南省农业职业技术学院（原云南省农校）处，都因嫌这些地方不理想，发展空间不够；后来又选择上马村地质学校处等地，但仍是相同原因没定于这几个地点。最后才选择在北郊蓝龙潭（云南省水利学校现址）作为云南省农业科学研究所的所址，定下来之后让水利学校搬迁去其他地方。就这样，几乎几百多号科技人员、行政管理干部以及工人被派遣来滇来支援边疆的农业科技事业发展，与云南省农业试验站合并成立云南省农业科学研究所。

被派遣赴滇的职工连同随迁家属及其子女，扶老携幼几百号人，开始了一场规模浩大的迁徙行动。各种交通工具都被用上，有搭乘包租的客车，货车，分批分期地从重庆北碚出发，踏上赴云南之路，甚至从重庆北碚单位所在地直接赶着几辆马车奔赴云南的；大量仪器设备、甚至科研用的试验台桌、供职工福利产奶的荷兰奶牛等就直接用飞机运送到昆明。据说是 1958 年刚过端午节，有些带上几个粽子就出发，赶马车的在云贵高原当时崎岖不平的山路赶了一个多月才到达目的地。

因我父亲先遣来到云南，就这样，母亲只能拖儿带女地携带九个子女，大的我大哥当时才十多岁，小的八妹才近一岁，我也才不到三岁，当时大概只有大哥大姐能帮助母亲收拾家当和照看众多弟妹们，母亲在大的哥姐的配合下，收拾起自己家的全部家当，千里迢迢奔赴偏远的云南边疆。

## 第二次迁徙：从蓝龙潭迁徙到龙泉镇的桃园村

第二次迁徙大概是 1964 年，也就是从四川、重庆迁来才五六年左右。这次迁徙的里程不算很远，不到 10 公里路。但毕竟是整个单位的搬迁，也不是件容易的事。据说是感觉水利学校这个位置也没有太大的发展空间，加之水利学校在我印象中每年雨季都被水淹。当时的所领导赵利群、樊同功等又选中了位于龙泉公社的桃园村，理由是桃园村这边发展空间大，有山有水，所选址地方背靠两座山，有希望将其改造成花果山，后来在 20 世纪 70 年代中期其中一座山也几乎成了名副其实的花果山，有大面积的梨园、苹果园、柑橘园，还短期栽种了西瓜等；有水，紧靠着一条灌渠——东大沟从单位背后通过，方便用水；还有个小水库，亦可作为农耕的灌溉用水来源，这个小水库被当时的所行政办公室负责人李华模命名为"笑天湖"。看中这个地点后，就开始征地搞建设，将龙泉公社的桃园村划归单位管理，而不再属于龙泉公社管理，并将中国科学院昆明植物研究所在附近瓦窑村的部分占用地，包括位于村中心地段的"八角楼""小花园"等建筑也划归给了云南省农业科学研究所。经过几年的建设，建成了一栋科研试验大楼和三栋职工宿舍及一小栋单身职工宿舍，以及农场、农作物品种挂藏室，晒场等，这些基本建筑和设施建成之后，就将单位整个从蓝龙潭的水利学校搬迁到龙泉镇的桃园村里来。我们也就从黑龙潭旁的蒜村和平小学转学到龙头街的宝台小学就读。

## 第三次迁徙：从桃园村迁徙保山地区潞江坝

因云南省委省政府临时做出"围海造田"重大决策改变，大规模远距离迁徙未成行。

大概是 1969 年底，在"备战备荒为人民"最高指示的指导思想下，加强战备，疏散下放单位，成了当时全国各大事业单位迁往偏远地区的一项国家战略转移。接上级单位的指令，要求我们单位云南省农业科学研究所整体搬迁到位于保山地区的潞江坝。于是乎，整个单位全面动员，大家都义无反顾地做好远距离大规模迁徙的各项准备，有些家属就被动员带着子女回自己的老家，如任承印的家眷带着四个儿子就回了老家澜沧；还个别的因各方面关系就马上调离单位。

当时所领导向大家的动员讲话中总在不停地讲：美丽富饶的潞江坝，那是个"手扶甘蔗，脚踩菠萝，头顶香蕉，走路跤跤抓一把都是花生"的地方。动员会后父亲回家也是也如是转达。虽说是动员，也是不折不扣地必须执行的搬迁令。就这样，每家每户都开始了打点和收拾自家的家当行李。家藏书多的这时也不得不卖掉心爱的书籍，记得程侃声家，游志崑家，夏立群家、夏奠安家等等，都有大量私人藏书，不得不借用单位的马车一车车拉到龙头街当废纸变卖；有些藏书较少点的，就在家门口直接卖给专门借机来收购各种旧家具、书刊报纸等等的小商贩。我也就在这其中去捡回一些感觉可看的书，就直接找人家要了下来；有的书或资料就直接在家门口堆起来烧掉，赵利群所长家就烧了很多东西。很多职工家里的家具都实在舍不得，但又不得不贱卖了，特别是一些老式家具，一些棕垫绷床、太师椅等等。总之，几乎每一家都在十分不情愿的情况下将自己的家当压缩得最小最小。当然，那时的家当也就是几口箱子、吃饭的桌椅以及睡觉的床了。而这时，桃园村的一些村民都来选认即将人去房空的房屋了。

我们家最开始被动员第一批作为先遣搬迁，似乎我们家每次迁徙都被要求最先行动的。樊同功等所领导来我家里做动员工作多次，当时我刚大病卧床不起一年多，或很难自行料理生活，父母亲就无可奈何地说，你们看嘛，家里还有个"瘫子"，哪个去？但说归说，还是得与全所职工一样，都在做好随时动身的准备。家里的哥哥姐姐们都响应号召，到遥远的边疆去下乡插队落户当知识青年了，家里就只有父母、我、八妹和九妹。父亲找来许多大小钉子，将哥姐们下乡后腾出来的空床的床板锯断，改制成几口大木箱，将不多的一点家当分别装箱，家里最多的是兄弟姐妹们平时挑来的薪柴，以及捡的煤炭等等都不得不贱价变卖，剩下一些床脚方木料留作最后几顿做饭的薪柴。

当全所职工及其家属子女都做好一切准备，随时等候上级派来的搬家车队到来开始大规模的迁徙时，也就是根据预定时间安排车队应到来的那天，大家都站在家门口无奈地等候。这时的确来了辆大卡车。当大家看见车来到，都回身准备去搬行李时，我们家隔壁邻居（钱有信）家，有只实在舍不得宰杀的母鸡，也无可奈何了，将鸡提了起来，不像往常一样还要用碗淡盐水来接鸡血，而是将宰杀的鸡血让其直接流淌到排水沟里，然后就连同毛都不烫了就放入个脸盆里，说带到路上想法整吃。结果这辆车是来帮另一家调离单位搬家的，因她爱人是省检察院的领导，所以临时给她调动了单位就不用去潞江坝，故来车将家搬走。

结果这天一直等到晚上，再也未见其他任何车辆和车队的到来。当天就没走成。一直等到第二天，听说专程来搬迁的车队来了，但因单位太偏僻，实在找不着来农科所的路，导致没有按时来到。这么大的件事情，连同整个单位及几百户职工家属子女的迁徙活动，就因车队未找着来农科所的路而意外打了个岔。其结果就因这一天的耽误，云南省革命委员会和省政府又有了新的重大决策，来了个新的指示和命令，一切单位原地不动，积极投身到"向滇池进军，向滇池要粮"的大规模"围海造田"运动。于是，单位就组织全所职工进驻滇池海埂，参加全昆明市范围内更为声势浩大、人山人海地去开山炸石搬运土石方填埋滇池的运动了。一场轰轰烈烈的单位战略转移迁徙往潞江坝的大规模行动就此打住，被另一场刚兴起的全昆明更大规模壮举的"围海造田"运动所淹没，由此避免了一次单位的大折腾。

## 说点赵利群所长

这三次重大的迁徙就是在赵利群所长的主持和组织下有条不紊地进行和完成的。

顺便再说说赵利群所长，他于 1926 年参加革命，1928 年加入中

戴铭杰、董海云、吴衍甫三位新党顶同赵利群老革命和其他老党顶 合影
(前排左起吴衍甫,赵利群,王成志,戴铭杰,后排李光富,□□□,谭建清,邓萍,董海云
摄于西南农业科学研究所大楼前,1958年7月)

国共产党的资深老革命。解放前就是一位有警卫员、有专用配备的个人坐骑美制吉普车和专职驾驶员、有秘书,并配备有随身手枪的共产党高级领导干部。解放初期的1950年,就被中央人民政府政务院任命为任四川省绵阳行署专员,他的任命书都是由毛泽东主席和周恩来总理签发的,后来任西南局高级人民法院的副院长。就在他位高重权之时,他主动放弃职位,要求调到经济建设的一线岗位,由中共中央书记处任命为首任西南农业科学研究所所长。

　　1958年,据说是云南省委书记谢富治要求,中央及农业部决定,将西南农科所整体迁徙到云南,作为加强和支援云南边疆的农业科技工作,与云南省农业试验站合并成立云南省农业科学研究所,赵利群也成为云南省农科所的首任所长。赵所长主持了这次西南农科所三四百人的职工家属、科研仪器、设备设施以及各种资源从重庆千里迢迢迁徙来昆明。大家可以想象这样的迁徙所面临的难题和困难,几百号职工及其家属,有当时就是教授级的高级专家,有各个学科专业齐全的各类各级科技人员,有工人,有家眷,甚至还有多个挺着大肚子的孕妇,及其众多的职工子女。我当时仅两岁左右,就是随迁的职工子女之一。当时迁徙的交通工具有几种类型,有从交通部门包租的客车历经6~7天直接颠簸来昆明;有乘坐长江上轮船,然后又转乘火车到云南沾益,再转大卡车来到昆明北郊蓝龙潭;也有乘飞机的;还有赶着马车拉一些设施为期一个月左右才抵达昆明的。可能大家都会以为肯定是领导们和大专家们乘坐飞机,其实不然,而是一些重要的资源、科研仪器设备设施,荷兰种奶牛、种猪等是通过飞机运送来昆明的，而汪二娃的父亲汪银洲，当时才 30 来岁的工人，就是押送奶牛乘飞机的押运员之一，而二娃他妈——裴素清则挺着大肚子在云贵高原崎岖盘桓的山路上颠簸了一周多来到昆明，到昆明的第二天后生下他兄弟汪三。据说当时迁徙作为家庭要求尽量少携带家具，而是以科研工作的仪器设备及其资料、资源为重。大家可以想象这样的迁徙之难，面临着诸多的取舍，赵利群所长前期做了大量的政策宣传以及动员工作，并将各学科的重要人才以及资源、仪器设备设施都组织迁来云南。据说赵利群所长因西南农科所整体迁滇一事，有"瞒天过海"之嫌而受到重庆市委给予降级处分。

赵利群所长以他对政策的宣传把握能力，组织协调能力和人格魅力，顺利主持操办了多次涉及到每一个职工家属切身利益的重大的远距离大型迁徙。在他离休多年后的 1995 年，适逢赵利群所长 90 寿辰，西南农科所迁滇及云南省站合并的省农科所广大职工自发组织赵老所长祝寿。人们还念念不忘老领导的做事为人，纷纷作诗赋词为他长寿祝福。发起这次活动的有吴自强、杨昌寿、王永华，以及早已调离单位的一些退休老专家，大家以募捐凑份子钱的形式举办为单位老领导祝寿活动，此次为赵所长祝寿活动共 108 人，活动参加者有自费专程从省外和省内其他地方赶来，时任生物所所长黄兴奇对此次祝寿活动场地的支持，并以主场负责人向赵利群老前辈贺寿，时任主持院党委工作的余华书记以敬献哈达和即兴演唱歌曲祝寿。我是这场活动的摄像师以及后期通讯录的编辑者。

（作者：陈宗麒）

# "夹皮沟"中的云南省农科所

在远离城市，地处偏僻被称为"夹皮沟"的云南省农科所，四周有着大面积田野和零星农村包围圈中，就有这么一个独特的单位和一些朴实而默默工作的农科人。1964 年，云南省农业科学研究所从蓝龙潭迁徙至桃园村，一个省级科研事业单位，被孤立而偏僻地矗立在四周的农村包围之中，前面临近的是桃园村，刚迁来后，桃园村便被纳入农科所的管理；前右方是竹园村，前左方是有着上千年烧龙窑历史的瓦窑村，后山较远处有大坡村，前方远处西大沟之上还有雨树村。

俗话说，一方水土养一方人。那时的云南农科所，按现在我们的回忆及口述都常称之为"老农科所"，四周开阔的田野，春季耕牛繁忙，耕田耙地；夏季稻田一片碧绿，夜来蛙鸣喧嚣，此起彼伏，煞是壮观；秋季稻穗金黄，随风飘荡；冬季雪白麦绿，滚滚麦浪。那是蓝天、白云、鸟语、花香的时代，极目远眺，远处是满目苍山，四周是碧绿的田野，随着季节，秧苗绿、菜花黄、稻谷随风在飘扬；鱼儿游，泥鳅钻，雨中激流逆上窜；麻雀喳，青蛙鸣，一派生机蕴盎然；无论稻田里，沟渠里或河里，人一走动就惊动得无数小鱼大鱼到处游窜，并搅动起一点点淤泥。

当年农科所，一栋体量较大的三层白色的科研大楼和一栋三层的行政管理办公楼屹立在开阔的田野之中，在附近几处土坯房的农村之中，也显得特别醒目和耀眼。大楼前整整齐齐规划如锦似绣的园林苗木，两排郁郁葱葱的龙柏树气势恢弘地挺立在大楼前，像一队卫兵；大楼的四周笔直挺立有一圈棕树，大楼的外缘四周以迎春花作为绿篱，新春开花时节金黄灿烂，同时四周还镶嵌着水杉、腊梅、垂丝海棠、桃花，点缀得四季繁花似锦，美不胜收。科研楼大门的门口外前直通盘龙江的大路两边，也整齐地栽种着两排棕树，后来又被柏树所替代。而生活区每栋住房前和各家各户的家门口，也摆放着由园艺组培育的各种盆花，装饰得犹如花园一般。20 世纪 80 年代初中后期分配来的大学生，以及成立农科院后陆续调来或专业归队的技术人员都见证了如此环境。直到九十年代随着社会的发展，单位也随之发生了变化，甚至是天翻地覆的山乡巨变。

## "夹皮沟"中的老农科所

之所以被称为"夹皮沟"，那是因为当时的云南省农业科学研究所的确地处太过偏僻，交通实在不便。农科所位于农村和农田的包围之中，距离最近的 9 路公交车，无论到蓝龙潭或黑龙潭都需要 1 个小时左右的步行路程。当时农科所的交通工具只有一辆解放牌大卡车，和原配备给赵利群所长的美式吉普车，而大卡车通常是节假日全所统一安排集体活动，进昆明市区看电影或逛街、购物才会有少数几次安排，平时大卡车通常是单位食堂运送燃煤或一些基本建设材料等，很少有机会成为人们可方便搭乘的交通工具；而吉普车只是领导参加省里的重要会议或有急重病号才会被安排使用。另一相对固定的交通工具就是单位每周 1~2 趟进城到圆通山附近的米厂心蔬菜批发市场为食堂拉蔬菜的马车，这也很少人有机会或幸运能搭乘马车往返昆明。大多数时候，人们进城办事就两个方式，一是走路到蓝龙潭或黑龙潭，再赶 9 路公共汽车到火车北站，返回则相反行程；另一就是直接走路进城。走一二十来公里路程往返进城在当时是习以为常的常事。当时老农科所职工及其子女们打鱼，通常是光着脚丫走路到火车北站那边，再自下而上顺盘龙江河道打鱼，而挑柴就会走更远的路程，单程就需要走三四个小时。当时农科所的科技人员出差驻点，通常都需要头天就进城到长途公交车的车站附近找个旅店住下，买好车票并便于一早赶上清晨出发的长途公交车。

就这么偏僻地处"夹皮沟"，也偶因其偏僻使外来不识途的搬迁整个单位的车队找不着来农科所的路，而避免了一次单位整体被迁徙到潞江坝的重大折腾。因这一折腾耽误了一天，省革委省政府有了新的命令，让农科所集体参加"向滇池进军，向滇池要粮"的"围海造田"的大规模由全昆明市机关单位和中学都参与其中的重大行动中去了。

## 农科所的职工子女们

老农科所职工的子女们从黑龙潭蒜村的和平小学转学到龙泉公社宝台小学，班级里其他同学们都几乎全部是来自附近农村的子女，而突然来了不少的一批插班到各年级班级农科所职工子女，他们都被班上大多数农村同学认为是些不种田地，不交公粮就靠国家有定量供应配给粮油的"吃闲饭"的人。因此也常成为农村子女的同学们的歧视和嘲弄的对象。于是，农科所的职工子女们在很多时候就成为与众不同的一伙，除了正常的学校上课学习之外，也常在单位自成一统的小社会环境中自娱自乐。

打鱼、挑柴、捡菌、捡碳、挖柴煤、割草喂饲家庭的小豚鼠等，都是老农科所职工子女们帮助家庭做的一些增加家庭餐桌上的菜肴种类，或做饭烧火用的薪柴，也是减少些家庭开支的一些基本劳动。在这些劳动中，大家培养和锻炼了劳动的本领和基本技能，在之后不论是上山下乡当知青的农村劳动中，还是进入工厂，进入社会的各种活动中，都是最先最适应各种劳动和家庭杂务，大都具备了一种能吃苦耐劳的朴素而本分的工作状态。

老农科所领导们对于职工子女们的管理，也是有组织地开展多方面有意义的文体活动，使之成为一个有向心力的集体，而不是放任自流或"各家的兵马各家管"的状态。早年的农科所各种有组织的多种集体活动或文体活动大多由工会组织，而对职工少儿及子女们专门办有"少年之家"，当时植保组较年轻的大学毕业生严位中担任了"少年之家"的家长。每到周末，"少年之家"就开放图书室，图书室内有各种小人书及一些少儿读物，大家都会争先恐后地去读许多许多的各类图书，时间总感觉不够，每周都盼望着图书室开放的时间；"少年之家"还有其他活动，如轮流打乒乓球，胜者坐庄，其他几十人就排队轮流上场，每人最多能有4次失球，4次失球就进入下轮重新排队，若超过4次之后你胜过坐庄者，你就坐庄，以此类推。

那时的农科所，无论是办公区或家属区，除了房屋前有一条一米左右的水泥路外，其他大多是自生自长的铁链草草坪。夜晚，大家坐在户外的草坪上，看着满天繁星，相互之间谈天说地，似乎也有着梦想和幻想，也憧憬着理想的未来。

## 农科所与水之缘分

农科所似乎与水有着天然的缘分，也是农业与水密不可分，水是生命之源。既是农科所的科研试验工作所必需，也是职工子女们戏水并乐在其中的大好环境，甚至从沟里、河里、田间的水中收获鱼、蛙、泥鳅等，改善和增加当年肉食极度匮乏时的膳食结构。

在农科所迁来桃园村，单位背后是条长年不断渠水淙淙的东大沟灌渠，东大沟宽约两米左右，水源于北向几公里以外即整个昆明饮用水源地的松华坝水库，东大沟地势较高，流水终年不断，成为农科所农事活动灌溉之需的水源，也是当年农科所职工家家户户洗衣物的主要方便之水；单位前方不到两百米是金汁河，也是同一来源。金汁河宽约四五米，是昆明坝区农田的主要灌渠来水；再往下两百多米就是盘龙江，也是松华坝水库的泄洪河道，河流延伸至昆明滇池。也就是说，农科所当时的区位是前后分三台，有三条河流，分别是东大沟、金汁河和盘龙江。盘龙江以西100米左右还有条西大沟，也有称银汁河。四条沟渠河流几乎是终年流淌不息。在农科所科研行政办公楼和生活区的后方，还有一个连接东大沟的小水库，村民当年称之为"小坝塘"，农科所迁入之后，由李华模起名为"笑天湖"。有沟渠河流湖水，其间也就密布着沟壑网联，各种鱼类、蛙类也在其中繁衍生息，似乎就有了些灵气，也是农科所的职工子女们学习游泳、戏水，甚至在其中打鱼以改善家庭膳食的途径。同样也就是这几条河流湖水，也导致单位五六位尚年轻或幼小的生命因游泳、过河或不慎溺水而失去生命。

这几条灌渠河流，一度成为农科所职工及其子女们钓鱼和打鱼的好去处。打鱼时节，一般在冬季，昆明夏季是雨季，单位周边的几条河流，无论是东大沟、金汁河和盘龙江，夏季总是雨水和河流水相对充沛，水深流急，是不适合下河打鱼的；相反冬季则是枯水季节，各条河流沟渠浅水，才是打鱼的最佳季节。冬季是枯水季节，在寒冷刺骨的河流沟渠时下河打鱼，刚入水时的刺骨感觉是可想而知的；而夏季上山到后山采集野生菌则是另一项活动。所以，冬打鱼夏捡菌，这是我们的主要行动规律。

打鱼的方式。打鱼时将自己编织的三角体的渔网平底口放在水底面，然后用一个竹子做成的三角形赶鱼的"响杆"，在河流中或水沟中围绕着自己画着圆弧，将河里的鱼尽量往自己的渔网里赶。每逢周末去打鱼的早上，大家相约好一起动身，每人都扛着自己编织的渔网，背着装鱼自编制的篾篓，充满着对收获的期望，高高兴兴地出发。那时农科所打鱼队伍浩浩荡荡、蔚为壮观，少则十来个人，多的时候三四十人，都是十岁左右到五十岁左右的男子。有些穿着鞋，而大多就直接赤脚走路前往，远的地方走到火车北站铁桥，或有时走到北仓村附近的马掌湾等地。无论在弯曲的老盘龙江河道里，还是在盘龙江发大水后改道为笔直的新盘龙江河道，大家都寻思着哪里可能鱼多就向那里进发。一到河边，长裤子一脱，下身仅还有条裤衩，然后将两条裤腿往脖子上打个结，将装鱼用的篾篓在腰间扎好，面对着清晨寒冷刺骨的河水，要马上就下河打鱼是要有足够的勇气的，看到长辈们开始一个个忍受着寒冷下河开始打鱼，我们这些小孩们才不得不鼓足勇气，用手先掬起点冰冷的水刺激一下胸膛和膝盖，然后屏着气突然跳入水中，清晨刺骨的河水让人不住地打着寒颤，一段时间之后，特别是渔网里打着鱼的时候才逐步接受和适应了寒冷。打鱼队伍通常能排成几排，各自在打鱼过程中也总结和显示了自己的打鱼技巧，甚至玩点小诡计和窍门，以争取自己能获得比别人更多的鱼。一般每次出去打鱼总能获得少则几两至半公斤，多则几公斤的鱼。

打鱼的收获使家里多个菜肴，也是在肉食极度稀缺的年代作为一种肉食补偿。当然，在那些年代不仅肉食严格定量限制，食用油也一样大概每家每月只有几两油。所以，家里经常打鱼获得较多鱼时几乎没有油煎，有时不得不用撒盐巴在锅底炕干鱼吃而避免粘锅；或用悬挂在灶台上已很枯干的猪肉皮在热锅上反复摩擦，算是有点油气的感觉再煎鱼。有时打的鱼多就直接晒成干鱼，没菜吃或没出去打鱼的时候也有点鱼肉吃。

打鱼的过程也是听大人们谈天说地，或大家相互交流的一种方式。这样有组织的大规模的队伍出行打鱼，是当年农科所冬季周末行动男人们集体行动的一种方式；而到田里、沟里捉鱼摸虾、刨泥鳅、钓黄鳝，夏季秧田抓田鸡，则往往是自己单独行动的另一种方式，这些很大程度的丰富改善了那些年月肉食极度匮乏的状态，也是改善家庭膳食结构的重要来源。山水相连，农科所的后山也成为夏季三五成群的人相约上山捡菌收获山珍的地方。

## 农科所的食堂

当年老农科所的食堂，总会让人怀念不已。食堂有单位多个部门的支撑，有农场养的猪，也有食堂自养的猪，还有园艺组不时提供一些蔬菜，每周所里的马车都会到穿心鼓楼的米厂心去拉回应节令的各种蔬菜，逢年过节单位唯一的大卡车还将去遥远的潞江坝拉回甘蔗，以及平时很少能买到的其他水果和本地稀缺的蔬菜种类等。

　　春节过大年食堂是最热闹的地方，最吸引人的地方，也是最令人心奋的地方。每年春节将至，食堂都将宰几头大肥猪，为过节气氛吹响了前奏曲。这时食堂也是最为忙碌的时候，食堂也会请各部门无论科技人员或行政人员来帮厨。人们都知道什么是"吹牛"，但什么是"吹猪"？可能就不是谁都知道了。但老农科所的人都应该还记得，一旦过节宰杀了猪，食堂的大师傅刘银章、粟世林等就会在猪的后腿猪蹄上一点用刀开个口，然后用一根两米多长的钢棍在猪蹄上开的刀口处顺猪表皮下层往猪的各部位用力捅，将整头猪各部位都捅了一遍之后，然后大师傅就用嘴对着猪蹄上端的开口处使劲吹，于是整个猪就被吹得膨胀了起来，将整个猪身体吹得滚圆之后，再用大锅烧得滚开的水烫猪，充分烫匀整头猪之后，再用专门的卷刀片刮猪毛，这时特别容易将猪的各部位毛刮干净，如此将整头猪刮得干净洁白。打理干净猪毛之后，再来开膛破肚，清理猪肚杂下水。宰猪之后，一部分新鲜猪肉按全所职工户头分给家家户户，一部分食堂统一加工制作成各类熟肉，有千张肉、酥肉、肉圆子、粉蒸肉、红烧肉等，以及还有酥黄豆等下酒菜。那些年月，能吃上这些美味佳肴，平时是难于企及和不可想象的。所以逢年过节，食堂就是最令人神往的地方。虽然过节时食堂及其卖饭菜票处都需要多次排队，但那时多次排队都心里充满的喜悦和兴奋。有排队领肉票，包括各类熟肉菜肴和生肉的票，包着报纸的生肉上有编号，领到票后便与食堂里一堆堆贴有号的生肉上去对应，对合了就领走自己的那一份肉，之前谁都不知道谁家会领到哪一块肉。除了排队领肉票，还得排队买各种各样的熟肉类，还有排队买各类蔬菜及一些热带水果、甘蔗等，大多不交现钱，而是登记后在工资里扣。

老农科所的食堂，还有不少令人难忘的记忆，其中之一就是大号的馒头。馒头能有多大？食堂蒸笼有多大馒头就有多大，大蒸笼直径大概有一米多，馒头也有一米多长，疏松爽口又白又大的馒头，热气腾腾的大馒头连同蒸笼一起抬出来时总令人馋涎欲滴。各家各户要多少重量的馒头，大师傅们总能准确地一刀切下来过秤，肯定就正是你所需要的准确分量。

现在人常怀念过去妈妈的味道，老农科所食堂的味道也会常一并想起、回味，成为老农科所后一代人们的集体记忆。

## 农科所的职工家属们

农科所职工家眷有不少是没有固定工作的家属，这些家眷们虽未有固定收入工薪和医疗保障，但他们对于稳定不少科技人员长期下乡蹲点从事科技工作起到重要的辅助作用。当年的科技人员下乡蹲点，不少都不得不将子女转交给这些家属们托管，让家属们帮助或叮嘱这些幼年的儿童们上学、回家、吃饭、做作业、睡觉等事宜。这一管少则数月，多则一年半载的，家长们经常一出差就完全管不着自己的子女，偶尔回来一趟很快又继续着常年在外的农村基层驻点，而子女们就在这单位集体友爱的氛围中，以及在发小同学的相互照应中共同成长。植保所老所长植物病理专家杨昌寿研究员在"纪念西南农科所迁滇与云南省农试站合并成立云南省农科所五十周年"活动会议上发言提到，"在谈（我们取得的）这些业绩的时候，我们还应该谈到，在外驻点的同志的子女，得到多位老家属的关爱，他们从繁忙的家务中，分出一份爱心照顾了我们的孩子，使我们能安心地在点上工作，这是值得受人尊敬的。这种尊敬，使我想起《爱的奉献》，只要人人献出一点爱，世间将会变成美好的人间。的确这些老妈妈们都献出了美好的爱，让我们农科所这个集体充满着相互关心，和谐向上之情"。
还有多个老专家回忆过去长期下乡驻点的经历，都撰文提到得到这些
家属们帮助关照自己的孩子时的特别感激感恩之情。而更多的科技人
员的子女们也常常不得不培养和锻炼自己独立管理自己的能力，少儿
们通常胸前总是一根毛线拴着自己家门的钥匙，放学后就回家，拿上
饭碗到食堂打饭吃。然后自己完成作业，偶尔也自己洗衣做饭，有空
就在单位这个圈子与发小们自寻娱乐。这些经历也锻炼了农科所的子
女们较强的独立生活能力，做家务的能力也比外单位的同龄人尤显能
干和勤快。

老农科所的家属们一度还被组织成为一个缝纫组，专门为全所职
工及其家属子女老小们缝补衣裤，成为单位后勤服务的有力支持。家
属阿姨和老妈妈们还曾组成幼儿园、托儿所，专门托管学龄前的幼儿
儿童们，甚至全托负责一日三餐和晚上起居睡眠。通过组织这些家属
的一些基本工作，以此减少了科技人员出差和下乡的后顾之忧。

还应说说农科所无论领导干部、行政管理人员或级别较高的科
技人员的家眷们，大多一辈子都当了家属，从未享受过任何优先和特
别照顾，一辈子为单位和家庭，甚至是为单位科技人员下乡长期驻点
默默配合做了不少辅助性的工作，而单位有机会将部分家眷转为正式
工人的时候，领导们都是将这些机会让给一些最基层的农业工人的家
眷，而大多数领导干部、管理人员和科技人员的家眷们一辈子都未得
到固定和稳定的工作收入和医疗保障。

# 农科所的老工人们

毫无疑义，科技人员是科研单位主力军，人们展示科研工作成就
和成果时，科技专家为农业生产发展做出的贡献被突显，而默默无闻
认真踏实埋头做工作的工人们往往被忽略。每提及老农科所的代表性
人物时，不少老工人们总让人难以忘记。农科所一大批老工人，在各

自的岗位上一辈子兢兢业业、任劳任怨、勤劳认真地对待自己的岗位工作，如挂藏室的老工人匡钱山，家就住在挂藏室，整个单位各种农作物收获后的种子晾晒、脱粒、贮存和发放都是他在负责。因季节气候不适，各种水稻、小麦、玉米、豆类等种子得分门别类地在室内挂藏，每逢天晴，还须趁太阳抓紧晾晒，一旦逢雨又得及时收藏管理，无论四季寒暑，春夏秋冬，他总是应付着不同季节收获的各种农作物种子的晾晒、保管和分发，保障着种子不混杂、不出错；老工人冯志明，无论在水稻栽培或小麦栽培，都有着很强的技术能力，在生产上成为解决不少重要生产问题的技术骨干，甚至被派往越南当专家；园艺苗木和花卉方面有着专业技能的老工人刘正良、詹广贤等，为农科所的园林设计、园林绿化做出的杰出成绩，大楼前的两排雄伟壮观的龙柏，楼前后郁郁葱葱的绿篱迎春花、垂丝海棠、水杉、腊梅、梅花，以及早些年家属区大量摆放在楼前和家家户户门前的盆花，珠兰、吊兰、米兰、灯笼花、鸡冠花、绣球花等等，后山的花果山，单位的园林绿化环境犹如一个花园，这些无一不是这些老工人们的杰作。

食堂的大师傅刘银章，将食堂的各种菜肴做得到现在都让人回味无穷。后来刘银章专门为全所职工家庭制作蜂窝煤，他清楚地知道哪家没有能力搬运蜂窝煤，就主动地将一担担沉重的蜂窝煤义务挑送到各家各户并帮忙码整齐。

负责养奶牛和挤牛奶的老工人潘再友、尹素华（农科所老少几代人都称之为潘妈而不知其真实姓名）、汪银洲等，总是凌晨四五点就去挤牛奶，天刚亮就将最新鲜的牛奶送到家属区让职工们能够早餐喝上牛奶……

一个位于偏僻地域的相对独立于乡村之中的农科所，有着很多特有值得记忆的故事，有着自身的文化氛围，但愿一些好的传统能被挖掘和传承。

（作者：陈宗麒）

# 笑谈"笑天湖"

　　1964 年，云南省农业科学研究所（云南省农业科学院的前身）从蓝龙潭迁到龙泉桃园现址处，单位的后面有一条从北松华坝往南一直延伸到滇池的人工开凿的灌渠，称之为东大沟。东大沟地势位置较高，是一条宽约 2 米左右，常年流水不断的沟渠。沿东大沟流经处一路以下的农作物，东大沟就成为需水时灌溉的重要水源之一。

　　在农科所背后有个山箐沟凹槽，早年经人工建造成为一个小水库，小水库刚好连接东大沟的进水口和出水口的两端。小水库之前被桃园村民称为"小坝塘"。云南省农科所迁来后，所办主任李华模很快就赋予这个小坝塘一个新的名字，称为"笑天湖"，他为这个小水库起名的同时，还用粉笔在其周围的地上、电杆上、横跨东大沟的水管上尽可能地到处都写上"笑天湖"几个字。就此他还每天在水库周围散步，逢人就让人别忘记称这个小水库为"笑天湖"。

　　"笑天湖"此名似有当年人定胜天的气魄，也是依靠人的意志，人为来确定农作物灌溉所需水的时间，而不仅是依靠自然降雨的意思。

　　"笑天湖"坝埂长约有 80 米左右，水库纵深约 100 米左右，最宽处大概 90 米左右，水库深水季节最深处在坝埂前沿，大概深 3 米左右，周边逐步由深到浅，是一个锅底塘。水库是一个逐步向东收缩在水库尾端成一条小沟，也就是后山雨季排水就排往"笑天湖"水库中的排水沟。"笑天湖"东北边是麻山，东南边是苹果园，尾端有几座桃园村的老砖瓦窑，也是当时农科所职工子女们捡二炭（煤燃烧不完全被倒出，冷却后还可进行二次燃烧的炭，被称为"二炭"）的地方。

　　当年，笑天湖成为灌溉水库下方农科所园艺组蔬菜地的主要水源，顺沟而下还灌溉着桃园村村民的自留地和部分农田。"笑天湖"常年有水，所以对农科所的蔬菜地灌溉起到重要的作用，也成为农科所部分钓鱼爱好者节假日或忙里偷闲时方便的钓鱼去处，从住处走到"笑天湖"不过5分钟的几步路。

"笑天湖"对于当时农科所的少年儿童们那是一个嬉戏玩耍的天堂，很多时候"笑天湖"就成为农科所职工子女们在水中学习游泳、水中嬉戏玩耍、水中谈天说地的一个社交场所，也是夏季水中纳凉或展示各自游泳技能水平和比赛游泳速度的方便之地。不上学的时节，午饭后大家都会不约而同地在此集聚，有时只有男生在的情况下大多是裸泳，大家毫无顾忌地在水中钻入钻出，成为名副其实的"浪里白条"，还有的从苹果园一侧高处快速跑几步，以"炸弹"或"翻滚"等不同姿势砸入或插入水中，甚至以谁能溅起水花最大为荣，有些稍年长一点的高中生学过点正规跳水的就成为大家羡慕的榜样；有时有女生时，男女就各在"笑天湖"的一角，女生常在"笑天湖"的尾端，而男生就在水较深靠东大沟出水口的坝埂一方，大多穿着很不正规的游泳衣裤。那时的少年儿童们没有太大的学习压力，有时在"笑天湖"一待就是半天，在夏季几乎天天如此，特别是"文化大革命"的"停课闹革命"期间，这里集中着农科所职工子女的相当大的一部分，一个个本是白净小生的少年儿童，在这里几天就晒得黑不溜秋的古铜色，甚至一身被晒脱皮。

"笑天湖"留有大多数农科所职工子女的儿时记忆和那过去的好时光，也曾有几个小伴发小在这里不幸溺水而失去生命。

随着改革开放，后山的几座小砖瓦窑被办成了砖瓦厂，很多废弃的砖瓦石砾被不断倾泻倒出，"笑天湖"因此被逐步填埋而随之消失。一代人挥之不去的记忆只能储存在脑海中记忆了，再也没有了"笑天湖"。后来省农科院开的一家小卖部曾以"笑天湖"命名。

随着岁月时代的变迁，在近些年，在原省农科所旁边的盘龙江三号叠水之上，新建成一个瀑布公园，公园内上端的龙生九子吐水处建成了一个人工湖泊，刚好在原来"笑天湖"下游100米左右处，仿佛是历史生生不息的演替，又诞生了一个算是在时代的浴火涅槃重生的新的"笑天湖"吧！

（作者：李努革）

# 改革开放给农科院交通环境带来的变化

　　说起来可能算是个尘封多年的故事或是笑话。

　　那是 1969 年底吧！偌大一个省级科研单位云南省农业科学研究所将面临整体远距离迁徙前往保山潞江坝。那是国家全面实施备战备荒搞三线建设的一次战略大转移，不少单位都已迁徙到偏远地区。而我们农科所大规模的迁徙行动已整装待发，竟偶因来搬迁的车队找不着来农科所之路，找不着路而走岔！耽误了一天，就因为耽误了这一天，结局迥然。

　　当时所领导向全所职工及其家属已作了全面充分的动员，向大家介绍和反复宣传即将迁往的地方，那是个出门就"手扶甘蔗，脚踩菠萝、头顶香蕉，跌一跤还能抓把花生"的保山怒江边的潞江坝，也就是歌中唱到"富饶美丽的潞江坝，人人见了人人夸"的神秘而偏远的边疆少数民族地区。

　　动员就是命令！都必须不折不扣地执行。经过一段时间的准备，单位几乎所有科研仪器设备都打包待运，每家每户不得不将大量私人珍藏书籍、家传的桌凳床椅，薪火柴炭都廉价变卖，甚至将床板锯成块段，改钉成临时木板箱，将不得不随带的少得可怜的一点家当捆绑或装箱，就等约定这天车队到来就起运出发。就因农科所所在地过于偏僻闭塞，以及乡村道路东拐西岔，致使接受搬迁任务的车队已出发前来，但找不着来之方向，就此耽误了这一天。而第二天接到云南省革命委员会发出的新的命令："向滇池进军，向滇池要粮"，所有驻地昆明市范围内的机关事业单位职工，以及中学校的在校师生，必须全员投身于轰轰烈烈的"围海造田"的大规模行动中。这样有了对昆明西山进行炸石移山，运土填湖，将"五百里滇池"的高原明珠，硬生生地整得只剩下大概"三百里滇池"的近现代愚公移山之壮举。

这就是当年云南省农业科学研究所因地处偏僻带来的一个偶然性的结局，也以此避免了一个单位整体搬迁，或许再次迁回的严重折腾。

改革开放的 1978 年之时，也正是云南省农业科学研究所建制升格为云南省农业科学院，农科院地处的交通环境也随着改革开放和社会发展进程，不断地发生着和发生了天翻地覆的变化。

云南省农科所最初只有一辆赵利群所长转业到地方随配的美式吉普车坐骑，以及一辆解放牌大卡车。吉普车只是偶尔所领导进省城昆明参加省委省政府召开的重要会议，或偶有急重病号需送医院抢救，或每月进城拉电影片，为全所职工家属们放场户外电影所用，放电影也是当时单位难得的精神文化生活内容；大卡车通常是为单位食堂运送燃煤或一些基本建设材料等，很少有人有机会能搭乘大卡车出行。逢年过节，大卡车也是为全所职工家属统一安排集体进省城活动的一种福利和唯一交通工具，让地处远郊偏远的人们也能到省城昆明市区，看场电影，或逛逛省城，或购物。单位职工及其家属人多，就一辆大卡车，不得不分成多趟往返送大家到省城昆明，单位组织事先让大家报名登记排队，分先后乘坐两三趟车的顺序，第一趟从单位出发先直接到昆明，赶乘第二趟或第三趟车的人就必须先步行到龙头街等候，第一趟车返到龙头街，再来接这后两趟的人进昆明城；返程则仍按原趟次顺序，第一二趟车先到龙头街让大家步行回家，随即返回接第三趟的才能直接回到单位。当时能乘上车往返昆明，对大家都是令人兴奋和愉快的事，乘车的人们经常在车厢上，往往会在一些老师的指挥下，高唱着革命歌曲，大家意气风发斗志昂扬地乘兴前往，愉快而归。单位另一相对固定的交通工具就是马车，马车每周进城 1~2 趟，到圆通山附近的米厂心蔬菜批发市场，为职工食堂运送蔬菜，这也只有很少人有机会或幸运能与赶马车的师傅拉近关系，能搭乘马车往返昆明。

之前无论农科所科技人员凡出差或外出，无论是出省或到云南各地州县市，出差之前，除了可能得多次外出排队购买火车票，长途汽车票或机票之外，出差的头天，就必须背上行装，走路一个多小时的行程，到蓝龙潭或黑龙潭，转乘 9 路公交车到昆明北站，再转乘几趟市区公交车，转到预定长途班车车站，或南窑火车站附近找好旅店，以便第二天一大早赶乘长途班车或火车；乘飞机出差则限于级别和资历较少有的机会，也需要经过相同的行程准备。

单车作为一种便捷的交通工具，单位除有一两辆单位后勤采购专用单车外，只有少数家庭能拥有。20 世纪 70 年代，购买单车仍被严格控制配给的高档奢侈品，私家要想购买到单车，除了需要攒上几年工资不说，还需要得到专门配额的单车购物券。当时一年或几年单位可能得到上级配给的几张专门限购单车的购物券，需购单车职工得申请并登记排队，领导再根据情况研究决定发给急需的职工。随着社会进步发展和时代的变迁，单车逐步成为部分家庭拥有的一种便捷交通工具，使对于地处偏僻郊外的农科所的职工及其子女进城往返，越显方便、优势和重要。

改革开放之初，社会迎来了时代大潮的发展趋势，附近农村也有部分善于发现商机的农户搞起来小马车运营，往返于龙头街到黑龙潭。这样，大家可以从单位走路到龙头街，花几角钱就可乘坐小马车到黑龙潭或蓝龙潭，也算是少走点路。到后来又发展到可以直接从农科院往返黑龙潭的营运马车了。

随着改革开放和单位事业的发展，单位招入和调入的职工队伍逐年增长，家住昆明城区的职工也越来越多。为方便家住城区职工周末回家和周一来单位，单位最初安排每周六下午下班后送一趟职工进城回家，周一早上接一趟回单位上班。

再后来，改革开放的深入，也随着单位的全福利性住房也越来紧张，农科院的交通条件逐步发展成为每天用大卡车作为日常交通班车接送职工上下班。每天早晨在穿心鼓楼处定时定点乘车来上班，下午下班之时又送家住城区的职工返城回家。乘坐大卡车往返，大家还得攀爬上货车厢，孕妇或带着婴儿的也实在艰难，本来预定留给年长的所领导坐的副驾驶座，往往经常就让给孕妇和带着婴儿的哺乳妇女，或生病的职工，其他仍不得不攀爬车厢。乘车过程中，还经常中途临时下雨，也来不及拉雨棚，大家也就只能冒雨迎风前往。

发展带来变化，单位先后购进了几辆大客车，作为接送职工每天上下班往返的交通工具，单位住宅小区也先后搬到茨坝和下马村江岸小区，单位的交通工具更是不可一日或缺。职工上下班可定时乘坐大客车往返，大客车既可以遮风避雨，不惧烈日寒风地安坐在车内，轻松愉快地往返上班下班，甚至在交通车上打起扑克。

时光如梭，转眼间，改革开放四十年，对于云南省农业科学院来说，无论是社会进步发展，还是单位交通环境，早已是今非昔比，日新月异了。曾地处远郊偏僻的农科院，如今已基本被城市化建设融为一体，纵贯昆明市区南北的一条大道北京路，一直通到单位门口，而且是一条算是最为笔直、最长的大道，道路一路花簇景观，月季盛开娇艳火红，乘车途中让人赏心悦目，农科院这一段或银杏或枫叶，秋季杏黄丹枫，在阳光照耀下呈鲜红烁黄的景观大道。

如今，农科院职工逐步又从茨坝或江岸小区迁出，迁回新建的天宇澜山小区，几乎就在住宅楼下就有一个独具特色的瀑布公园，也是大家游玩和散步的好去处。现在，无论职工或家属出差或出门，家门口就有多趟从早到晚不间断而方便出行的城市公交车，私家轿车也普及成为普通寻常人家所有，人们可能下楼几步就可直接上自己的私家车出行。即便是乘飞机或高铁出省出差，直接在手机上就可预定和办理好机票或高铁票，甚至售票单位还将派专车接送，省内出差也大多直接找租车行接送出行。

　　这就是改革开放四十年农科院交通环境条件发生的翻天覆地的变化，这就是社会经济进步发展带来的变化！农科院的如今单位的门牌号已是昆明的南北主干线的北京路2238号。这就是发展带来的变化！

（作者：陈宗麒）

# 云南省农科所（院）职工子女上山下乡始末

知识青年上山下乡接受贫下中农的再教育，是一场全国性大规模的轰轰烈烈的学生运动。云南省农业科学研究所（云南省农业科学院前身，简称省农科所，后期建制为省农科院）党政领导响应党和国家的号召，积极组织和动员单位职工，鼓励和支持自己的子女到农村去、到边疆去，到祖国最需要的地方去。省农科所先后动员组织多批次约130余位职工子女上山下乡插队落户当知识青年，认真贯彻落实了党和国家知识青年上山下乡政策。

早上20世纪60年代，就有单位职工子女在学习全国知识青年先进典型董加耕、邢燕子等先进事迹的鼓舞下，主动申请投身到"广阔天地，大有作为"的行列中，到边疆和农村中接受贫下中农的再教育和参与劳动锻炼。1964年有多家职工就鼓励高中毕业的子女积极主动分别到西双版纳景洪的勐养农场和到安宁县连然公社插队落户，成为云南省农科所最早一批到边疆农场和到农村插队落户的知识青年。

1968年12月22日，《人民日报》发表毛泽东主席的最高指示："知识青年到农村去接受贫下中农的再教育，很有必要。要说服城里干部和其他人，把自己初中、高中、大学毕业的子女，送到乡下去，来一个动员。各地农村的同志应该欢迎他们去"，同时，《人民日报》发表社论："我们也有两只手，不在城里吃闲饭"。以此，全国范围内掀起了轰轰烈烈的知识青年上山下乡大规模运动。

云南省农科所在赵利群所长等领导的积极鼓励，召集家里有初中、高中在校生和大学毕业子女的职工进行组织动员。当年，全所有近40个家庭40多位（有的一家有3位，或有2位都在这一次参与上山下乡）知识青年响应党和国家的号召，积极投身于火热的上山下乡洪流中。单位为每一位参与上山下乡的知识青年发了一套四本《毛泽东选集》和一口红色木箱。就这样，这批知识青年分别被安排到保山德宏地区的外五县的潞西芒市、陇川等地的傣族、景颇族村寨的农户家插队落户，有的下乡到临沧耿马孟定建设兵团。这批知青下乡时，乘坐在专门派送知青的大卡车的车厢上，在艰难曲折的高原山路上盘桓了5~6天，来到远离家1000公里外的中缅边境的傣族景颇族村寨，当时甚至有对当地村民传言，这些年轻人都是"文革"期间犯错误的人，是来接受改造的。最初他们直接被分配到傣族村民家中，男的一人在一户，女的2人在一户，他们与基本日常交流尚有一定障碍的少数民族家里同吃同住的知青生活，开始了在完全陌生的环境和完全不熟悉的农耕劳动。随后，傣族村民为他们建了竹子篱笆知青房，他们才以知青为单元单独吃住。还有部分在校初中生到德宏潞西遮放等地成为边疆建设兵团农场的知识青年。

1970年，刚上过几天初中的一批近10位的职工子女被安排到西双版纳大勐龙建设兵团成为种植橡胶的知识青年。

经过1971~1972年有几批中学生分配到企业当工人的短暂时段。于1973年12月，在西双版纳的上海知识青年先进典型朱克家的事迹鼓动下，再次掀起知识青年上山下乡的新高潮。按当时的上山下乡政策到农村插队当知识青年的要求，年满17岁的中学生才符合插队当知青的条件。省农科所在赵利群所长和张明远书记的积极动员和组织下，共有23家24位职工子女到晋宁县双河公社彝族山寨去插队落户，其中有7位尚不到年满17周岁的女生主动写《申请书》，积极报名参加到上山下乡的洪流中。省农科所派李坤阳作为带队干部，与知识青年一道来到农村，指导和帮助这些十六七岁的职工子女适应农村生活，与农户和睦相处，帮助这批青年走向社会，同时指导当地彝族村民科学种田，农科所还派出技术工人刘正良指导当地栽种和嫁接果树。24位知识青年被分配到双河乡红旗大队的5个村寨，每个村腾出村里的公房或临时安排在破庙中，后生产队有些专门为知青建"知青之家"成为"知青户"，让他们生活上自我管理，帮助他们先后经历"住房关""生活关"和"劳动关"，并且得到村民在生活上、农事劳动的帮助，他们也帮助当地村民学文化，解决一些常见疾病的护理和医治方面的问题，甚至将自己带的常见药给村民治病。知青和村民相处水乳交融。

1974年底，省农科所又一批职工子女13人，上山下乡到呈贡马金铺横冲大队插队落户当知识青年，他们被分在3个生产队，同样也是村里腾出民房作为知青住户，知青们除了独立管理日常生活，随农事活动参与村民一道劳动，以出工记工分的形式记录劳动的出勤和效果，并在生产队的支持和村民帮助下开展一些养猪和种自留地。农科所也为他们提供一些蔬菜种子并指导他们栽种蔬菜的技术和方法。

1975年，省农科所又一批知识青年4人到呈贡马金铺横冲大队插队落户当知识青年。

1977年，又一批职工子女12人，再次到晋宁双河公社红旗大队的3个村插队落户知识青年，院派出冯志明作为这批知青的带队干部。两年之后这批知青大部分被农科院召回作为科研辅助工。

1978年，省农科院继续执行知识青年上山下乡的国家政策，又一批9人以上山下乡的形式，直接到院属农场参与农业生产劳动，户口转到龙泉公社，一年之后大多被招收进农科院成为科研辅助工人。

　　1979年，最后一批知识青年21人以参与农事劳动当知青的形式，也是直接下到省农科院所属的农场当知青。他们在自己父辈的同事直接指导和安排下，参与一些农业生产劳动。单位还明确由时任农场场长冯开顺负责这批知青的管理，安排农场另一位女性领导干部杨官群作为带队干部，分管和安排他们的日常学习和劳动。农场专门为他们分一块菜地让他们种菜，还提供了两台抽水机，让两位知青负责专门为各研究所试验地需要时去浇水灌溉各种农作物，农场还提供了两头幼猪供他们饲养。不到一年，这批知识青年参军的参军，其余的大多数被招收进农科院作为科研辅助工人，就此全部脱离了"知青"身份。云南省农科所（院）职工子女上山下乡当知青的工作到此结束。

（作者：陈宗麒）

# 我的父亲潘德明

　　父亲离开我们整整十三年了。十多年来，父亲的音容笑貌不时会浮现在脑海里。父亲自己说过，他是学农的，就读的学校是云南大学农学院，1953 年院系调整，农学院园艺蚕桑两系调整到西南农学院，所以，他最后是从西南农学院（现西南大学）毕业的。

　　毕业后分配到云南省农业试验总站工作。该站先是在昆明西北郊的大普吉的大塘子村。听我父亲说过，单位名头大，叫试验总站，其实人很少，干部职工加起来，就十多人，他当时的同事，有赵丕植伯伯，李爱媛孃孃，詹广贤、管国安叔叔等。后来又迁到北郊蓝龙潭，与从重庆迁来的西南农科所合并，改名云南省农业科学研究所，人才多起来。单位后来又迁到桃园村，十多年之后又更名为云南省农业科学院，这个名字一直沿用到现在。这样看来，农科院的源流就是两处，一处是云南省农业试验站，一处是重庆来的西南农科所。西南所人多，科研设备也多。我父亲潘德明在省农科所园艺系工作，也就是现在的园艺所，一直到退休，可以说，他是个一辈子从事农业科技工作的人了。

　　从我记事起，父亲在家的日子就很少，经常下乡，指导农民种果树，治病防虫，或是进山收集资源，采集野外资源标本，或是省外出差开学术会。就是回到家，也是伏案写文章，写实验报告的时候多。他先后做过的工作，有在昆明龙泉公社，曲靖马龙县，宣威县的各公社蹲点，进行梨、苹果高产栽培技术推广，研究苹果、梨矮化砧，为此，他还大胆让一位临时工到白鱼口引进矮化砧木楄梓，引进楄梓后开展的大规模扦插，扦插成活后即开展矮化苹果的嫁接及其相关研究。当年的这个临时工，后来经自身的努力发奋，成长为研究员，他就是后来在植保所（现在的环资所）承担课题主持人，独当一面，做出很大成绩的陈宗麒老师。说起楹梓的引进，当时还有桩趣事，陈宗麒当年乘滇池轮船到白鱼口，找到赵碧云（好像还是我家亲戚）剪截好温梓枝条一大捆，然后第二天一早搭乘白鱼口拉煤的大卡车（乘坐在车厢上）来到昆明，因携带一大捆楹梓，不方便转乘公交车和还需步行走好几公里路程，只好找了个三轮车回到单位，当时人人看见他都发笑，因为他整个脸全被煤灰染黑了，只剩眼睛还在转，好像是在桃园村的地面上突然冒出了个非洲黑人，引得众人发笑。三轮车费17元，当初财务室觉得一个临时工打车不让报销，后来，我父亲发脾气了，将单据扔给财务，据理力争，17块钱才得以报销。这从一个方面，说明了我父亲在培养年轻人方面，也是非常热心的。倘若父亲地下有知，当年在他课题里做临时工的小青年，成长为研究员了，会有多么高兴呀。

在他主持承担猕猴桃的研究工作中，对云南野生猕猴桃种质资源广泛收集，并整理保存和发掘优质猕猴桃资源种类，进行区试等，在这些领域都取得了很多的成果。

我父亲勤于动笔，他常将工作的成果和心得体会，发表在当时的《云南日报》《云南农业科技》等刊物上，这些报刊，原来都有保存，后来几经搬家，弄丢了，可惜了。不过，在评定职称的申报材料中，何时何刊发表，都登记得有，应该都能查得到。

临近退休的前几年，我父亲的主要工作就是猕猴桃的引种驯化，查找亲合力好的野生砧木，研究不同组合的花期相匹配，为大面积推广做准备。当时他还考虑到为工业制罐，榨果汁的问题，为此，他与当时的省轻工局，林业厅合作，在昆明金殿林场种了六十多亩经多年筛选出品质优良的猕猴桃，硬果肉品种和鲜食品种。

为云南广大山区寻找合适的林下果木，帮助山民脱贫致富，我父亲经过多种果树筛选，最终选定猕猴桃对于云南高原山区有着很强的适应性和经济价值。猕猴桃营养丰富，耐病虫，即使管理粗放一点，也有不错的收成，是山区农民脱贫的好品种之一。最初猕猴桃未被大多数人农民所认识，都不愿种，我父亲就先从自己的老家，富民县款庄乡做起，发动自家亲戚朋友种植，农民都是眼见为实，看到种植猕猴桃确实给大家带来利益，就愿意种了。到现在，款庄乡已发展成为远近闻名的猕猴桃之乡了。种植猕猴桃，成了当地脱贫的一条路子。现在，满大街都是猕猴桃出售，我就想，这其中，或许就有我父亲做出的一点贡献吧？现在回过来看，我父亲当时所用的方法，与现今政府提倡的精准扶贫，竟然如此不谋而合，他们早在几十年前，就自觉地在身体力行了。科学工作者，用自己所学的东西，诚心诚意，帮助人民脱贫致富，而无怨无悔！我认为，这就是我父亲他们那一辈的农业科技工作者最可贵的品质。

我父亲也善于发现人才和引进人才，引进了张文炳夫妇到我院园艺所，为云南的果树事业发展也算是一种贡献。我父亲做事认真，一丝不苟，能因地制宜，能提出切实可行的办法解决生产上的问题，深受生产一线的农户欢迎。他在《云南农业科技》发表的文章，影响到省外。我记得有一次，大概是 1986 年秋天，我们家收到一个小木盒包裹和一封信，是从辽宁省灯塔县音得牛村寄来的。木盒里，装着两支人参，信上说：尊敬的潘老师，我在《云南农业科技》上看到你写的山地苹果栽培管理，照着做，获得了丰收，心里高兴。为表达感激的心情，特寄上两支今秋刚收获的山参，给你补补身体，好为我们农民研究出更多的致富之路，以及解决果树栽培管理中的技术问题和方法。

因为这封信的寄出地名特别，所以到现在还记得清楚。

我想，一个农业科技工作者，能得到农民这样的赞誉肯定，一辈子的辛苦也算值得了。

父亲知识面广，借鉴古农书方面，也很有心得。譬如，他常常跟我们提起的果树移栽保证存活的问题，就会说："这没什么，古人早就总结出来了：移树无时，勿使树知，多带宿土，记取南枝。"他说：这几句话，最重要的是"勿使树知"。他强调说："要让树在不知不觉中完成移栽，最好就是在树休眠期进行。不单单是移栽，嫁接也是一个道理，要在树芽未萌动时进行，成活率就高"。他将一些果树栽培技术讲得通俗易懂。所以，给我印象深刻，直到现在，几十年过去了，我都还清楚记得，仿佛就像昨天才发生的事一样。

我父亲的动手能力很强，特别是一手高超的嫁接技术。经他嫁接的花木果树，成活率都很高，他说这是搞园艺的基本功。

父亲晚年多病，回家上下楼都很吃力，很多美好的设想都没办法去实践了，他常感叹："不甘心呀！"他常常自言自语地说："年轻时候，干得动的时候，不让干，让我到海埂农场栽秧放田水。现在条件好了，可以做工作了，身体又不行了。"

有一天，下班后，我回家看他一个人搬了把藤椅，坐在阳台上养神。见我回来，很兴奋地对我说："我在想，猕猴桃中有个红花品种，花期长，果型适中美观，可以作为观赏盆景来开发。要用大盆，移栽后整形，挂果后留存的时间长，观赏价值高。名字我都想好了，就叫：硕果丰枝"。因身体条件实在太差，他这个硕果丰枝，一直停留在构想中，一直都没搞成。

有时我就想，他晚年一身病，或许是年轻时经常下乡积劳成疾，不注意身体累出来的？加之过去生活条件差，又没有保健意识。

我父亲他们这一辈的人，或多或少，都有这样的情况吧！

（作者：潘丽云）

# 龙柏印象

老科研大楼前有一排龙柏。1958 年老农科所成立开始，她们伴随我们已走过近 60 年历史，悄悄地屹立在那里，见证了我院成立、成长与发展。同时她们也以独特的姿态在我院广大农科人员记忆中留下了深刻的印象。

记得 1980 年我从瑞丽稻作站调回院里工作，第一次走进院工作区时，首先映入眼帘的就是这排龙柏。在蓝天白云，明媚的阳光下，龙柏散发的清香，墨绿的树叶，树体螺旋盘曲向上，由一个个小塔似的分枝形成一个大的塔形树冠，每一棵树略向一个方向整齐地一字排列，簇拥着后面的科研大楼。站在她们面前会让人浮躁的心渐渐沉静下来，并给你一种聚力向上，百折不挠的感觉。偶见龙柏后面科研大楼有穿白大褂，还有戴白遮阳帽，穿筒靴进出的科研人员身影。我随之前去，了解到大楼里有土壤肥料、植物保护、粮食、油料作物等科研所，有200 名左右科技人员，目睹了他（她）们在各自的试验室里认真细致工作的场景。

老农科所的领导为什么要选择龙柏为单位的主要绿化树种，为什么中国科学院昆明植物所大院中间也有同样的几棵龙柏，我心里一直有这个疑问。后来学术界有过一次关于园林绿化是多花草还是多种树木的专业争鸣，我们老院长程侃声在一次报告中表示了支持多种树木的观点，终于解开了我心中的谜团。

龙柏用于绿化树种，不仅具有一般树种的优点，还有其特别的优势和寓意。龙柏没有花卉那样艳丽，也没有桂花等树种那样给人芳香，也不会像杨梅树那样结出酸甜的果实。她的优势在于不怕旱不怕涝，不用施肥，不用园丁修剪和雕琢。她就由一个个小塔形的小分枝聚集在一起形成一个高大塔形树体，以她自然的形，自然的美，给人留下深刻的，独一无二的印象。后来一直在院里工作，与广大科技人员有了更多的接触，感觉龙柏的生长习性和形态特征，也与科研工作，特别是农业科研太有相似之处。搞农业科研，工作条件艰苦，生活清贫，多是孤独地坚守，少有花环与赞歌。但人类生活水平的提高，总是离不开这项最基本的事业，总得有人作奉献。我们国家，近十四亿人员的大国，在中国共产党的领导下，全国人民衣食无忧，幸福满满，世界各国无不羡慕与赞叹。在这种荣耀面前，作为农业科研的一分子，有你的奉献，你应该欣慰与自豪。

云南省农科院成立数十年后的今天，大小科研成果遍布云南全省各地，农科人才层出不穷。随着社会的发展，城市的扩建，如今，我院的工作条件和工作人员的生活条件都发生了翻天覆地的变化。老科研大楼以及那排龙柏都将淡出我们的视线，在老科研大楼里工作的人们也在逐渐离开工作岗位。在新的生活工作环境中，我们怀念老科研大楼前的那排龙柏，但更珍爱的是求真务实，勇攀高峰的农科精神，并希望这种精神代代相传，发扬光大。

（作者：王俊辉）

# 岁月的变迁

我是 1979 年 10 月知青考工进入云南农业科学院的，当时我们这批被作为科研辅助工人招进入农科院的有 30 位。单位发展和环境的变迁，就如电影一幕幕在眼前经过。

1979 年云南省农业科学院通过历史的发展正式成立了。当时的农科院位于村庄的周围，前方有个桃园村，前右侧有个竹园村，前左侧有个瓦窑村，后方有个东大沟，沟宽约两米左右，我们在东大沟里充分享受着那清澈流淌的沟水，游泳嬉闹和洗衣服，同时东大沟也成为全农科院科研试验田、地的灌溉水源之一。农科院大门前有一条近五米左右宽的大路，这条道路承载着我们劳动的汗水，两边栽种着棕树。这条道路延伸到一条来源于松华坝的主要河流，也就是几乎径流整个昆明市的主干渠金汁河，再往下又是一条曲折绵延的盘龙江，也是松华坝水库泄洪河道，它延伸至昆明滇池。这条盘龙江也曾留下我们游泳嬉闹、散发着青春的气息，享受着大自然赋予的美好的环境。同时，这条盘龙江也曾经留下我们劳动的身影，松华坝为保坝泄洪，同时还要保证昆明城区不被淹没，农科院的科研农作物试验不被淹没，为此，盘龙江河道的修建拉开了序幕，我们成为了修建盘龙江河堤的义务劳动者，通过近一年修建，改变了盘龙江河道两边环境，河道变直。盘龙江、金汁河也给予农科院科研试验用地一年四季充足的灌溉用水保障。农科院的后方有一名为"笑天湖"的池塘，也是职工们闲暇之余散步好去处，湖周围园艺蔬菜试验地，真是风光无限好。

那时的农科院，仍处于偏僻的"夹皮沟"。四周是开阔的田园，科研大楼右边有两个独立的养虫室，养虫室前面是一片大网室，旁边还有温室，科研大楼前、金汁河之上是油料、小麦、玉米等作物的试验地，试验地附近还有一个农科院的子弟小学，农科院的职工子女及周边的竹园村、瓦窑村、雨树村的村民子女都来此学校上学。金汁河之下则是水稻试验田，上面还有挂藏室，它是全农科院各所的试验收获的种子品种集中考种、晾晒、存储场地和仓库。生活区后有两座我们职工所称"花果山"，它既是园艺果树试验基地，又是栽种满山的苹果树、梨树，当果子收获的季节，农科院的职工都会前去采摘购买。那也是我们赏花和放松休闲的好地方。

随着岁月的流逝，时代的变迁，1979年的农科院与现在农科院相比，在项目体量、装备设备、科研试验研究能力等方面都已今非昔比，往日的试验田地、果园、挂藏室、晒场、温网室等设施，都已全部看不见了。昔日的试验田地、美好的田野风光、满山果树、笑天湖、解放牌大卡车（职工交通车）……这些值得我们回忆的地方和事，仍留在脑海之中。当今的农科院正以"笃耕云岭，致惠民生"的理念，更好、更快地发展壮大。云南省农业科学院仍将继续屹立在这片土地上，承载着农科前辈的希望继续前进。

（作者：吴丽华）

# 黄金时代

回望 31 年前那个夏天，1986 年毕业季。

即将踏入社会的我激动中充满了忐忑！20 世纪 80 年代的大学生，真是天之骄子，被理想和激情充满。毕业前我们系主任对我说，他才刚参加完农科院的实验室验收，那里有先进的仪器设备，到那里一定会大有作为。作为 82 级化学系综合成绩第二名，也被认为是适合做科研工作的我，那一刻便决定成为一个农科人！

然而，有些时候，理想很丰满，现实很骨感。

扑面而来是生活的问题。在那个年代，交通不便利，从城里到农科院的路感觉特别长。除了每天的院里交通车外，没有公交车可以利用。要至少倒 3 次车，再走几公里才到。很多职工下班坐交通车走了，部分住在院里的职工也回家。因此，当我几经周折，进到农科院时，只有"笑天湖"小卖部可以买包饼干充饥。那个时候，心里顿时有些后悔。远离城区，到这荒郊野外，这样的选择真的好吗？

生活的困难还是小事，毕竟我们是唱着"我们是 80 年代的新一辈""青春万岁"中的诗篇还在耳边激荡……"所有的日子，所有的日子都来吧，让我编织你们；用青春的金线，和幸福的璎珞，编织你们。"我们滚烫的心，迫不及待想要投入 80 年代建设浪潮中！！

进入农科院，我被分配到测试分析中心，加入农产品品质分析工作。

云南省农科院当时最有影响力的项目："中日合作水稻育种""高原粳稻新品种选育""双低油菜新品种选育"等，开展了大量的工作，为这些项目提供大量准确的实验数据。也参与了国家"食物成分表"丛书中维生素等成分分析数据整理出版。切实投入农业科技战线的工作中。

这样的工作持续了 5 年，分析工作每天按检测标准方法做大量重复的实验，枯燥并且毫无创新可言。农科院的主流研究是聚焦在作物的育种、栽培和推广示范。研究作物成分变成主流研究的手段，没有实验的设计，仅针对育种和栽培科学家提出的要求完成对所送样品的成分检测。这样我们在参与农业科研的程度可想而知，每年年底的总结总是大量的数据，没有论文，更没有成果。

这样的状态让自己很沮丧，加上后来成家有了孩子，工作和家庭的琐碎渐渐消弭了对研究工作的热情，于是有几年时间，机械地完成测试分析工作，毕竟这些简单重复的实验已经熟悉到不需要动脑筋，如果自己不想深入科研工作的话。读大学时就埋下投身科研，贡献社会的理想到哪里去了？特别是当自己 30 岁时，更感到恐慌，这样一成不变，可以预知退休时的自己的样子，这不是我想要的，我能做得更好，也应该做得更好！

随着进入农科院已将近 10 年，测试分析中心已经搬迁至小菜园，成立云南省农业科学院生物技术研究所。更好的地理位置，方便和其他同行的交流学习；更大的科研平台（云南省农业生物技术重点实验室；北京大学联合实验室；农业部农产品监督测试分析中心）在这样的环境下，怎么能够允许没有创新和成长！

于是到西南农业大学食品科学学院开始了硕士研究生的学习深造。荒废了 10 年的英语，成为学习的最大障碍。在学校，感受年轻的激情，科研的情结再次被唤醒。孩子送回老家。研究生课程学习之余，词汇、阅读、听力、作文，经过不懈的努力，通过了很多人望而生畏，也是阻碍获得学位的国家"研究生英语学位考试"。获得食品储藏加工的硕士学位。与此同时，在专业知识的学习中，也找到化学与农业科研的结合点，申请并获得云南省应用基础研究基金"云南茶叶和甜茶抗过敏物质及构效关系研究"项目。真正开始了科研第一线工作，自己晋升为副研究员。项目也圆满完成并被评定为"优秀"。这大大激发农业科研热情。

经过几年科研的积累，2004年，农科院组建药用植物研究所时，鉴于专业及科研的经历，参加药用植物的资源利用研究。云南有丰富的植物资源，被称为"植物王国"，是全球生物资源研究的热点地区。云南省农科院在学科建设中独具慧眼，成立"药用植物研究所"，为开展药用植物资源利用提供舞台。

在新的研究形势下，更要提升自己的学术能力，再接再厉，考取昆明理工大学博士研究生，在完成科研工作的同时，也通过了博士课程学习和论文答辩，获得博士学位。晋升研究员。以中韩合作研究项目为契机，通过收集、鉴定、评价，建立"云南药用植物提取物资源库"，为药用植物资源的利用研究提供了物质基础。在此基础上，筛选有生物活性的材料。并获得云南省应用基础研究重大项目、云南省重点新产品研究重点项目等一系列的项目支持。

现在的云南省农业科学院，新的科研综合大楼拔地而起，科研条件和科研能力大大提升。而当年的荒郊野外，现在是环境优美的瀑布公园，地处繁华北京路延长线。交通便利，地铁，公交，还有私家车，共享单车……

我们曾经唱着"再过20年我们来相会，伟大的祖国该有多么美"，30年过去了，祖国翻天覆地的变化是我们当年都想不到的。农科院日新月异的发展有我的一份力量，而我的成长更离不开农科院的科研舞台。我从一名懵懂的青年，成长成为高级研究人员。

回望过去，我不后悔当初的选择。这是省农科院的黄金时代，也是我的黄金时代。不忘初心，继续向前！

（作者：李晚谊）

# 回顾历史，再创辉煌

云南省农业科学院茶叶研究所始建于 1938 年 4 月。1951 年 8 月 1 日蒋铨率省农业工作队在原思普茶业试验总场南糯山二分场的基础上建立云南省农林厅佛海茶叶试验场，至今已 80 年。作此文，缅怀已故的前辈，颂扬先贤创业奋斗精神。

云南大叶茶，你从远古文明中走来，一路播种绿色的希望。

云南大叶茶，你永恒的生命，为人类无私奉献闪光。

云南大叶茶，你身上有一种无穷的磁力，吸引无数的研究和开发力量。

从祖国东西南北，汇聚到你的身旁。

那时候

举国都在抗日救亡，白孟愚在南糯山，创办云南省思普茶业试验总场二分场。

引进开梯条栽技术，从事茶树种植改良。

到印度采购红茶机械，"滇红"首次在国内市场亮相。

那时候

南糯山一片荒凉。

蒋铨率领省农业工作队，恢复建立佛海茶叶试验场。

从普洱抬回制茶机器，伐木、扎草排建盖厂房。

垦复荒芜茶园，战天斗地精神威震四方。

那时候

曼真所部一片蛮荒。

职工加班加点建茶园，忙里偷闲放声歌唱：

先治坡，后建窝，栽茶树，对山歌，

草排房，泥挂墙，竹笆床，娶新娘……。

白手起家开展科研试验，一片丹心播种振兴云南茶叶的希望。


那时候

云南茶叶一幅落后的景象。

科技人员四处奔走，足迹遍及云岭山冈。

推广工夫红茶，研制畜力揉捻机、土烘房。

面向全国开展良种选育和区试，密植速成高产茶园在云南茶区闪光。


那时候

工作、学习时间非常紧张。

生活条件艰苦，职工情绪高昂。

一片片翠绿茶园，如雨后春笋般地茁壮成长。

为了世界和平，科学种茶远撑播非洲异国他乡。


十一届三中全会召开，神州大地奏响改革开放。

拨乱反正，茶科所迎来了发展的新曙光。

资源考察结硕果，良种选育成就辉煌。

"生态茶园"开创新意，"云海白毫""佛香茶"一批名茶奇花异放。


南方谈话，为改革开放进一步指明方向。

职工欢欣鼓舞，为改革发展奔忙。

环境条件大改善，平地矗立起一幢幢新居和厂房。

工作条件大改观，信息连通了互联网。

迈进新世纪，加快发展歌声嘹亮。

"212"目标，引领茶科所前进的方向。

物质文明、精神文明成果，是职工团结奋斗的勋章。

回顾历史，再创新辉煌。

（作者：石照祥）

# 云南咖啡档案里的几个"最"

## "最早"

1952 年春，云南省农业厅试验场芒市分场（即云南省农科院热带亚热带经济作物研究所前身）第一任场长张意和科技人员马锡晋到德宏州潞西县遮放坝进行社会调查，在农户庭院中发现结满红色果实的植物，但不知其名。凭着科技工作者的直觉，他们认为这种植物应该具有一定的开发价值，于是他们将这种傣语名为"咖居"的植物带回单位，交给所内科技人员曾庆超和李超育苗。后经当时的农垦部顾问、中国著名的植物学家秦仁昌教授鉴定，才知道这是小粒种咖啡。

1952 年冬，云南省农业厅试验场芒市分场搬迁至保山市潞江坝，更名为云南省龙陵棉作站，经秦仁昌教授教导，科技人员将小粒种咖啡引入保山潞江坝种植，发现小粒种咖啡第二年就可以开花结果。

1955 年以后，保山地区的国营潞江农场、国营新城青年农场、燎原农庄等单位先后在潞江坝成立，此外保山、龙陵等周边地区大批移民进入潞江坝，掀起了开发潞江坝的热潮，但不知道种什么作物，刚好国营潞江农场等相关单位人员到棉作站参观，发现咖啡长势很好。当时国际上形成了美国为首的资本主义阵营和以苏联为首的社会主义阵营，两个阵营互相敌对，苏联及东欧社会主义国家人民日常消费必须的咖啡原料被资本主义阵营控制，无法得到有效供给，于是苏联政府向中国政府提出发展咖啡的要求，1957 年 12 月 17~28 日全省农业工作会议在云南省龙陵棉作站召开，会议研究决定：我省广大热区除在部分地区发表橡胶外，应加强棉花、甘蔗、咖啡等作物的发展。这次会议首次把咖啡研究列入工作日程，开创了我国咖啡科学研究与产业化发展的新纪元，云南省龙陵棉作站（即云南省农科院热带亚热带经济作物研究所前身）由此成为我国最早研究咖啡的机构，站内科技人员培育的咖啡种苗，成为我国小粒种咖啡产业化种植的第一批种源，在云南等地推广种植，1995 年仍为云南省主栽咖啡品种。

## "最高龄"

1981 年冬，云南省农业科学院热带亚热带经济作物研究所科技工作者到大理州宾川县平川乡朱古拉村实地调查，发现朱古拉村种有咖啡 26 亩，并存有清光绪十八年（1892 年）种植的咖啡树。

根据作为当时传教士奴仆，现已高龄的天主教堂社员介绍，这批咖啡树为原法国天主教种植，收获后专供自己和大理总教堂教士饮用。咖啡种在教堂两侧，属小粒种，来源不详。推算为清光绪十八年（1892 年）所植，迄今已有 130 年的树龄。

关于这批咖啡树的起源还有一个不成文的传说，据传，1892 年，法国传教士田德能教父受天主教会派遣，从昆明赴宾川县进入朱苦拉传教，在当地修建了一所教堂，并同时将喝咖啡的习惯引入了朱苦拉村。他亲手栽种了一片咖啡林，教会当地村民种咖啡、喝咖啡、出售咖啡。

目前朱古拉村仍有 1134 棵古老的咖啡树存活下来，共占地 13 亩。其中最古老的两棵咖啡树被保护在一座古堡旁，迄今，这两棵已有 130 年龄的古树，仍在经历着花开花落，笑看着云卷云舒。

## "最佳"

1958 年，云南省龙陵棉作站（即云南省农科院热带亚热带经济作物研究所前身）产的咖啡豆在英国伦敦世界咖啡博览会上被评为一级品，引起全球咖啡界的轰动。1988 年 7 月 26 日《自由论坛报》发表著名旅美新闻评论家梁厚甫先生《嗜咖啡者言》文章，文中称"最佳的咖啡产地，不是什么哥伦比亚，不是什么土耳其，不是什么印度尼西亚，而是中国大陆"。称云南咖啡"好处有三"：（一）浓而不苦，（二）香而不烈，（三）带有一点果味，这果味，触到舌端，十分过瘾"。文章一经发表，立刻引起全球咖啡界的轰动。瑞士雀巢、美国麦氏等国际著名咖啡企业纷纷到云南考察，1989 年雀巢与云南普洱地区签订发展 10 万亩咖啡的协议，随着雀巢、麦氏、星巴克等国际咖啡巨头纷纷进入中国市场，各级党委政府也出台相关扶持政策，加速了云南咖啡产业的快速发展。经过近 70 年的发展，云南已经成为中国最大的咖啡种植地、贸易集散地和出口地。截至 2019 年，云南省有 8 个州（市）种植咖啡，种植面积达 157 万亩左右，年产量约 13~14 万吨，面积、产量均居全国第一。普洱、临沧分别成为"全国咖啡产业知名品牌示范区""中国精品咖啡豆示范区"。"云咖"曾被外交部部长王毅称赞为"走遍全球所喝过的最好喝的咖啡"。

（作者杨弘倩云南省农业科学院热带亚热带经济作物研究所）

# 潞江坝映像

　　2015 年，我考入了云南省农科院，成为了农科院热带亚热带经济作物研究所的一名工作人员。工作后第一次出差我来到了潞江坝，当时正值 7 月，天气炎热，但奇怪的是，当我抵达潞江坝时，却很自觉地忽略了它的气温，记忆里的美丽丰饶随着空气的香味氤氲开来，白玉兰的温润混合着姜花的醒目，漫天的星子和朦胧的灯光，让我想起马尔克斯笔下的小城马孔多，想起了电影牯岭街里小明和小四的暑夜。

　　第二天的清晨，我起得很早，踏着草上未挥发的露水来到了这里的植物园，看见木芙蓉、合欢、滇丁香等花儿竞相绽放的情景，下午又参观了这里的芒果、柚子、荔枝龙眼等果木的试验基地。让我尤为感兴趣的不是这里万花竞放，万果飘香的繁荣之象，而是它所散发出来的浓郁历史感，是这里一片残瓦所透出的楔形；一节断枝里所照出的木梁；一棵缅桂的幽香里散出昔日的芬芳。

　　人们提到在云南省的自然特征时，首先想起的一定是：中国的动植物王国。如今的潞江坝，就是最能体现上述特征的地域之一。这里光照充足，生意盎然，有着丰富的动植物种类，是许多经济果木、医药、香料、蔗糖原料的集合地。然而解放前这里却是我省著名的炎瘴区之一，生产率低下、土地荒芜、杂草丛生、豺狼出没，恶性疟疾的发病率很高，当地曾流传"只见娘怀胎，不见儿赶街"的民谚。

　　为了开发边疆，更好地为少数民族地区服务，1952 年 12 月云南省龙陵棉作试验场（即云南省农科院热带亚热带经济作物研究所的前身）由芒市随迁职工和家属 22 人迁入当时人人谈之色变的保山潞江坝地区，当年即开垦了 90 亩荒地种植棉花、水稻、槿麻等作物，长势良好。这情景极大地鼓舞了当地群众下坝开荒的积极性，1954 年底，保山县动员了沙坝、板桥和附近山上的部分群众下坝，在街道组建了农业合作社，1955 年 4 月保山地委组织复退军人成立了国营潞江军垦农场。极大地促进了保山地区的农业发展。到了 1958 年，潞江坝划归保山管辖，更名为"云南省保山潞江棉作试验站"。

1952 年入驻潞江坝后，我所工作人员主要从事棉花的专业研究，并取得了一系列引人注目的成果，1953 年至 1956 年期间，细绒陆地棉引种成功，尔后又与中科院昆虫所合作研究应用耕作防治，1960 年以后推广了所内培育的"跃进一号""跃 51-11"号，试验、选育和示范推广一年棉、初两熟高产和棉、稻、麦三熟丰产的栽培措施以及相配套的棉、稻、麦品种，从根本上改变了热带棉区一年一熟的低产耕作习惯，促进了当地生产力的发展。

1980 年云南省棉花科学研究所改名为"云南省农业科学院热带亚热带经济作物研究所"，开始进行了热区水果、饮料、香料、药材、油料、木材等有关热带经济植物的研究。1980 年至 1987 年期间主要开展咖啡的引种、育种和示范的推广工作，并引进和收集胡椒、杧果、龙眼、荔枝、泰国木棉、石栗和玫瑰茄等品种约 370 余份，并培育良种进行推广。1987 年至 1996 年期间主要研究干热地区鲜果、干果、冬早蔬菜、香料、饮料、调料和特有经济林的开发。1996 年 1 月，根据农科院《关于热经所和资源圃实行统一领导的决定》，热经所和资源圃合并，热经所改名为云南省农业科学院热经所保山试验站，主要开展干热区资源的收集、整理、开发利用和热区产业的开发研究。2004 年，保山试验站恢复了研究所建制，仍定名为云南省农科院热带亚热带经济作物研究所。

在 2012 年没有迁入保山新址之前，我所大部分职工皆常驻潞江坝，这里记录了我所职工六十年的奋斗史。在这六十年间，我所职工在保山潞江坝地区开垦种植土地 1048 亩，引入培育了一大批良种，极大地提高了当地农民的收入，促进了保山、德宏等地的经济发展。

习近平总书记在党的十九大报告中一再强调人民是历史的创造者，潞江坝亦是如此，潞江坝的历史变迁，不仅凝聚着云南省农科院热经所先辈们"笃耕云岭、致惠民生"的开拓和奉献的精神，还体现出了当地人民的智慧和勇敢，是科研工作者和当地人民孜孜不倦地辛勤耕作，使保山潞江坝从昔日的荒芜之地变成今日的瓜果之乡。

（作者：杨弘倩）

# 古诗里的农耕文化

　　中国是诗的国度。诗歌是中国文学最重要的体裁，唐诗、宋词、元曲是中国文学的典型代表。中国也是世界上从事农耕文明历史最悠久的国家，我国自古以农立国，农耕文明在博大精深的中华文明体系中占据核心地位。中华民族之所以能在这神州大地上生存、繁衍、发展、进取，也是基于农业生产的发展、绵延。

　　咏农诗作为中国古诗的重要组成部分，其时间跨度可以从春秋一直到明清时期，这期间涌现了许多优秀的作品，这些作品不仅运用了高超的文学形式，更以深厚的思想内涵成为了中国诗坛的璀璨明珠。

　　这些诗里有对华夏农人在劳动中表现出的勤劳精神的赞扬，如：

### 《乡村四月》

翁　卷

绿遍山原白满川，子规声里雨如烟。

乡村四月闲人少，才了蚕桑又插田。

### 《观刈麦》

白居易

田家少闲月，五月人倍忙。

夜来南风起，小麦覆陇黄。

　　这两首诗的作者以旁观者的角度，用叙事的手法描绘了农人在春末夏初时节的繁忙情景。在诗句中，作者没有直接表达农民的勤劳，只是用"闲人少""少闲月"这样的词汇来刻画农事的繁忙，但是这样的客观的描述，却能让读者眼前浮现出农人日夜不息辛勤劳作的场景，对农人的勤劳精神有着更深的感悟。司空图在《二十四诗品》中提到的含蓄一品，从对面写起，不着一字，净得风流，这两首诗正是出色地运用了含蓄的表达方式，因此成为了中国咏农诗中的代表作。

### 《大热》

戴复古

天地一大窑，阳炭烹六月。

万物此陶镕，人何怨炎热。

君看百谷秋，亦自暑中结。

田水沸如汤，背汗湿如泼。

农夫方夏耘，安坐吾敢食！

这首诗的描绘的是农历六月，农民在烈日下辛勤劳作及作者的感触，"田水沸如汤，背汗湿如泼。"一句直接勾勒了农人在田间挥汗如雨的劳动场景，"农夫方夏耘，安坐吾敢食！"则是作者对这一情景的有感而发，作者在后来的自传中写道：万物同此炎热，人何必独怨；谷物经夏方能熟；农民酷暑挥汗耕耘，自己坐食，已感不安，岂能抱怨。生动的情景描绘和真挚的情感抒发，使这首诗具有动人的艺术魅力，有对农夫创造农具智慧的赞美：

### 《秧马歌》

苏　轼

春云蒙蒙雨凄凄，春秧欲老翠剡齐。

嗟我妇子行水泥，朝分一垄暮千畦。

腰如箜篌首啄鸡，筋烦骨殆声酸嘶。

我有桐马手自提，头尻轩昂腹胁低。

背如覆瓦去角圭，以我两足为四蹄。

耸踊滑汰如凫鹥，纤纤束藁亦可赍。

何用繁缨与月题，揭从畦东走畦西。

山城欲闭闻鼓鼙，忽作的卢跃檀溪。

归来挂壁从高栖，了无刍秣饥不啼。

少壮骑汝逮老鬒，何曾蹴轶防颠隮。

锦鞯公子朝金闺，笑我一生踏牛犁，不知自有木駃騠。

这是一首情景交融的叙事诗，首诗是作者在经过庐陵时，读宣德郎致仕曾君安止写的《禾谱》。看后他觉得《禾谱》的内容有所欠缺，于是想起了以前自己见过的秧马这种农具，于是写了这首诗，全诗赞扬了农人制作农具的智慧和辛勤劳作的精神。

有对田园生活的歌颂

## 归园田居·其三

陶渊明

种豆南山下，草盛豆苗稀。

晨兴理荒秽，带月荷锄归。

道狭草木长，夕露沾我衣。

衣沾不足惜，但使愿无违。

## 渭川田家

王 维

斜阳照墟落，穷巷牛羊归。

野老念牧童，倚杖候荆扉。

雉雊麦苗秀，蚕眠桑叶稀。

田夫荷锄至，相见语依依。

即此羡闲逸，怅然吟式微。

这两首诗被称为中国山水田园诗中的"神品"，历来饱受各路诗家的赞誉，也是著名诗人陶渊明和王维的最具有代表性的作品，这两首诗都表现了农村平静闲适、悠闲可爱的生活。无论是《归园田居》里辛勤地躬耕垄亩，还是《渭川田家》里对田家晚归生活的描绘，都表明了作者对农村生活的喜爱和向往之情。此类诗歌中的农人，不仅仅是一个简单的劳动者形象，而是达到与自然间的主客交融、物我为一的审美意象，是作者理想的化身。

　　勤劳、轻巧、恬静，将人与景内在的宁静水乳交融地溶解，透露着无限令人遐想的情韵，仿佛一幅协调淡雅的水墨画，万物皆浸润于人与自然宁静的和美，田园诗孜孜不倦地描绘的天人合一美学境界，也是中国古代农业的终极追求。它单调勤勉：每天都日出而作，日落而息；每年都春天播种，秋天收获。它老实本分一粒种子发一次芽，一朵花结一个果。它没有那么多九曲十八弯的心思，它甚至有些不解风情。在传统农业越来越与商业、科技紧密结合的今天，这些精神似乎越来越被遗忘和搁置了。然而对于农科精神的思想内核，笔者认为不仅仅要密切关注国内外最新的农业发展动态和与时俱进，了解农业与其他行业的衔接模式全局视野，还应该，也有必要了解一下在古诗里被世代传颂的农耕文化和精神，因为，那里面有农业的根。

（作者：杨弘倩）

# 漫谈文艺作品中的农民形象

　　文艺形象是生活现象的反映和提炼，农民形象亦如此，那些在文艺作品中源远流长的农民形象，不仅仅是作者个人智慧的结晶，更折射出了一个时代对于农村、农民、农业的视角。

　　东晋的武陵人在一次偶然的出游中，发现了一处桃源，里面：

　　"芳草鲜美，落英缤纷，土地平旷，屋舍俨然，有良田美池桑竹之属。

　　阡陌交通，鸡犬相闻。其中往来种作，男女衣着，悉如外人。黄发垂髫，并怡然自乐。"

　　这是世外桃源的原文，从原初来看，它至少可以说明，在作者陶渊明的心中，最理想的生活是农村生活，最幸福的人是农民，他笔下的农民有着遗世独立精神气质，悄然静立于世俗的尘烟之中，仿佛能隔绝时空的流转。

　　离东晋这不远的汉代，乐府《陌上桑》中，描写了一位名为罗敷的农村姑娘：

　　　　日出东南隅，照我秦氏楼。

　　　　秦氏有好女，自名为罗敷。

　　　　罗敷善蚕桑，采桑城南隅。

　　　　青丝为笼系，桂枝为笼钩。

　　　　行者见罗敷，下担捋髭须。

　　　　少年见罗敷，脱帽著帩头。

　　　　耕者忘其犁，锄者忘其锄。

　　　　来归相怨怒，但坐观罗敷。

　　她美丽、聪慧、高洁，外表和内心一样令人惊叹，满足了那个时代所有男性对女性的终极幻想，那个时代流传至今的农民形象，几乎都是集真善美于一身，是作者理想的最佳体现。

唐宋文学作品中的农民，也同样是作者极力讴歌的对象，如：

### 《乡村四月》
翁　卷

绿遍山原白满川，子规声里雨如烟。

乡村四月闲人少，才了蚕桑又插田。

### 《观刈麦》
白居易

田家少闲月，五月人倍忙。

夜来南风起，小麦覆陇黄。

这两首诗的作者以旁观者的角度，用叙事的手法描绘了农人在春末夏初时节的繁忙情景，歌颂了农民的勤劳精神。

到了近代社会，由于资本的发展或入侵，使得传统农业社会赖以生存的社会基础发生了巨大的改变，作家笔下的农民和农村也已不复往昔，鲁迅笔下的阿Q是辛亥革命前后，在闭塞落后的农村小镇未庄，一个从物质到精神都受到严重戕害的农民典型，面对来势汹汹的新技术、新文明，他无能为力又不愿承认自身的劣势，只能在过往的辉煌中或是比自己更弱小的人那里，找回一点虚妄的尊严。

"庵周围也是水田，粉墙突出在新绿里，后面的低土墙里是菜园。阿Q迟疑了一会，四面一看，并没有人。他便爬上这矮墙去，扯着何首乌藤，但泥土仍然簌簌的掉，阿Q的脚也索索的抖；终于攀着桑树枝，跳到里面了。里面真是郁郁葱葱，但似乎并没有黄酒馒头，以及此外可吃的之类。靠西墙是竹丛，下面许多笋，只可惜都是并未煮熟的，还有油菜早经结子，芥菜已将开花，小白菜也很老了。"

这是小说中一段人景交融的描绘，阿Q羸弱、猥琐又带几分滑稽的形象与拖沓、杂乱、日渐贫瘠的田地互相呼应，这昭示着古典作品中优雅诗意的田园生活已经一去不复返，农民从作者的最高理想处跌落，成为时代的落伍者与低能儿。

传统农民在工业文明面前的迷惘、无力与悲观，列夫托尔斯泰在《安娜卡列尼娜》中借列文之口进行了概括：

"在无限的时间里，在无限的物质里，在无限的空间里，分化出一个水泡般的有机体，这水泡持续了一会就破裂了，我就是这样一个水泡。这是一个叫人痛苦的谬误，但却是人类几世纪在这方面冥思苦想的唯一结果。"

列文是一个有着救世情怀的地主，他痛心地看到了地主经济的没落，期待用一种"不流血的革命"来缓和各种社会矛盾，但这是根本不能实现的，他在历经了漫长的精神折磨之后，在对上帝的皈依里找到了寄托。

随着现代化进程的加快，工业革命已然席卷了人们生活的各个方面，人们开始发现，机械和工业并不是万能的，它们在给人带来便利的同时也剥夺了人类的自然属性，使人变得病态、麻木和机械化，为了唤回人类的自然属性，寻回专属于人的激情和纯真，作家们开始把目光转到与自然连接最紧密的农民身上，并让他们以拯救者的面貌出现，成为人类避免被机械化的唯一可能。劳伦斯的作品《查克莱夫人的情人》中的守林人外形健硕、品格高尚，勇敢、善良又深具叛逆精神，是作者理想人格的化身，在这个形象身上，有着强烈个体生命的自我觉醒意识。与英国贵族的虚伪、空洞和腐朽成鲜明的对比。

"我们根本就生活在一个悲剧的时代，所以我们才不愿与它同台大话凄凉。大灾难已经来临，我们处于废墟之中，开始重新建立一些新的小小的栖息地，怀抱一些新的小小的希望。这是一项艰苦卓绝的工程。现在没有通向未来的康庄大道，但是我们却迂回前进，或者翻越高山峻岭坎坷崎岖。因为我们总得继续生活，不管天地如何变迁。"

这是建立在悲观之上的乐观，身处绝望中的希望，是《查克莱夫人的情人》中的守林人的生活哲学，也是新时代农民精神的写照。

（作者：杨弘倩）

# 诗歌赏析

## ——散文诗歌三篇

## 叶之美

时至深秋。单位外幽静的河塘边积了一层厚厚的落叶，我走近她们，细细端详着她们有些枯瘦泛黄的面影，心中生出无限爱意敬意。叶子是很美的，只不过这美常常被人们遗忘，匆匆行路的人们往往只瞥见枝头开得正盛的花朵，忘却了正是这无声的绿叶给人们带来了清凉的慰藉，使每个从树下经过的旅人都免受了烈日的毒晒，风雨的侵袭。

有一种花的美是春桃，像牡丹，高高地挂在枝头，美艳不可方物，携带者艳情的诱惑，肉感的旖旎，令她们周遭的赏花人都丧失了理智，成了不可自控的狂蜂浪蝶，通通都成了逐美的奴隶。这样的美，于人于己都潜伏着危险的因素。另一种花的美是幽兰，是月桂，虽不艳丽，却韵味悠长，远远地，就可以闻到她们那沁人心脾的芳香，当人走进时，更会明显地感觉到她们飘散出的气味。这样的美，其实也是强势的，虽然无声无息，却无所不在地渗透于空气，生怕哪一个赏花的人，会闻不到她的香味。这些美，都是花的美，高调，张扬，令人陶醉。却太短暂，至多一个春天以后，就只剩满地惨白憔悴的落花，令人不忍回视。开时无比绚丽，落时面目全非，大起大落，太过夸张，缺乏底蕴。

叶子的美和花有很大的区别，她的美不是高高挂在枝头，在展示，在炫耀，叫人瞻仰，叫人膜拜。而是舒舒服服地长在树干上，温柔沉默，观之可亲，令人平静，令人慰贴。她既不高傲，也不谦卑。安安稳稳地在属于自己的地方，认认真真地扮演好自己。平静的面对着一切的风云激荡，流离失所。春天来了，就好好地抽芽；夏天到了，就尽力地遮阴；等到秋天，就毫无怨言地落下，为来年的树枝准备新的养分。不似花朵那样，枯萎了，就再也寻不到一抹昔日的艳丽；再也闻不到昔日的一缕芬芳，大多数的叶子在落下时都保留着自己最初的形状，不被风霜所改。不随岁月所去。她们不以物喜，不以己悲，从容不迫，淡定沉着，令人心生敬意。

有一些植物的叶子的叶形是很美的，甚至比她们衬托着的花还要美，比如竹叶和兰叶。但她们不会去枝头炫耀，而是心甘情愿地处于没有自己美的花朵之下。不为别的，只是因了她们深知自己是一片叶子，叶子的责任是汲取养分，衬托花朵。她看得清自己亦看得清别人，理性自重，冷暖自知，从不会去喧宾夺主。冬天的树在萧瑟的寒风中，或许会忘了自己开满花瓣的明媚鲜妍之时，也许会不记得自己结满硕果的功成身就之日，但他一定不会忘记这看似平淡的叶子，因为正是这沉默低调的叶子，将自己善存的身体埋入泥中，尽自己的微薄之力给树根过冬的养分。这是一种深沉无语的大爱。也是一种大美。纪伯伦在《沙与沫》中说到，美的事物总会使人沦为她的俘虏，而真正的美，又会使人释放。叶子一生都在奉献，到最后却不居功，不显摆，在和光同尘于天地。这是一种深沉无语的大爱，也是一种大美。

那些在自己岗位上默默奉献的农业工作者，就像这默默无语的叶子一样，有大爱，更有大美。


# 树的遐想

## 春光里

阳光透过斑驳的枝，粗犷和纤弱在同一个时空里交睫。

当地心引力被摆脱，生命之源顺着绿色的手臂攀上苍白的脉络。

开花，结果，新生，凋零。

每一次都把雨露霜邀请。

春风，春风，请你慢些走，

你看那轻盈旋舞的每一片，

都是他透亮的青春与颤抖的热情

### 根

终于有一天，你不再招摇花与叶。

而是选择低下头，默默蓄积。

退去浮光与掠影，深埋于泥土的幽暗。

你期待有一天，能触及大地的深处，淬炼成爱的真理。

### 年轮

绿叶的指尖跳动着音符，你有过璀璨的露珠，

我曾是荷塘的一支白莲，将你深藏于眉心。

白云的梦中怅惘的心事，你有过温柔的茎脉，

我曾是绿荫的一株紫菀，把你堆聚成根桓。

在一棵柳与一棵柳间的流连，你有过清丽的花萼，

我曾是空谷的一朵幽兰，在你的顾盼间生姿。

你曾在骄阳中尽情燃烧，奋不顾身地拥抱明天，

使岁月青涩的期盼，变成沉甸甸的果实。

你曾在暮色苍茫时离去，涌向繁花落尽的枝桠，

让烟云作你盘旋的字体，在群星间写下你的名字。

晨钟暮鼓，一声声缓缓上升。

夏花秋叶，一片片，慢慢下坠。

过往是注定消逝的纯白，我是你叙写悲欢离合的笔。

## 潞江坝之歌

也许是生命的呼唤，也许是大地的馈礼。

风，从怒江的怀里启程，

吹拂着迎面而来的土壤，飘来林间花果的芬芳，

漾起田里轻拂的麦波，随风而至的富饶和美丽，

把时光的通道一一打开：

锄声阵阵，

1952 你的开垦，使多少荒芜变成新的肥沃；

马声嘶吼，1978 你的推广，

让多少贫瘠长出新的丰饶；

卡车轱辘，1990 你的砖房，

使多少漂泊重获新的安宁；

吊车来回，如今你的大棚，

把多少蓝图化作新的数据。

你把万顷果园送给大地。

你把千里青山还给子孙。

及时勤勉，岁月不待。

刻苦钻研，百折不挠。

你承接了多少动人的希望。

你带走了多少美丽的传说。

你让无数构想变成现实。

你创下多少惊人的纪录。

你那郁郁葱葱的身影，

凝结了多少先辈的汗水。

你那层层叠叠的华裳，

集聚了多少专家的心血。

热经所一切故事的源流，

如今我就站在你的脚下。

感谢你不计疲惫的深情，

教辛勤赏赐岁月的丰盈。


（作者：杨弘倩）

# 一片绿叶

轻柔的春风像婴儿的小手，

抚过冬眠的枝头，

一粒幼芽从春风中醒来，

在阳光里萌动，

天鹅绒般的绒毛在春风中摇曳；

努力地绽出点点绿色，

春天来了，春风拂面，

花儿带着自己的色彩肆意地绽放，

芬芳撩拨着蜜蜂、蝴蝶的疯狂，

追逐、嬉戏随风摇曳的花朵，

花蕊总想摆脱蝴蝶的依恋，

迎接蜜蜂的亲吻，

绿叶被蝴蝶们踩在脚下，

花开啦！花谢啦！

缤纷的花瓣随风飘落，

花蒂孕育着种子，结出果实，

绿叶笑得花枝乱颤，

夏雨滋润着绿叶，

阳光赋予了绿叶向上的动力，

风、云、雷、电震撼着绿叶的耐心，

雨、雾、冰、霜考验着绿叶的艰辛；

叶子它用并不结实的身躯，

呵护、哺育着每一粒果实；

这是它们的希望，

让它们长大、充实美丽，生活得甜蜜。


那夜秋风起，秋夜渐渐凉；

果实带着鲜艳的亮色离枝远去；

绿叶渐渐退去往日的芳华；

显出秋天的倦意，

化出一抹红色，

在秋风中向远方频频招手，

一夜清霜，染白了头，

红叶带着秋天的色彩飘然离开枝头，

轻轻地，轻轻地飘落，

今夜的飘雪，轻柔的将它覆盖；

那片枯叶笑眠雪中，化作春泥。


（作者：李向东）

# 仿佛一瞬间

那一晚，一颗流星划过香格里拉的天边，点燃了心中的热情千千万，借着"国庆"的喜悦，品着"中秋的月饼"，看着星光伴月，云舒云展，星光璀璨，总是浮想联翩，一回首匆匆而过三十年，仿佛就在一瞬间。

那一天站在开阔的北京路边，只因回首多看了一眼，瀑布公园是你美丽的裙边，天宇澜山成了你伟岸的玩伴，盘龙江是你挥向南方的彩带，四角大楼衬得科研大厦自成方圆，金汁河就围绕在你的身边，这就是我奋斗半生的农科院，成百上千的科学才子用汗水和意志撑起了这片科学的蓝天，用科技的力量推动着云南农业的绿色发展。

遥想当年，也曾是一个 60 后的懵懂青年，记忆中的 1987 年，一百单八个才俊青年，戴着骄子的光环，走进农科院，种子、化肥、昆虫、病菌等待着与你一生相伴，走向广阔的田野，研究着绿色的庄稼、云岭大地，七彩云南等待着你的色彩去描绘，玉米向你招手，稻子向你点头，春风送来温暖，秋风为你挥手，汗如雨，心如铁，意志坚，不回首，仿佛一瞬间，灯火已阑珊，一走就是三十年。

那一年，走过北站，停靠在黑龙潭的 9 路公共汽车，离桃园真的太远，太远！马车司机的吆喝还回荡在耳边，马蹄敲击石子路的声音连续不断，盘龙江时断时流的水声，大花桥时暗时明的魅影，三叠水哗哗作响的波涛，水稻田点点萤火相伴的蛙鸣，终于看到你没有路灯的大门。记忆中的红砖房，蛛网一样的电话线，苯环结构的水池中安放着石灰石垒成的假山，半梦半醒的睡莲边有几条小鱼在玩，冒着蒸汽的开水房，格挡分明的办公间，苏式建筑的玻璃温室，墨绿色的龙柏掩映着师兄追逐爱情的亲吻，笑天湖的水草是小鱼们嬉戏的绿茵，东大沟的清流荡漾着孩子们戏水的笑声，还有唯一一辆"伏尔加"由远而近的笛声。星光月色掩映着一代代农科人的奋进。昔日的农科人，身背种子，土壤样本，走着田间小径，用坚韧平静的心演绎着"远看拾荒者，近看农科人"的奋斗精神。

仿佛昨天再现，一代代农科人不单只有田间地头的身影，汗水刻出来的皱纹，阳光晒黑的脸庞，还有大礼堂回荡着大合唱的吼声，篮球场比赛的"加油"，企盼交通车的眼神，食堂香甜的大饼，九栋前的猜拳行令，孩童的追逐嬉闹，大澡堂传出嘹亮的歌声，走廊歌星旁若无人的清唱，师兄们追逐爱情的声影，五人乐队夜半的歌声，球场上神对手的强劲，墨镜喇叭裤的流行，国标舞点燃的火一样激情，更多的是无处释放的青春。

今天，看着北京路延长线修到门前，希望又向心中延伸了一点。先辈们的教诲，深一脚浅一脚踏遍云岭乌蒙的泥丸，撰写出一段段汗水浸湿的诗篇，创造出一项项沉甸甸的成绩单，把我们推过了三十年，从一个翘首企盼公交车的青涩青年到开着车上班老年，青丝已成花发，还能住进天宇澜山，饱览瀑布公园，看着延伸到门口的延长线感慨万千，崛起的科研大楼，矗立云天，结出果实累累的圆满金秋，迎来一批又一批的有志青年。

明天又要出发，一年又一年，走过一站又一站，从今天走向明天，脚印再深，浪过无痕，努力向前，撤迁更新求发展，树欲静，而风不停，与时俱进，从马车变成了汽车，见证了一代代的农科精神，用自己的一生诠释着"要么点亮自己，发光发热，要么凝结冷却，成为泪滴"的蜡烛精神。用尽一生的力量扇动扇动翅膀，难说会产生有影响的蝴蝶效应。感悟人生，诠释幸福，感谢明天，感谢改革开放的四十年，团结奋进，追逐梦想，不忘初心，笑看着祖国发展的突飞猛进。

（作者：李向东）

# 高原蓝天上的那朵白云

中秋前三天，想回老家去看一看可爱、慈祥、年迈的妈妈！

踏上多年没变的熟悉的故乡山路，满山遍野绿油油的甘蔗林，湛蓝的天作为背景，遥远的天边飘过几朵白云，在阳光下十分耀眼，美得忍不住的拍照猛发朋友圈。

走在蔗林掩映的小路上，免不了有些泥泞，林间总是弥漫着甘蔗淡淡的清甜。天是那么蓝，太阳高照，看着那慢悠悠飘过的白云，高高的凤尾竹伸出绿色多情的手，想留住那片白云的碎片，没有得逞，我的心不禁思绪万千，都不知道累……

夜已静、冰轮起，玉兔升，旁边伴白云；静夜思，雁无声，轻风过，乡愁苦煞人。忠孝古难全，忠于国家，追求梦想，不忘初心；一回首，三十载风云伴月，乡间的小路，有多长，走过一趟又一趟，为的是拜望父母，孝心绵长。

三十年前，山窝里的农村女孩步入农科行业，科学技术就像蓝天中的一朵白云，飘在心中，伴着我从青年走到中年。看到带领我们在田间地头的老前辈头上的青丝已变成云朵，曾记起那年8月的元谋，也是蓝蓝的天空飘着一片白色云朵，红色土地，火热的天，汗流了干、干了流、总是流不完。同伴衬衣留下云朵一样的斑，豆大的汗珠摔成了八瓣，汗水浇出了果实，红土浇成了绿野，绿色中绽出各色花瓣和硕果。

每当走进试验室的一瞬间，同伴、学子的白大褂飘动在仪器、实验台之间，像一片云，似梦似真，忙碌的身影，严谨认真，细语无声，一眸镜中的自己，心中一惊，岁月已在眼角刻下皱纹，时光已漂白了青丝。

细看多种病原菌的菌群，不免一震，也像天边的那朵云，从一个微小的菌丝或孢子长出菌落，生生不息。

我们一路走来，难免艰辛，前辈的精神激励着我们，永不放弃，勇于传承。年轻的科研才子带给我们高科技、便捷、新思路的创新理念。就这样，不断地努力、成长、积累、付出，伴着我们一路走来的农科精神，就像蓝天上的一朵白云，漂浮、聚散、云展云舒。曾经化作薄雾使人迷茫；化作雨露滋润千万群众心田；化作无数的雨点，把技术在民间口口相传；化作尖兵攻克一个个拦路的困难。

啊！无数的朵朵白云，遨游天空、浮在高原山水间，洒向田野、飘进大大小小的讲堂、点缀着彩云之南那片蓝蓝的天。云可凝结成水，可融入蓝天，可滋养森林大地，可聚成雨露，可结成坚冰，在有形无形间诠释着农科人的精神。让我们感恩时代、感恩一路走来相知相伴的农科姐妹兄弟，怀着愉悦心情，在和谐的农科研究氛围中，为农科再造辉煌，为实现中国梦而继续努力。

（作者：杨明英）

# 围观一下我院的馆藏古籍

《本草纲目拾遗》，古代中医药学著作，清代医学家赵学敏编著，成书于乾隆三十年（1765 年），时距《本草纲目》刊行已近两百年。其书以拾《本草纲目》之遗为目的，共十卷，载药 921 种，其中《本草纲目》未收载的有 716 种，包含了不少民间药材，如冬虫夏草、鸦胆子、太子参等，以及一些外来药品，如金鸡纳（喹啉）、日精油、香草、臭草等。本书除补《纲目》之遗以外，又对《纲目》所载药物备而不详的，加以补充，错误处给予订正。本书对研究《本草纲目》与明代以来药物学的发展，起到了重要的参考作用。作为清代最重要的本草著作，受到海内外学者的重视。

《万方针线》全称《本草万方针线》，别称本草验方针线。八卷。清·蔡烈先辑于 1712 年。本书将《本草纲目》中所附的单方（包括全部附方以及发明项下的个别处方）15000 余首，按病症分类编成索引。分为通治部、外科、女科、儿科、上部、中部、下部共七部，105 门。每一病证均记明该书的卷、页数。是《本草纲目》有关病证治疗方剂的一种检索工具书。现存多种清刻本和石印本。

《古今图书集成》，全书共 10000
卷，目录 40 卷，原名《古今图书汇
编》，是清朝康熙时期由福建侯官人
陈梦雷（1650~1741）所编辑的大型
类书。该书编辑历时 28 年，共分 6
编 32 典，是现存规模最大、资料最
丰富的类书。《古今图书集成》，采撷
广博，内容非常丰富，上至天文、下
至地理，中有人类、禽兽、昆虫，乃
至文学、乐律等等，包罗万象。它集
清朝以前图书之大成，是各学科研究
人员治学、继续先人成果的宝库。由
于成书在封建社会末期，克服以前编
排上不科学的地方，有些被征引的古

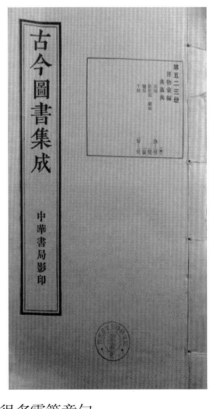

籍，现在佚失了，得以赖此类书保存了很多零篇章句。

《古文辞类纂》为清代姚鼐（1731~1815）所选编的散文总集，是

"近代家弦户诵之书"。吴汝纶曾称之为选集中"古文第一善本";朱自清也说它集中了"二千年高文","成为古文的典范。"

记述清朝典章制度的史籍《皇朝文献通考》《皇朝通典》《皇朝通志》三书。《皇朝文献通考》又名《清文献通考》三百卷;《皇朝通典》又名《清通典》,一百卷;《皇朝通志》又名《清通志》,一百二十六卷。均为乾隆时官修,乾隆五十一年至五十二年（1786～1787）间定稿。叙事断限以乾隆五十年为止,少数有延至次年者。"清三通"体例、门目大体沿袭杜佑《通典》、马端临《文献通考》和郑樵《通志》。但为适应不同情况,其间或革或沿,亦颇多变动。如《清通考》除仍《通考》二十四门分类外,又加群庙、群祀两考共二十六门。子目中删去均输、和买、和籴、童子科、车战等,增八旗田制、银色、银直及回部普儿、外藩、八旗官学、安奉圣容、蒙古王公等。《清通典》原分九门仍旧,删去《通典》中所有的榷酤、算缗、封禅等目。《清通志》删去本纪、列传、年谱,除氏族、六书、七音、校雠、图谱、金石、昆虫、草木诸略外,大致与《清通典》同。

《救荒本草》是明代早期（公元十五世纪初叶）的一部植物图谱,

作者是朱橚。描述了植物形态，展示当时经济植物分类的概况。它是我国历史上最早的一部以救荒为宗旨的农学、植物学专著。书中对植物资源的利用、加工炮制等方面也作了全面的总结，对我国植物学、农学、医药学等科学的发展都有一定影响。

《文献通考》，简称《通考》，中国古代政书的一部。宋末元初马端临编撰。从上古到宋朝宁宗时期的典章制度通史。是继《通典》、《通志》之后，规模最大的一部记述历代典章制度的著作，和《通典》、《通志》合称"三通"。

词集名。北宋欧阳修作。三卷。南宋罗泌编次。收入《欧阳文忠公文集》，一百五十三卷，附录五卷。元、明、清均有刊本。今有影印元刊本。

乾隆朝的，属于别史类，编在四库全书里。《通志》是以人物为中心的纪传体中国通史。全书 200 卷，有帝纪 18 卷、皇后列传 2 卷、年谱 4 卷、略 51 卷、列传 125 卷。

《新纂云南通志》，民国云南王龙云主修，周钟岳、赵式铭等编纂。1931 年设立云南通志馆专工其事，至 1944 年定稿，1949 年由卢汉铅印 800 部正式刊行。计 266 卷，分装 140 册"共六百四十八万二千七百余字，表五百三十篇，地图一百九十八张，插图七十八张"。《新纂云南通志》上溯唐尧、下迄至宣统三年（公元 1911 年），记述四千余年云南历史，是一部卷帙巨大、门类浩繁的民国云南省志，"集历朝旧制，复者删之，逸者访之，阙者补之，乖谬者订正"，延续了此前历代旧志精华，并有新的增补。

# 有关云南省农业科学院图书馆收藏古籍线装书的说明

云南省农业科学院的前身为云南省农业科学研究所，云南省农业科学研究所由西南农业科学研究所和云南省农业试验站合并建立。西南农业科学研究所前身为前中央农业实验所北碚农事试验场，1950年西南军政委员会接管了该场，更名为西南农林部北碚农事试验场。

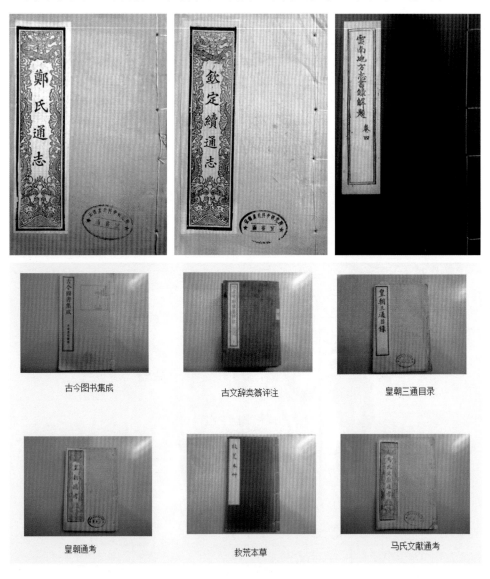

古今图书集成　　　　　古文辞类纂评注　　　　　皇朝三通目录

皇朝通考　　　　　救荒本草　　　　　马氏文献通考

云南省农业科学院图书馆的前身是云南省农业科学研究所图书室，云南省农业科学研究所图书室则是在原西南农业科学研究所图书室基础上发展起来，西南农科所图书室建立于 1954 年。1958 年，西南农业科学研究所与云南省农业试验站合并组成云南省农业科学研究所，原来分属两个单位的图书资料也合并起来，建成了云南省农业科学研究所图书室。1976 年，云南省农业科学院建院时定名为"云南省农业科学院图书馆"。

由于前身历史悠久，建有内部资料室，因此收藏了历史上有名的线装书籍，包括杜氏通志、古今图书集成、救荒本草、农学丛书、本草纲目拾遗、本草万方针线等。

（供稿：万红辉）

# 第四章 图说历史

## 一、云南省立农事试验场（大普吉农场）

云南省立农事试验场

（昆明第一农事试验场 大普吉农场）历任场长

中华民国实业司——实业厅——农矿厅——建设厅

| | | |
|---|---|---|
| 杨钟寿（1912.5–1912.11） | 徐嘉锐（1927.11–1929.8） | 张励辉（1936.10–1939.6） |
| 陆光璧（1912.12–1916.12） | 贝开文（美籍）（1931.2–1938.12） | 凌化育（1939.7–） |
| 杨文清（1917.1–1921.12） | 张朝琅（1932.2–1934.2） | 萧煜东（1941.1–1944.） |
| 米文兴（1922.1–1924.12） | 诸守庄（1934.3–1935.7） | 杜震东（1944.） |
| 李毓茂（1925.1–1927.11） | 郭子懿（1935.8–1936.5） | 张意（1946.–1950.11） |
| 罗家楷（1927.11–1929.2） | 胡才昌（1936.6–） | 孙方（1950.12） |

张朝琅 1929 年 2 月任第二农事试验场场长

徐嘉锐（1936.7.3）委任兼昆明第二农事试验场场长；

胡才昌 1936 年 9 月充任昆明第二农事试验场场长

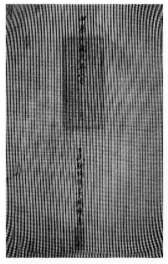

中华民国元年八月三十一日试验场场长杨钟寿

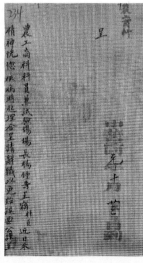

民国元年十月二十三日农工商科科员兼试验场场长杨钟寿因病请辞场长一职

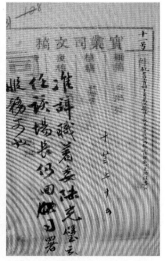

准辞职着委任陆光璧充任该场场长仍回司署服务可也。民国元年十月二十三日

民国二年六月十一日农事试验场场长陆光璧

民国七年三月农事试验场场长杨文清

民国十一年一月云南省立农事试验场场长米文兴

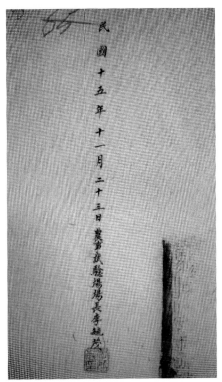

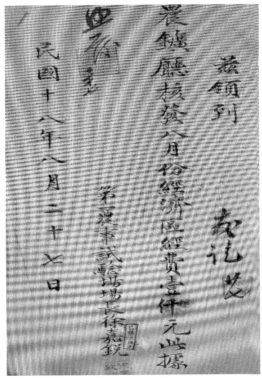

民国十五年十一月农事试验场场长李毓茂

兹领到农矿厅核发八月份经济区经费一千元，此据。第一农事试验场场长徐嘉锐。民国十八年八月二十七日

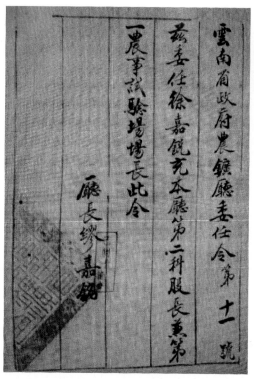

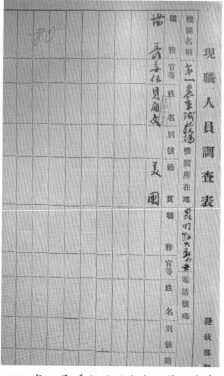

云南省政府农矿厅委任令第十一号 兹委任徐嘉锐充本厅第二科股长兼第一农事试验场场长 厅长 缪嘉铭

1931 年 5 月 委任贝开文充任第一农事试验场场长

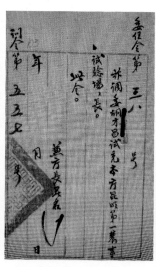

民国二十三年三月二十五日云南省立第一农事试验场场长诸守莊

兹调委胡才昌试充本厅昆明第一农事试验场场长

民国二十七年七月 云南省建设厅农事试验场场长张励辉

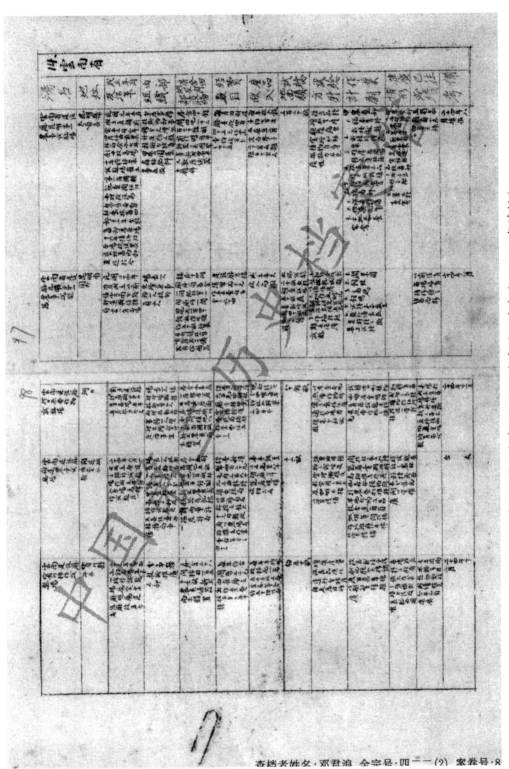

实业部全国普通及特种农事试验场调查表（云南部分，1935 年填报）

14 云南省

| 场名 | 地址 | 成立年月及沿革 | 内部组织 | 房舍田地及内部设备 | 经费数目 | 产品收入 | 试验地面积 | 试验方针 | 作业计划 | 推广情形 | 以往成绩 | 考备 |
|---|---|---|---|---|---|---|---|---|---|---|---|---|
| 云南省建设厅昆明第一次农事试验场 | 昆明县大普吉 | 民国元年五月成立，直隶前实业部，同二年四月并由前农林局会办，七年将林业试验场立第一苗圃模范茶园井同办理改设分牧林业委春蚕夏蚕等股为牧场，十一年分牧畜部，十二年复并归本场改设农艺牧畜两部直溯至今 | 分办事务技术两部，事务分文牍会计庶务分股，技术分农林肥料田艺园艺森林肥料等五股 | 房舍四十余间田地一千三百七十余亩，前经购有中等新式农具及兽医仪器十余件 | 每月由财政厅拨给四百四十三元办公费用约占百分之七十五 | 每年收入谷子约七百余石，蚕豆二百余石，麦子二百余石，杂粮种十余石 | 三百二十亩 | 改良品种，增加生产，驱除病虫害增加动植物自身抵抗力与免疫性 | 1.农艺部 2.稻麦育种栽培试验；3.推广木桶面积及造林区 4.改良果木品种 5.防治病虫害及牧畜部 6.改良收畜 7.畜乳牛育种 8.养家禽 | 甲.农艺部 1.水果转向农田；2.举办示范农田，举办农业改进实验区；乙.牧畜部 1.成立良种交配所；2.举办种畜比赛 | 玉蜀黍 小麦 白菜 大辣椒 | 二十四年八月填报 |
| 云南省建设厅第二农事试验场 | 昆明南门外 | 民国二十四年六月成立，以前系云南公路行道树保护局第一育苗场，本年五月改为此名 | 场长一人助理农事一人技术员二人 | 楼房十四间，厨房意见，备一间附料堂一间，厕所一间，田地共一百四十余亩有水池塘约五十余亩有栽划喷雾器等仪器有绘图器 | 建设厅月按滇币贰仟佰元作业费占百分之二十四 | 成立未久收入尚 | 水稻试验二十亩鱼类别养试验五百亩蔬菜栽培试验五十亩蔬菜栽培试验四十亩果木三十余亩 | 1.拟作麦类栽培比较试验以推广 2.拟培鱼孵化饲料研究试验以改良品系，不与网；3.作间株距，灌溉深浅试验 | 1.苗圃果园；2.蔬菜；3.畜鸽；4.饲鸭；5.试养木本黄豆 6.省外优良蔬菜籽种征集与试验 |  | 以前系育苗培育，待苗木幼苗间养众 | 二十四年八月填报 |
| 云南省建设厅河口热带作物试验场 | 河口 | 前为建设厅行道树第二育苗，本年五月改为此名 | 场长一人总理农场职务技术员一人，助理管理工作事务一人管理文牍会计庶务事宜 | 房舍办事一座宿舍一座厨房一达附厕所一间所八十余亩田园四周新式农具尚未购置 | 经费以前由滇市六百元，由财政厅今筹划拨销，祝局领作业费占百分之二二 | 现初结实之咖啡若干年前收入鲜果三四百斤 | 八十余亩 | 以考查各地热带作物所宜之气候特质，通过本场热带收集分布试验 | 试种嗜好植物咖啡及金鸡纳育苗试验与特果热带作物之扩充 | 拟将育苗成功之各种植物之红河流域一带栽种 | 本年于成立育苗场时培育行道树类之苗木栽种咖啡及金鸡纳育苗试验 | 二十四年十一月填报 |
| 云南省建设厅开远农事试验场 | 开远城内崇仁街 | 二十四年六月一日成立，质设立棉育试验，于成立并井从本场办棉试验区 | 场长一人技术员一人推员一人事务一人下设农业林业事务文牍会任本场林业事务 | 房舍五间苗圃地五亩旱地一百亩领地伍佰余亩新旧农具仪器若干湿计量器温度计各干 | 经费折滇币四百二十元，内三百六十九元由特种消费税支，余六十元由局名称额支，附以农场名称语文，作业费占百分之四十三 | 本年度至二石花生八百胡麻一斗胡麻现果收约三石 | 十二亩 | 注重油菜油桐管理栽培，于作物及林木之黄果 | 关于林艺拟种蓖麻育桐油树拟相采于其他森林植地作物及烤咖啡木及咖啡木拟推种木棉以资提倡 | 将试验成有效之林木之各种种子分发于省各分发以资推广 |  | 二十四年十一月填报 |
| 云南省建设厅弥川棉事试验场 | 弥川县牛井 | 二十三年春成立，初第一棉事试验场隶属业厅现属建设厅改为今名 | 分事务技术推广三部 | 房间二十六亩棉田一百五十七亩新式农具仪器尚未购置 | 每年约合国币三千元由省库支出作业费占百分之五十五强 | 每年平均可收棉花一万斤蚕豆麦各五石以上 | 约五十亩 | 增进产量改品质成达到注棉产品足为达的目的 | 改良栽培方法则以驯化脱脂增调度百万华棉以期繁殖推广 | 本场良种子颇有供不求之势种植栽培方法良较为困难 | 本年因雨水较多旦属初创故成绩较难今年已有进较展 | 二十四年十二月填报 |

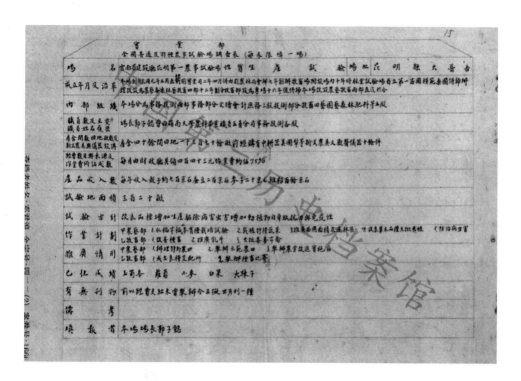

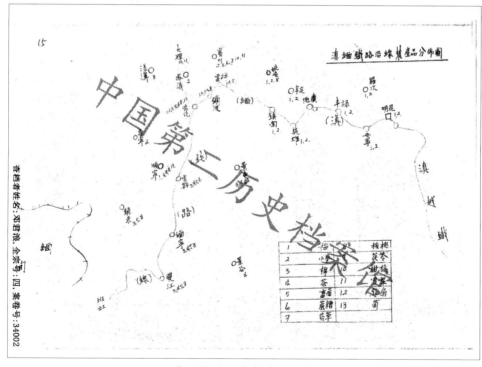

滇缅铁路沿线农产品分布图

# 二、中央农业实验所（南京、重庆）

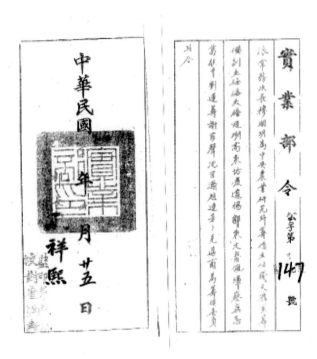

农林部中央农业实验所印

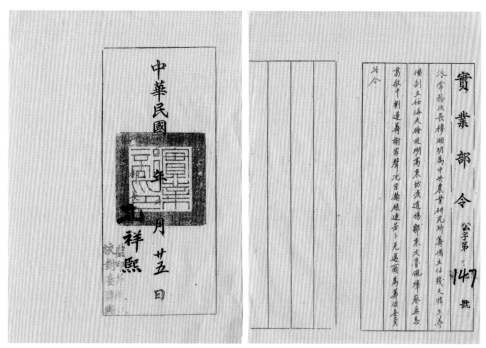

1931 年 4 月 25 日实业部关于成立中央农业研究所筹备委员会训令

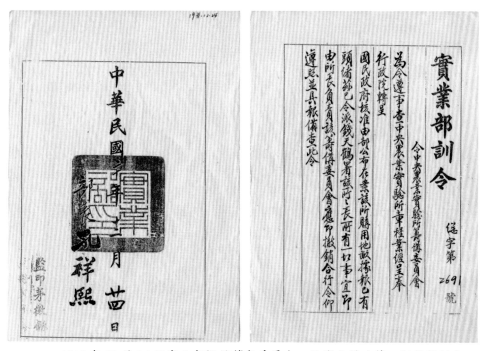

1931 年 12 月 24 日实业部撤销筹备委员会，派钱天鹤为第一任所长训令

　　1940 年 10 月入职中央农业实验所职员陈泽普，一直经历了北碚农事试验场、西南农科所、云南省农业科学研究所、云南省农业科学院的机构历史变迁。

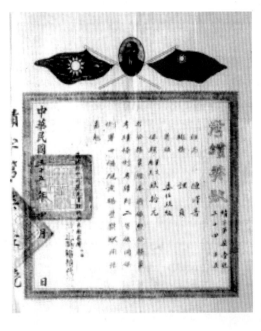

# 三、北碚农业试验场（重庆北碚）

## ——原经济部中央农业试验所北碚农业试验场现有职员简历及专长名册

89

| | 姓名 | 籍贯 | 年龄 | 薪额 | 学历经历 | 专长 | 到职年月 | |
|---|---|---|---|---|---|---|---|---|
| 技术助理员 | 黄海清 | 四川威远 | 28 | 100 | 四川省建设厅进修毕业收耿调请垦殖红专四川省农业改进所技佐 | 农莒棉竞研病虫防治沿棉调查推广 | 1944.5.1 | |
| | 张锦凤 | 湖北沔阳 | 31 | 130 | 金陵大学农专毕业历任事业部中央业毕业湖北四川省农业改进所技术员 | 农事昆虫防除气象推广 | 1942.2.10 | |
| | 江悦心 | 四川忠县 | 32 | 95 | 四川省蚕桑改进所收耿调请垦殖红专四川省农业改进所技术员 | 农作物病防治及推广 | 1944.2.8 | |
| | 王清麟 | 四川涪陵 | 32 | 105 | 法政省立农业职业学校毕业涪陵县蚕桑技实推作事宜 | 蚕桑栽培经济试验 | 1942.2.13 | |
| | 段淑惠 | 四川崇池 | 32 | 100 | 四川省立成都农业学校毕业四川省农业会合作研究所所技术员 | 棉业 | 1945.3.1 | |
| | 艾公廉 | 四川大足 | 28 | 100 | 四川省立崇宁高级理农学毕县政府森林技佐 | 果茶业繁殖示范推广 | 1944.3.23 | |
| | 彭闻朗 | 贵州长顺 | 28 | 100 | 高中省立贵阳农业改进毕业其昆农业改进农技术员 | 果茶栽培及育种 | 1949.7.1 | |
| | 于桂林 | 河北赵县 | 24 | 80 | 宁夏省北平大学农学院检农技佐农业改进所病虫害各系改进技术研究 | 农业栽培及选种 | | |
| | 王增绿 | 河北正定 | 25 | 80 | | 农业栽培及昆虫病害 | | |
| | 姚鲁秋 | 河北某城 | 24 | 80 | | 农业栽培及示范推广 | | |

90

| | 姓名 | 籍贯 | 年龄 | 薪额 | 学历经历 | 专长 | 到职年月 | |
|---|---|---|---|---|---|---|---|---|
| 技术助理员 | 耿文庄 | 河北涞县 | 26 | 80 | 宁夏省北平大学农业以试馆垦殖技术人员其各省川省农业林部各系改进所病虫害技术研究 | 农事园语及示范推广 | 1949.7.1 | |
| | 孙英 | 河北正定 | 26 | 80 | | 农事园语及虫害防治 | | |
| 技术生 | 蔡龙江 | 四川渝昌 | 30 | 60 | 渝昌县立中学毕业 | 普通农作栽语 | 1944.4.7 | |
| | 罗文光 | 同 | 33 | 55 | 同 | 果园管理 | 1945.1.1 | |
| | 郑派阳 | 四川南充 | 31 | 85 | 四川省立南充高级蚕桑农校毕业四川省县桑改进委员会蚕桑推广指导专员 | 蚕育蚕桑 | 1944.4.7 | |
| | 张国戎 | 四川渝昌 | 34 | 80 | 渝昌县立中学毕业 | 普通农作栽语 | 1945.1.1 | |
| | 扬忠远 | 四川大足 | 28 | 60 | | 水电管理及代务 | 1942.1.1 | |
| | 冯光宇 | 浙江绍兴 | 24 | 70 | 高小省立湄潭简师藏集练校毕业 | 工术管庶 | 1947.4.10 | |
| 佐理员 | 凌赞和 | 浙江吴兴 | 31 | 180 | 南京市高级测量学校数等司南京市联合会记处助理员工其公局所会计室科员 | 会计统计 | 1948.1.20 | |
| | 蔡士成 | 四川渝昌 | 36 | 140 | 渝昌县立中学毕业 | 普通政府会计事务管理记帐务等工作 | 1942.2.9 | |

查档者姓名：陈宗麒，全宗号：二三，案卷号：2667

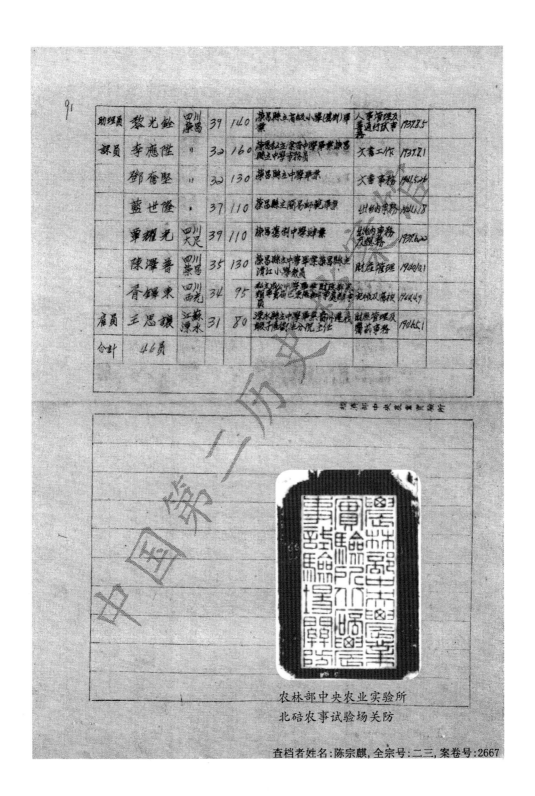

| 助理员 | 黎光鉴 | 四川<br>荣昌 | 39 | 140 | 荣昌县立高级小学(荣县)毕业 | 人事管理及<br>通讯庶事 | 1937.8.5 |
|---|---|---|---|---|---|---|---|
| 课员 | 李应佳 | 〃 | 32 | 160 | 荣恩私立家育中学毕业荣昌县立中学事务员 | 文书工作 | 1937.7.21 |
| | 邓奢坚 | 〃 | 32 | 130 | 荣昌县立中学毕业 | 文书事务 | 1941.5.6 |
| | 蓝世隆 | 〃 | 37 | 110 | 荣昌县立简易师范毕业 | 出纳事务 | 1941.4.18 |
| | 覃耀光 | 四川<br>大足 | 39 | 110 | 荣昌旧制中学肄业 | 生物内事务<br>及总务 | 1939.6.20 |
| | 陈泽普 | 四川<br>荣昌 | 35 | 130 | 荣昌县立中学毕业荣昌县立清江小学教员 | 财产管理 | 1940.12.1 |
| | 骨锋东 | 四川<br>西充 | 34 | 95 | 私立磁中学毕业荣昌实验营田事务所营繕事 | 记帐及营缮 | 1940.4.9 |
| 雇员 | 王恩让 | 江苏<br>溧水 | 31 | 80 | 溧水县立中学毕业南州建成职子厂（生分院主任 | 财应管理及<br>营繕事务 | 1940.5.1 |
| 合计 | 46员 | | | | | | |

农林部中央农业实验所
北碚农事试验场关防

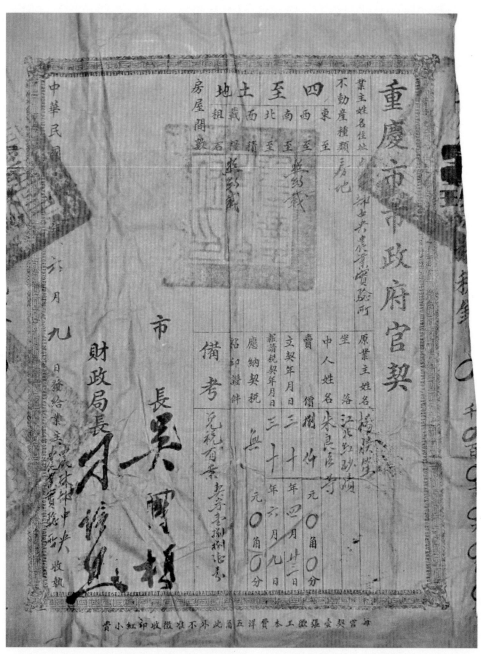

中央农业实验所在重庆北碚农事试验场（西南农科所前身）购置地产地契

# 四、西南农业科学研究所（重庆北碚）

前排左起：吴衍庸、赵利群、王成志、戴铭杰；后排左起：李兆富、×××、谭继清、朱贤荣、董海云。戴铭杰、董海云、吴衍庸三位新党员同赵利群所长及其他老党员合影，1958年7月摄于西南农业科学研究所大楼前。

西南农科所科技人员
前排右起：李士勋、游志崑、陈秉相，后排左一为刘继

中央重庆市委直属西南农科所支部举行新党员宣誓仪式，后中穿白衣服者是戴铭杰同志，摄于1958年4月14日。

西南农科所的女科技人员

## 西南农科所赵利群所长与科技人员合影

油料育种专家梁天然（左一）和女职工及其子女们

西南农科所职工的子女们

西南农科所部分科技人员

西南农科所部分科技人员合影

# 五、云南省综合农业试验站（大普吉农场）

大普吉农场远景

云南省农业试验站部分职工

左起：周季维、赵丕植、钟绍先

科技人员田间小麦选种

召开小麦选种现场会

科技人员运送农家肥到试验地

挖垡晒土

丰收时节科技人员参加掼麦子

耙田

栽秧时节

科技人员用手摇计
算机统计田间试验结果

浇水

科技人员观察害虫习性

犁地

调查越冬害虫情况

# 六、云南省农业科学研究所（蓝龙潭、桃园）

1959 年云南省农科所科技人员在省农展馆布展迎接国庆 10 周年

云南省农业科学研究所在黑龙潭团支部组织生活

前排左起：彭显明、刘基一、李科渝、×××、程永寿、庄丽莲、宋令荣、张朝凤、奉孝礼
后排左起：朱正玉、周家齐、蒋志农、谢水生、寸守铣、严位中、黎明奇、陈勇、张宗渠
前排蹲左二：段兰英

刘继（前排蹲右一）等科技人员在麦地中

省农科所青年团组织生活

黄佩秋解剖黏虫卵巢

丁惠淑等夜间观察草把诱集黏虫卵

女职工合影
前排蹲左起：黄桂英、杨官群、陈玉兰；
中排左起：龚瑞芳、周业梧、李爱源、康尔俊、王兰芬
后排左起：庄丽莲、邓琼英、余立惠、裴素清

蓝龙潭原水利学校，云南省农业科学研究所大门口
左起：孙振洋、陈泽普、叶孝怡

科技人员田间调查花生作物

屠乐平参与飞机防治病虫害

1960年吴自强在保山飞机防治病害与飞行员（台湾起义人员）合影

昆虫专家刘玉彬向军代表介绍田间螟虫情况

下图：植保科技人员田间调查螟虫越冬情况。
左起：屠乐平、邓吉生、田长漳、刘玉彬、徐昌荣（站立者）

科技人员和工人合影

前排右起：刘基一、丁素琴、余立惠、周业梧、赖树云

中排右起：冯志明、唐德予、杨延华、李爱源、贾纪先、黎明奇

后排右起：粟桂华、王增琛、杨振华、寸守铣、曾信华、马明

1972 年，刘玉彬（右三）带队组成"云南生物防治考察团"，对全国开展害虫生物防治工作先进省区市进行考察，以此推动云南农业害虫生物防治工作的开展

云南省农科所领导任承印（右七）参加"云南省水稻螟虫防治现场会"

# 云南省农业科学研究所组织动员职工子女
# 上山下乡始末

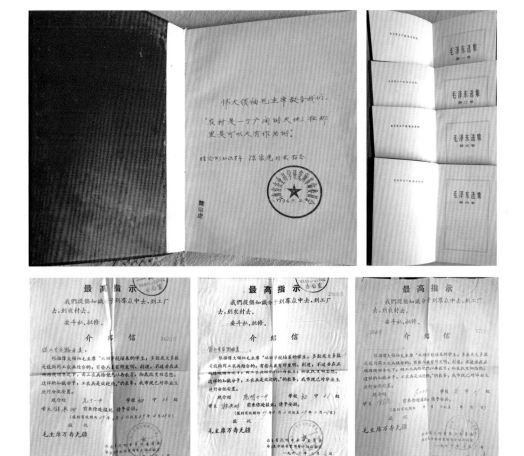

　　1969年初，40余位省农科所职工子女响应号召上山下乡到德宏边疆少数民族边寨插队落户，上左右两图为省农科所赠送每位下乡知青的《毛泽东选集》四卷；下左中右三图为下乡知青原所在学校发给派遣地的《介绍信》。

# 1973年12月22日，职工子女下乡插队到晋宁县双河公社红旗大队彝族山寨

　　1973年12月到晋宁县双河公社红旗大队彝族山寨插队当知青，所领导与下乡知青及其家长合影

前排左起：刘永兰、王萍、王红鹰、高进华、×××、赵利群（所长）、张明远（书记）、樊同功（副所长）、林渝、刘学坤、粟晓芳、李坤阳（带队干部）

第二排左三起：徐文华、马长凤、张秀清、陈藜莉、徐俊平、唐晓玉、谭亚凌、施建萍、刘兰

第三排左三起：吴学斌、赖长青、罗富平、屠晓迅、汪瑞荣、刘学书、雷义勇、王和刚

注：上图仅标注上山下乡知青及所领导

未到龄主动写申请参加上山下乡的女知青

左起：刘学坤、林渝、施建萍、唐晓玉、刘永兰、谭亚凌

欢送知识青年上山下乡

# 1975年2月，云南省农业科学研究所
# 职工子女上山下乡到呈贡县马金铺公社横冲大队

1974年底插队到呈贡县马金铺公社横冲大队的知青及其家长与所领导合影

前排左起：冯丽革、方玲、冯群、赵利群（所长）、张明远（书记）、朱嘉玲、矣丽萍

第二排左起：李进生、李努革、游承侃、杨辅稼、李涛、蔡其武、潘小伟、管建华

党委书记张明远作动员讲话

下乡知青代表方玲表决心

插队知青与所领导合影
前排左起：冯丽革、方玲、
冯群、朱嘉玲、矣丽萍
中排左起：李努革、游承侃、
李进生、杨辅稼、李涛、
蔡其武、潘小伟、管建华
后排左起：冯志明、赵利群
（所长）、张明远（书记）、
朱贤荣

前排左起：李进生、潘小伟、蔡其武、
中排蹲左起：游承侃、李治涛
后排左起：杨辅稼、李努革

前排蹲：朱嘉玲、方玲、冯群
后排站左起：冯丽革、矣丽萍

1976年上山下乡插队到呈贡县马金铺公社
前排左起：雷义华、汪云昆
后排左起：赵安东、任晓燕

欢送知识青年上山下乡

# 1977年上山下乡到晋宁县双河公社红旗大队知识青年

1977年上山下乡插队到晋宁县双河公社红旗大队知青及其家长与所领导合影
前排左二起：陈宗鹤、奉友碧、张明远（书记）、粟莲明、徐俊英
第二排左起：赵安洁、孙虹、任晓云、马良、方琦、周晓明、刘真

省农科所领导召开知识青年及家长上山下乡动员会

前排左起：陈宗鹤、冯友碧、粟莲明、徐俊英
中排左起：赵安洁、孙虹、方琦、周小明、刘真
后排左起：高进武、任晓云、马良、冯志明（带队干部）

欢送即将出发的知识青年

欢送知识青年上山下乡

1979年插队到龙泉公社省农科所农场的知青与带队干部合影

前排蹲左起：张美华、田玉仙、奉有萍、雷玉芬、王晓红、王丽萍、冯丽英、冯丽兴、杨和仙、李承玉

后排站左起：杨官群（带队干部）、江国华、曾平、杨和明、任晓明、鲁志良、戴云、张开城、李展、刘毅、李志刚、冯开顺（农场场长）

注：戴红花几位是即将服兵役者

知青聚会

前排蹲左起：张开、任晓明、奉有萍、王晓红、杨和仙、田玉仙

后排站左起：戴云、林激、冯丽英、李承义、鲁志良、张美华、刘毅、冯丽兴、王丽萍

# 七、云南省农业科学院（桃园）

1979 年，省农科院招收一批科研辅助工

前排左起：矣丽云、苏翠华、蔡丽娟、刘真、吴丽华、彭继

中排左起：赵安洁、陶晴、方琦、张庆云、施丽萍、王佳琳、谭建路

第三排左起：马良、王铁军、杨竹、赵辉鸿、田俊明、陈宗麒、王玲珍

后排左起：张勇、陈向东、朱晓昆、詹和明、胡庆华、秦荣

1981 年，省农科院植保所接收云南农大植保系"七七级"同学到所毕业实习

## 科技处（含图书资料室和期刊编辑部）职工合影

前排左起：孙彬、林国骏、徐德光、魏仲华、吴自强、赵丕植、朱秀峰、陈其本

中排左起：郑光宇、胡琼英、甘长庆、雷淑君、周绍芬、吕金兰、戴曙明、杨维英、廖显坤

后排左起：刘建中、刘星昌、候青青、叶奕弘、王海侨、文光、刁德平、徐乐恒、范广融、王敏康、杨再坤、房亚南

前排左起：杨再坤、周绍芬、林国骏、房亚男、孙彬、候青青、吴自强、刘建中

中排左起：王海侨、郑光宇、朱秀峰、赵丕植、戴曙明、魏仲华、陈其本、徐德光、徐乐恒

后排左起：王敏康、范广融、廖显坤、杨维英、胡琼英、雷淑君、甘长庆、吕金兰

王履浙等陪同中国农业大学
杨集昆教授和浙江农业大学何俊
华教授来滇考察天敌昆虫
前排左起：王履浙、何俊华、邢玉仙、
汪海珍、陶少林、杨集昆
后排左起：郑伟军、×××、李法圣、
纳继忠

1983年春、云南省
农科院植保所职工合影
前排左起：戴云、王德斌、
陈宗麒、刘曦晖、杨昌寿、
李世广、黄峡峰、钱均瑞
后排左起：王琳、孔平、
毕云青、张雪燕、舟云、
王玲珍、马云萍、林莉、
谢晓慧、华秋瑾、李如慧

植保所的年轻人
前排左起：朱晓昆、黄峡峰、
钱均瑞、杨群辉、陈宗麒
后排左起：马云萍、林莉、
彭继、王玲珍、舟云、黄玉玲、
陈琼珠

蒋志农（右三）等查看品种耐寒性

蒋志农（右三）廖兴华（左一）等查看田间品种表现

稻瘟病田间抗性评价

李月成水稻田间选种

程侃声与严位中观察水稻病害

水稻白叶枯病　严位中（中）观察

黄兴奇田间查看水稻长势

熊建华田间观察水稻耐寒性

中日合作课题组成员查看田间试验结果

王怀义观看水稻秧苗长势

卢义宣喜看水稻丰收

观察两系杂交稻云光 8 号

王永华（右二）、熊建华（右四）与日本专家

陈勇调查水稻品种资源

右二起：游志崑、李惠兰、刘继、杨木军等在小麦地讨论工作

田间考察

游志崑（前右一）、杨延华（前左二）与国际小麦中心专家田间交流

左起：杨延华、游志崑在玉溪小麦地中

1990年3月陪Mr mann到芒市在田间观察讨论

李惠兰（左三）、刘继（左五）在小麦田中

李惠兰（右一）在田间

唐彬文等在小麦田间

刘基在小麦田间

刘基（右一）、杨昌寿（左二）
在小麦田间

罗家满（中）与广双村干部

罗家满（左四）在田间指导广双社员

罗家满与广双社员

罗家满指导广双社员小麦栽培

唐世廉与中科院院士玉米育种专家李竞雄在泸西检查玉米攻关工作

陈宗龙与外国专家

1988年钱为德副院长陪同国际玉米小麦改良 中心 Deleon 博士到曲靖考察玉米改良示范田（右二）

唐嗣爵指导青年田间玉米播种

冯辉在玉米地中

唐嗣爵与当地干部田间交流

李爱源等调查油菜资源

赵玉珍（中）包世英（右一）与课题组成员在省农科院蚕豆
试验田（1984 年）

赵玉珍（右二）在蚕豆试验田

潘德明观察砧木圃

张国华（左一）指导果树修剪

丁素琴在柑橘园

赵林在双龙乡指导冷凉
山区蔬菜生产

陈宗麒整理制作天敌昆虫标本

王履浙（左一）在版纳室内整理田间调查的水稻害虫天敌资源

屠乐平向专家介绍除草剂田间试验效果

孙茂林在海南做水稻杂交育种

周汇向专家领导介绍病虫害预测预报专家系统

周汇（左一）冒雨安排专家系统试验小区

邓吉生、王履浙等陪同农业部药检所专家调研茶叶农药残留

2002 年 5 月，植保所启动《植保所志》编纂委员会第一次会议

1999 年，陈宗麒主持召开全国小菜蛾生物防治会议

专家在曲靖调出素材斑潜蝇田间发生危害情况

1996年，斑潜蝇入侵爆发成灾，植保所邀请台湾专家钱景秦来讲学

"八五"省科技攻关项目各课题负责人

前排左起：卞福久（省气象局）刘玉彬、王永华、李化瑶（省植保站）、朱世模（动物所）

后排左起：吴安国、王履浙、杨昌寿、杨克铣（省科技厅）、周汇、严位中

云南省植保大事记会议

1992年9月，云南植保专家聚集，在省科技馆召开编写

植保所部分职工及其子女在植物所组织"三八"活动

贾生益田间观察烤烟纸袋育苗后期效果

洪丽芳水稻试验田设置小田试验

院土壤肥料专家与加拿大专家

游承俐、戴陆园、武少云在潞西采
访德昂族妇女有关土著知识

游承俐在陇川农贸市场开展农业生物
资源调查

孙锡治检查水稻盆栽试验

刘星昌、游承俐、吴秦生、万洪辉、
万松涛在成都参加全国情报协作网会议

国际马铃薯中心在宣威考察赖众民
（右四）的马铃薯与玉米条间套作试验

赖众民指导宣威农技站进行植物营养测试

## 程侃声和他的老同事们

前排坐左起：姚宗文、程侃声、、×××、李月成、王永华、张美仙
中排站左起：周立端、甘长庆、李爱源、赵玉珍、陈其本、赵丕植、李科渝、杨诗选
后排左起：朱秀峰、刘镇绪、钱为德、杨碧楼、郑健行、周天德、戴曙明
站高处左起：张尧清、窦吉发

下图左起：张尧清、李科渝、程侃声、李月成、杨诗选、周天德

## 云南省农业科学院老职工们欢聚

前排左起：龚瑞芳、洪玉莲、李科渝、庄丽莲、周小平、杨家鸾、×××、邓吉生、
周海俐、施蕙蕙
中排左起：江才蓉、余芸英、丁惠淑、游志崑、傅昭蓉、李月成、夏立群、何林森、
刘玉彬、崔云、周季维、易复慧
第三排左起：姚宗文、张尧清、陈秉相、李槐芬、李华模、曾学琦、孙建成、唐嗣爵、
窦吉发、柏明骏、陈其本、王永华、
后排左起：赵丕植、李正英、屠乐平、孙振洋、刘幼民、杨诗选、唐世廉、周天德、
田长津、赵志奇、陈华荣、杨昌寿

冯光宇（前右二）、贾纪先（前右四）与玉米团队成员

2008 年 10 月，西南农科所迁滇与云南农试站合并成立云南省农科所五十周年联谊会

# 八、云南省农业科学院驻地州研究所历史图片

## 1. 茶叶研究所（西双版纳勐海）

手推揉茶机

1957 年木轨道运肥

坐落在南糯山中爱伲山寨
石头寨下的南糯分厂

思普茶叶垦殖场（茶叶所前身）建立了云南省第一个机制茶厂

茶叶所为地方茶叶产业发展举办培训班

茶叶所专家进行短穗扦插育苗

茶叶所对 800 余年栽培型茶树王进行保护

茶叶所对 800 余年栽培型茶树王进行保护

茶叶所发现并鉴定 1700 余年的野生茶树王　　茶叶所发现并鉴定 800 余年栽培型的茶树王

茶叶所 20 世纪 90 年
代研发的茶叶饮料

1990 年 12 月，全国政
协副主席赵朴初视察茶叶所

云南省农业科学院茶叶研究所所址

南行万里择茶良

赵朴初

一九九〇年十二月二十三日

## 2. 热带亚热带经济作物研究所（保山）

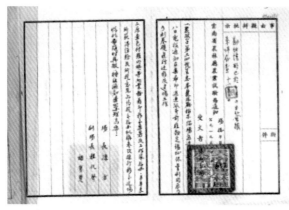

　　1951年10月，云南省农业厅农业试验场同意保山分场堪地迁址建的批文

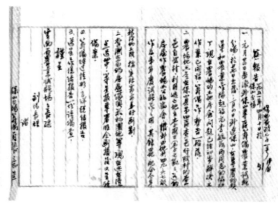

　　张意呈报省农业试验场将芒市分场更名为"云南省潞江棉作试验场"的指示

　　1951年4月，保山分场筹备员张意呈报省农业试验场筹备情况"报告"　　1981年，省政府批准棉花科学研究所更名为云南省农业科学院热带亚热带经济作物研究所

潞江坝第一个党小组

拓荒者合影

拓荒者

集体婚礼

开荒整地

采摘胡椒

犁地和耙地

吃饭休息

中耕理墒

采摘棉花

田间观察

田间喷施农药

高产棉花

采摘咖啡　　　　　　　　　研究胡椒

田间小憩

挑灯夜学

# 3.蚕桑蜜蜂研究所（蒙自）

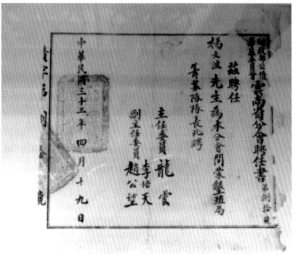

## 4. 甘蔗研究所（开远）

甘蔗所人力水车

甘蔗研究所旧貌鸟瞰图

甘蔗研究所旧貌

# 5.热区生态研究所（原品种资源圃　元谋）

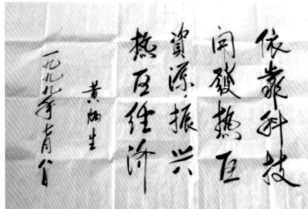

## 6. 高山植物研究所（丽江）

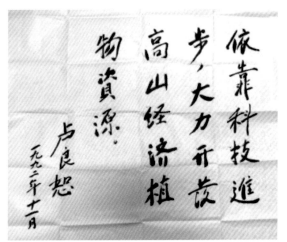

# 编 后 记

　　2017 年以来，云南省农业科学院全面开展历史文化挖掘工作，组建成立了《云南省农业科学院科技专家传略》和《云南省农业科学院科技人才风采录》系列丛书的编纂编委会，同时成立了院历史文化挖掘工作机构和专家组。

　　历史文化挖掘工作专家组通过到南京中国第二历史档案馆、云南省档案馆、江苏省农业科学院档案室等单位进行云南省农业试验机构的历史文献的追溯和考证，查阅大量历史文献，厘清了云南省级农业科技机构的早期历史沿革渊源，即 1912 年 5 月民国政府云南省实业司在昆明县西北近郊大普吉组建成立的云南省立农事试验场（大普吉农场），也是云南第一个省级农业科技试验专门机构，明确为云南省农业科学院机构的前身。1949 年底，云南省人民政府军管大普吉农场，并于 1950 年 12 月合并云南主要农业科技试验机构，在大普吉农场的基础上，成立云南省综合农业试验站。

　　历史文化挖掘工作组通过查阅历史文献档案的史料，追溯我院机构沿革和历史变迁渊源，访谈老领导、老专家、各类职工代表，访谈去世老领导、老专家的后人，以及征集相关老照片、老资料和征文等多种形式，对我院的历史沿革渊源和农科文化作了较系统的挖掘。在总结和整理我院历史文化挖掘工作资料的基础上，院编委会整理编纂完成《笃耕云岭　百年稼穑——云南省农业科学院历史文化拾贝》一书，书的内容主要包括以我院机构历史沿革溯源史料文献构成本书第一章节"沿革溯源"；对我院历史文化挖掘工作组成员广泛开展对老领导、科技专家、各类职工代表进行的采访形成的"访谈录"。编纂者在整理访谈录音时，有直接介绍访谈对象讲述所经历的主要历史事件、印象深刻的人和往事，也有部分"访谈录"仍采取问答式，尽可能保持访谈对象的原始叙述。访谈对象谈到一些历史事件的时间、地点、事件中的人与事，囿于历史久远，记忆难免有所偏差，对事件的议论也属于个人观点。对讲述者谈及的一些事件的时间、地点和人如有明显出入之处，编纂者作略有改动，但力求保持原访谈对象叙述思路和讲述事件。因各方面原因未与访谈对象逐一核对或进一步订正。"访谈录"作为此书章节之一"口述历史"；与此同时，历史文化挖掘工作还在全院范围内广泛进行"农科文化""农科精神"方面的征文，以此构成"文化情怀"章节；在征集历史图片资料中，所征集到的图片资料往往局限于提供者的代表性，加之征集图片的被动性，既有早期照片稀缺的历史原因，也有征集的全面性和深度挖掘不足，这就导致很难系统地通过图片资料信息较全面系统地反映单位的历史面貌和时代变迁。好在我院历史文化挖掘工作的同时，组织编纂完成了三部《云南省农业科学院科技专家传略》和两部《云南省农业科学院科技人才风采录》共5部系列丛书并已正式出版。在组织编纂《云南省农业科学院科技专家传略》的征文工作过程中，也征集到不少老专家早期的工作照，以此得以完成第四章节"图说历史"。

　　《笃耕云岭　百年稼穑——云南省农业科学院历史文化拾贝》一书分别为"沿革溯源""口述历史""文化情怀""图说历史"四个篇章，各篇章在内容划分也不尽完全合理，各历史事件的时间节点上，无论是所可资稽考的历史文献，还是访谈对象谈及的一些历史事件上，对事件的看法也可能见仁见智，所征集到的历史图片资料在反映单位的历史渊源或代表性也有一定局限性。由于历史事件时间久远，历史资料的零星和片段化、文字表述和注释难免有所偏差，加之编著者水平和认识有限，难免有所谬误之处。在此祈望读者进一步斧正，以期使我院历史文化挖掘工作日臻完善，让历史的本来面目也更为清晰准确。

通过认真整理梳理我院百余年历史沧桑，厘清历史沉淀丰厚底蕴的农科文化和传承脉络，不断丰富与时俱进的农科精神和文化自信，擦亮云南省农业科学院"百年老店"的金字招牌，使我院历史文化与农科文化相辉映，以此大力培育和践行社会主义核心价值观，弘扬和铸就"追求卓越、创新创造、精益求精"的工匠精神，大力挖掘老一辈农科人留下的宝贵精神财富，传承好他们筚路蓝缕、追求真理、百折不挠、严谨细致的科研精神和优秀品格，让优秀的农科文化鼓舞人、激励人，进一步增强广大干部职工的文化认同感和自豪感，不断增强全院发展的文化自信，为我院各项事业健康快速发展提供有力文化支撑与文化引领。

让历史的光辉照亮未来前行之路，云南省农业科学院从此将迈向更加辉煌的明天。

致谢：在此致谢接受我院历史文化挖掘工作组访谈的各位老领导、老专家等老前辈们；致谢各位撰稿作者，以及为本书提供的征文稿件，提供历史图片资料的专家，依靠大家的共同努力，完成了我院历史文化挖掘工作的一个初步的总结。在纪念我院创建110年的日子里，本书作为一份献礼。

编著者

2022 年 4 月 18 日